犬猫临床解剖彩色图谱

第2版

Color Atlas of Clinical Anatomy of the Dog & Cat

Second Edition

[英]　J S Boyd　著
董　军　陈耀星　主译
林德贵　潘庆山　审校

中国农业大学出版社

图书在版编目(CIP)数据

犬猫临床解剖彩色图谱/[英]伯伊德(J S Boyd)著　董军，陈耀星主译. —2 版.
—北京：中国农业大学出版社，2007. 7(2019. 1 重印)
书名原文 Color Atlas of Clinical Anatomy of the Dog & Cat, Second Edition
ISBN 978-7-81117-148-8

Ⅰ. 犬…　Ⅱ. ①伯… ②董… ③陈…　Ⅲ. ①犬-动物解剖学-图谱 ②猫-动物解剖学-图谱
Ⅳ. S829. 21-64　S829. 31-64

中国版本图书馆 CIP 数据核字(2006)第 163426 号

书　　名　犬猫临床解剖彩色图谱(第 2 版)
作　　者　[英] J S Boyd 著　董军　陈耀星　主译　　林德贵　潘庆山　审校

策划编辑　张秀环　　**责任编辑**　张秀环　王　芳
封面设计　郑　川　　**责任校对**　陈　莹　王晓凤
出版发行　中国农业大学出版社
社　　址　北京市海淀区圆明园西路 2 号　　**邮政编码**　100193
电　　话　发行部 010-62818525，8625　　读者服务部 010-62732336
编辑部 010-62732617，2618　　出　版　部 010-62733440
网　　址　http://www.cau.edu.cn/caup　　**e-mail**:caup@public.bta.net.cn
经　　销　新华书店
印　　刷　河北华商印刷有限公司
版　　次　2007 年 7 月第 1 版　2019 年 1 月第 4 次印刷
规　　格　889×1 194　16 开本　14.25 印张　400 千字
定　　价　158.00 元

Color Atlas of Clinical Anatomy of the Dogs & Cats, 2nd Edition
J S Boyd, C Paterson, A H May
ISBN-10: 0-7234-3168-X; ISBN-13: 978-0-7234-3168-8

Authorized simplified Chinese translation from English language edition published by the Proprietor.
ISBN-10: 981-259-699-2; ISBN-13: 978-981-259-699-4

Elsevier (Singapore) Pte. Ltd.
3 Killiney Road
#08-01 Winsland House I
Singapore 239519
Tel: (65) 6349-0200
Fax: (65) 6733-1817

First Published 2007
2007年初版

著作权合同登记图字：01-2006-3962

本书作者 J S Boyd 兽医与外科学博士(BVMS PhD)
英国皇家兽医学会会员(MRCVS)
格拉斯哥(Glasgow)大学兽医学院兽医解剖部基础兽医系临床兽医解剖学教授

C Paterson 理学硕士(MSc)
格拉斯哥(Glasgow)大学兽医学院兽医解剖部基础兽医系兽医超声部主任

A H May 英国皇家摄影学会会员(ARPS)AMPA
格拉斯哥(Glasgow)大学兽医学院兽医信息服务处摄影主任

主　译 董　军　陈耀星

审　校 林德贵　潘庆山

译　者 (按姓氏笔画排序)

匡　宇　张　健　张玉仙
范　开　金艺鹏　庞海东
钟友刚　常建宇　董玉兰

献　辞

献给格拉斯哥（Glasgow）大学兽医学院兽医解剖系前主任、已故的英国皇家兽医学会会员（MRCVS）Helen J Smith，感谢他赋予我们对兽医解剖起始的动力和持久的热情。

译者的话

近年来，我国的宠物养殖和宠物兽医学急剧发展，仅北京地区就有300余家宠物医院。这些宠物中，犬和猫占绝大多数。但是，在我国，有关犬猫解剖学的书籍多为系统解剖学的知识介绍，而对于宠物兽医临床尤为重要的犬猫局部解剖学书籍却很匮乏。英国格拉斯哥（Glasgow）兽医大学临床兽医解剖学教授J S Boyd博士等编著的《犬猫临床解剖彩色图谱》（第2版，2001年）（原书名《Color Atlas of Clinical Anatomy of the Dog & Cat》（Second Edition）），分绪论、头部和颈部、脊柱、前肢、胸部、腹部和骨盆部、后肢共7章，按部位、分层次地详细介绍了犬猫的局部解剖学知识。原著精选了351幅高清晰图版照片，全部为原创性的，包括新鲜标本原色照片275幅，保持了各器官的原有色泽；以及活体X光或B超临床检查照片76幅。尤其原著中，在叙述犬和猫局部解剖结构的同时，还比较了二者的特征，并对一些重要解剖结构在兽医临床中的应用作了说明。这些对于临床医生非常重要，特别是目前许多宠物医院陆续开展X光和B超临床检查，而我国尚无这方面的解剖学参考资料，这也是我们翻译本书的目的。

本书主要翻译工作由中国农业大学动物医学院董军博士、陈耀星教授和其他老师共同完成，北京农业职业学院张玉仙老师参加了校对，最后由中国农业大学动物医学院林德贵教授、潘庆山教授完成审稿和校订。在付梓之际，对上述校译人员表示衷心的感谢，他们为本书的早日出版作出了积极的努力！本书的出版还得益于中国农业大学出版社成功地引进中文版权和承担中文译本的编辑出版工作，特此向他们表示诚挚的感谢。

翻译工作是一项浩瀚的工程。尽管我们在中文译本中努力真实地反映原著内容，并且纠正了原版书中一些错误，但鉴于译校者的水平有限，书中错译、误译之处在所难免，敬请读者批评指正。

译 者
2006年9月

前　言

兽医解剖指导书通常有两种方式：在大学学习的初始阶段，重点是结构和功能，需要详细说明每个器官的细节，常以系统为章节。该时期，学生使用标准的教科书，利用线条图并配以插图说明解剖特征。学习后期阶段，学生更加意识到解剖分布和局部结构的重要性。但是，线条图已经不能充分表现实地解剖和临床诊断中所看到的结构。基于这个原因，一本详细的局部解剖学图谱更好。

长期以来，兽医解剖图谱均仿造人医解剖学，多使用具有强艺术感或者解剖浸泡尸体的照片。这些出版物中经常删去或缺乏现实中正常颜色和形状的标本，而这些标本很难说明自然的器官和组织形态结构。但是，兽医解剖和人医解剖截然不同，它可以采用新鲜的组织标本。兽医临床医生、外科医生、病理学家进行活体解剖或者尸体剖检时，经常需要参考解剖图谱，了解其真实结构。为了与新的影像技术相适应，兽医教学内容要求也增加了，例如 X 光线照相术、超声波检查技术。

本图谱使用的犬猫大体解剖学图片，一般都采用新鲜的未处理的组织。骨骼标本仍采用传统的解剖方式，因为这样能展示每块骨和关节以及肌肉附着点。该书根据体表不同的分区，按照从头部向尾部的顺序叙述。每个分区的骨学均有插图，展现器官分布和结构；首先观察体表解剖结构，然后再观察新鲜尸体深层解剖。照片中的突出结构与图例相对应，有助于辨认，以便读者自我验证。相关临床、外科特征均在照片上有详细的标注和部位说明。血管和神经的描述仅限于在临床和外科中重要的大血管和神经干。每个部位的 X 光线图片特征均被显示，尽可能使用横断面解剖标本说明其分布。某些部位，利用软组织的超声检查与横断面解剖标本比较观察。

大多数解剖图片和文字说明均为犬的，猫的解剖仅作为不同物种间比较观察。所有的标本均为新鲜组织，但这些材料均来自于其他原因的安乐死动物。本书的出版没有随意处死任何一只动物。

解剖中，以尽可能表现自然结构为原则。这样考虑更多的是真实性，而不是解剖标本风格。利用这种方法编写的兽医解剖图谱反映了兽医解剖的需要，不再局限于人为制作的固定尸体标本，对学习或者从事兽医学者提供真实的解剖资料。

J S Boyd
C Paterson
2000

致　谢

作者真诚感谢 Allan May，其精湛的摄影技术使得该书的出版成为可能。他的耐心和幽默为艰苦而枯燥的工作带来了欢乐。

胸、腹、脊柱的 X 光照片由放射线技师 Janice Lloyd 提供，许多超声、X 光影像由英国皇家兽医学会会员 Alison Dickie（BVMS，MVM，CVR，MRCVS）提供。我们非常感谢两位的贡献。骨骼标本由 Susan Cain 制作，对于她的技术和毅力表示感激。关节和四肢解剖由 Fiona Patrick 学士完成，其娴熟技术令人钦佩。

我们同样感谢我们各自的夫人 Isobel 女士 和 Jean 女士，在本书编写过程中自始至终任劳任怨，并给予鼓励。

J S Boyd

C Paterson

2000

目　录

绪　论

使用统一的解剖学术语十分重要。这样做并非卖弄学问，而是便于兽医解剖学家之间以及兽医解剖学家与兽医临床医师之间进行正确的交流。因而，通用命名法——兽医解剖学名词（NAV）应运而生，它使彼此间的交流通道更加畅通。

由于起初的解剖学（NAV）以拉丁文书写，因而初看起来，该命名系统显得过于艰涩。但该系统对相同的英文术语和名称具有很强的兼容性，正如该图谱中许多地方所出现的。虽然如此，为避免命名冲突，索引列表中的肌肉命名称仍保留拉丁文形式。某些情况下，标准NAV命名后备注可选命名。原因在于这些古老命名被广泛应用，普遍接受。

进行局部解剖描述时，保证方向和位置描述的一致性就显得尤为必要。该章节中的活犬照片注释展示了标准的方向和位置命名（图1-3），其中包括对肢体特定区域的专有命名。人体解剖学中的常用修饰词，如前、后、上、下，一般不适用于兽医解剖学，但在描述头部某些结构（如眼或脑）时仍少量使用。

活动物以四肢直立站立时，靠近动物背部（dorsum)的结构称为动物的“背侧”，该名词适用于躯干、头及尾。腹侧则与背侧相对，用于描述动物腹部(venter)的结构。靠近头部（cranium)的结构称其位于“头侧”，而靠近尾部（cauda）的结构称其位于“尾侧”。该命名系统对头部区域内的结构有更加精细的界定，用“吻侧”来描述接近口的结构，而不使用范围更加宽泛的“头侧”。但是，与吻侧相对的位置仍使用“尾侧”。

正中矢状面（medianus)从头部到尾部，沿脊柱（中轴）将动物体分成左右对称的两部分。正中矢状面两侧与该面平行的切面称矢状面。有些时候，靠近正中矢状面又称“旁矢状面”。靠近正中矢状面的结构称其位于“内侧”，相反靠近外面或胸腹壁的结构称其位于“外侧”。头和躯干的切面中，与动物背部（dorsum)平行的切面称“额面”。与脊柱垂直的切面称“横断面”。

由于四肢的位置相对躯干有所变化，所以对其位置方向进行了进一步界定和划分。四肢近端是指靠近躯干的部分，远端则指远离躯干的部分。前肢和后肢近端（腕骨和跗骨以上部分），靠近四肢“前部”的结构位于头侧，靠近四肢“后部”的结构位于尾部。头侧面在前肢腕骨远端延伸为“背侧面”，尾侧面延伸为“掌侧面”，后肢跗骨远端区域以类似术语定义为“背侧”和“跖侧”。沿每一肢的长轴均有一假想中心轴，任一与中心轴垂直的切面称“横断面”。四肢中靠近中心轴分布的结构，称其位于“轴侧”；反之，如远离中心轴的则称其位于“远轴侧”。

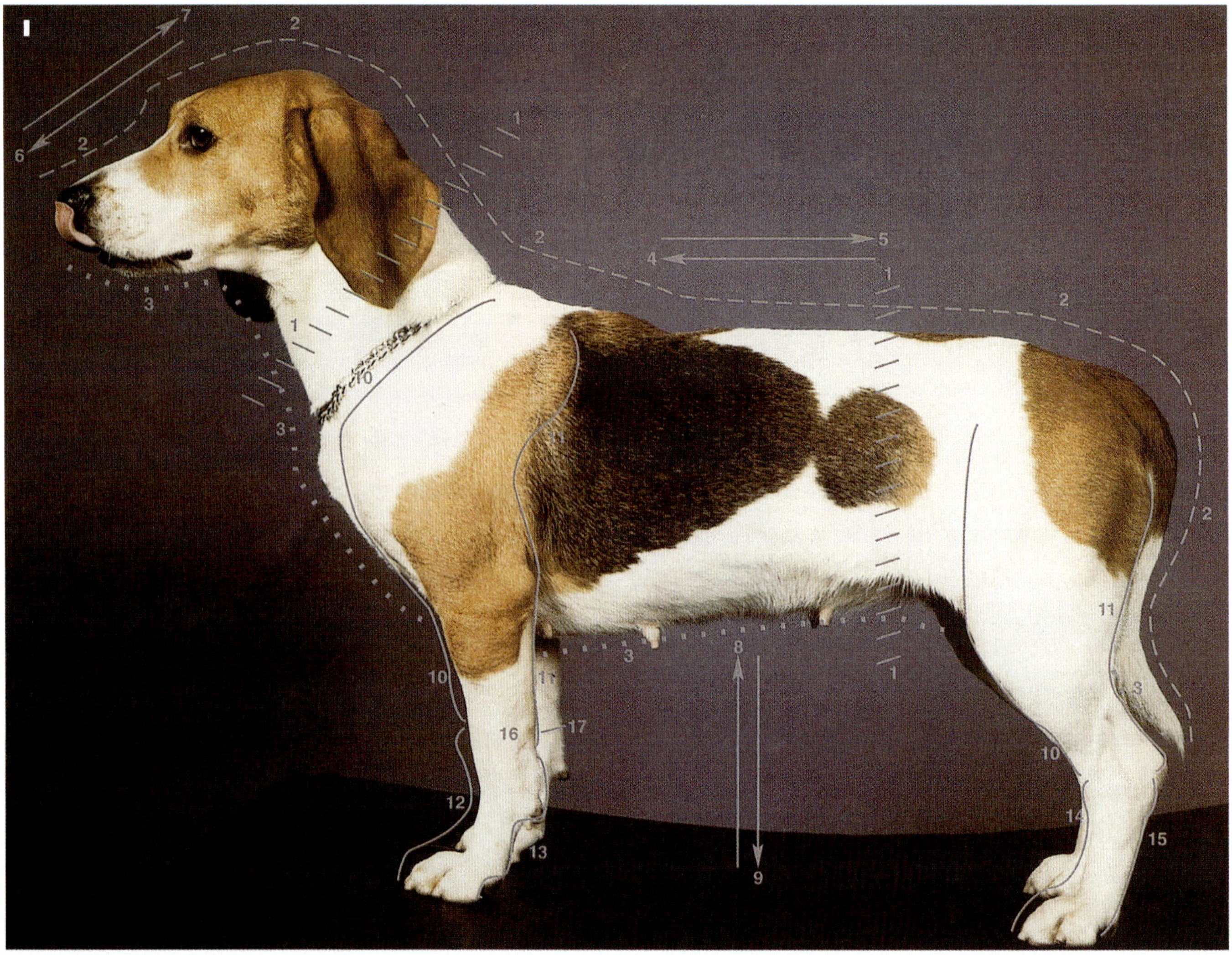

1 犬的站立侧面。斜的短线表示横断面，直的短线、点和连续的线表示的是位置和方向。注意头和四肢的特殊术语。

1	躯干的横断面	10	四肢的头侧
2	躯干和头的背侧	11	四肢的尾侧
3	躯干和头的腹侧	12	前肢(腕以下)背侧
4	躯干的头侧	13	前肢(腕以下)掌侧
5	躯干的尾侧	14	后肢(跗骨以下)背侧
6	头部的吻侧	15	后肢(跗骨以下)跖侧
7	头部的尾侧	16	四肢的外侧
8	四肢的近端	17	四肢的内侧
9	四肢的远端		

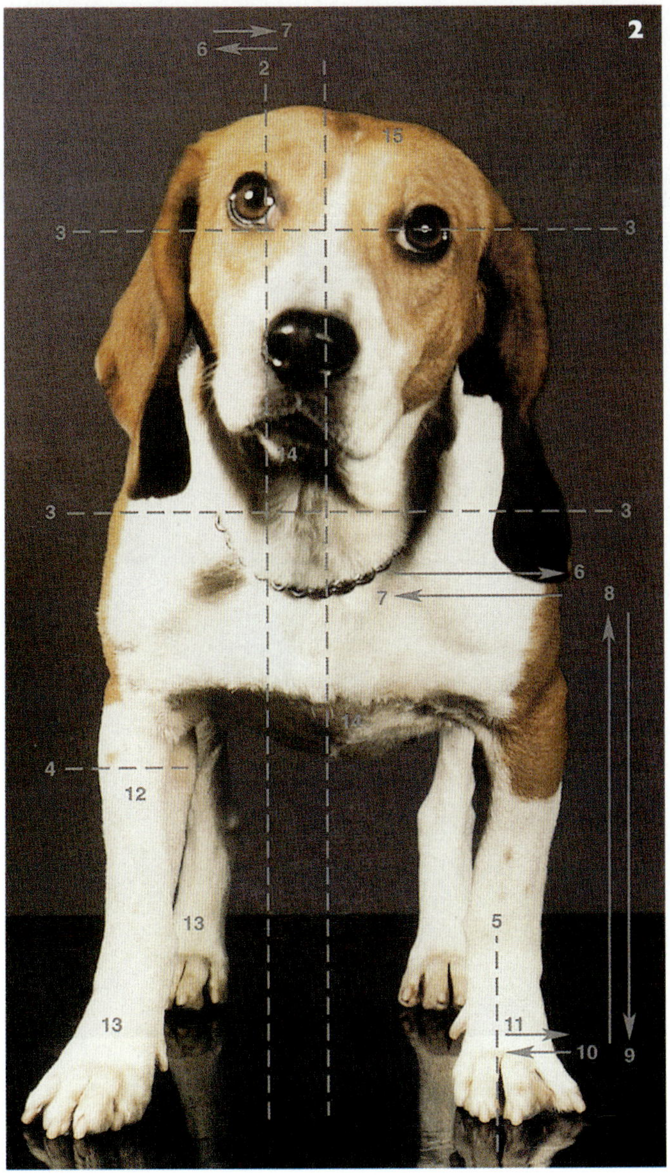

2 犬站立头侧正面。虚线表示躯体解剖学的面，箭头表示位置和方向。头、躯干和四肢的方位被标上单独的数字。

1 正中矢状面
2 矢状面
3 额面（水平面）
4 四肢的横断面
5 四肢的轴面
6 外侧
7 内侧
8 四肢的近端
9 四肢的远端
10 轴侧
11 远轴侧
12 四肢的头侧
13 四肢的背侧
14 躯干和头的腹侧
15 躯干和头的背侧

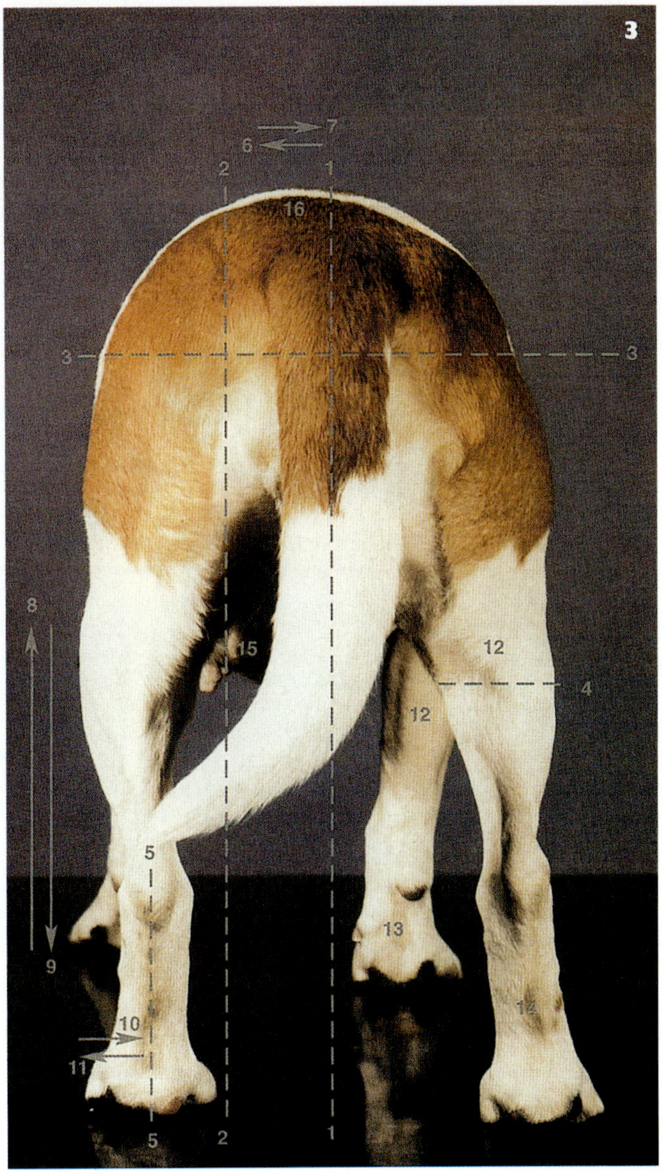

3 犬站立尾侧正面。虚线表示躯体解剖学的面，箭头表示位置和方向。躯干和四肢的方位被标上单独的数字。

1 正中矢状面
2 矢状面
3 额面（水平面）
4 四肢的横断面
5 四肢的轴面
6 外侧
7 内侧
8 四肢的近端
9 四肢的远端
10 四肢的轴侧
11 四肢的远轴侧
12 四肢的尾侧
13 四肢的掌侧
14 四肢的跖侧
15 躯干腹侧
16 躯干背侧

临床注释

紧靠近正中矢状面的矢状面也有时被叫作旁正中面。

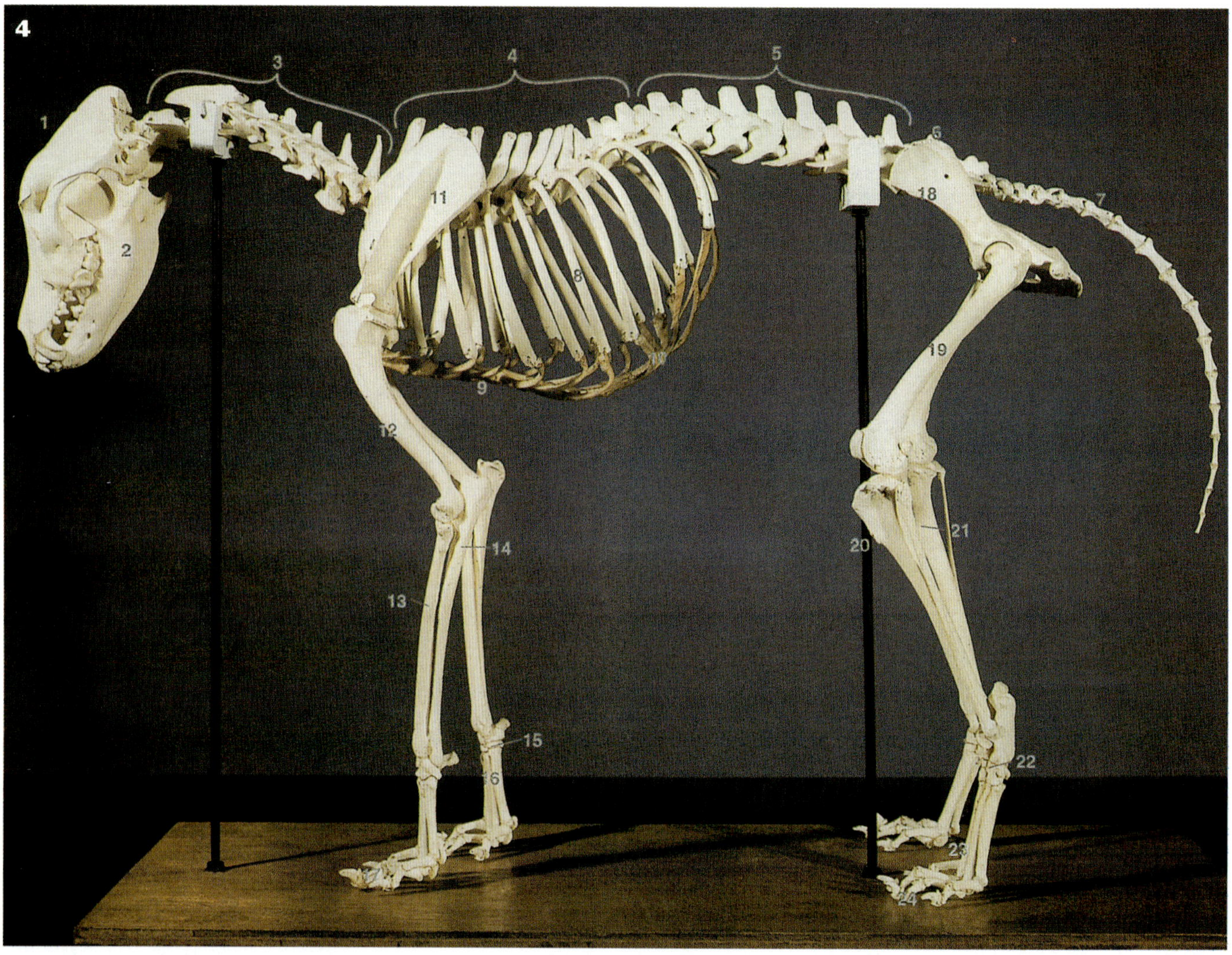

4 犬骨架的外侧面观。

1	颅骨	13	桡骨
2	下颌骨	14	尺骨
3	颈椎	15	腕骨
4	胸椎	16	掌骨
5	腰椎	17	指骨
6	荐骨	18	髋骨
7	尾椎	19	股骨
8	肋骨	20	胫骨
9	胸骨	21	腓骨
10	肋弓	22	跗骨
11	肩胛骨	23	跖骨
12	肱骨	24	趾骨

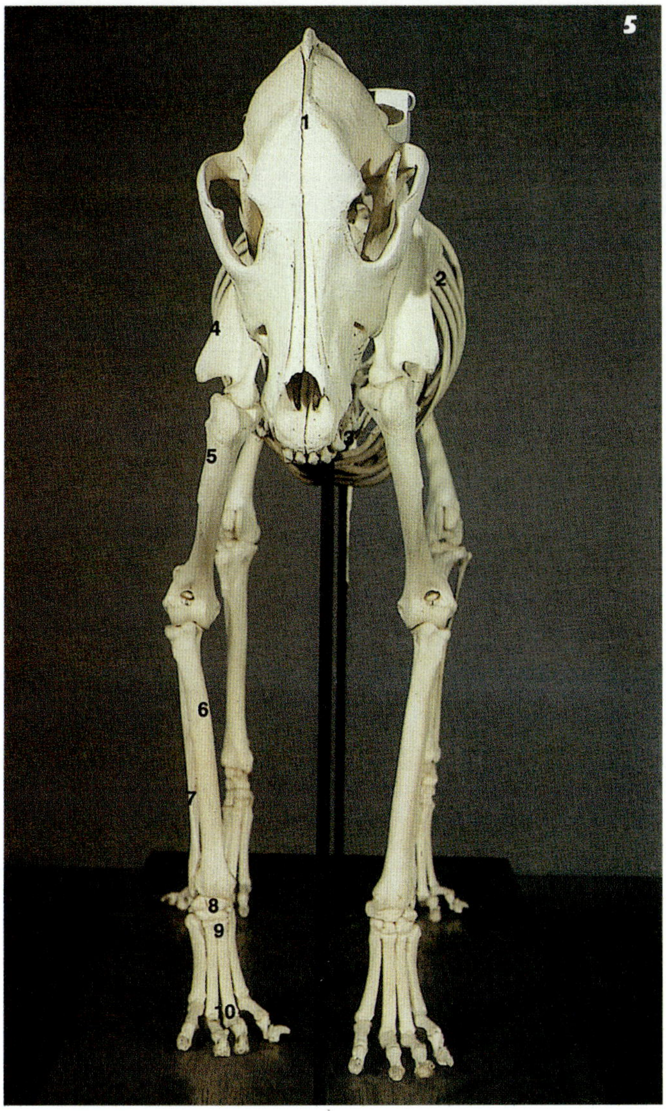

5　犬骨架的头侧面观。

1　颅骨	6　桡骨
2　肋骨	7　尺骨
3　胸骨	8　腕骨
4　肩胛骨	9　掌骨
5　肱骨	10　指骨

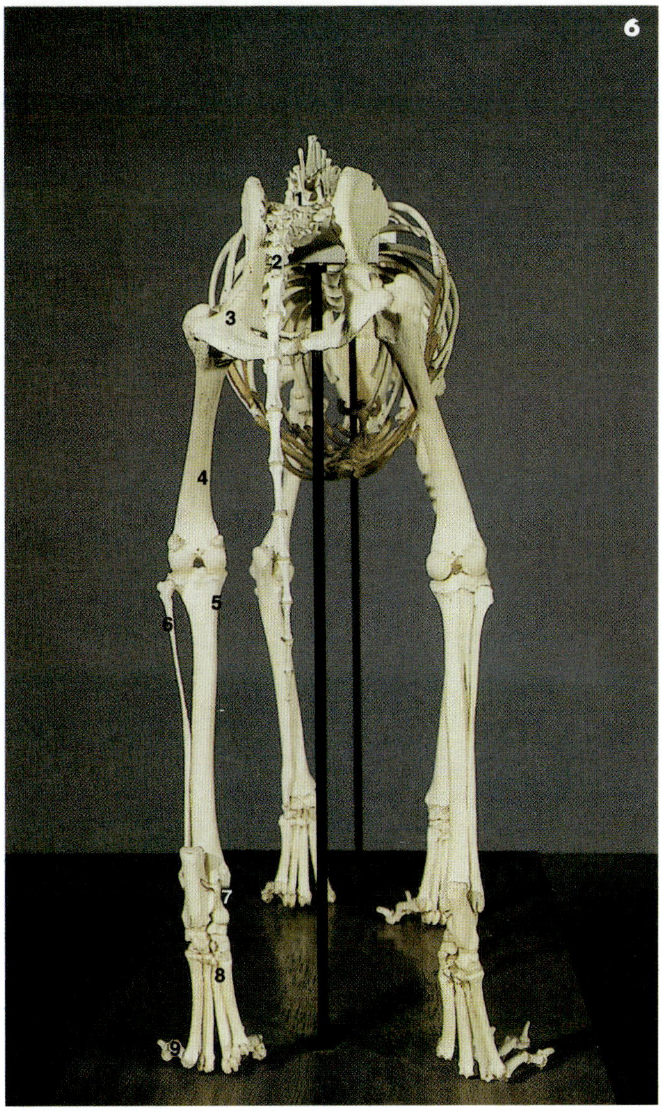

6　犬骨架的尾侧面观。

1　荐骨	6　腓骨
2　尾椎	7　跗骨
3　髋骨	8　跖骨
4　股骨	9　趾骨
5　胫骨	

2 头部和颈部

关于头部和颈部的结构，这一章使用活体犬来显示明显的部位边界，而骨学上的特征使用骨标本和 X 光来显示。利用一系列分割的标本和它们相关的分区绘图以及一些横断面标本和 X 光片，来详尽的显示软组织结构。

7 活体犬的头、颈部的外侧面观，示可触及界限。

1 切齿骨
2 眶下孔
3 眼睑内侧连合
4 上眼睑泪点（上眼睑）
5 下眼睑泪点（下眼睑）
6 第三眼睑
7 眼内眦静脉
8 眼睑外侧连合
9 上颌骨
10 额骨颧突
11 颞肌
12 颞线
13 外矢状嵴
14 枕外粗隆
15 耳廓
16 颧弓
17 咬肌
18 下颌角突
19 下颌淋巴结
20 下颌体
21 唇连合
22 舌（伸出）
23 喉
24 颈外静脉（静脉穿刺的位置）

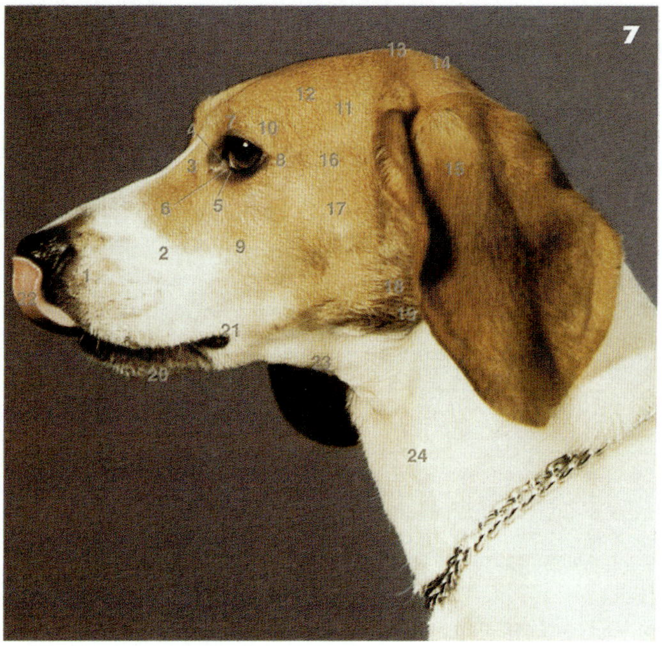

8 活体犬的头、颈部的头侧面观，示可触及界限。

1 鼻镜
2 鼻孔
3 上唇沟
4 上唇
5 触觉毛
6 切齿骨
7 下颌体
8 鼻骨
9 上颌骨
10 眶下孔
11 眼睑内侧连合
12 第三眼睑
13 眼睑外侧连合
14 颧弓
15 额骨颧突
16 额骨
17 颞肌
18 咬肌
19 耳廓

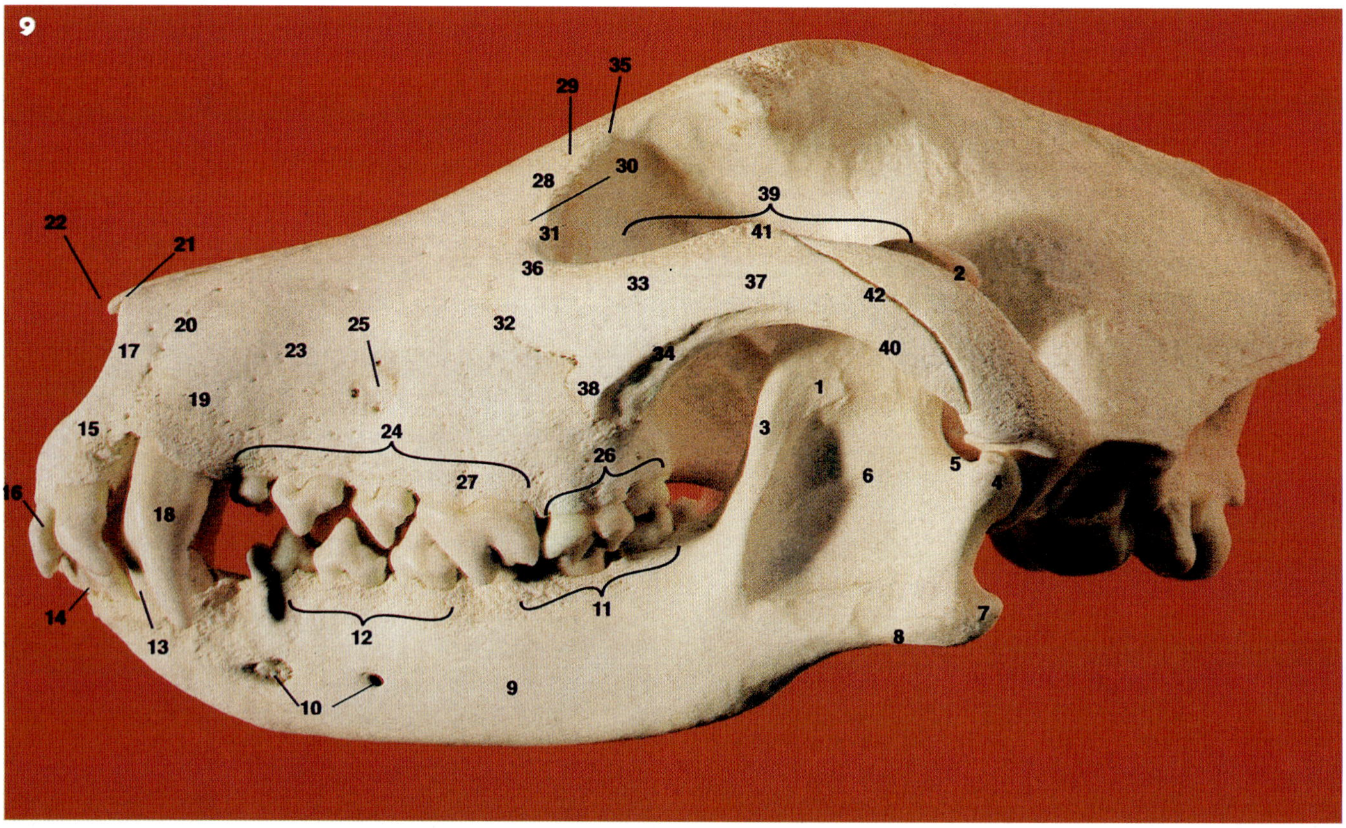

9　犬的头骨和下颌骨外侧面观。

1 下颌支
2 冠突
3 冠状嵴
4 髁突
5 下颌切迹
6 咬肌窝
7 下颌角突
8 咬肌线
9 下颌体
10 颏孔
11 下颌臼齿
12 下颌前臼齿
13 下犬齿
14 下切齿
15 切齿骨
16 上切齿
17 鼻突
18 上犬齿
19 犬齿齿槽
20 上颌骨切迹缝
21 鼻切齿骨缝
22 鼻骨
23 上颌骨
24 上颌前臼齿
25 眶下孔
26 上颌臼齿
27 牙槽轭
28 额突
29 额上颌缝
30 泪上颌缝
31 泪骨
32 颧上颌缝
33 眶下缘
34 咬肌缘
35 眼内眦静脉沟
36 泪颧缝
37 颧骨
38 上颌突
39 颧弓
40 颞突
41 额突
42 颞颧缝

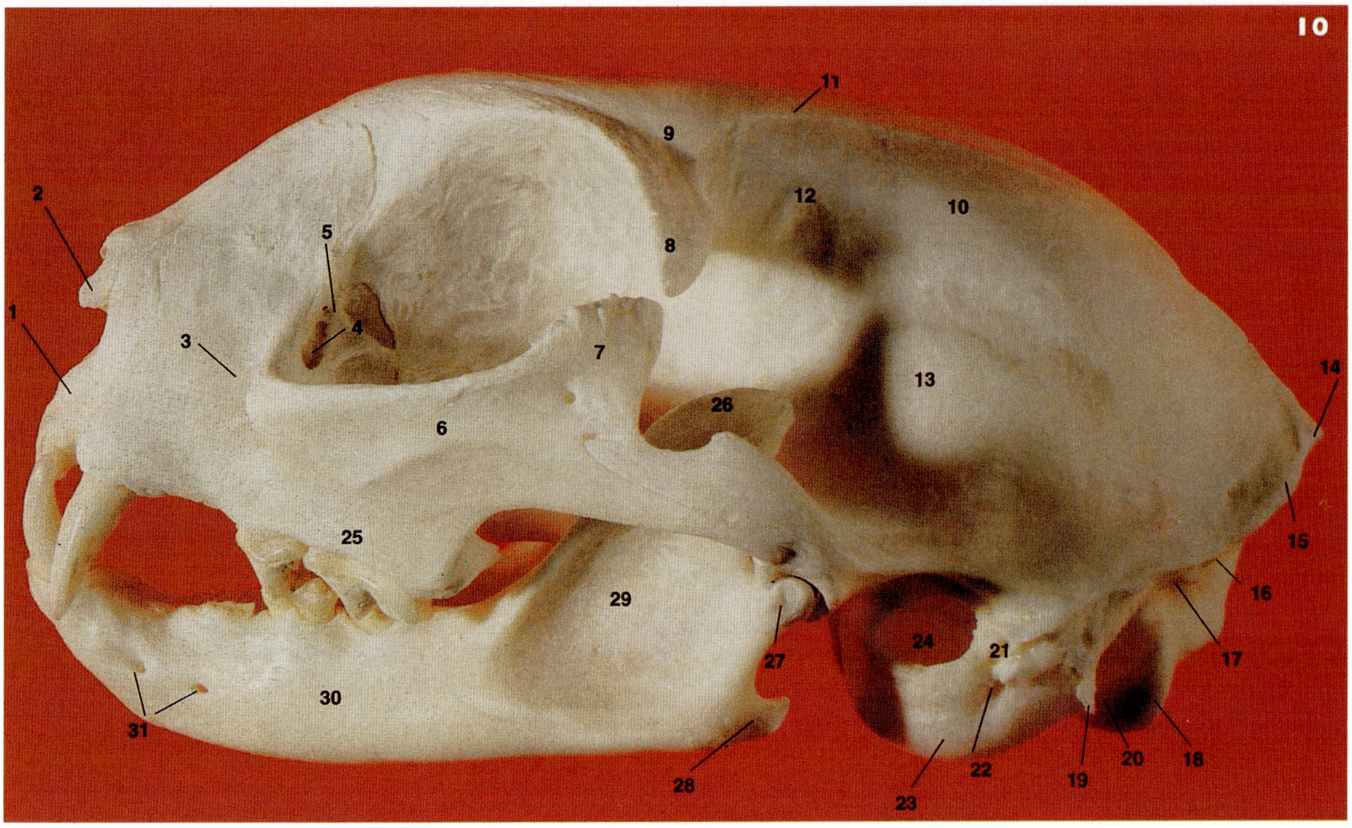

10 猫的头骨和下颌骨外侧面观。

1	切齿骨	9	额骨	17	髁背侧窝	25	上颌骨
2	鼻骨	10	顶骨	18	枕髁	26	冠突
3	眶下孔	11	颞线	19	颈静脉突	27	髁突
4	泪囊窝	12	颞窝	20	髁腹侧窝	28	下颌角突
5	泪骨	13	颞骨鳞部	21	乳突	29	咬肌窝
6	颧骨	14	枕外粗隆	22	茎乳孔	30	下颌体
7	颧骨额突	15	项嵴	23	鼓泡	31	颏孔
8	额骨颧突	16	枕骨	24	外耳道		

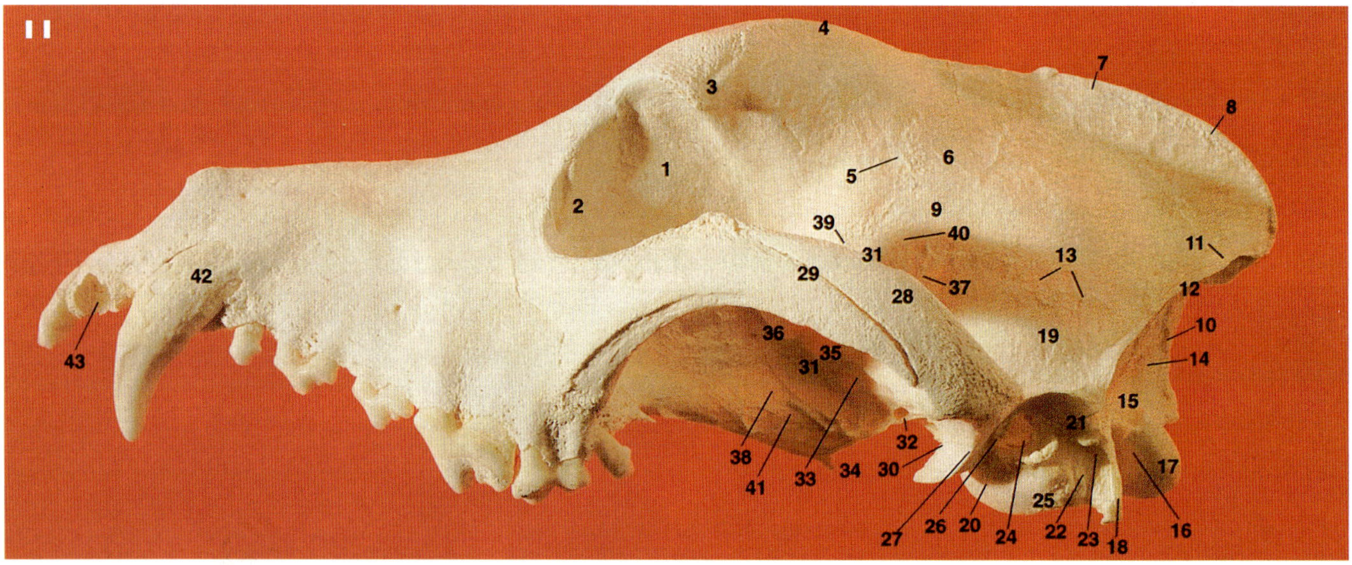

11 犬的头骨外侧面观，无下颌骨。

1 额骨
2 泪腺窝
3 额骨颧突
4 颞线
5 额顶缝
6 顶骨
7 外矢状嵴
8 顶骨间突和顶矢状缝
9 颞窝
10 枕骨
11 枕顶缝
12 项线
13 鳞缝
14 乳突孔
15 髁背侧窝
16 髁腹侧窝
17 枕髁
18 颈静脉突
19 颞骨鳞部
20 颞骨鼓部
21 乳突
22 枕骨鼓室缝
23 茎乳孔
24 外耳道
25 鼓泡
26 耳后孔
27 耳后突
28 颧突
29 颞颧缝
30 下颌窝
31 蝶骨
32 后翼孔
33 前翼孔
34 翼骨
35 眶裂
36 眶沟
37 蝶颞缝
38 蝶腭缝
39 蝶额缝
40 蝶顶缝
41 翼棘缝
42 犬齿槽(外侧被局部切除)
43 门齿槽

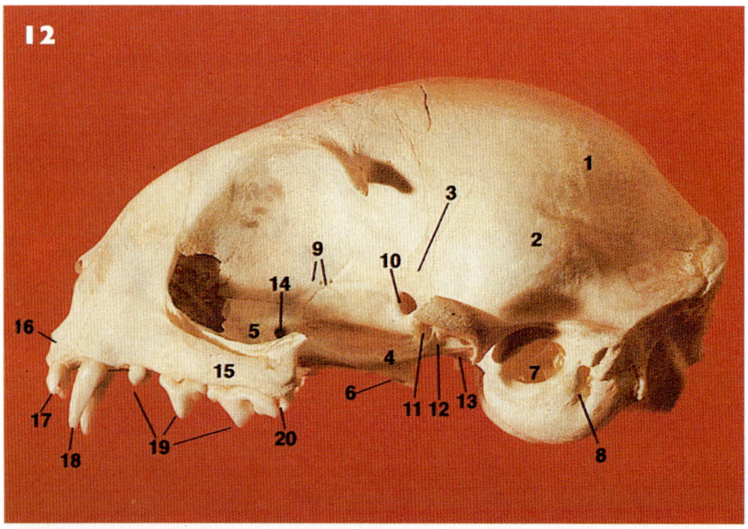

12 猫的头骨外侧面观，除去左侧的颧弓。

1 顶骨
2 颞骨鳞部
3 基蝶骨翼
4 前蝶骨
5 腭骨
6 翼骨
7 外耳道
8 茎乳孔
9 筛孔
10 视神经管
11 眶裂
12 前翼孔
13 后翼孔
14 蝶腭孔
15 上颌骨
16 切齿骨
17 切齿
18 犬齿
19 前臼齿
20 臼齿

13 猫的头骨左侧矢状切面内侧面观。

1 顶骨
2 额骨
3 额窦
4 筛鼻甲
5 筛板
6 筛孔
7 鼻骨
8 上鼻甲
9 下鼻甲
10 切齿骨
11 上颌骨
12 犁骨
13 第三前臼齿槽和第一臼齿槽
14 蝶窦
15 前蝶骨
16 基蝶骨
17 视神经管
18 鞍背
19 幕骨
20 内耳道
21 颈静脉孔
22 舌下神经管
23 枕骨

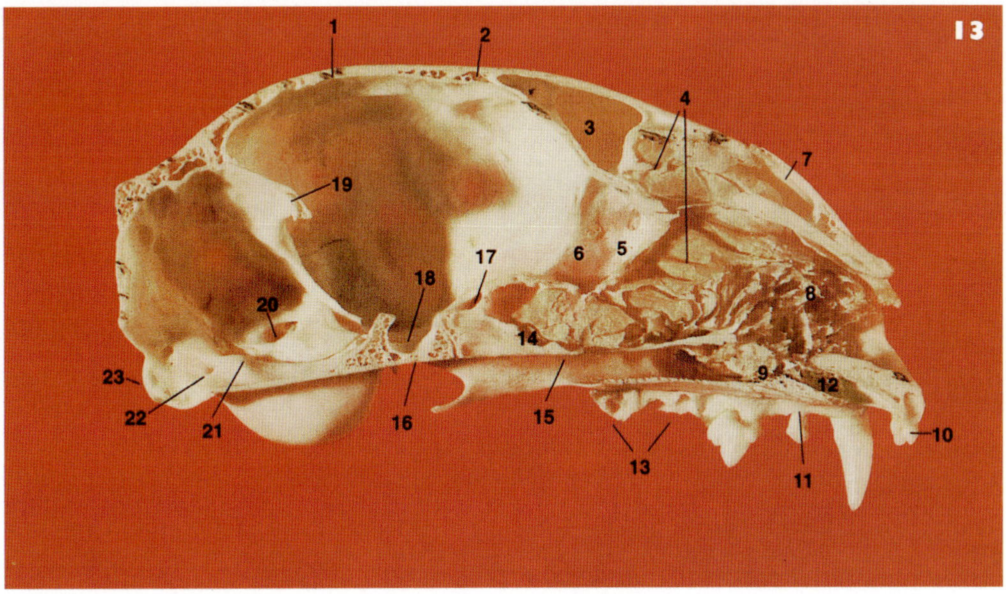

14 猫头骨背侧面观。

1 切齿骨
2 鼻骨
3 上颌骨
4 额骨
5 额骨颧突
6 颧骨
7 额突
8 下颌骨冠突
9 颞骨
10 颞骨颧突
11 顶骨
12 顶间骨
13 矢状嵴
14 枕骨

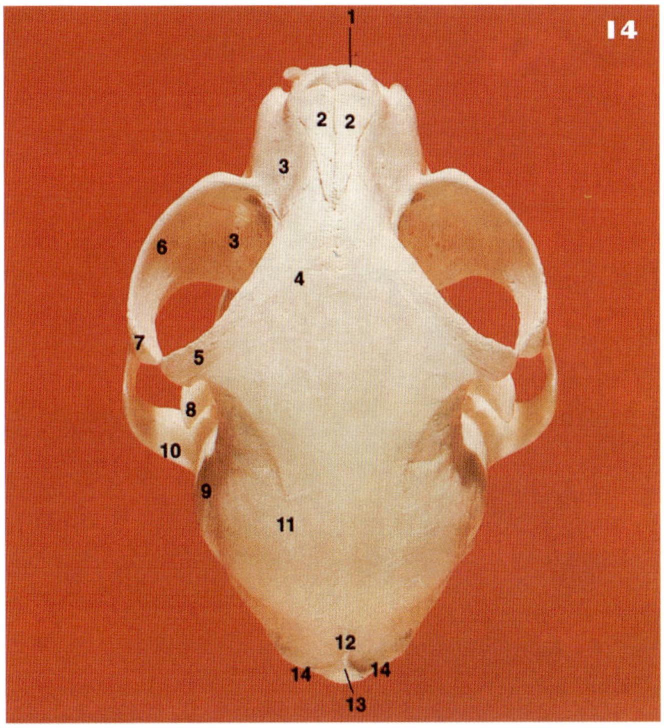

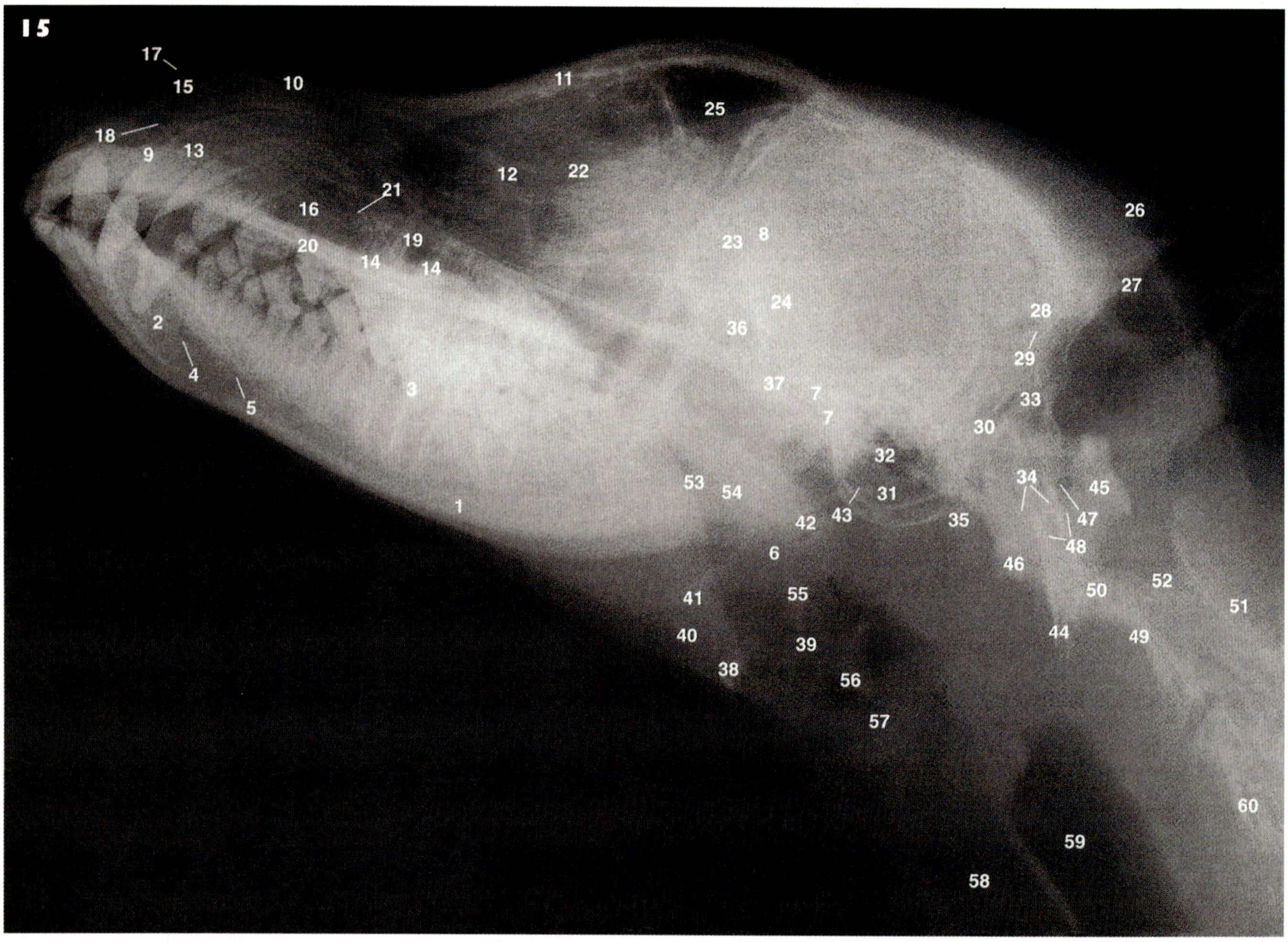

15 犬的头部 X 光侧位片。

1 下颌骨
2 下犬齿
3 第一下臼齿
4 颏孔
5 下颌管
6 下颌角突
7 髁突
8 冠突
9 切齿骨
10 鼻骨
11 额骨
12 上颌骨
13 上犬齿
14 第四上臼齿
15 上鼻甲
16 下鼻甲
17 上鼻道
18 下鼻道
19 上颌窦
20 硬颚
21 眶下孔
22 眼眶
23 颧骨颞突
24 颞骨颧突
25 额窦
26 矢状嵴
27 枕外隆凸
28 骨小脑幕
29 横断管
30 颞骨岩
31 鼓泡
32 外耳道
33 髁窝
34 枕髁
35 颈静脉突
36 前蝶骨
37 翼突
38 舌骨体
39 甲状舌骨
40 角质骨
41 上舌骨
42 茎突舌骨
43 鼓舌软骨
44 第一颈椎横突(寰椎)
45 寰椎背侧弓
46 寰椎腹侧弓
47 椎间孔
48 横突孔
49 第二颈椎体(枢椎)
50 齿突(枢椎)
51 棘突(枢椎)
52 椎骨切迹
53 舌根
54 软腭
55 会厌
56 甲状软骨
57 环状软骨
58 气管
59 食管
60 第三颈椎

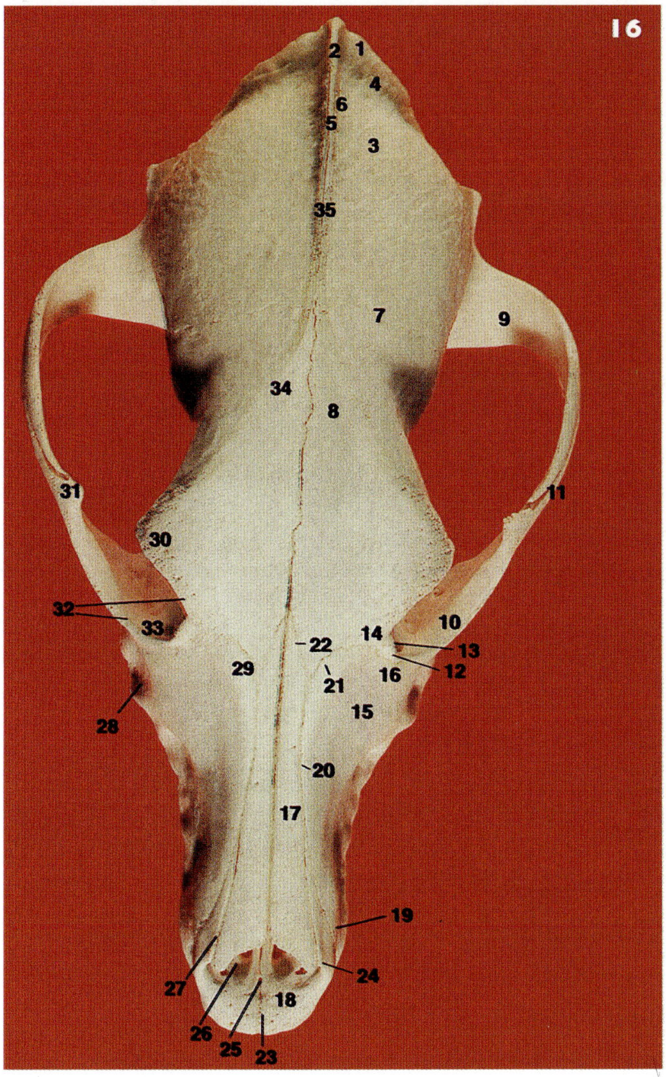

16 犬头骨背侧面观。

1	枕骨	19	切齿上颌骨缝
2	顶间骨	20	鼻上颌缝
3	顶骨	21	额上颌缝
4	枕顶缝	22	额鼻缝
5	矢状缝	23	切齿骨间缝
6	顶矢状缝	24	鼻切齿骨缝
7	顶额缝或冠状缝	25	切齿骨间管
8	额骨	26	腭裂
9	颞骨鳞状部	27	切齿骨鼻突
10	颧骨	28	眶下孔
11	颞颧骨	29	上颌骨额突
12	泪骨	30	额骨颧突(眶上突)
13	泪颧缝	31	颧骨额突
14	额泪缝	32	眶缘
15	上颌骨	33	泪囊窝
16	泪上颌缝	34	颞线
17	鼻骨	35	外矢状嵴
18	切齿骨		

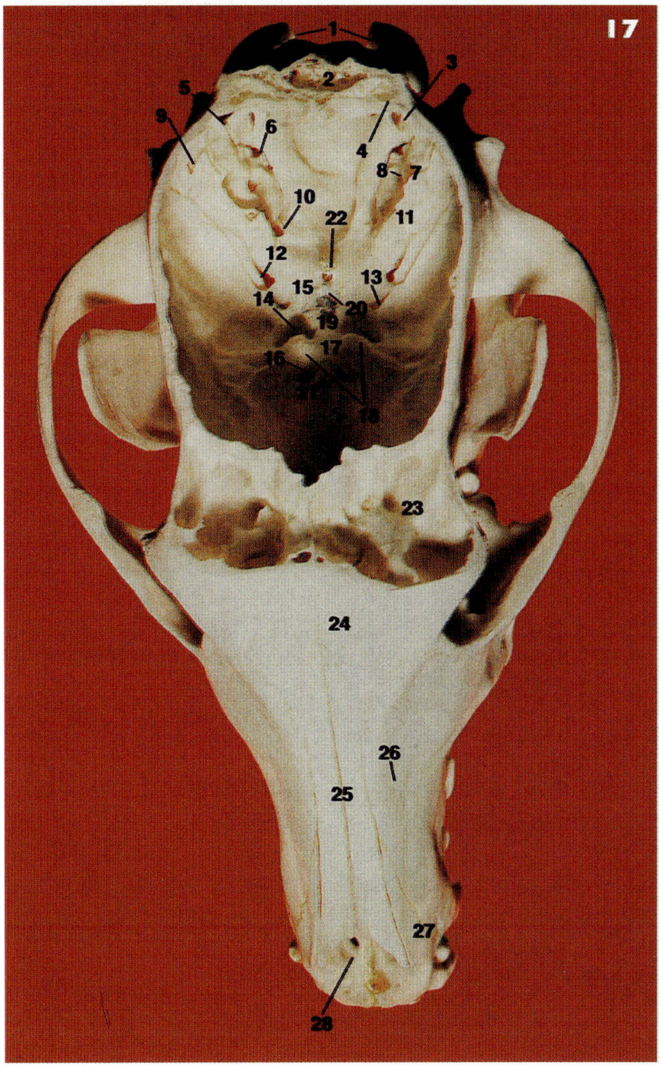

17 犬头骨背侧面观，除去背侧颅骨，示颅顶的内部结构。

1	枕骨	15	前蝶骨
2	横断管	16	视神经管
3	髁管	17	视交叉沟
4	舌下神经管	18	前床突
5	乳突孔	19	垂体窝
6	颈静脉孔	20	后床突
7	小脑窝	21	基蝶骨
8	内耳道	22	鞍背
9	横窦沟	23	额窦(外侧部)
10	三叉神经管	24	额骨
11	颞骨岩部嵴	25	鼻骨
12	卵圆孔	26	上颌骨
13	圆孔	27	切齿骨
14	眶裂	28	腭裂

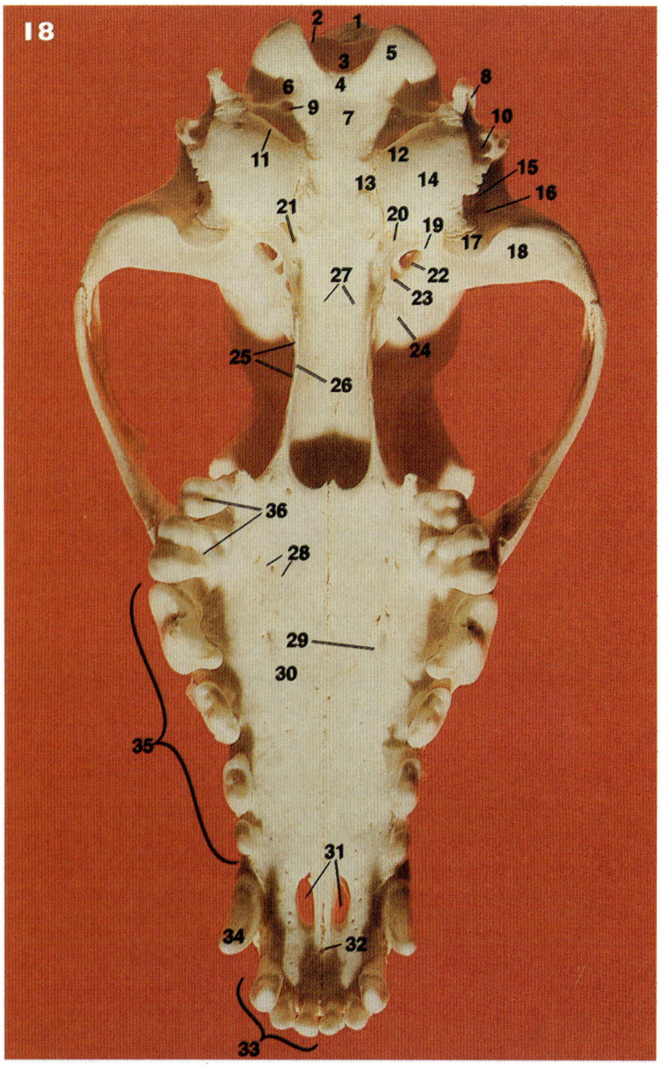

18 犬头骨腹侧面观，示上齿弓。

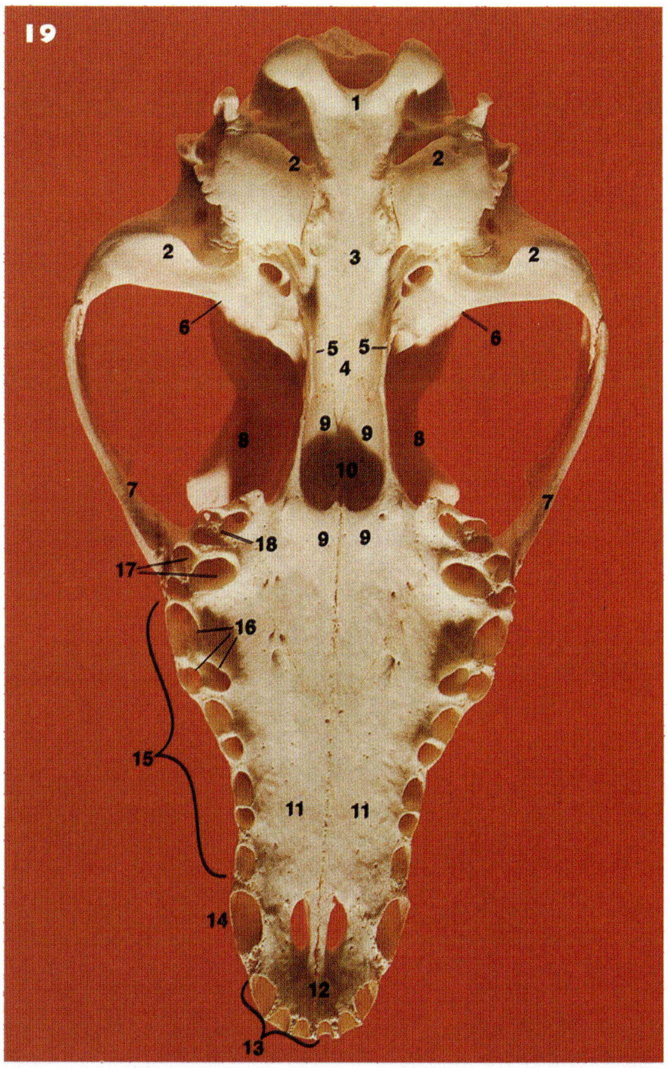

19 犬头骨腹侧面观，除去上颌齿，示上颌齿弓槽。

1	枕外隆凸	19	岩鼓裂
2	项结节	20	破裂孔
3	枕骨大孔	21	肌咽鼓管
4	髁间切迹	22	卵圆孔与棘孔
5	髁突	23	后翼孔
6	髁腹侧窝	24	前翼孔
7	咽结节	25	眶裂
8	颈静脉突	26	视神经管
9	舌下神经管	27	翼管后孔
10	茎乳孔	28	腭小孔
11	枕骨鼓室裂	29	腭大孔
12	颈静脉孔	30	腭沟
13	肌结节	31	腭裂
14	鼓泡	32	切齿管
15	外耳道	33	切齿
16	颞道	34	犬齿
17	耳后突	35	前臼齿
18	下颌窝	36	臼齿

1	枕骨	10	犁骨
2	颞骨	11	上颌骨
3	基蝶骨	12	切齿骨
4	前蝶骨	13	切齿槽
5	翼骨	14	犬齿槽
6	顶骨	15	前臼齿槽
7	颧骨	16	第四前臼齿槽
8	额骨	17	第一臼齿槽
9	腭骨	18	第二臼齿槽

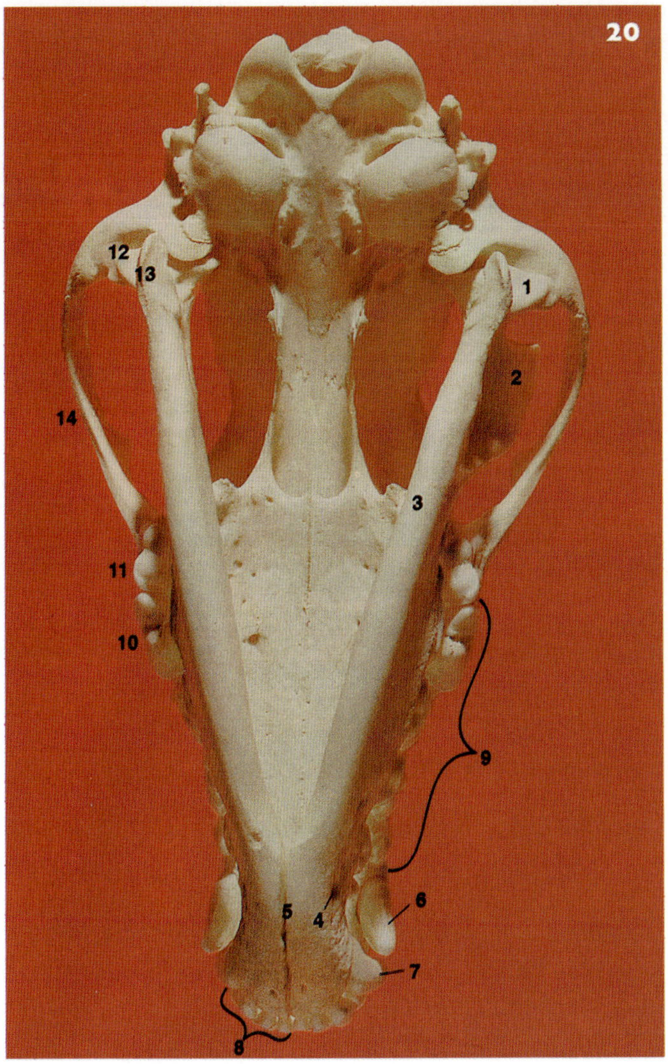

20 犬头骨和下颌骨腹侧面观。

1 髁突	8 下切齿
2 冠突	9 上前臼齿
3 下颌体	10 第四上前臼齿
4 颏孔	11 第一上臼齿
5 下颌联合	12 颞颌关节
6 上犬齿	13 下颌角突
7 下犬齿	14 颧弓

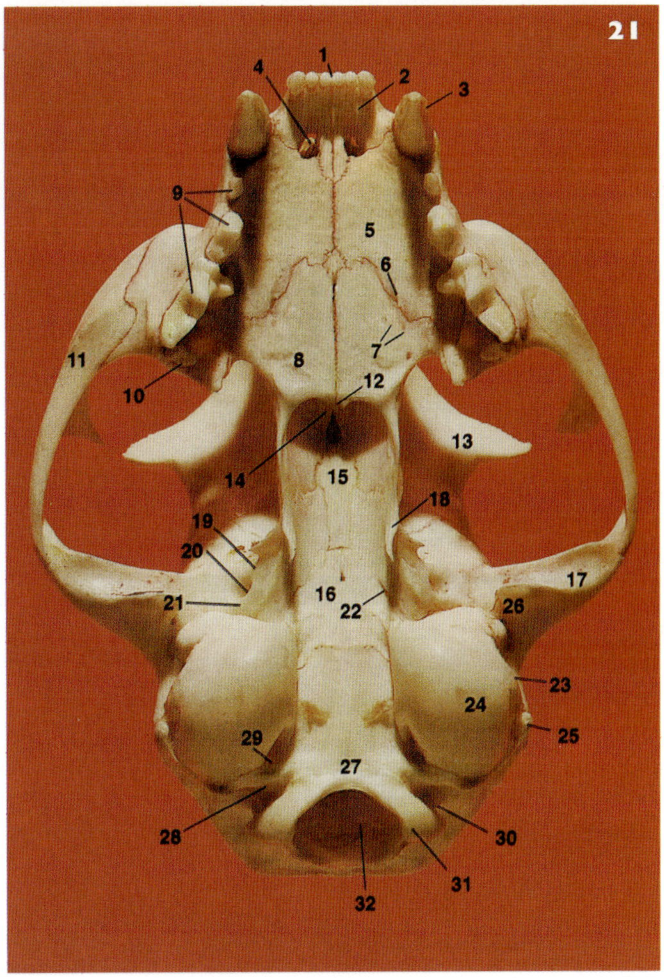

21 猫头骨腹侧面观，标记染料示骨缝。

1 切齿	17 下颌窝
2 切齿骨	18 翼骨钩
3 犬齿	19 前翼孔
4 腭裂	20 后翼孔
5 上颌骨	21 卵圆孔
6 腭大孔	22 翼管
7 腭小孔	23 外耳道
8 腭骨	24 鼓泡
9 前臼齿	25 茎乳孔
10 臼齿	26 耳后突
11 颧骨	27 枕骨
12 腭骨鼻后棘	28 颈静脉突
13 额骨	29 颈静脉孔
14 犁骨	30 髁腹侧窝
15 前蝶骨	31 枕髁（髁突）
16 基蝶骨	32 枕骨大孔

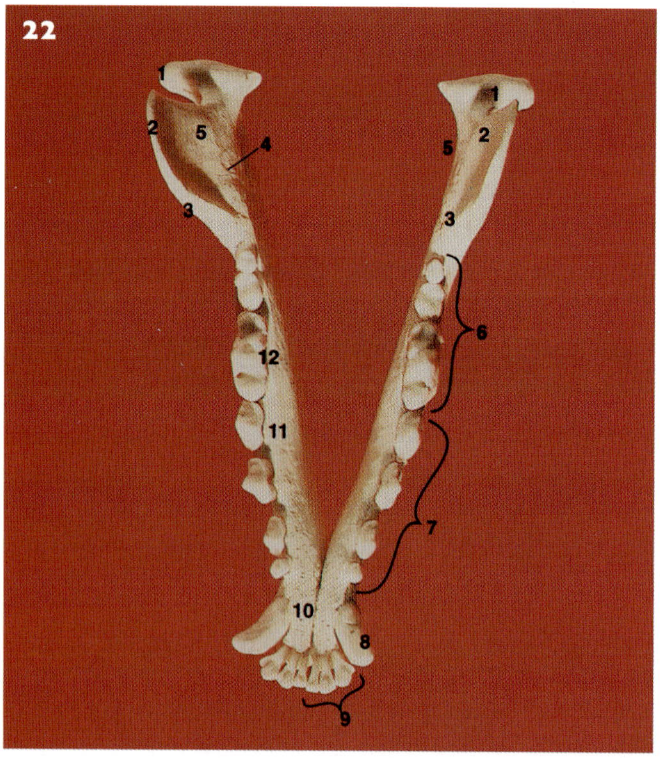

22 犬下颌骨背侧面观。

1 髁突
2 冠突
3 冠状嵴
4 下颌孔
5 下颌支
6 下颌臼齿
7 下前臼齿
8 下犬齿
9 下切齿
10 下颌联合
11 下颌体
12 下颌舌骨嵴

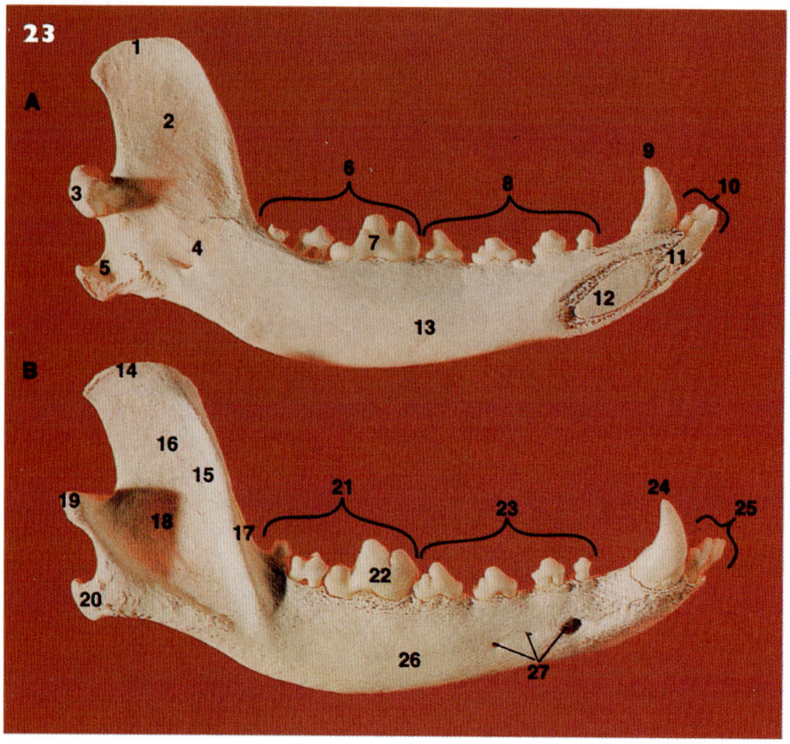

23 犬下颌骨内侧面观(A)和外侧面观(B)。

1	冠突	15	冠状嵴
2	下颌支	16	下颌支
3	髁突	17	下颌切迹
4	下颌孔	18	咬肌窝
5	下颌角突	19	髁突
6	臼齿	20	下颌角突
7	第一臼齿	21	臼齿
8	前臼齿	22	第一臼齿
9	犬齿	23	前臼齿
10	切齿	24	犬齿
11	门齿槽	25	切齿
12	犬齿槽	26	下颌体
13	下颌体	27	颏孔
14	冠突		

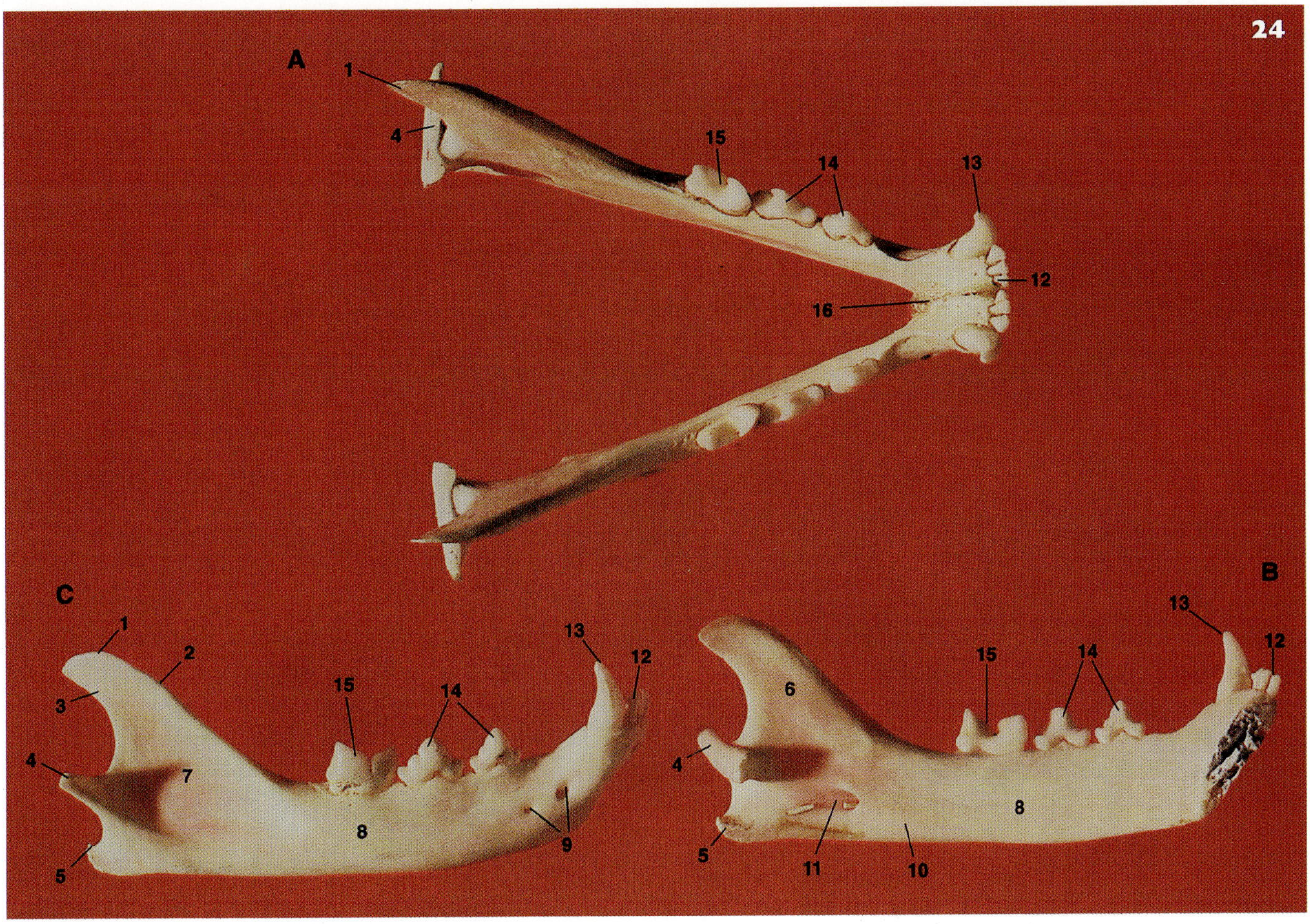

24 猫下颌骨背侧面观(A)、左下颌骨内侧面观(B)和右下颌骨外侧面观(C)。

1	冠突	9	颏孔
2	冠状嵴	10	下颌舌骨嵴
3	下颌切迹	11	下颌孔
4	髁突	12	切齿
5	下颌角突	13	犬齿
6	下颌支	14	前臼齿
7	咬肌窝	15	臼齿
8	下颌体	16	下颌联合

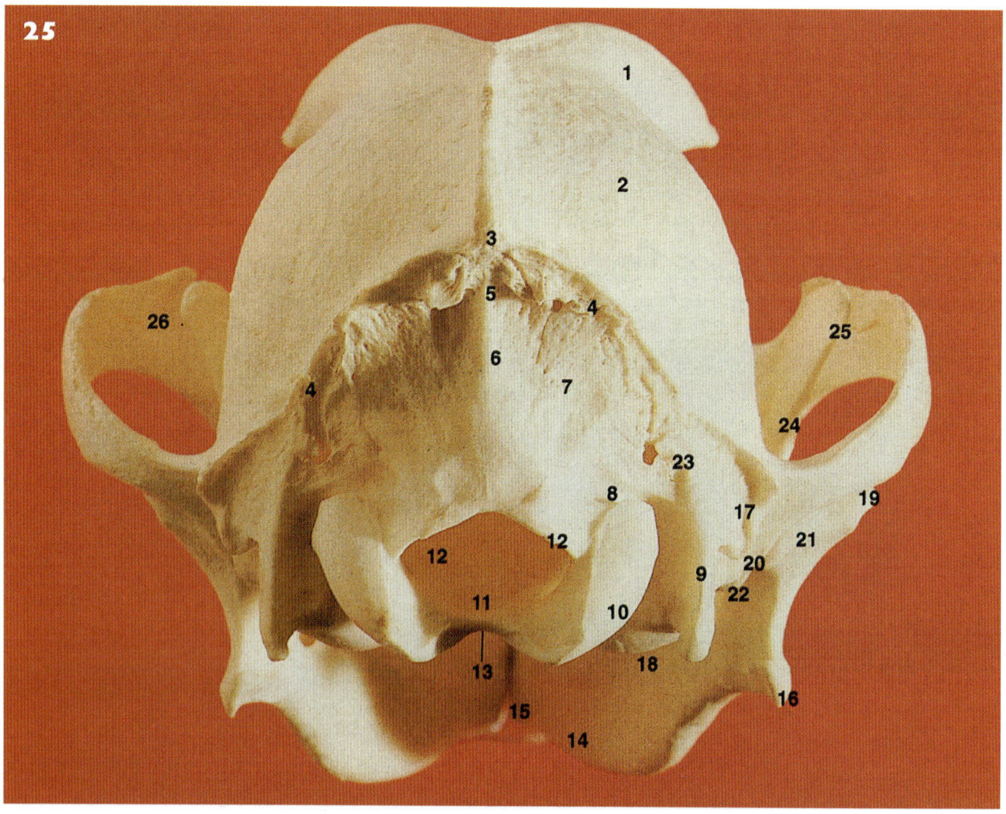

25 犬头骨和下颌骨尾侧面观。

1 额骨
2 顶骨
3 顶间骨
4 项嵴
5 枕外隆凸
6 枕外嵴
7 上枕骨
8 外枕骨
9 颈静脉突
10 枕髁
11 枕骨大孔
12 项结节
13 髁间切迹
14 下颌体
15 下颌联合
16 下颌角突
17 颞骨
18 鼓泡
19 颧突
20 乳突
21 颞颌关节
22 鼓舌骨附属区域
23 乳突孔
24 下颌支
25 冠突
26 颧骨

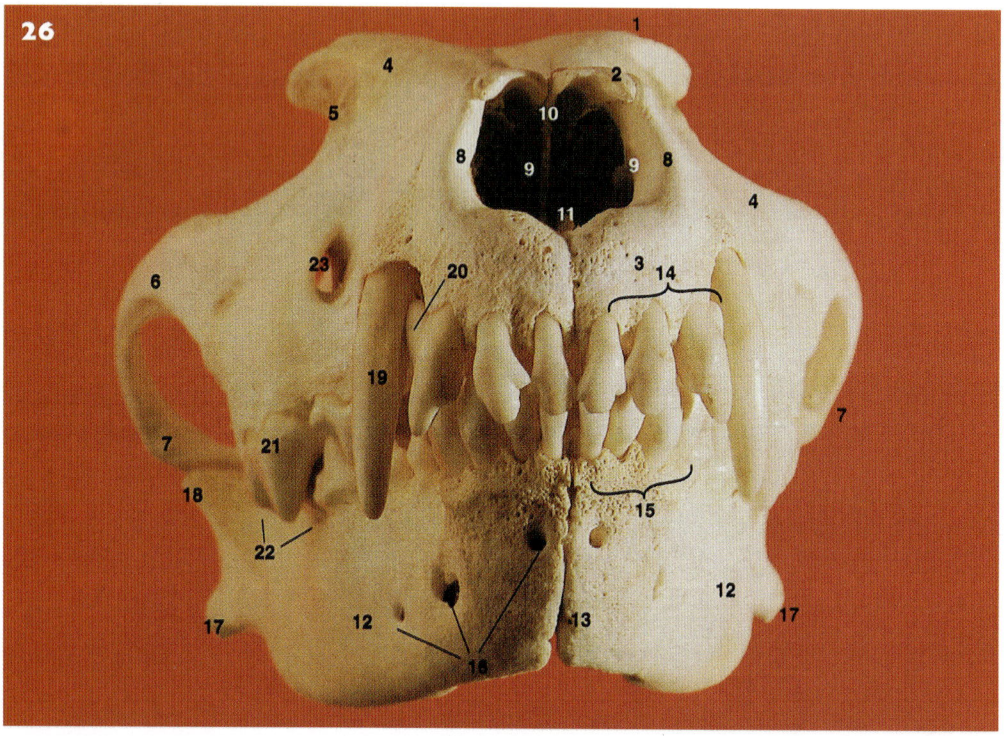

26 犬头骨和下颌骨吻侧面观。

1 额骨
2 鼻骨
3 切齿骨
4 上颌骨
5 泪骨
6 颧骨
7 颞骨颧突
8 骨性鼻孔
9 鼻凹
10 鼻中隔
11 犁骨
12 下颌体
13 下颌联合
14 上切齿
15 下切齿
16 颏孔
17 下颌角突
18 颞颌关节
19 上犬齿
20 下犬齿
21 第四上前臼齿
22 第一下臼齿
23 眶下孔

27 犬头部X光片背正位。

1 第二颈椎(枢椎)棘突
2 齿突(枢椎)
3 枢椎前关节面
4 第一颈椎(寰椎)横突
5 翼切迹
6 横突孔
7 后关节面
8 前关节面
9 项线
10 项结节
11 枕髁
12 枕骨大孔
13 颈静脉突
14 乳突
15 颞骨岩部
16 颞骨岩部脊
17 鼓泡
18 外耳道
19 垂体窝
20 视神经管
21 筛沟
22 翼突
23 筛鼻甲
24 额窦
25 犁骨
26 腭裂
27 眶内侧壁
28 颧弓
29 颧骨额突
30 髁突
31 下颌角突
32 下颌体
33 冠突
34 第四上前臼齿
35 上犬齿
36 下犬齿

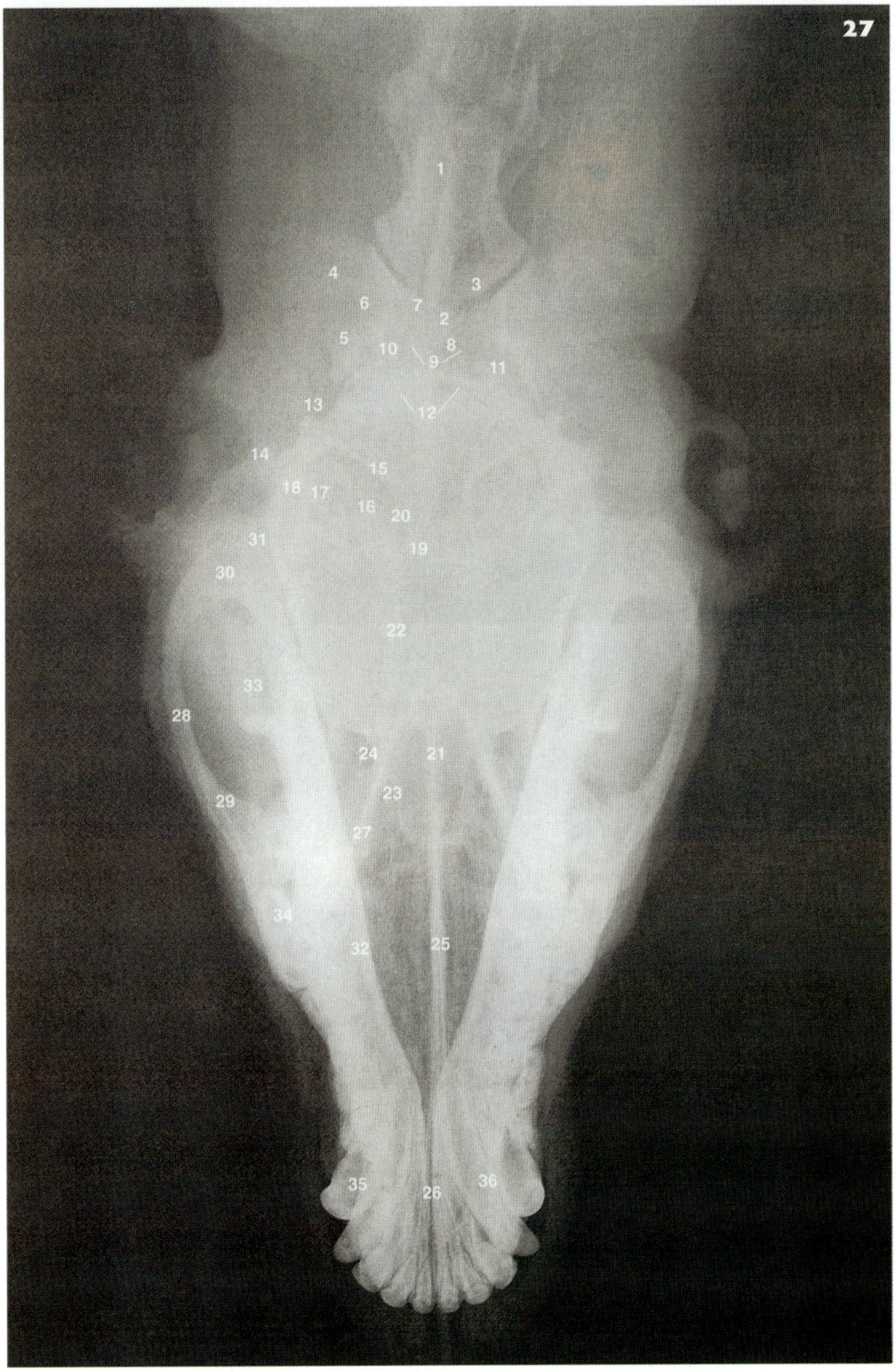

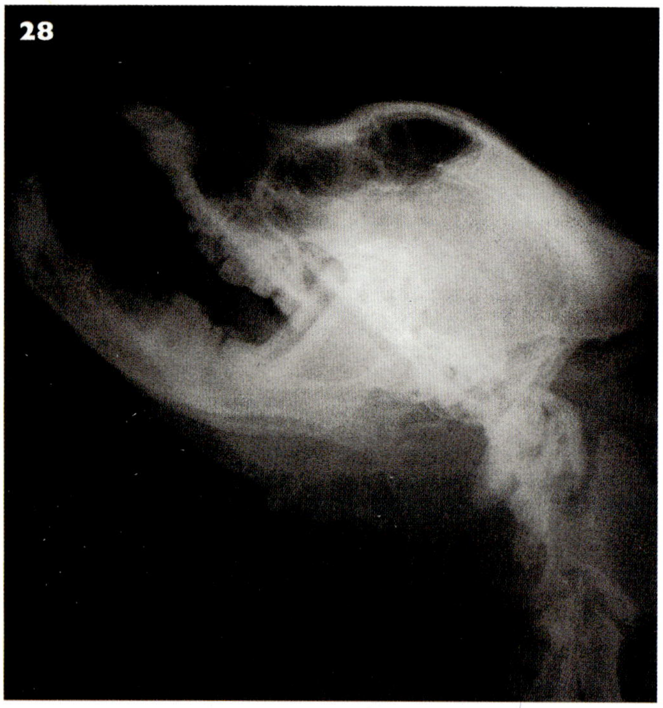

28 短头犬头部X光片侧平位，示非常短小的面部。

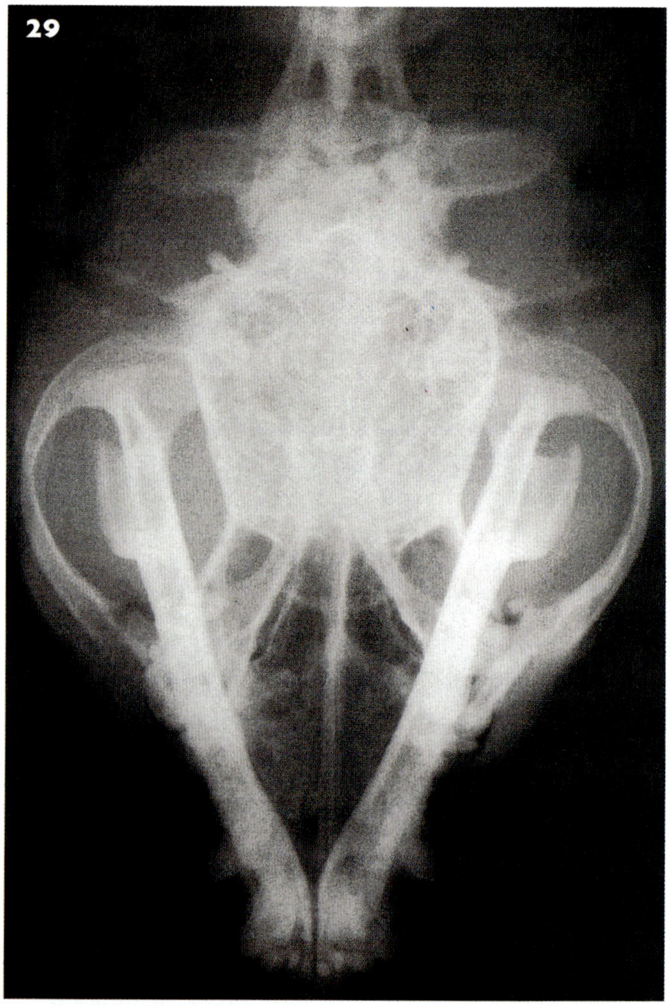

29 短头犬头部X光片腹正位，示上下齿弓的错位咬合。

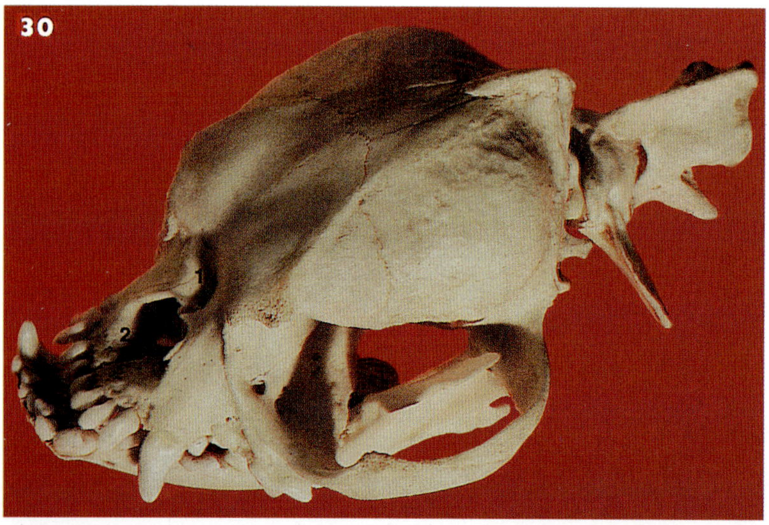

30 短头犬头骨背外侧面观，示非常短小的面部和上下齿弓的错位咬合。

1 额窝
2 外鼻孔

31 长头犬头骨外侧面观，示伸长的面部，犬齿和第一前臼齿的间隙增大。

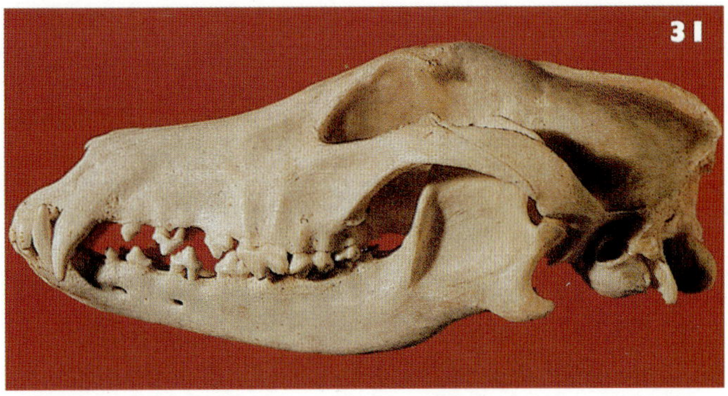

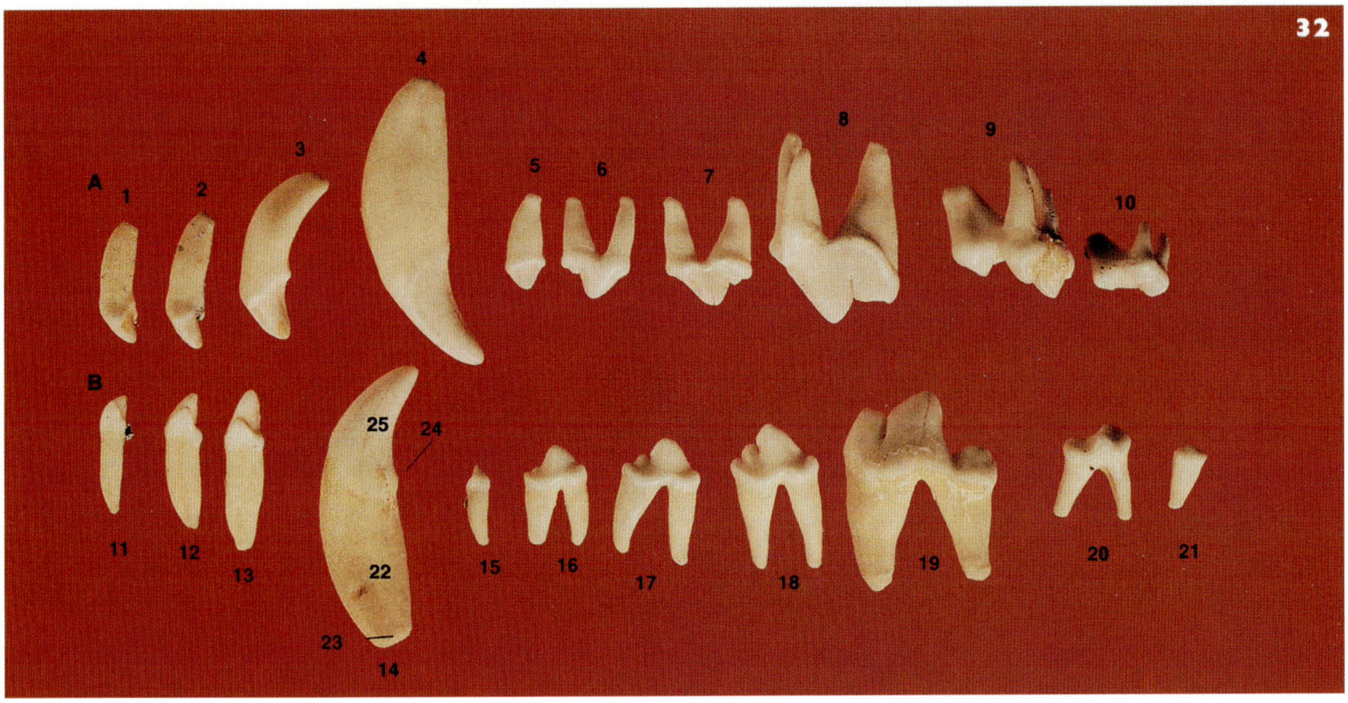

32 成年犬的齿列，示左半部头骨和下颌骨齿弓上的上(A)下(B)单个齿，恒齿式 $2\{I\frac{3}{3}C\frac{1}{1}P\frac{4}{4}M\frac{2}{3}\}=42$。乳齿式 $2\{Di\frac{3}{3}Dc\frac{1}{1}Dp\frac{3}{3}\}=28$。

1 第一上切齿
2 第二上切齿
3 第三上切齿
4 上犬齿
5 第一上前臼齿
6 第二上前臼齿
7 第三上前臼齿
8 第四上前臼齿
9 第一上臼齿
10 第二上臼齿
11 第一下切齿
12 第二下切齿
13 第三下切齿
14 下犬齿
15 第一下前臼齿
16 第二下前臼齿
17 第三下前臼齿
18 第四下前臼齿
19 第一下臼齿
20 第二下臼齿
21 第三下臼齿
22 齿根
23 齿根尖
24 齿颈
25 齿冠

临床注解

4所示成年犬的犬齿有着宽大的齿根。它的齿槽直径比周围牙齿的大得多，直接要想拔下这颗牙齿是非常困难的，可以用牙挺扩大齿槽缘或者损坏齿槽的外壁，才有可能把牙拔出齿槽。

8和19所示第四上臼齿和第一下臼齿是用来食肉或者切割的牙齿。食物进入面颊区域，利用这些有着像剪刀一样功能的牙齿，容易把大块的肉分割开。

8所示上臼齿有着三裂的牙根系统，拔牙时会出现很多难题，要想拔牙成为可能，必须用牙挺松动在齿槽内的牙齿。

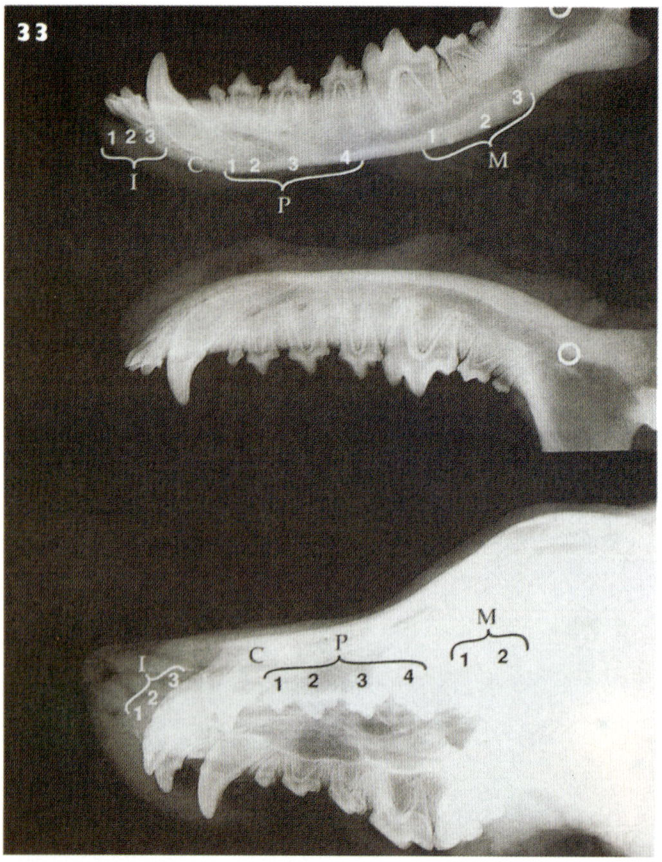

33　下颌骨的两个单分体和一个倾斜头骨的 X 光片，示成年犬的齿列。

C　犬齿
I　切齿
P/PM　前臼齿
M　臼齿

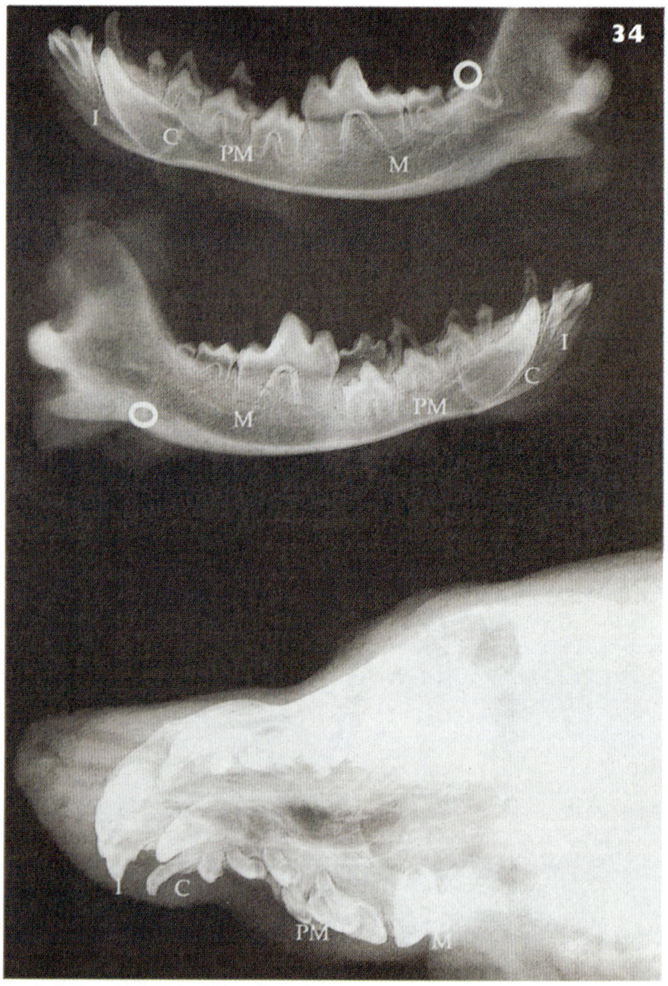

34　下颌骨的两个单分体和一个幼犬倾斜头骨的 X 光片，示乳齿被恒齿所替代，乳切齿已经脱落，乳犬齿和前臼齿在恒牙上面将要被替换。注意第一前臼齿从齿弓长出即为恒齿。

35 成年猫的齿列，示上(A)、下(B)齿弓的单个齿。

1 切齿
2 犬齿
3 前臼齿
4 臼齿

临床注释

恒齿齿式：

$2\{I\frac{3}{3}C\frac{1}{1}P\frac{3}{2}M\frac{1}{1}\}=30$

第三上前臼齿和第一下臼齿是切割齿。

乳齿齿式：

$2\{Di\frac{3}{3}Dc\frac{1}{1}Dp\frac{3}{2}\}=26$

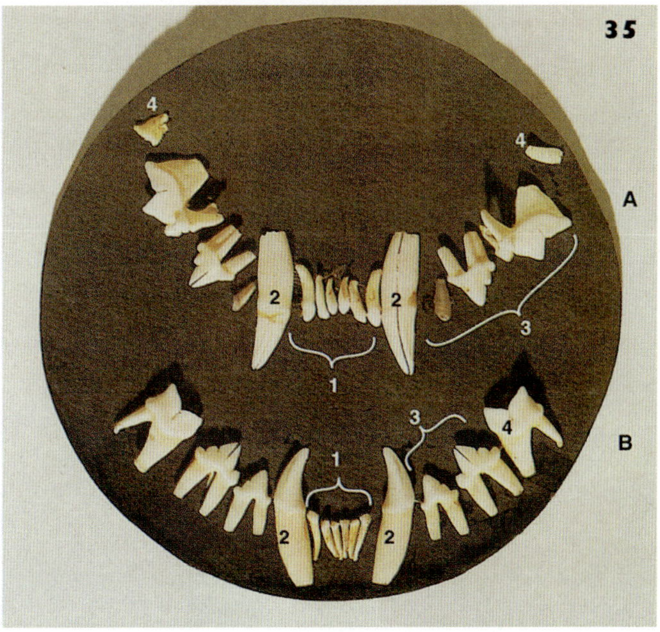

36 犬头部外侧面观，剥去皮肤，示表层肌肉。

1 颈阔肌
2 颈浅括约肌
3 颈外静脉
4 腮耳肌
5 颧耳肌
6 颈耳肌
7 颈深括约肌
8 颧肌
9 口轮匝肌
10 鼻唇提肌
11 额肌
12 眼轮匝肌
13 眼外侧角缩肌
14 盾耳肌
15 眼睑神经(Ⅶ)
16 颧颞神经(Ⅴ)

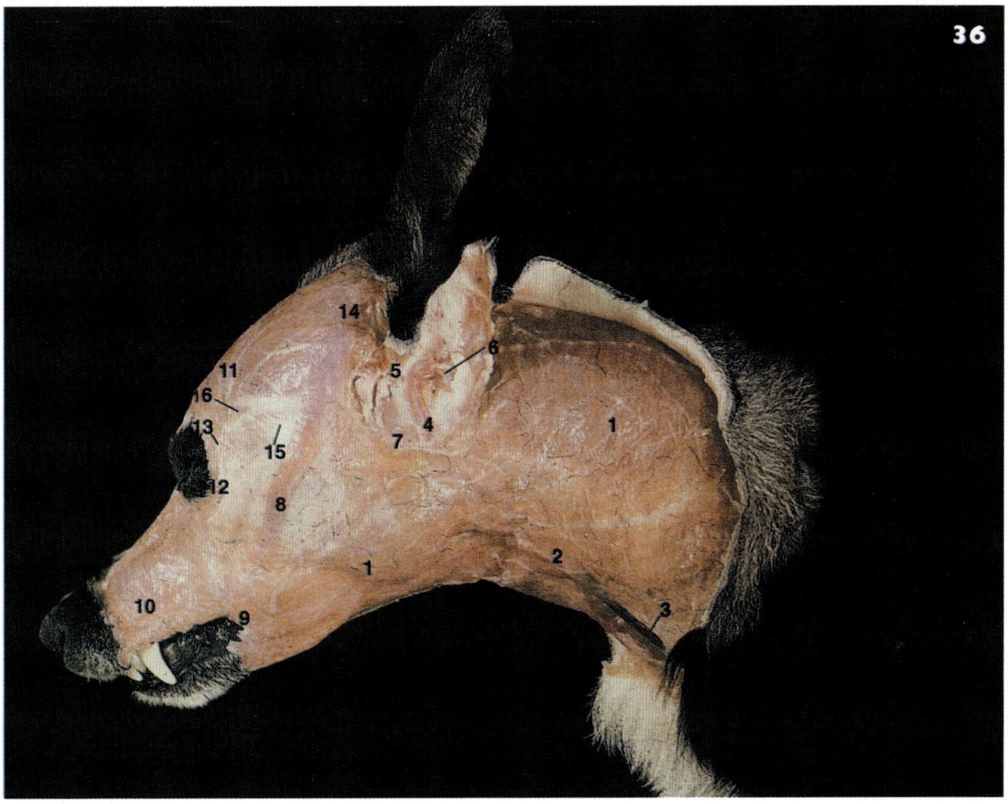

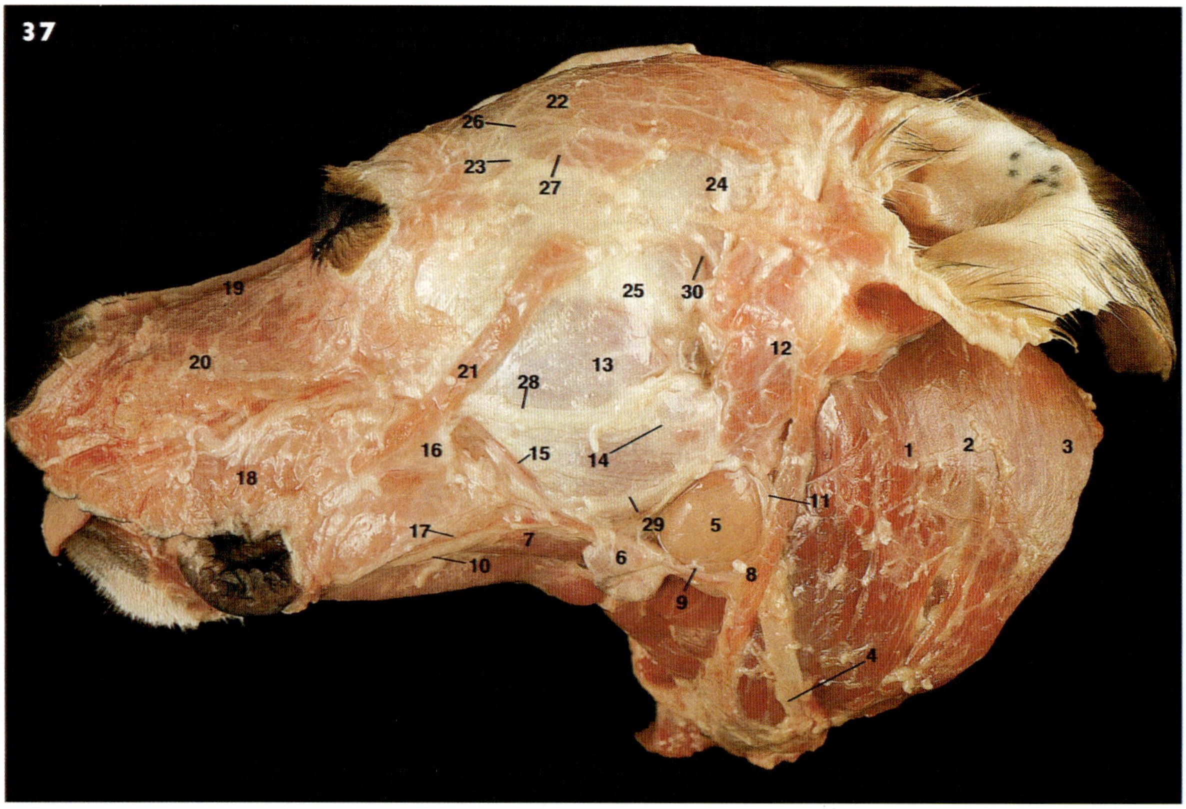

37 犬头部外侧面观，去除了浅层肌肉。

1	胸乳突肌	16	颊肌
2	胸枕肌	17	舌静脉
3	锁颈肌	18	口轮匝肌
4	颈外静脉	19	鼻唇提肌
5	颌下腺	20	上唇提肌
6	下颌淋巴结	21	颧肌
7	二腹肌	22	额肌
8	腮耳肌	23	眼外侧角缩肌
9	舌面静脉	24	颞肌
10	下颌舌骨肌	25	颧弓
11	上颌静脉	26	颧颞神经（V）
12	腮腺	27	眼睑神经（VII）
13	咬肌	28	背侧颊支（VII）
14	腮腺管	29	腹侧颊支（VII）
15	面静脉	30	耳颞神经（V）

临床注释

5所示为颌下腺，实际结构上包括颌下腺和单口舌下腺的一部分。两个唾液腺有各自腺管，并列行走于二腹肌和下颌体之间。

6所示淋巴结是在活犬体表可触及的淋巴结，通常被用作临床的常规检查。注意区分它和舌面神经的位置关系以及不要混淆比它大的在其背侧的颌下腺。

12所示为腮腺，其位置和外耳道软骨位置很接近。在外科做外耳垂直部切除时，腮腺是最容易受到损伤的。

14所示的位置是一段腮腺管。切除它在口腔前庭第四上前臼齿水平位置的开口，这个腺管可以从面诸区移动并插入上外侧眼角，这样可以解决因干性角膜结膜炎而引起的眼缺少眼泪分泌物。

38 犬头部背侧面浅表肌肉。

1	颈盾肌	9	眼外侧角缩肌
2	颈耳肌	10	眼内侧角提肌
3	第二颈神经皮支	11	鼻唇提肌
4	盾间肌	12	鼻镜
5	额肌(切掉边缘)	13	眼睑边缘
6	盾耳肌(切掉边缘)	14	眼睑神经(Ⅶ)
7	颧肌	15	前耳神经支(Ⅶ)
8	眼轮匝肌	16	颞肌

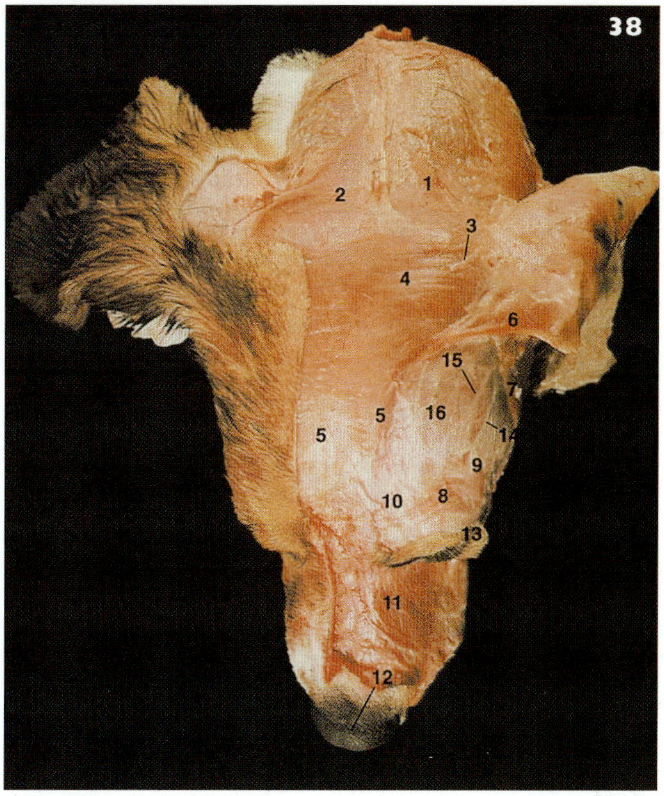

39 犬头部外侧面肌肉，除去皮肤和浅表肌肉。

1 颞肌
2 咬肌表面
3 咬肌内侧
4 二腹肌
5 茎突舌骨肌
6 咽后淋巴结
7 甲咽肌
8 甲状舌骨肌
9 胸骨舌骨肌
10 胸骨甲状肌
11 胸乳突肌(胸头肌)
12 胸枕肌(胸头肌)
13 锁颈肌
14 下颌舌骨肌
15 颊肌
16 眼外侧角缩肌
17 额肌(切掉边缘)

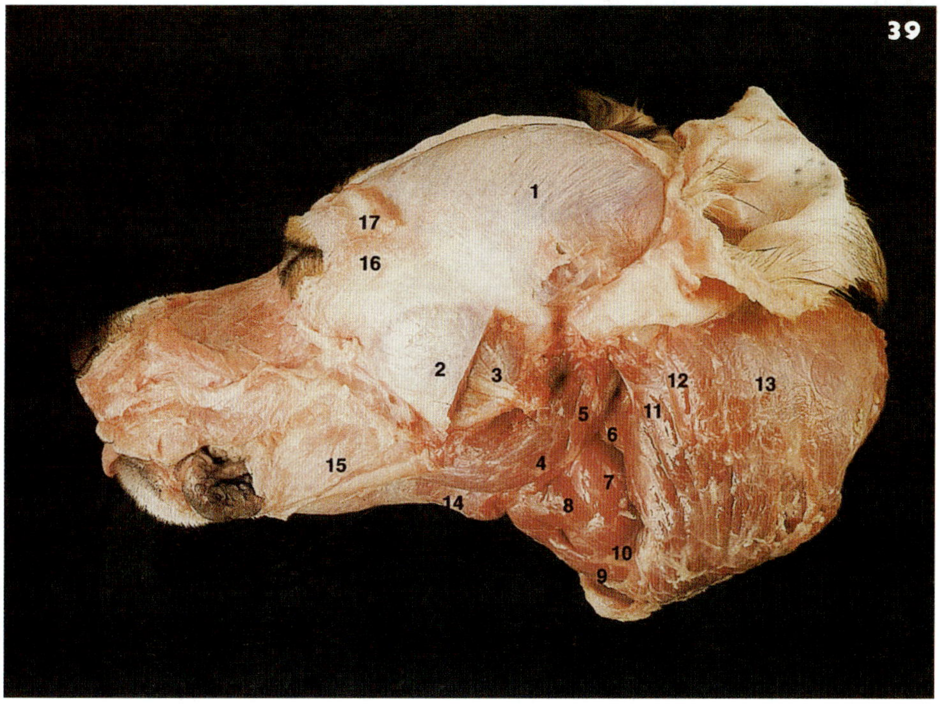

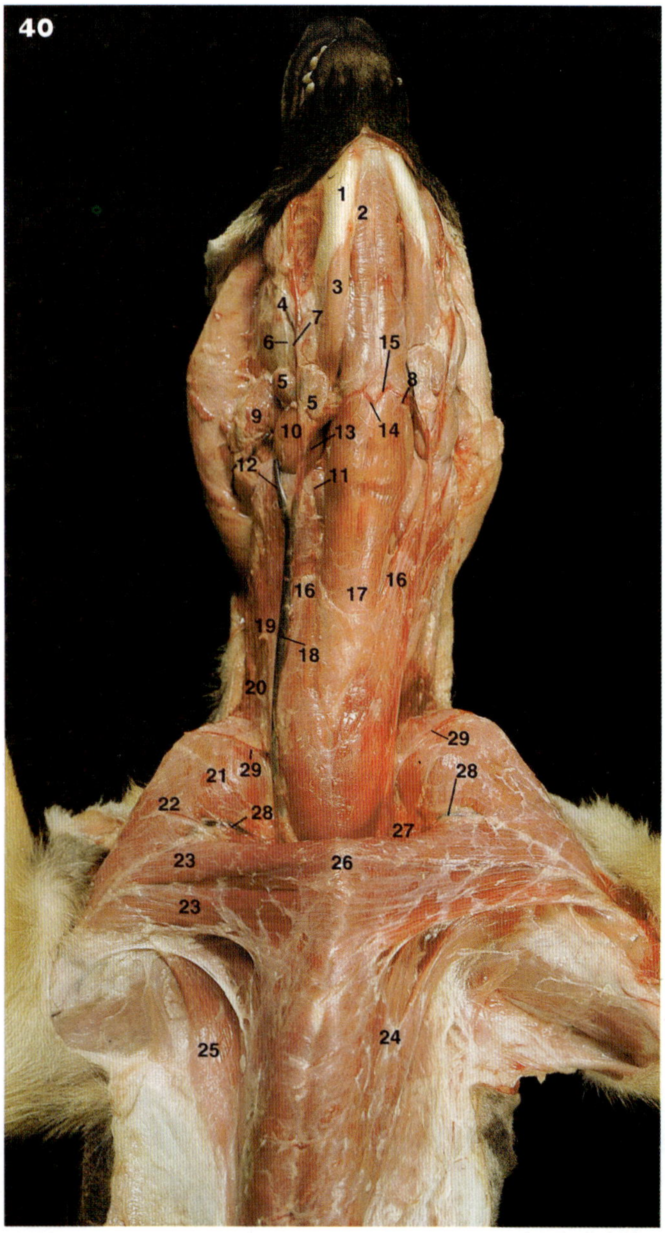

40 犬头颈部浅层肌肉腹侧面观。

1	下颌体	16	胸乳突肌和胸枕肌（胸头肌）
2	下颌舌骨肌	17	胸骨舌骨肌
3	二腹肌	18	颈外静脉
4	咬肌	19	锁乳突肌
5	下颌淋巴结	20	锁颈肌
6	腮腺管	21	锁骨腱
7	面静脉	22	锁臂肌（臂头肌）
8	茎突舌骨肌	23	浅胸肌
9	腮腺	24	深胸肌
10	颌下腺	25	背阔肌
11	咽后淋巴结	26	胸骨柄
12	上颌静脉	27	锁骨上窝
13	舌静脉	28	头静脉
14	舌骨静脉弓	29	肩胛臂静脉
15	颏下静脉		

临床注释

17所示在两边肌肉间有纤维缝。外科颈部手术总是通过正中缝使手术对组织损伤和出血降到最低。肌肉能够向两侧分离而显示深部结构。

18所示颈外静脉通过颈腹外侧的位置，是最容易进行活体穿刺和收集大量血样的地方。用手紧压血管处，阻碍回流到胸腔的血液，血管内升高的血压和充盈的血液有利于针头插入采血。

41 犬头颈部腹侧面观，除去胸骨舌骨肌和胸骨甲状肌以暴露气管。

1	下颌体	6	甲状舌骨肌
2	下颌舌骨肌	7	胸骨甲状肌
3	二腹肌	8	甲状软骨
4	颏舌骨肌	9	环状软骨
5	茎突舌骨肌	10	气管

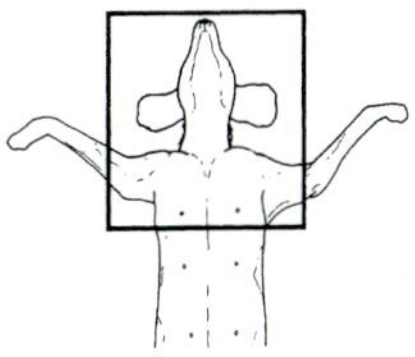

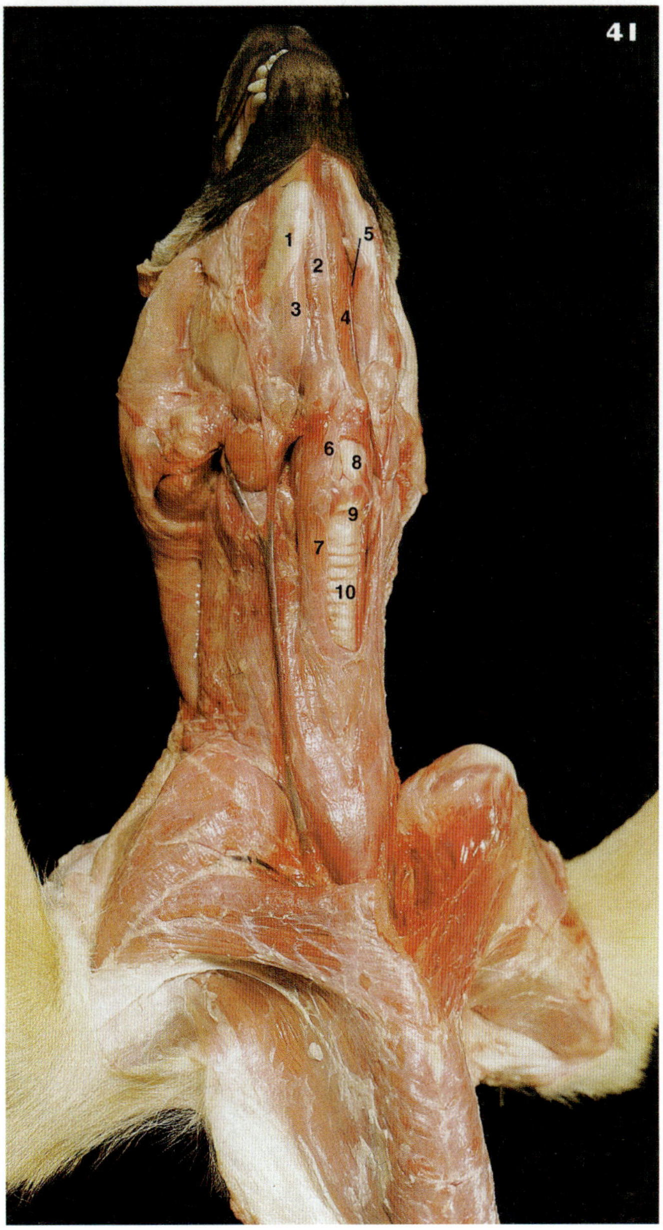

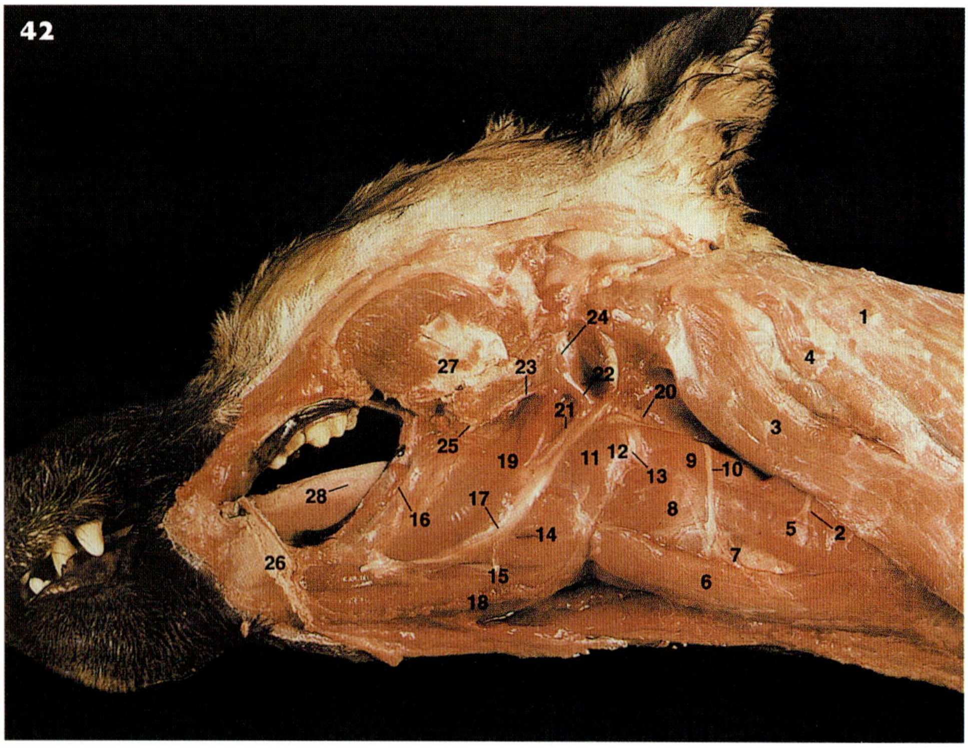

42 犬头颈部腹外侧面观，除去左侧下颌支和下颌体，示其周围的结构。

1 锁颈肌
2 第二颈神经
3 胸乳突肌(胸头肌)
4 胸枕肌(胸头肌)
5 胸骨甲状肌
6 胸骨舌骨肌
7 环甲肌
8 甲状舌骨肌
9 甲咽肌
10 颈神经
11 大角咽肌
12 小角咽肌
13 喉前神经
14 舌骨舌肌
15 颏舌骨肌
16 颊神经
17 舌下神经
18 下颌舌骨肌
19 茎突舌骨肌
20 迷走交感神经干
21 舌动脉
22 颈外动脉
23 面动脉
24 上颌动脉
25 舌神经(断端)
26 下颌体(断端)
27 咬肌
28 舌

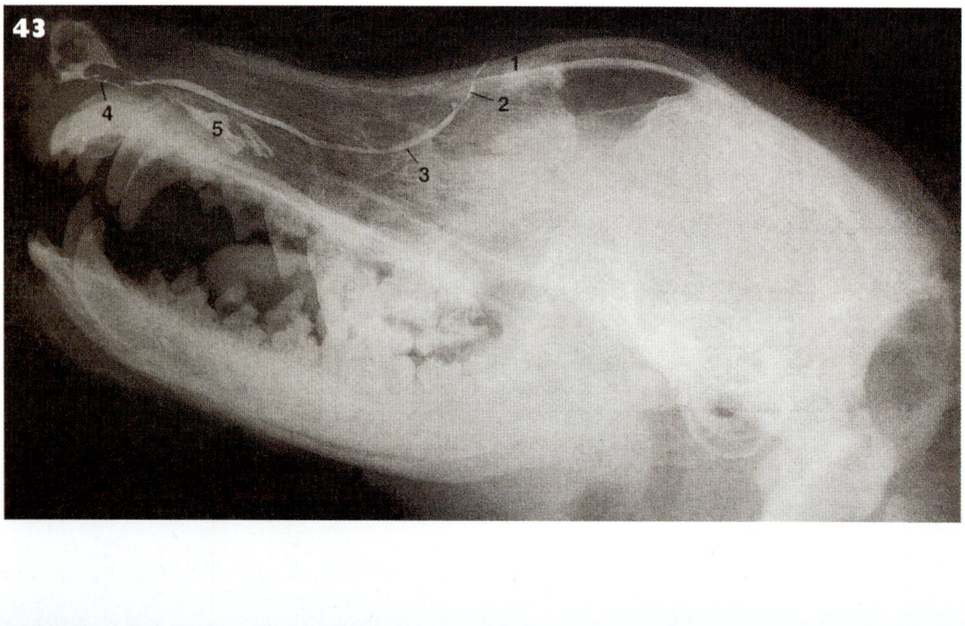

43 犬头部侧位X光片。为了显示鼻泪管通道，在其内注入了造影剂。

1 位于鼻泪管腹侧的注射针
2 泪囊
3 鼻泪管
4 泪管开放于鼻前庭底部
5 流入鼻道腹侧的造影剂

44 犬第四上前臼齿水平位的头骨横断面吻侧观。

1	筛骨	6	横板
2	迷路(鼻甲)	7	犁骨
3	垂直板或薄板	8	通往鼻咽道的鼻后孔
4	侧板	9	眶下管
5	上颌骨隐窝	10	鼻泪管

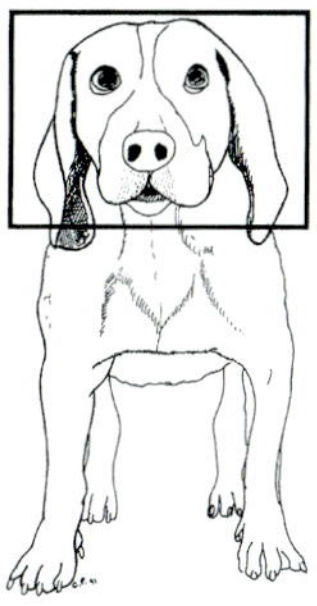

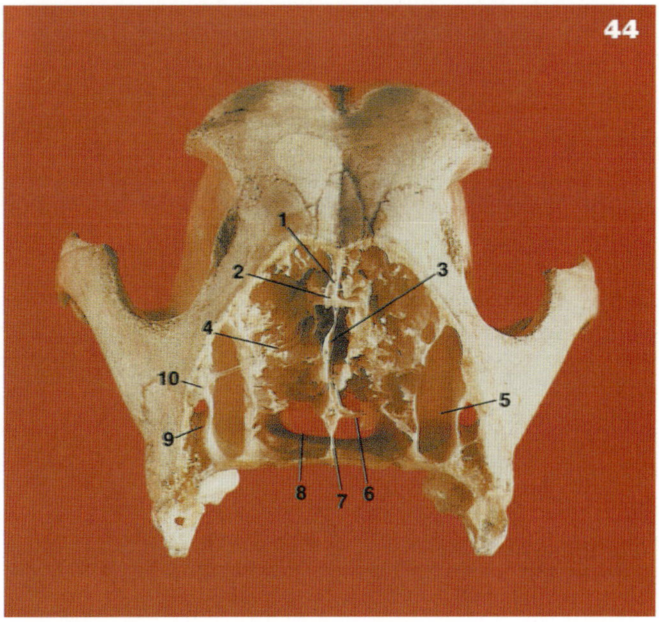

45 犬的鼻腔横断面，切面穿过上犬齿水平(A)和第四上前臼齿水平(B)位置。

临床注释

26 所示第四前臼齿齿根紧靠近上颌骨隐窝(23)，因此齿根的感染能够侵蚀到上颌骨隐窝。如果感染未及时处理，可能在面诸区眼下部形成排脓瘘管。

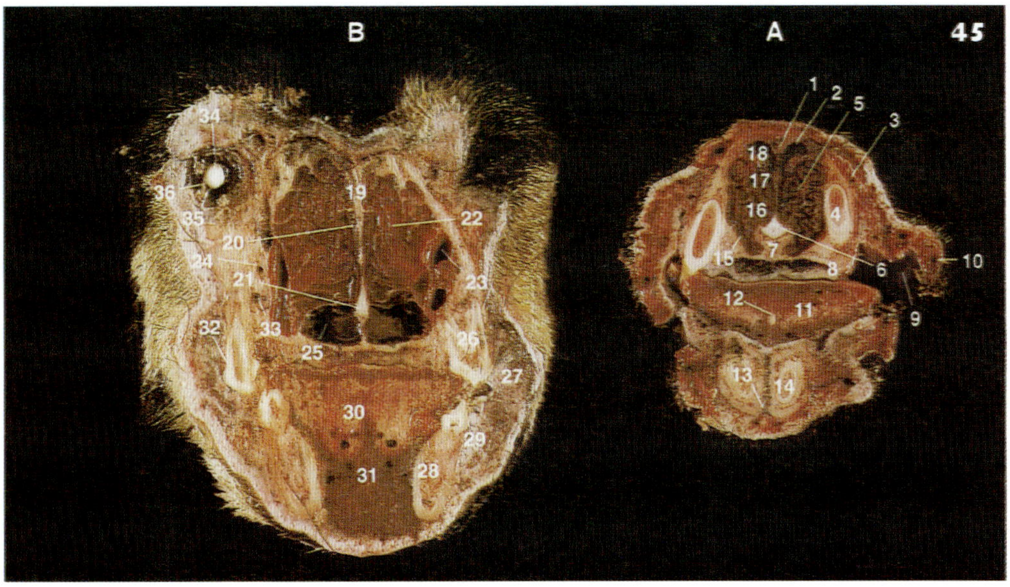

1	鼻骨	10	上唇	19	额骨中隔突	28	下颌体
2	上鼻甲	11	舌	20	筛骨垂直板	29	下前臼齿
3	上颌骨	12	舌中隔	21	犁骨	30	舌
4	上犬齿	13	下颌体	22	筛鼻甲	31	颏舌骨肌
5	下鼻甲	14	下犬齿	23	上颌骨隐窝	32	上臼齿齿根
6	鼻中隔软骨	15	下鼻道	24	鼻泪管	33	眶下管
7	犁骨	16	总鼻道	25	鼻咽	34	晶状体
8	硬颚	17	中鼻道	26	第四前臼齿	35	虹膜
9	口腔前庭	18	上鼻道	27	颊肌	36	瞳孔

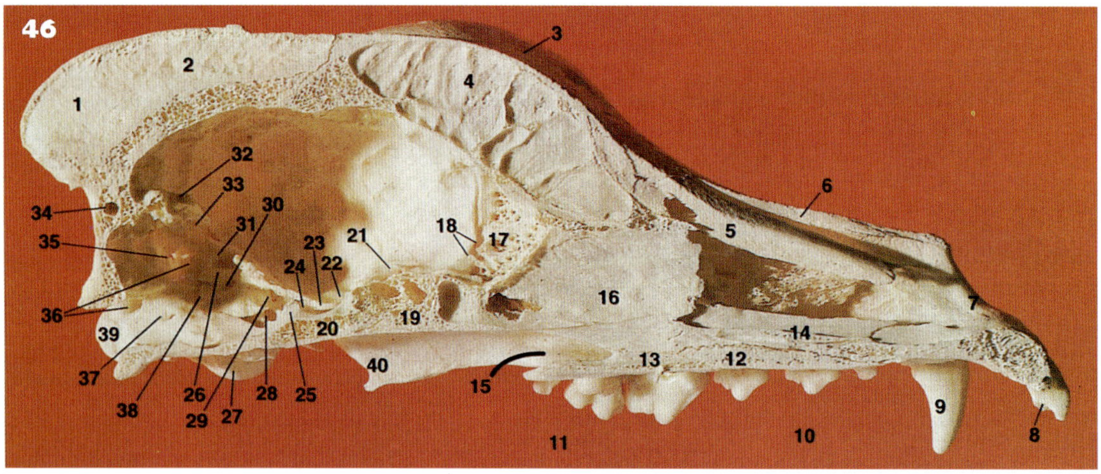

46 犬头骨正中矢状面。

1 顶间骨
2 顶骨
3 额骨
4 额窦中隔
5 鼻骨
6 上颌骨
7 切齿骨
8 切齿
9 犬齿
10 前臼齿
11 臼齿
12 上颌骨腭突
13 腭骨水平板
14 犁骨
15 鼻咽道
16 筛骨骨性鼻中隔
17 筛骨筛板和筛孔
18 筛孔
19 前蝶骨体
20 基蝶骨体
21 视神经沟
22 眶裂
23 通过上翼孔的圆孔
24 卵圆孔
25 鞍背
26 颞骨岩部
27 颞骨鼓部
28 颈动脉孔
29 三叉神经管
30 内耳道
31 小脑窝
32 骨幕
33 横沟
34 横管
35 乳突上孔
36 髁管
37 舌下神经管
38 颈静脉孔
39 枕骨
40 翼骨

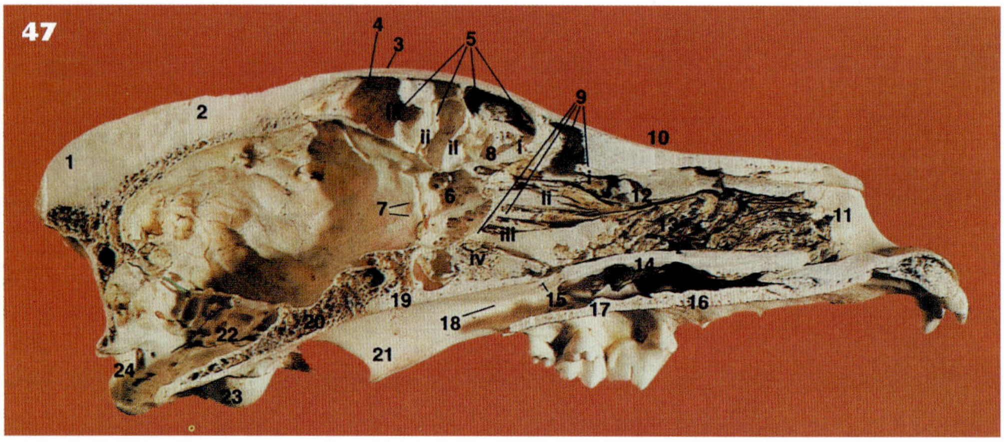

47 犬头骨矢状面。

1 顶间骨
2 顶骨
3 额骨
4 额窦
5 外鼻甲(i–iii)
6 筛板
7 筛孔
8 背板
9 内鼻甲(i–iv)
10 鼻骨
11 切齿骨
12 上鼻甲
13 下鼻甲
14 上颌骨隐窝入口
15 蝶腭孔
16 上颌骨腭突
17 腭骨水平板
18 鼻咽道
19 前蝶骨体
20 基蝶骨体
21 翼骨
22 颞骨岩部
23 颞骨鼓部
24 枕骨

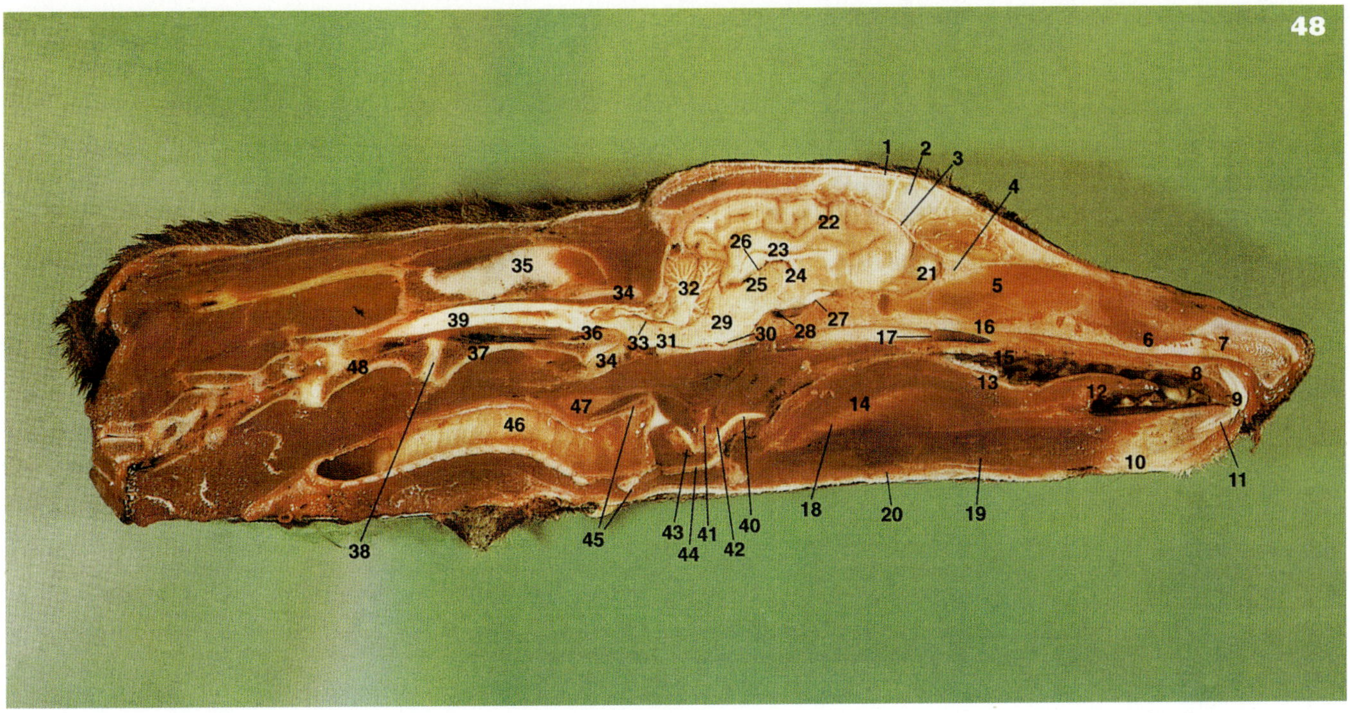

48 犬头颈部正中矢状面，示左侧半部。

1 额骨
2 额窦
3 中央隔
4 筛骨
5 骨性鼻中隔
6 膜性中隔
7 软骨中隔
8 切齿骨
9 上切齿
10 下颌骨
11 下切齿
12 舌尖
13 舌背
14 舌体
15 硬颚
16 犁骨
17 鼻后孔
18 颏舌肌
19 颏舌骨肌
20 下颌舌骨肌
21 嗅球
22 大脑半球
23 胼胝体
24 第三脑室
25 丘脑间黏合
26 丘脑
27 视交叉
28 脑垂体
29 脑桥
30 脑桥横断纤维
31 延髓
32 小脑
33 第四脑室
34 第一颈椎(寰椎)
35 第二颈椎(枢椎)棘突
36 第二颈椎(枢椎)齿突
37 枢椎体
38 椎间盘纤维环和内部髓核
39 脊髓
40 会厌
41 杓状软骨
42 喉口
43 喉室外侧壁
44 甲状软骨
45 环状软骨
46 气管
47 食管
48 第三颈椎

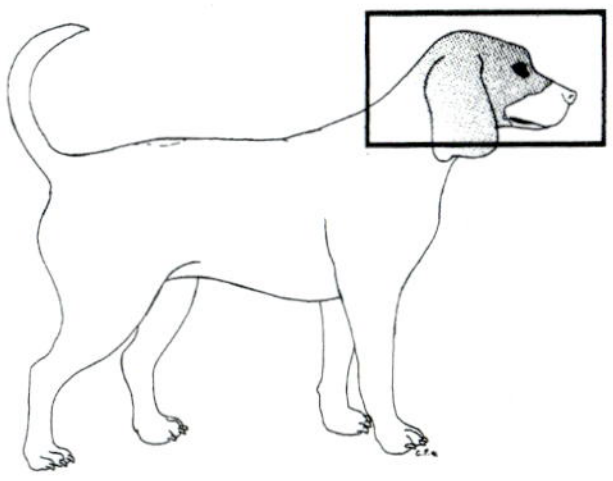

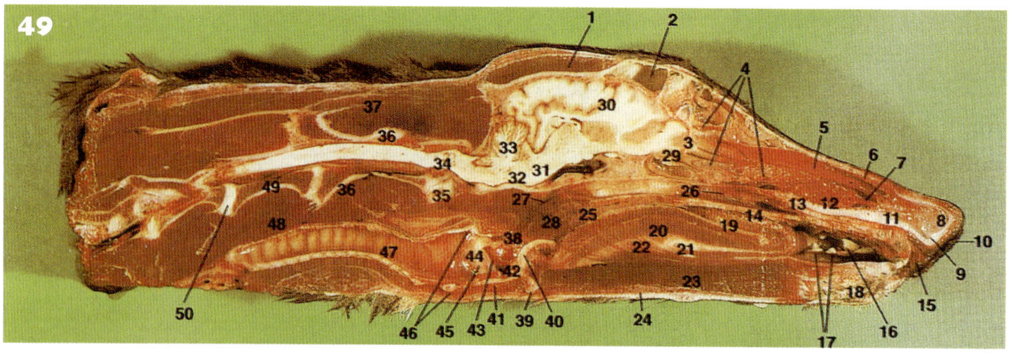

49 犬头颈部矢状面。

临床注释

40所示为会厌相对位置和软腭后缘。当通过鼻腔呼吸的时候，会厌位于软腭的背侧。当犬麻醉后把一根气管插管通过口腔插入喉和气管时，要求软腭向会厌背侧提升，这样插管才能够进入喉口。

1 颞肌
2 额窦
3 筛骨筛板
4 筛鼻甲
5 上鼻甲
6 上鼻道
7 中鼻道
8 翼状襞
9 鼻中隔软骨
10 外鼻孔
11 下鼻道
12 下鼻甲
13 犁骨
14 硬颚
15 上唇
16 犬齿
17 前臼齿
18 下颌骨
19 舌尖
20 舌体
21 舌中隔
22 颏舌肌
23 颏舌骨肌
24 下颌舌骨肌
25 软颚
26 鼻后孔
27 耳咽管口
28 鼻咽
29 嗅球
30 大脑半球
31 脑桥
32 延髓
33 小脑
34 脊髓
35 第一颈椎(寰椎)
36 第二颈椎(枢椎)
37 头背侧直肌
38 喉咽
39 舌骨
40 会厌
41 甲状软骨
42 前庭襞
43 喉室外侧
44 杓状软骨声带突
45 声襞
46 环状软骨
47 气管
48 颈长肌
49 第三颈椎体
50 椎间盘外部纤维环和内部髓核

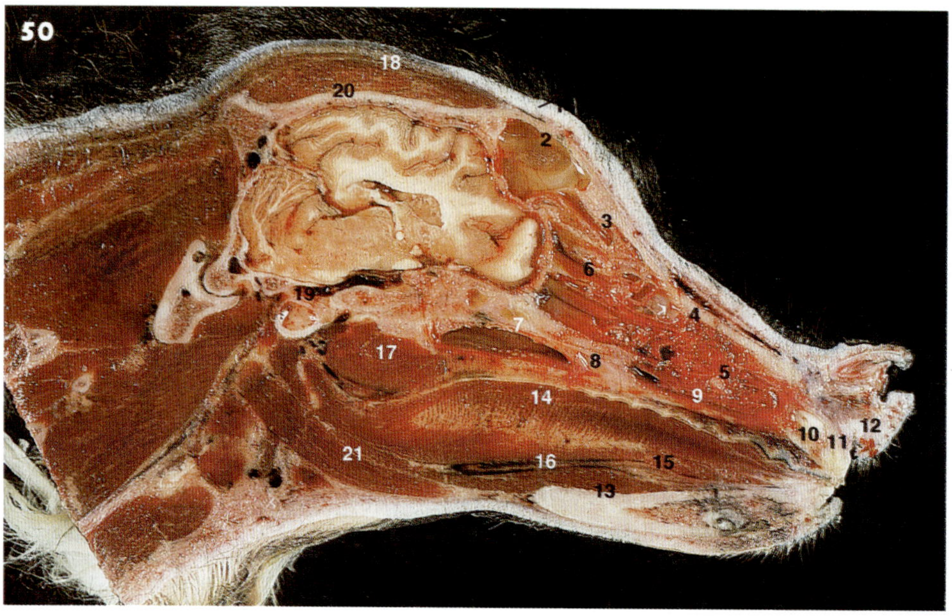

50 犬头部矢状面，示左侧鼻腔结构。

1 额骨
2 额窦外侧部
3 筛鼻甲
4 上鼻甲
5 下鼻甲
6 筛骨薄板
7 鼻后孔
8 腭骨
9 上颌骨
10 切齿骨
11 上切齿
12 上唇
13 下颌骨
14 舌体
15 颏舌肌
16 颏舌骨肌
17 翼内侧肌
18 颞肌
19 颞骨
20 顶骨
21 二腹肌

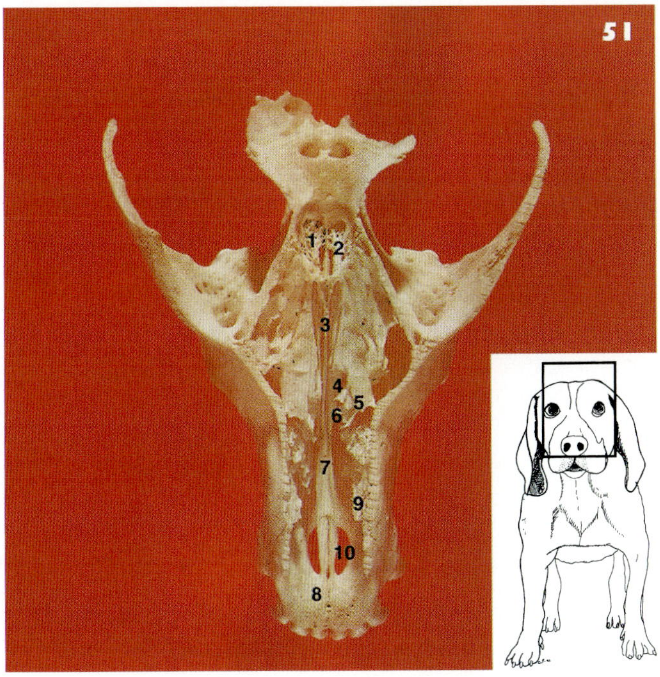

51 犬头骨鼻区，背侧水平面。

1	筛骨	6	水平犁骨
2	筛板	7	矢状犁骨
3	垂直板或薄板	8	切齿骨
4	横薄板	9	下鼻甲
5	内鼻甲	10	腭裂

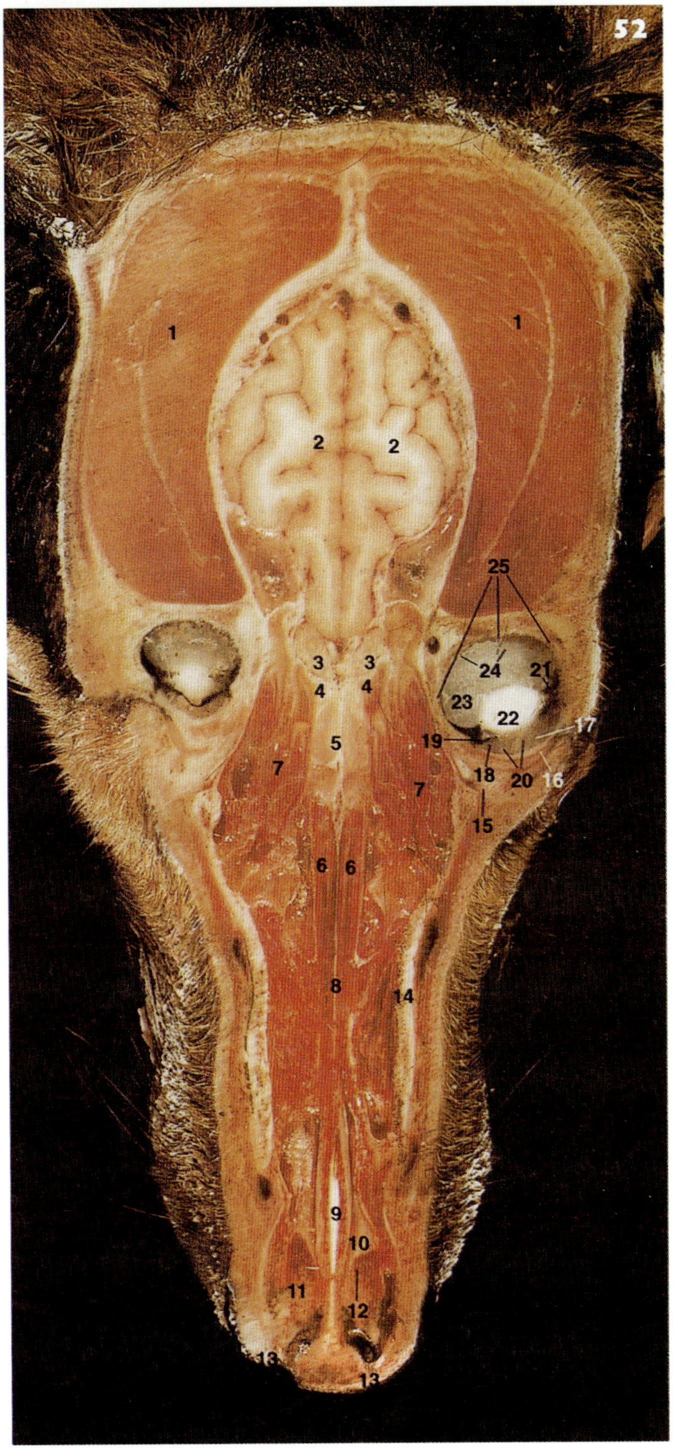

52 犬头部冠状缝切面背侧观，与眼眶水平示鼻腔结构。

1	颞肌	14	上颌骨
2	两大脑半球	15	泪囊
3	嗅球	16	角膜
4	筛板	17	前房
5	垂直板	18	虹膜
6	上鼻甲	19	后房
7	筛鼻甲	20	瞳孔
8	中隔	21	睫状体
9	软骨中隔	22	晶状体
10	翼状襞	23	玻璃体
11	鼻前庭	24	眼底
12	鼻泪管开口	25	眼眶
13	鼻孔		

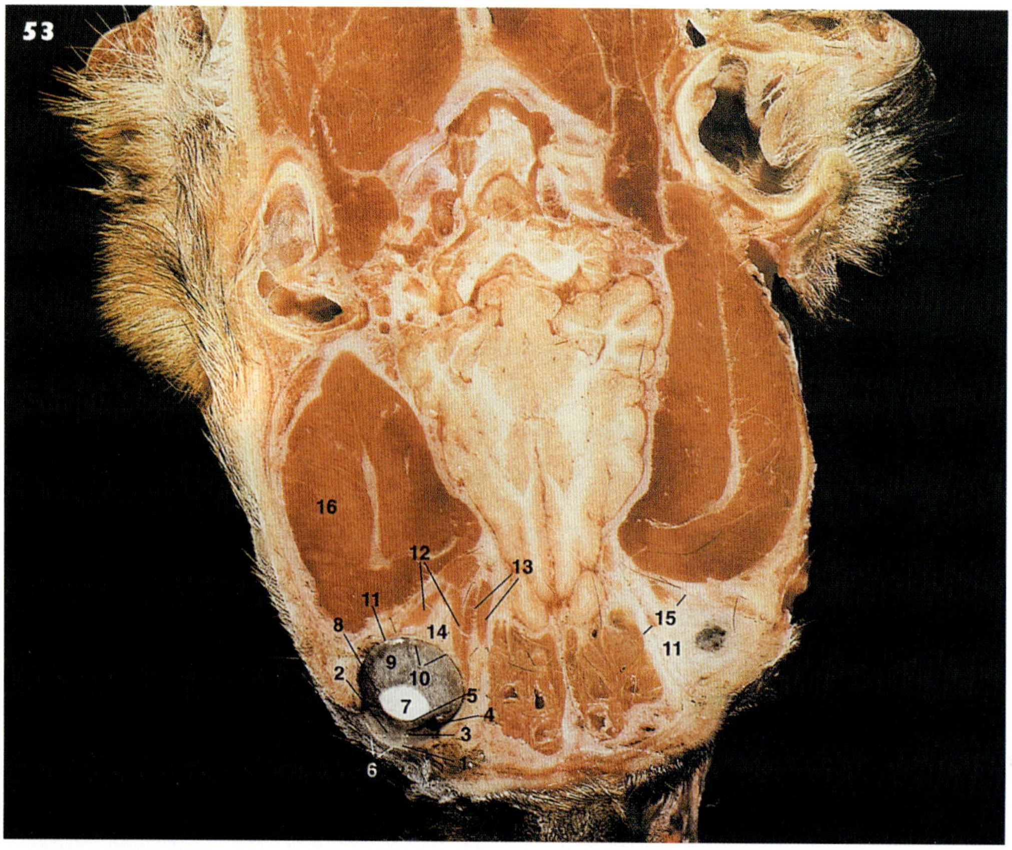

53 犬头部的水平斜切面背侧观，与眼眶水平，显示眼球和眼窝结构。

1 覆盖角膜的球结膜
2 角膜
3 前房
4 虹膜
5 后房
6 瞳孔
7 晶状体
8 睫状体
9 玻璃体
10 眼底
11 巩膜
12 眼球退缩肌
13 直肌
14 视神经
15 眶骨膜
16 颞肌

54

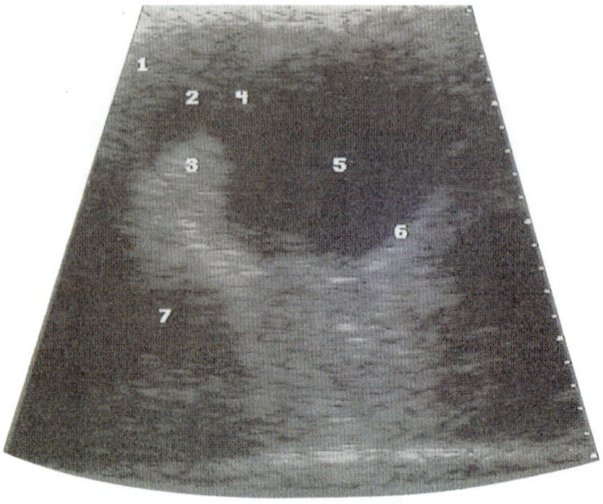

54 犬的眼部B超，显示眼球的结构，健康的晶状体(图注中的4)几乎无回音区，超声波扫描方向为水平位，相当于图-53的切面。

1 角膜表面
2 前房
3 睫状体
4 晶状体
5 玻璃体
6 巩膜表面(眼球底部内容)
7 眼眶中部

55 犬头部矢状面外侧观，显示眼球和眼眶的结构。

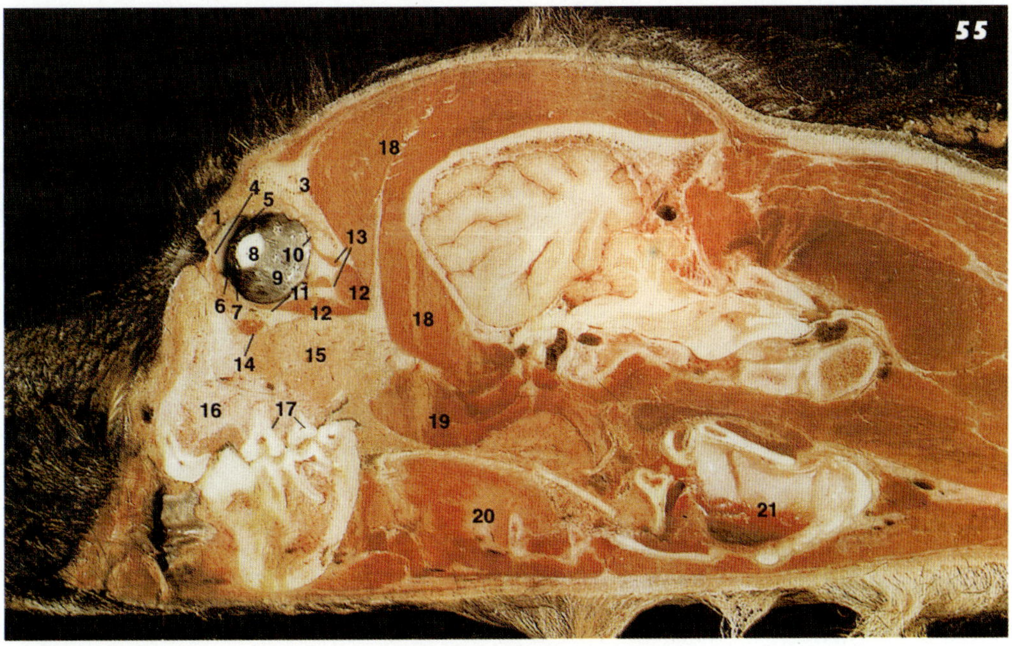

1 上眼睑
2 眼内侧连合
3 额骨
4 结膜囊
5 角膜
6 前房
7 睫状体
8 晶状体
9 玻璃体
10 视网膜层
11 脉络膜
12 直肌
13 眼球退缩肌
14 腹侧斜肌
15 颧腺
16 上颌骨
17 上臼齿
18 颞肌
19 翼肌
20 舌
21 喉

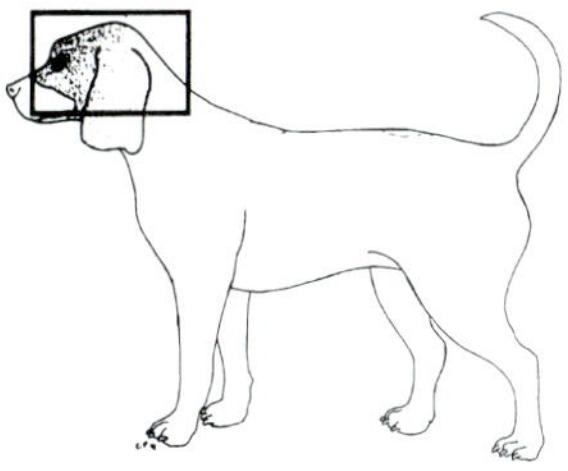

临床注释

这个切面给了一个解剖位置相似的眼的垂直B超扫描切面。

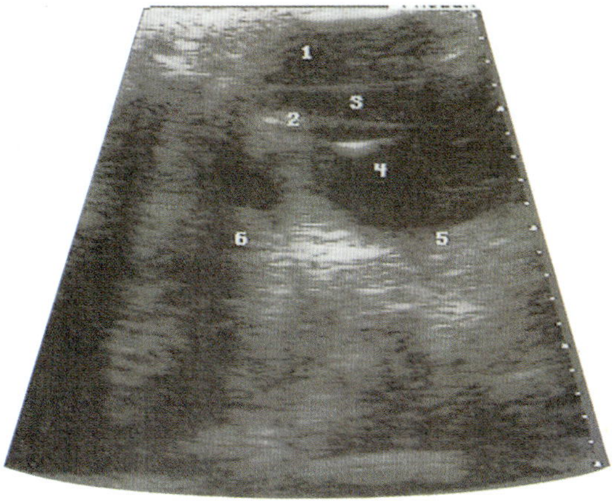

56 犬眼的B超扫描，显示了眼球的结构，这个垂直扫描位置与图-55相同，在晶状体后面3与4之间有一条白线，是由于晶状体镜面反射造成的。

1 前房
2 睫状体
3 晶状体
4 玻璃体
5 视神经盘
6 眼眶腹侧面

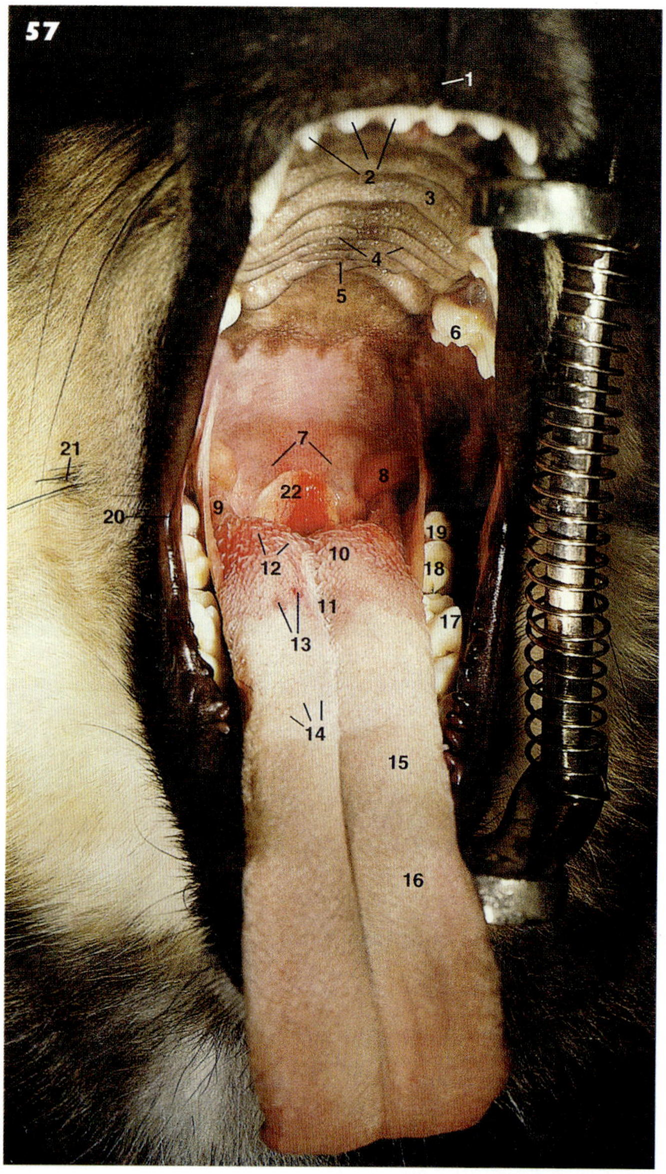

57 张开口腔的吻侧面观，示口腔内部结构。

1	上唇沟	12	丝状乳头
2	上切齿	13	轮廓乳头
3	硬腭	14	菌状乳头
4	腭嵴	15	舌体
5	腭缝	16	舌背面
6	第四上臼齿	17	第一下臼齿
7	软腭	18	第二下臼齿
8	隐窝内腭扁桃体	19	第三下臼齿
9	腭舌弓	20	口角
10	舌根	21	触须
11	中央沟	22	会厌

临床注释

7所示的软腭位于会厌的背侧，这是一个口腔呼吸的通路，在这个会厌和软腭相对的位置可以进行气管导管的插入。8所示腭扁桃体位于隐窝内，一般不是很明显。临床检查如果看到变大的扁桃体，并从隐窝上鼓出，我们以此可以判断为机体处于感染状态。

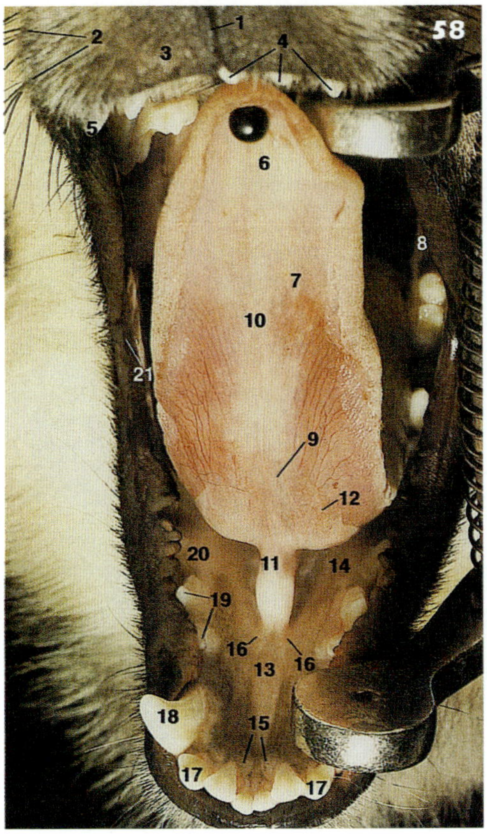

58　犬口腔吻侧面观，舌头被提起到背侧，示口腔底部。

1　上唇沟
2　触觉毛
3　上唇
4　上切齿
5　上犬齿
6　舌尖
7　舌腹侧面
8　颊前庭
9　舌静脉
10　舌中隔
11　舌系带
12　舌皱襞
13　舌下隐窝
14　舌下侧隐窝
15　口底器
16　舌下肉阜与颌下腺导管和舌下腺导管开口
17　下切齿
18　下犬齿
19　第一、二下前臼齿
20　齿龈
21　口角

临床注释

16 所示在临床上如果怀疑颌下腺管或单口舌下腺管阻塞，可以通过舌下肉阜找到颌下腺管和舌下腺管开口，利用注射器注入造影剂，X线可仔细观察腺管的情况，如图-61 和图-62。

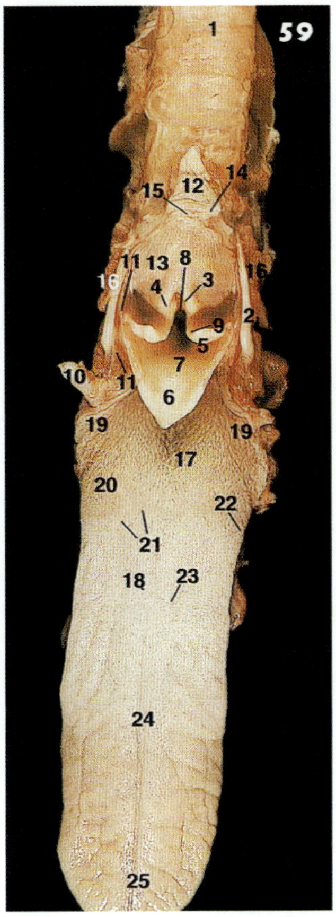

59　犬舌和喉的背侧面观。

1　气管
2　甲状软骨背侧缘
3　杓状软骨角突
4　小角结节
5　楔状结节
6　会厌
7　喉口
8　杓状软骨间沟
9　杓状会厌襞
10　舌骨
11　梨状隐窝
12　食管
13　喉咽后部
14　咽食管连接
15　咽食管造影口
16　腭咽弓
17　舌根
18　舌体
19　腭舌皱襞
20　丝状乳头
21　轮廓乳头
22　叶状乳头
23　菌状乳头
24　中央沟
25　舌尖

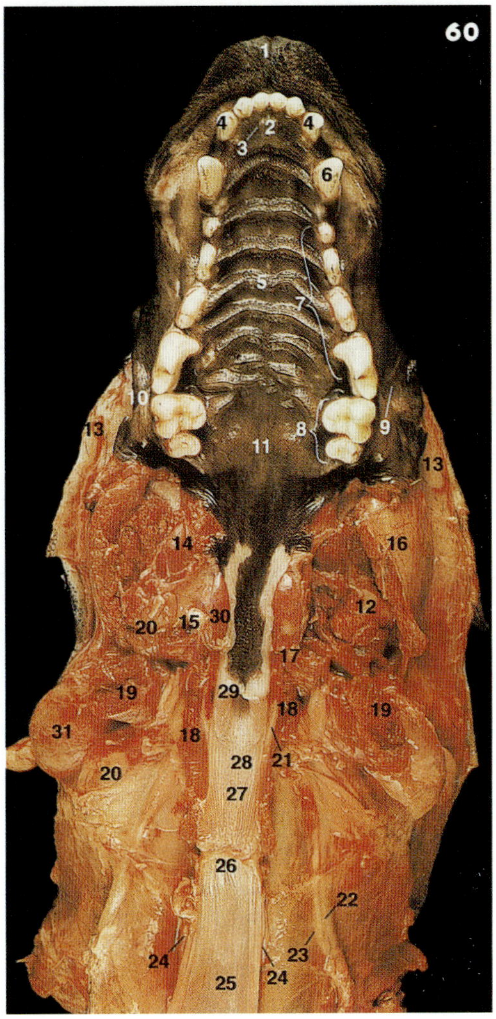

60　犬头部切面腹侧观，示沿消化管切开的背侧部。

1　上唇沟
2　切齿乳头
3　切齿管孔
4　切齿
5　硬腭
6　犬齿
7　前臼齿
8　臼齿
9　腮腺管口
10　颧腺管开口处
11　软腭
12　下颌骨
13　颊肌
14　茎突舌骨肌
15　舌骨
16　咬肌
17　舌下神经
18　咽肌
19　二腹肌
20　下颌淋巴结
21　甲状软骨
22　颈总动脉
23　迷走交感神经干
24　甲状腺
25　食管
26　环状褶皱
27　喉咽背侧
28　咽峡
29　腭咽弓
30　腭扁桃体
31　颌下腺

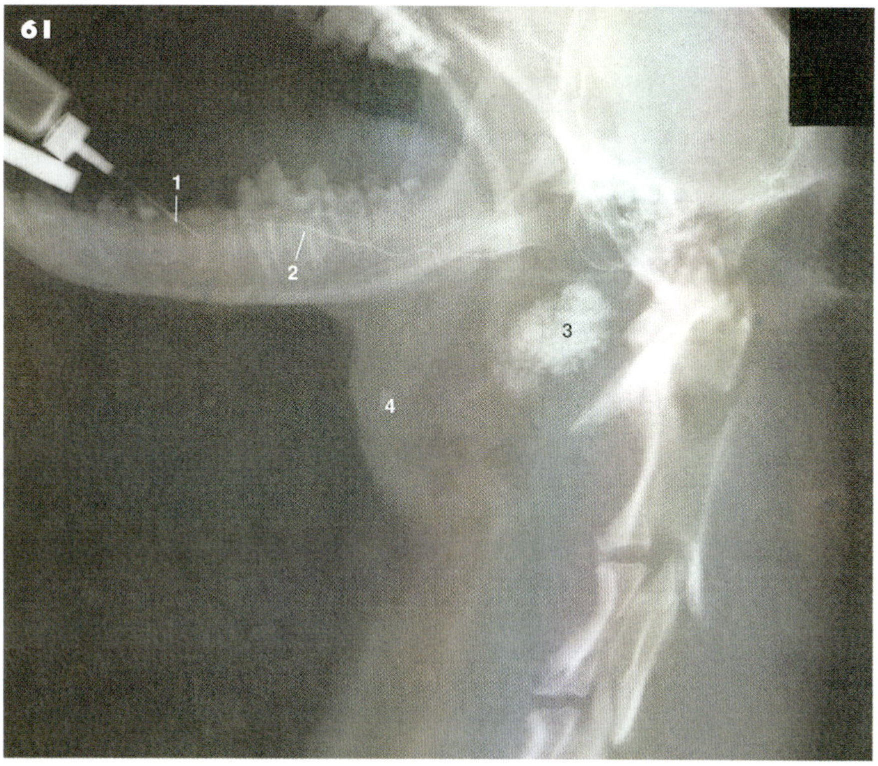

61 犬头部侧位X光片。为了显示颌下腺的位置，经颌下腺管注射造影剂。

1 针头插入到舌下肉阜处的颌下腺管
2 颌下腺管
3 颌下腺
4 舌骨

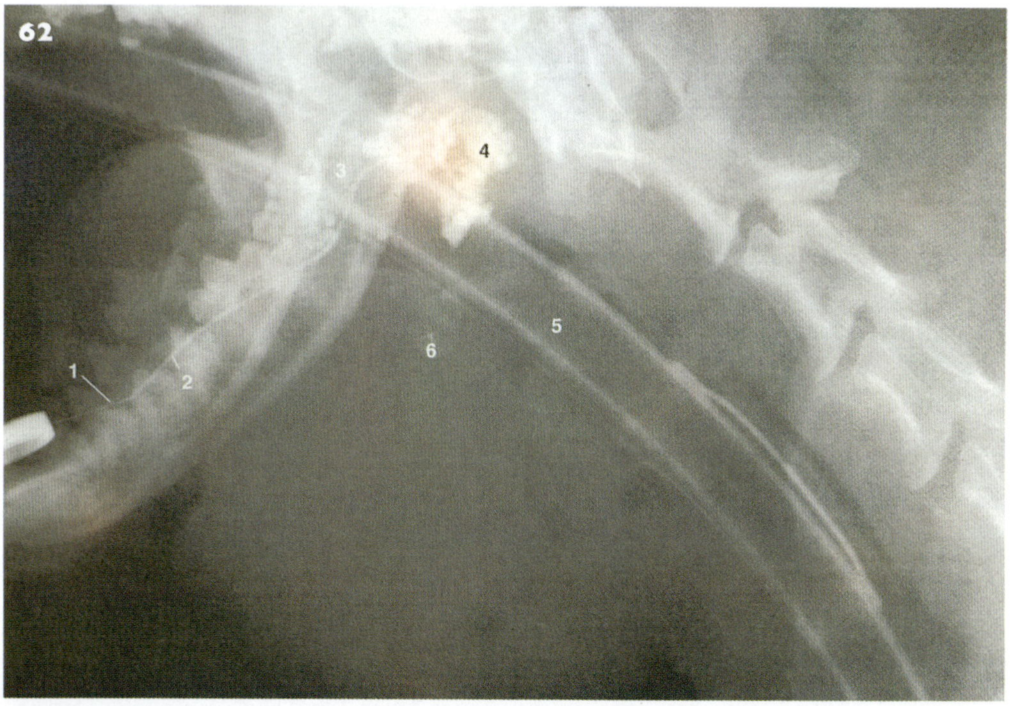

62 犬头部侧位X光片，造影剂被注射入舌下腺管以显示腺管和腺体的轮廓。

1 针头插入到舌下肉阜处的单口舌下腺管
2 单口舌下腺管
3 腺管周围的腺体
4 被颌下腺包裹的单口舌下腺
5 气管内插管
6 舌骨

63 犬的第一颈椎(寰椎)(A)、第二颈椎(枢椎)(B)和第五颈椎(C)的头侧面观。

1 背侧结节
2 侧椎孔
3 横突孔
4 前关节凹
5 横突(寰椎翼)
6 椎体
7 腹侧结节
8 背侧弓
9 棘突
10 后关节突
11 前关节面
12 齿突
13 横突管
14 薄板
15 椎孔

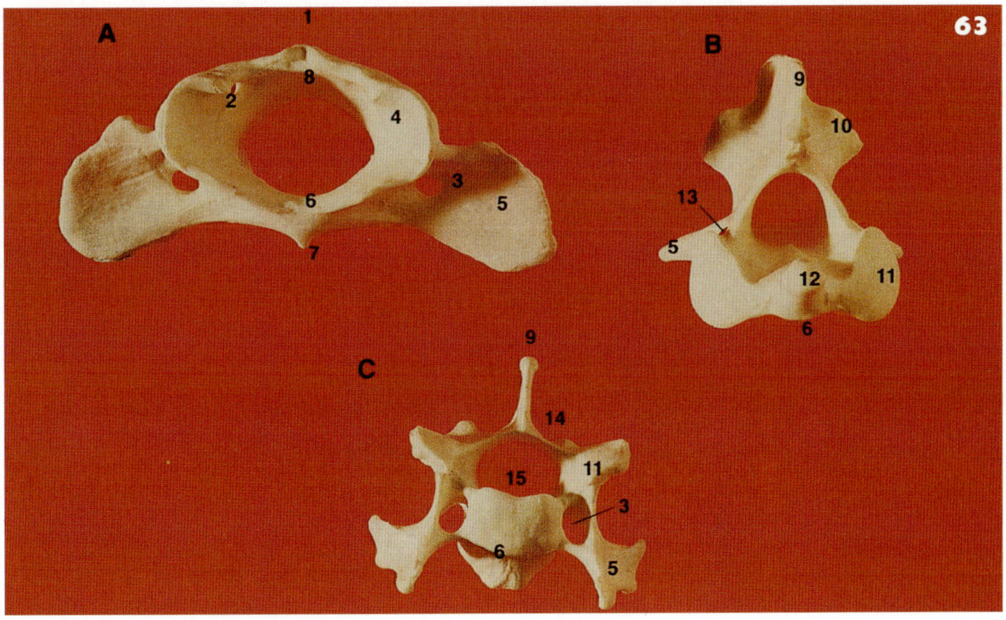

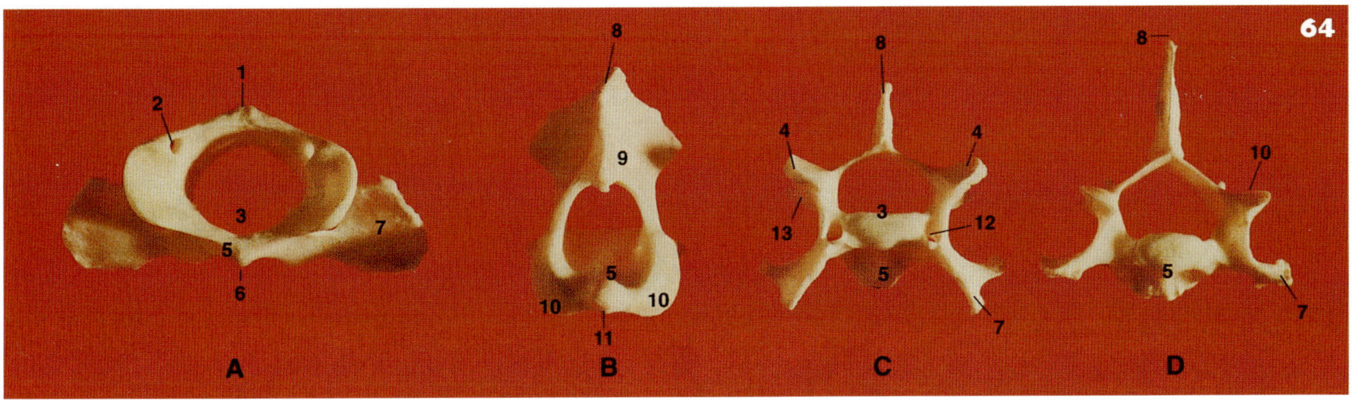

64 猫的第一颈椎(寰椎)(A)、第二颈椎(枢椎)(B)、第五颈椎(C)和第七颈椎(D)的头侧面观。

1 背侧结节
2 侧椎孔
3 椎孔
4 前关节凹
5 椎体
6 腹侧结节
7 横突(寰椎翼)
8 棘突
9 背侧弓
10 前关节面
11 齿突
12 横突孔
13 后关节突

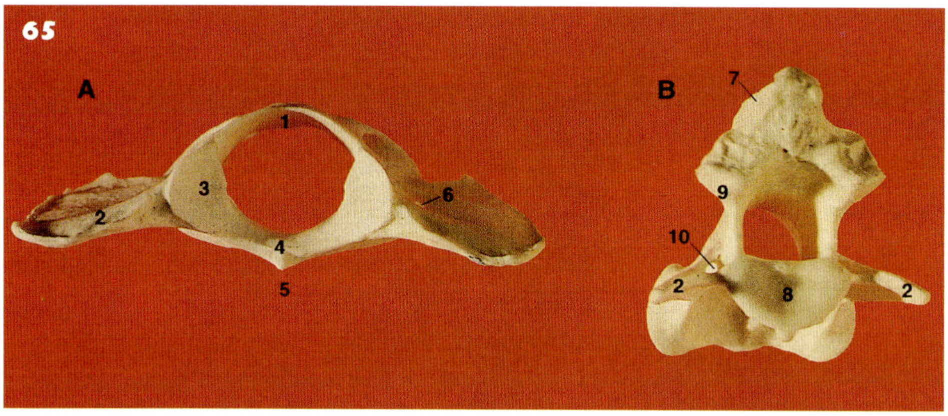

65 犬的第一颈椎(寰椎)(A)和第二颈椎(枢椎)(B)的尾侧面观。

1 背侧弓
2 横突
3 后关节凹
4 齿突凸
5 腹侧结节
6 横突孔
7 棘突
8 枢椎体
9 后关节突
10 横突孔

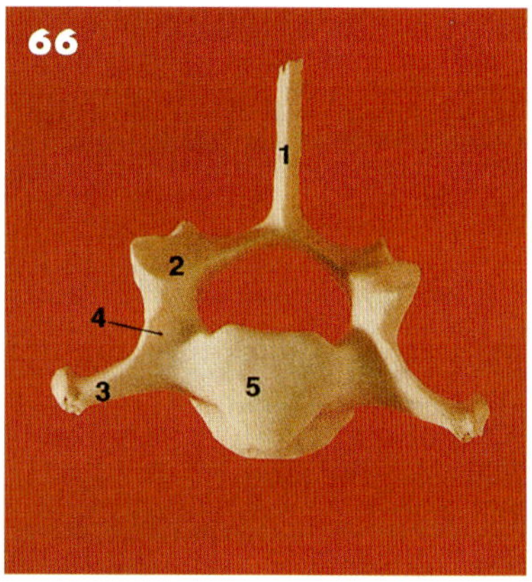

66 犬的第七颈椎头侧面观。

1 棘突
2 前关节面
3 横突
4 横突孔
5 椎体

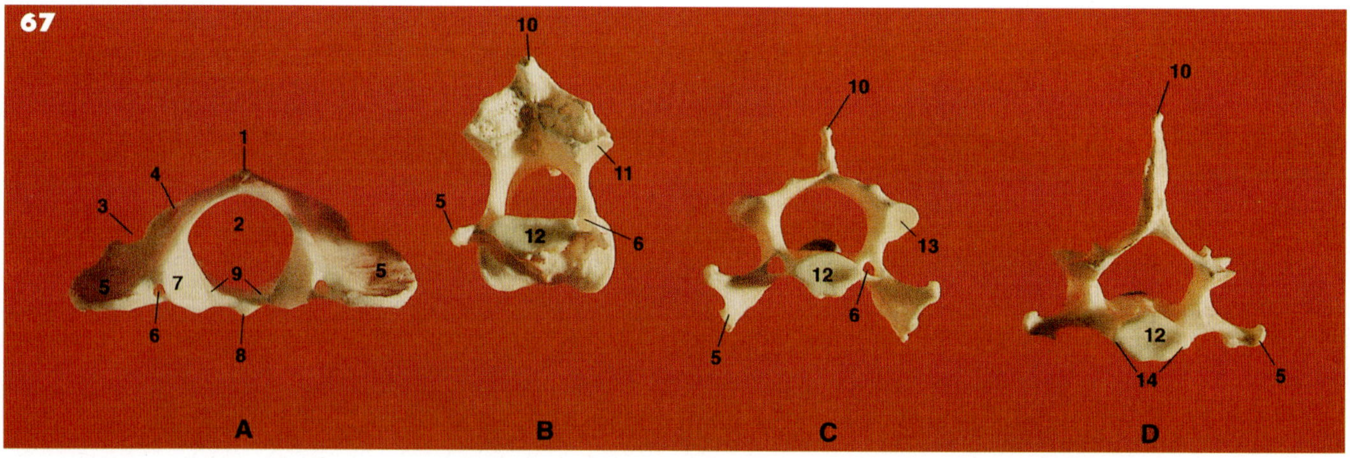

67 猫的第一颈椎(寰椎)(A)、第二颈椎(枢椎)(B)、第五颈椎(C)和第七颈椎(D)的尾侧面观。

1 背侧结节
2 椎孔
3 翼切迹
4 侧椎孔
5 横突
6 横突孔
7 后关节凹
8 腹侧隆起
9 齿突凹
10 棘突
11 后关节面
12 椎体
13 后关节面
14 后肋凹

68 猫的第一颈椎(寰椎)和第二颈椎(枢椎)腹侧面观。

1	寰椎	7	寰枢关节
2	枢椎	8	腹侧结节
3	前关节凹	9	椎体
4	齿突凹	10	横突
5	寰椎翼	11	后关节面
6	横突孔		

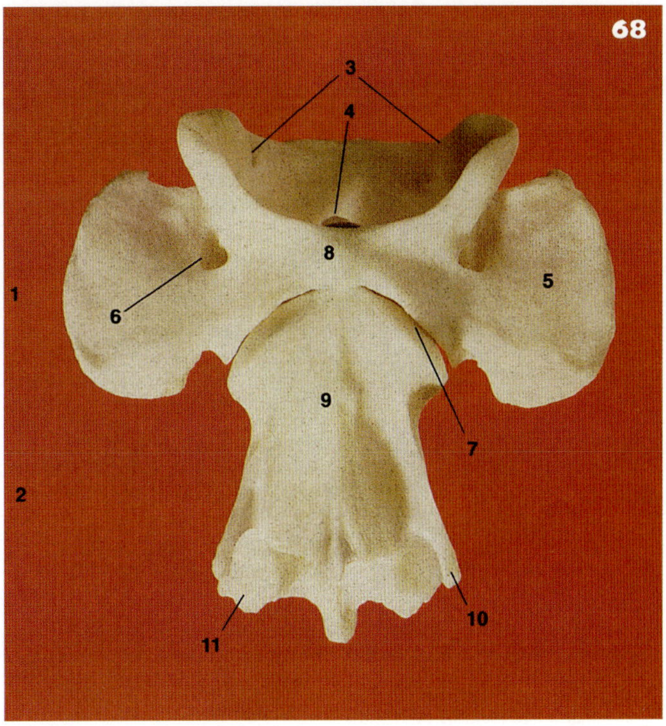

69 猫的第一颈椎(寰椎)(A)、第二颈椎(枢椎)(B)和第三颈椎(C)的背侧面观。

1	侧椎孔	4	棘突
2	翼切迹	5	寰枢关节
3	横突	6	后关节突

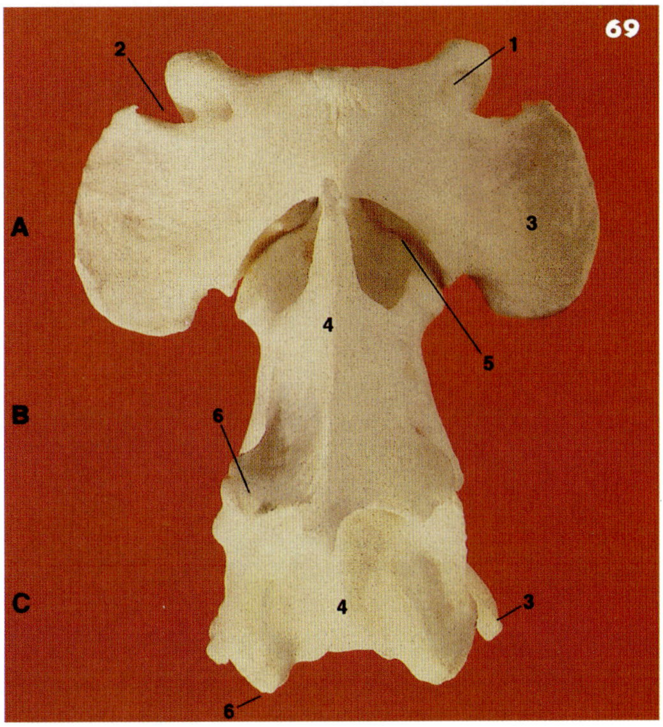

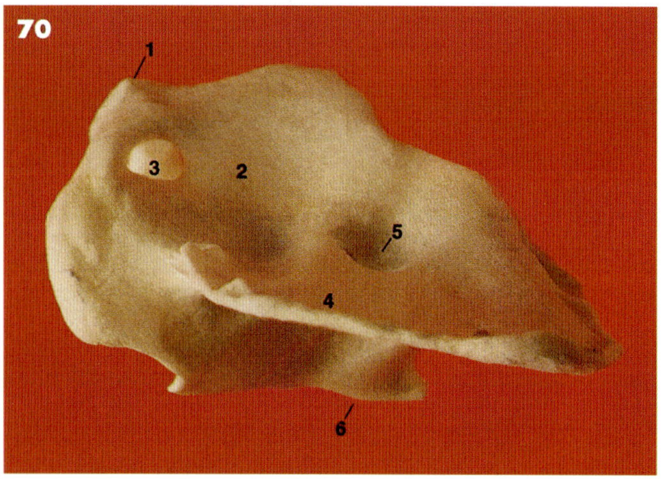

70 犬第一颈椎(寰椎)的侧面观。

1 背侧结节	4 横突(寰椎翼)
2 背侧弓	5 横突孔
3 侧椎孔	6 腹侧结节

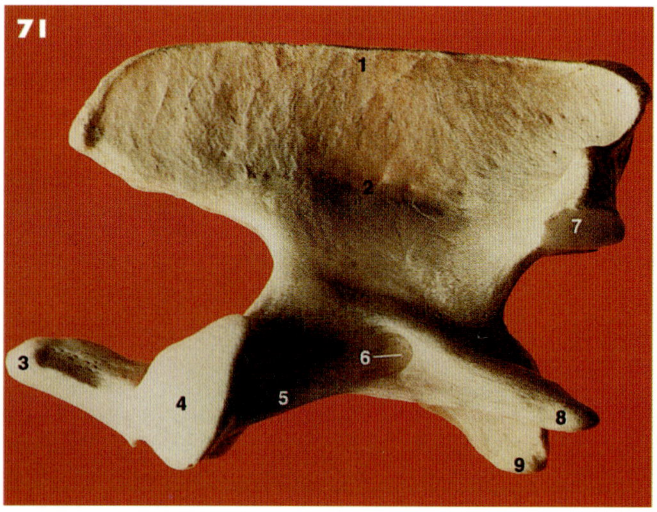

71 犬第二颈椎(枢椎)的侧面观。

1 棘突	6 横突孔
2 背侧弓	7 后关节突
3 齿突	8 横突
4 前关节面	9 腹正中嵴
5 椎体	

72

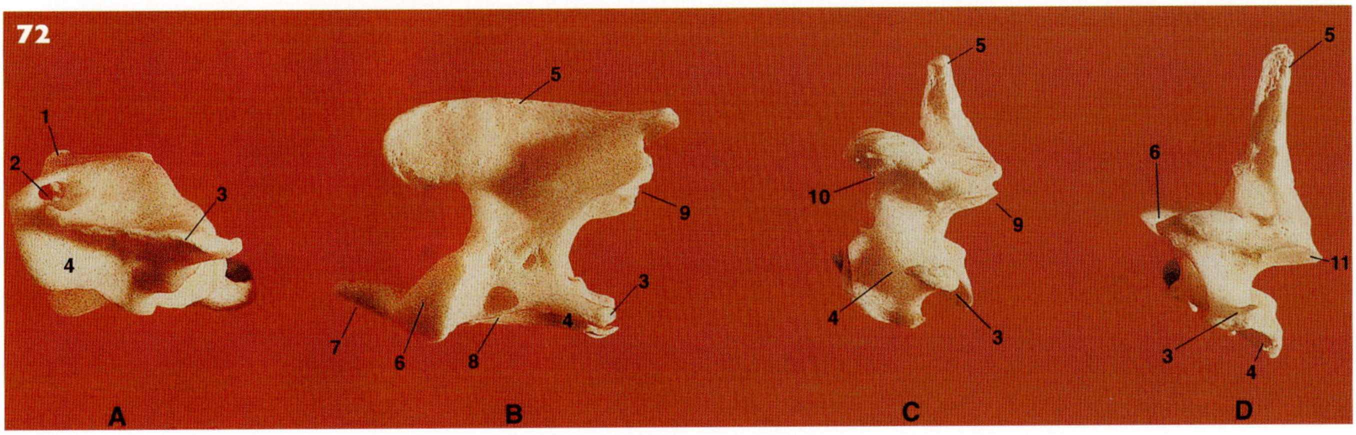

72 猫第一颈椎(寰椎)(A)、第二颈椎(枢椎)(B)、第五颈椎(C)和第七颈椎(D)的左侧面观。

1	背侧结节	5	棘突	9	后关节突
2	侧椎孔	6	前关节面	10	前关节突
3	横突	7	齿突	11	后关节面
4	椎体	8	横突孔		

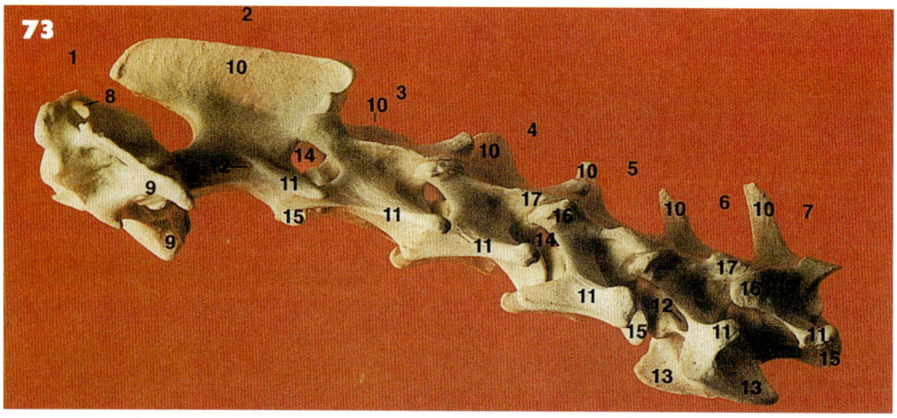

73 犬颈椎连接的外侧面观。

1 第一颈椎（寰椎）
2 第二颈椎（枢椎）
3 第三颈椎
4 第四颈椎
5 第五颈椎
6 第六颈椎
7 第七颈椎
8 侧椎孔
9 寰椎翼
10 棘突
11 横突
12 横突孔
13 第六颈椎横突展板
14 椎间孔
15 椎体
16 前关节突
17 后关节突

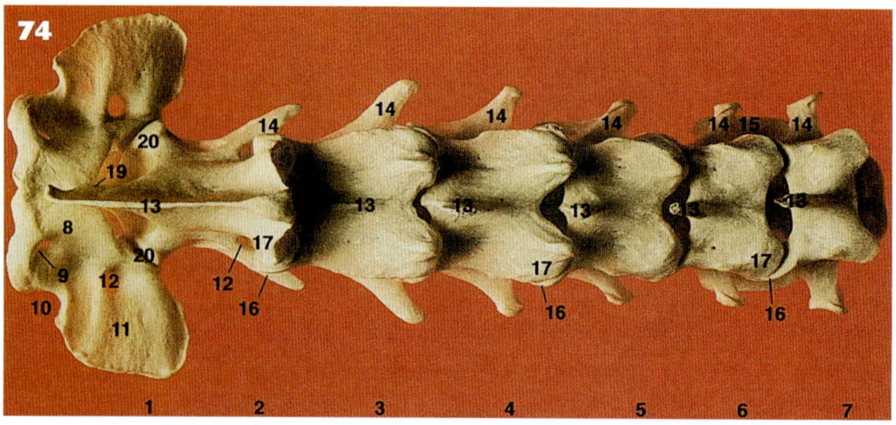

74 犬颈椎连接的背侧面观。

1 第一颈椎（寰椎）
2 第二颈椎（枢椎）
3 第三颈椎
4 第四颈椎
5 第五颈椎
6 第六颈椎
7 第七颈椎
8 椎弓
9 侧椎孔
10 翼切迹
11 寰椎翼
12 横突孔
13 棘突
14 横突
15 第六颈椎横突展板
16 前关节突
17 后关节突
18 椎体
19 齿突
20 寰枢关节

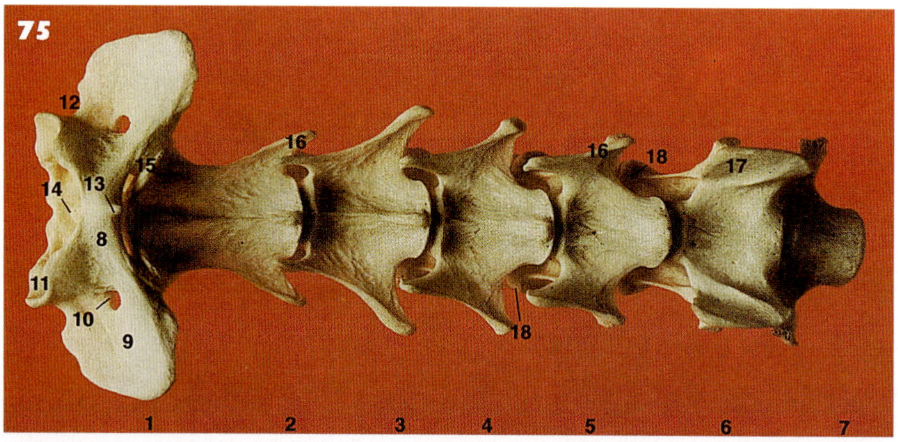

75 犬颈椎连接的腹侧面观。

1 第一颈椎（寰椎）
2 第二颈椎（枢椎）
3 第三颈椎
4 第四颈椎
5 第五颈椎
6 第六颈椎
7 第七颈椎
8 椎体
9 寰椎翼
10 横突孔
11 前关节凹
12 翼切迹
13 腹侧结节
14 齿突
15 寰枢关节
16 横突
17 第六颈椎横突展板
18 前关节突

76 犬颈椎X光侧位片。

1 第一颈椎（寰椎）
2 第二颈椎（枢椎）
3 第三颈椎
4 第四颈椎
5 第五颈椎
6 第六颈椎
7 第七颈椎
8 第一胸椎
9 第二胸椎
10 肩胛骨
11 第一肋骨
12 第二肋骨
13 椎体
14 棘突
15 前关节突
16 后关节突
17 椎间盘位置
18 肋关节凹
19 椎间孔

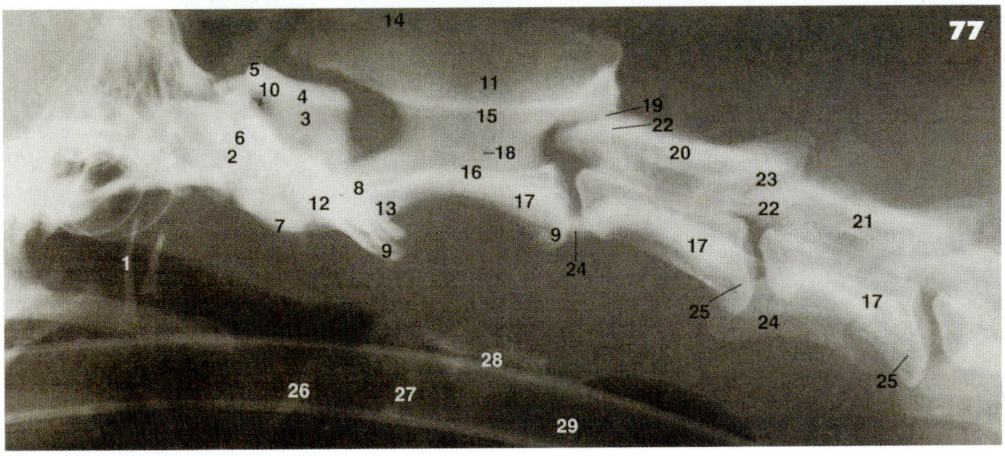

77 犬颈椎前段X光侧位片。

1 茎突舌骨
2 枕髁
3 第一颈椎（寰椎）
4 背侧弓
5 背侧结节
6 前关节面缘
7 腹侧弓
8 后关节面缘
9 横突
10 侧椎孔
11 第二颈椎（枢椎）
12 齿突
13 前关节面（枢椎）
14 棘突
15 椎管背侧缘
16 椎管腹侧缘
17 椎体
18 横突孔
19 关节突
20 第三颈椎
21 第四颈椎
22 前关节突
23 后关节突
24 横突前支
25 横突后支
26 甲状舌骨
27 甲状软骨
28 环状软骨
29 气管（气管导管）

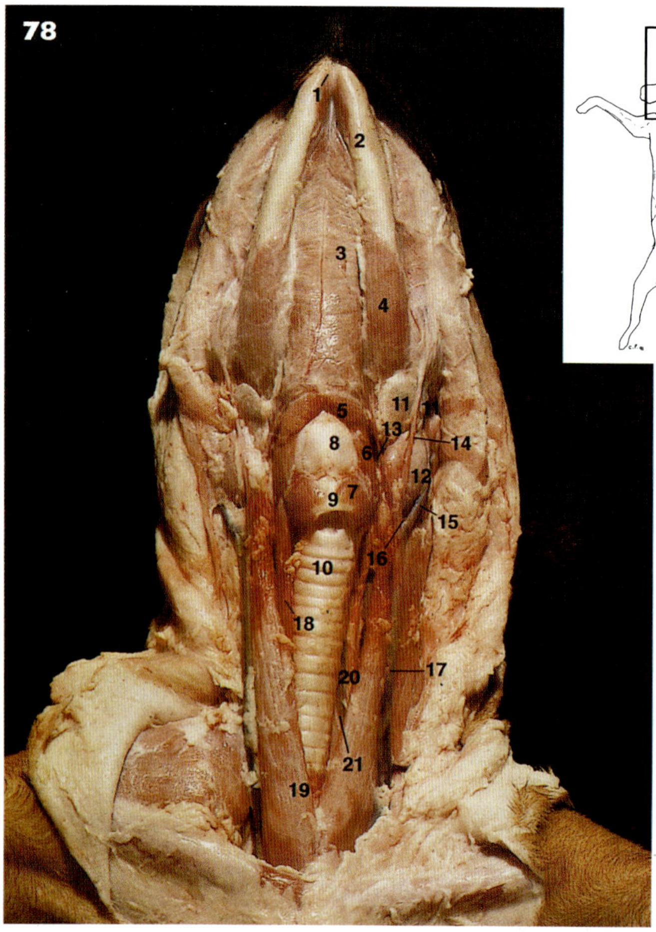

78 犬颈深部结构腹侧面观，去除腹侧肌肉暴露气管。

1	下颌联合	13	舌静脉
2	下颌体	14	面静脉
3	下颌舌骨肌	15	上颌静脉
4	二腹肌	16	舌面静脉
5	胸骨舌骨肌(断面)	17	颈外静脉
6	甲状舌骨肌	18	胸骨甲状肌
7	环甲肌	19	胸头肌
8	甲状软骨	20	颈动脉鞘包括颈动脉、迷走交感神经干和颈内静脉
9	环状软骨	21	喉返神经
10	气管(软骨)环		
11	下颌淋巴结		
12	颌下腺		

临床注释

18 所示颈部腹侧正中部手术通路视野，沿两侧胸骨甲状肌的中缝分离显示深层结构。

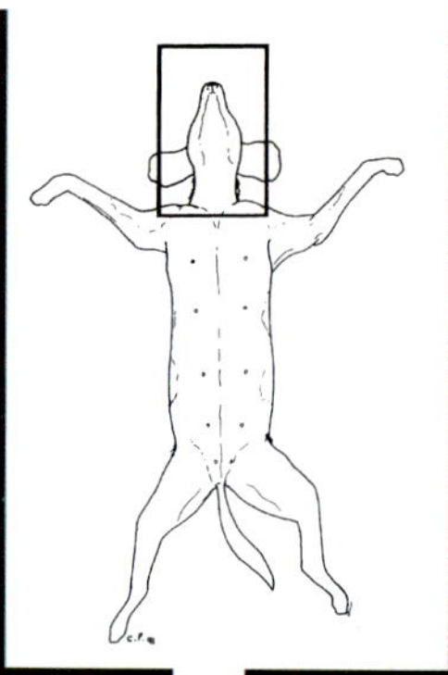

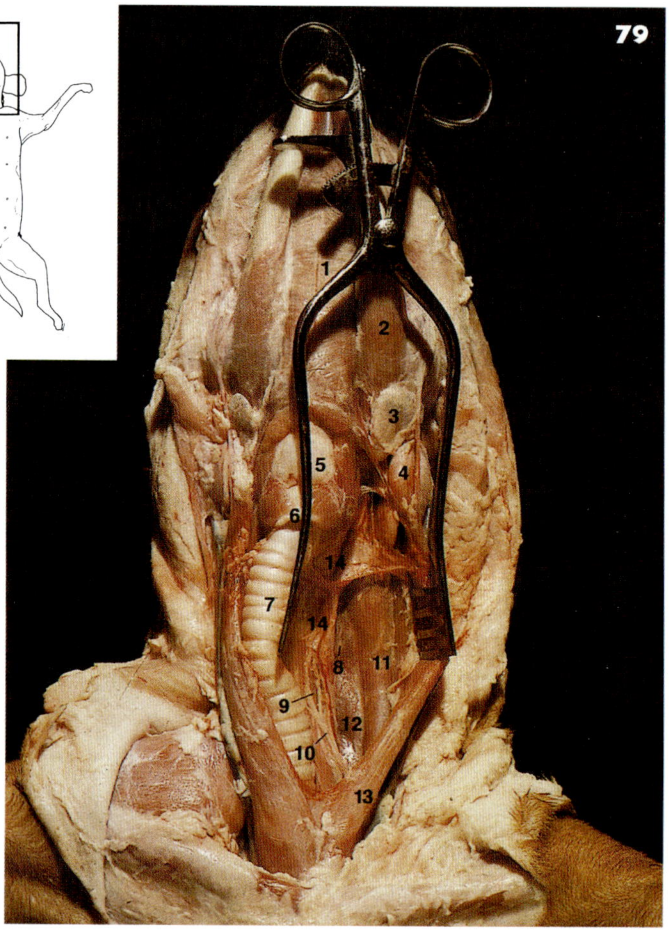

79 犬颈部深层结构腹侧面观，气管已被移开，显示食管和颈动脉鞘。

1	下颌舌骨肌	8	颈动脉
2	二腹肌	9	迷走交感神经干
3	下颌淋巴结	10	喉返神经
4	颌下腺	11	食管
5	甲状软骨	12	颈长肌
6	环状软骨	13	胸头肌
7	移到右边的气管	14	甲状腺

临床注释

11 所示颈部腹侧正中部切开的手术通路，用于食管切开术和颈椎间盘开窗术。操作过程中要注意区分和保护位于食管和气管之间偏左侧的喉返神经(图注中的 10)。

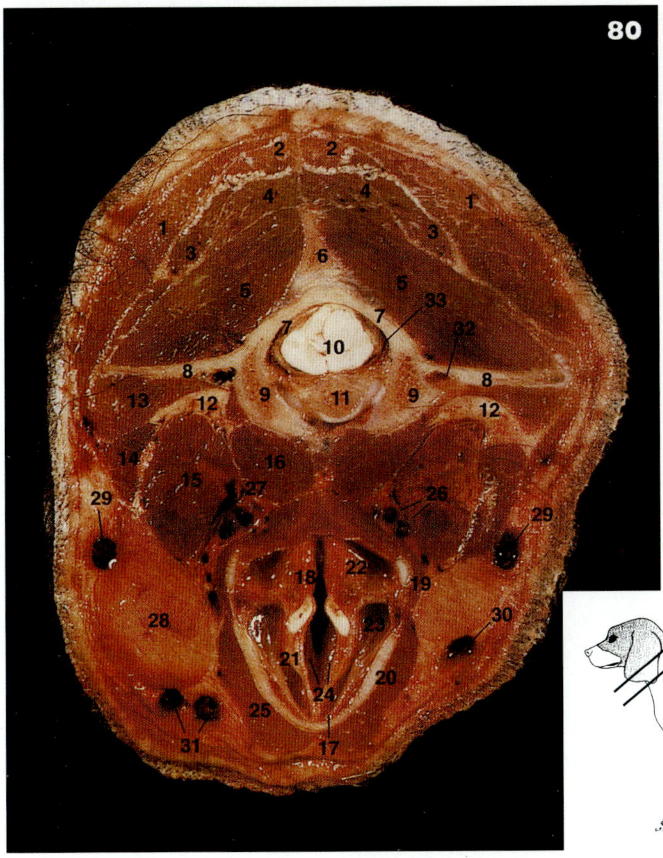

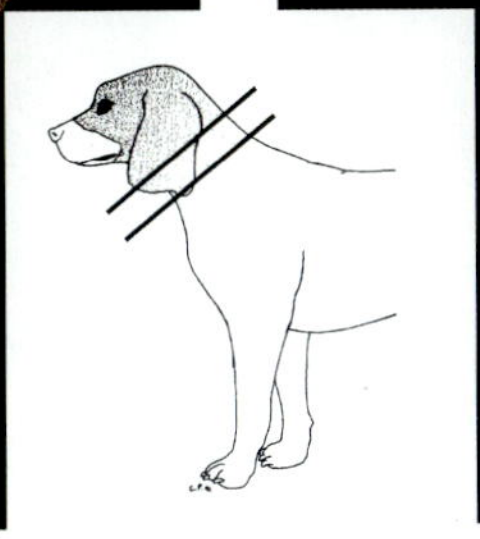

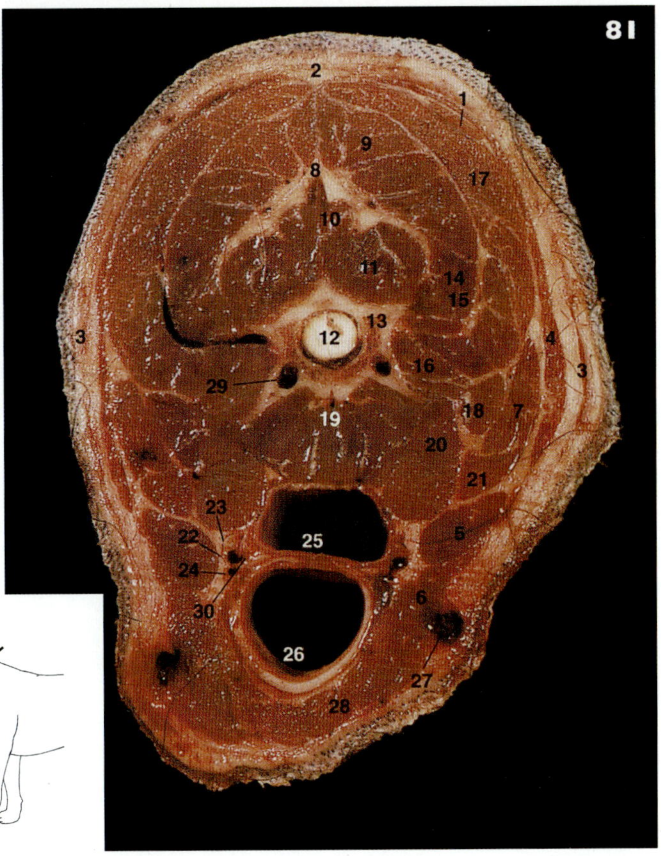

80　犬颈部位于寰枢关节水平位横断面的头侧面观。

81　犬颈部在第三颈椎水平位横断面的头侧面观。

1	头夹肌	18	杓状软骨
2	头半棘肌（二腹肌）	19	环状软骨
3	头半棘肌（复肌）	20	甲状软骨
4	头背侧大直肌	21	声襞
5	头后斜肌	22	环杓背侧肌
6	第二颈椎（枢椎）棘突	23	喉室外侧
7	第一颈椎（寰椎）弓	24	声门裂
8	第一颈椎（寰椎）翼	25	甲状舌骨肌
9	第一颈椎（寰椎）体	26	颈总动脉的颈内外动脉
10	脊髓	27	迷走交感神经干
11	第二颈椎（枢椎）齿突	28	颌下腺
12	颈静脉突	29	上颌静脉
13	颈横突间肌	30	舌面静脉
14	肩胛横突肌	31	舌面静脉和面静脉（分开的）
15	头长肌	32	脊椎动静脉
16	头腹侧直肌	33	椎内动脉丛
17	喉		

1	头菱形肌	15	颈最长肌
2	背正中缝	16	背、中、腹侧横突间肌
3	颈皮肌	17	夹肌
4	臂头肌（锁头肌颈部分）	18	颈腹侧锯肌
5	胸头肌枕部和锁头肌乳突部	19	颈长肌
6	胸头肌乳突部	20	头长肌
7	肩胛横突肌	21	中斜角肌
8	项韧带	22	颈总动脉
9	头半棘肌（二腹肌和复肌）	23	迷走交感神经干
10	多裂肌	24	颈内静脉
11	颈棘肌	25	食管
12	脊髓	26	气管
13	第三颈椎	27	颈外静脉
14	头寰最长肌	28	胸骨舌骨肌和胸骨甲状肌
		29	椎动静脉
		30	喉返神经

82

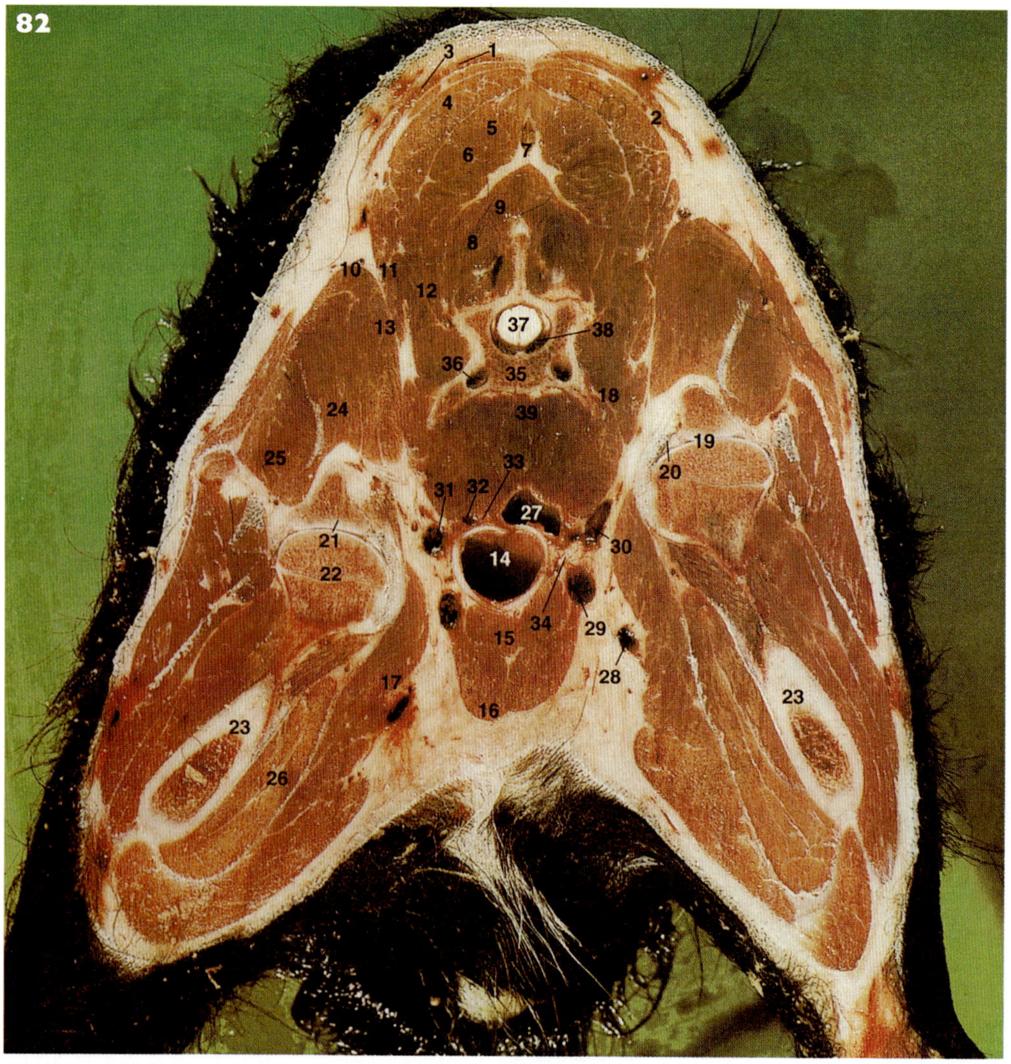

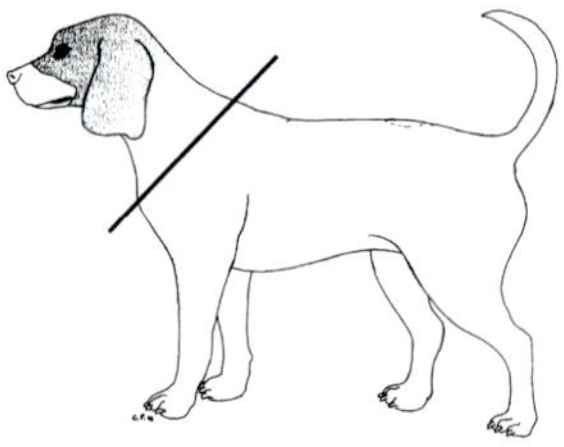

82　犬颈部在第七颈椎水平位横断面的头侧面观。

1　菱形肌
2　颈皮肌
3　斜方肌
4　夹肌
5　二腹肌
6　复肌
7　项韧带
8　颈多裂肌
9　颈棘肌
10　颈腹侧锯肌
11　颈最长肌
12　头寰最长肌
13　肩胛横突肌
14　气管
15　胸骨舌骨肌和胸骨甲状肌
16　胸头肌
17　臂头肌(锁臂肌)
18　横突间肌
19　肩关节
20　关节囊
21　肩关节窝表面
22　肱骨头
23　肱骨体
24　冈上肌
25　冈下肌
26　臂二头肌
27　食管
28　头静脉
29　颈静脉
30　颈浅静脉
31　颈总动脉
32　颈内静脉
33　迷走交感神经干
34　喉返神经
35　第七颈椎
36　椎动静脉
37　脊髓
38　椎内动脉丛
39　颈长肌

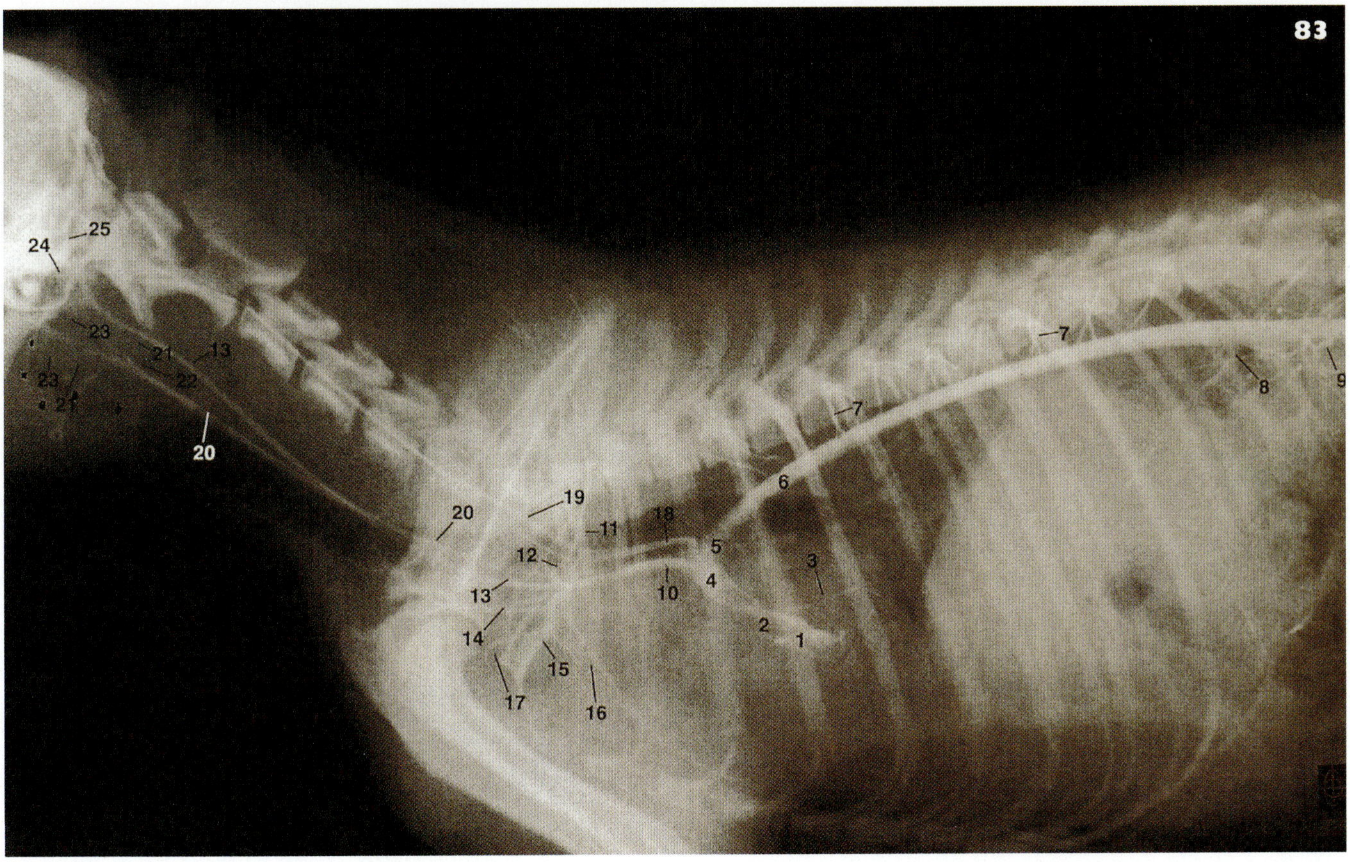

83 犬头颈部主要动脉造影 X 光侧位片。

1	左心室流出道	10	臂头动脉干	19	左椎动脉
2	主动脉瓣	11	右侧肋颈干	20	左颈总动脉
3	冠状动脉	12	右椎动脉	21	喉动脉
4	升主动脉	13	右颈总动脉	22	颈内动脉
5	主动脉弓	14	右锁骨下动脉	23	舌动脉
6	降主动脉	15	腋动脉	24	面动脉
7	节段动脉	16	胸廓内动脉	25	上颌动脉
8	腹腔动脉	17	胸廓外动脉		
9	肠系膜前动脉	18	左锁骨下动脉		

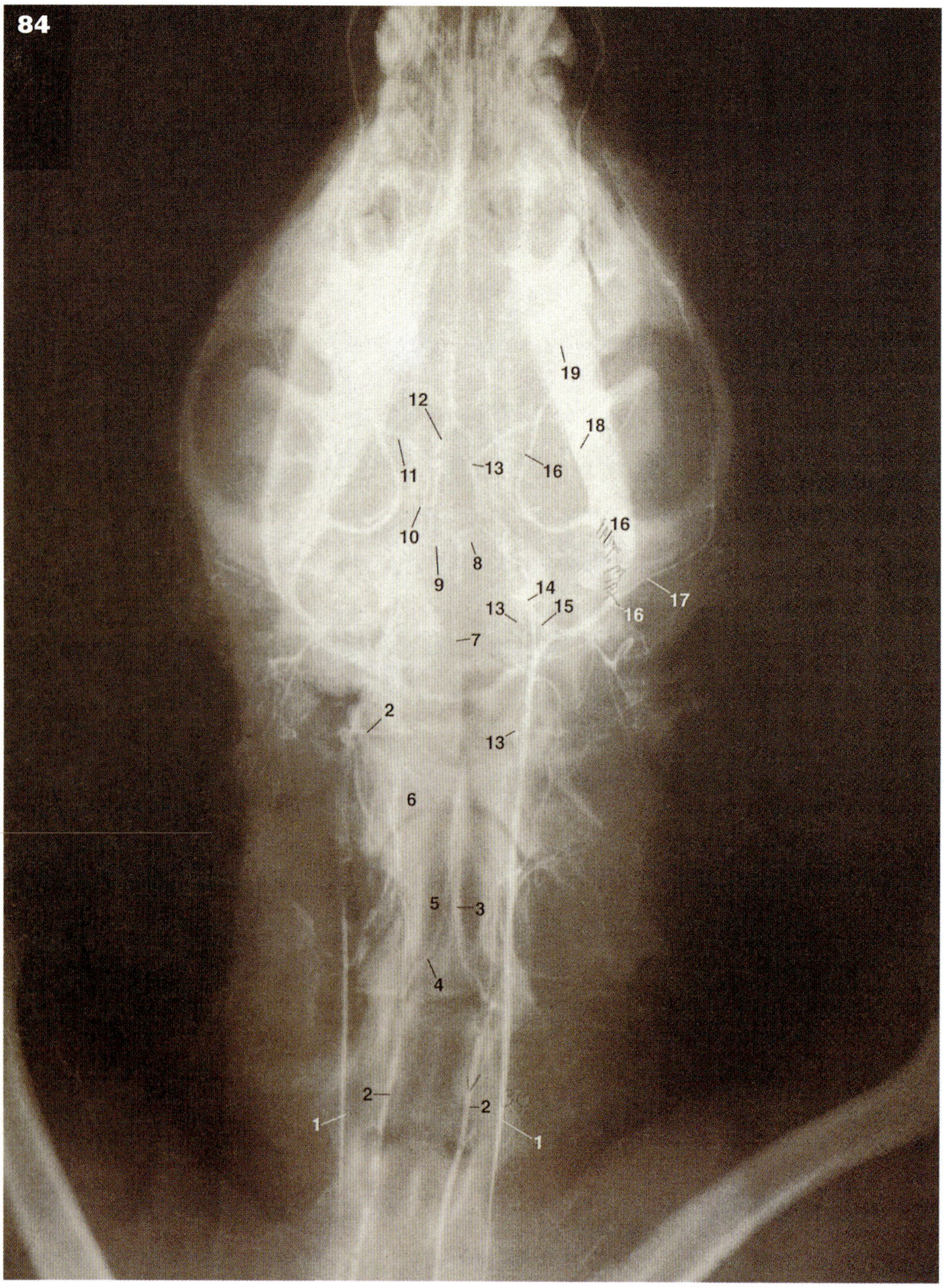

84 犬头部动脉造影腹背位X光片，显示大脑动脉环。

1 颈总动脉
2 椎动脉
3 脊髓腹侧动脉
4 脊髓支
5 第二颈椎（枢椎）
6 第一颈稚（寰椎）
7 基底动脉
8 后交通动脉
9 小脑前动脉
10 大脑后动脉
11 大脑中动脉
12 大脑前动脉
13 颈内动脉
14 舌动脉
15 面动脉
16 上颌动脉
17 颞浅动脉
18 下颌齿槽动脉
19 眶下动脉

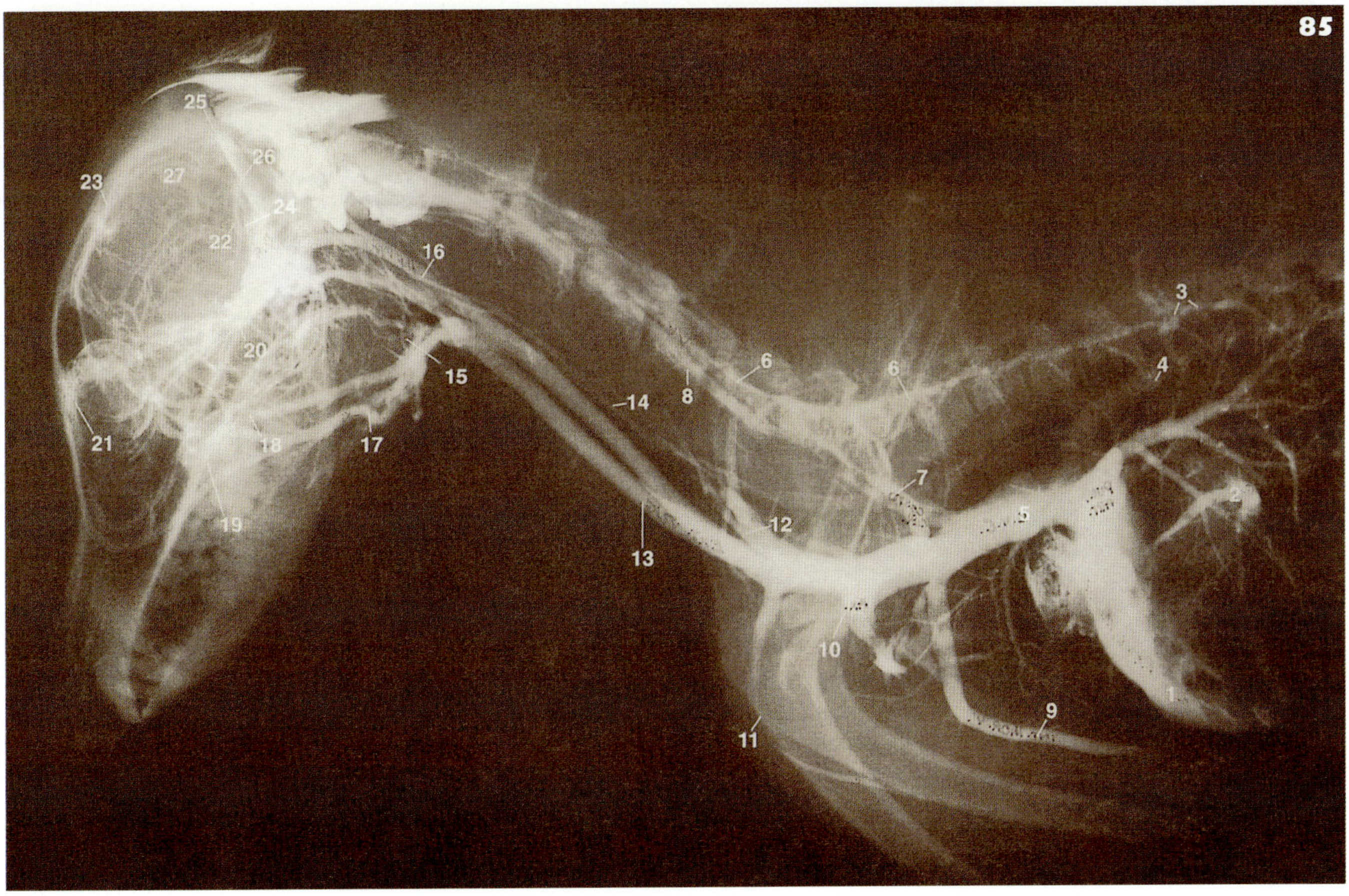

85 犬头颈部静脉造影X光侧位片。

1	右心室	10	腋静脉	19	面静脉
2	冠状静脉	11	头静脉	20	海绵窦
3	肋间静脉	12	颈浅静脉	21	眼内眦静脉
4	奇静脉	13	颈外静脉	22	颞窦
5	前腔静脉	14	颈内静脉	23	背侧矢状窦
6	椎内静脉丛	15	舌面静脉	24	直窦
7	肋颈静脉	16	上颌静脉	25	横窦
8	椎静脉	17	舌静脉	26	乙状窦
9	胸廓内静脉	18	面深静脉	27	颞骨岩部背侧窦

3 脊柱

我们将在本书的其他章节利用骨骼标本和X光片显示脊柱的骨骼学，在那里将详细地叙述其局部解剖学特点。本章选用新鲜的分割材料显示围绕脊柱的特殊肌肉和椎管的结构。

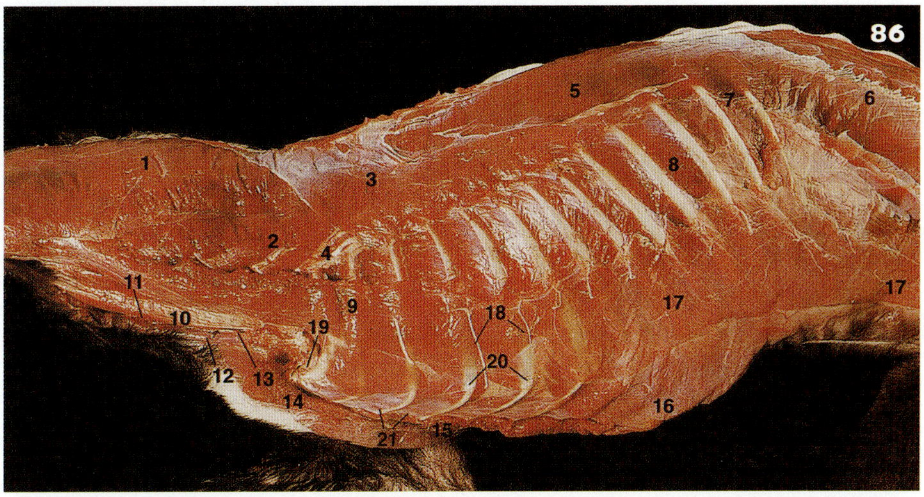

86 犬胸廓肌肉和浅层轴上肌的外侧面观，除去躯干皮肌、左侧前肢及其附着肌肉。

1 颈夹肌
2 颈最长肌
3 前背侧锯肌
4 胸最长肌
5 棘肌和胸半棘肌
6 胸腰最长肌
7 髂肋肌
8 肋间肌
9 斜角肌
10 气管
11 胸骨甲状肌
12 胸头肌
13 颈外静脉
14 胸浅肌（断端）
15 胸深肌（断端）
16 腹直肌
17 腹外斜肌
18 远侧肋间神经皮支
19 胸骨柄
20 肋软骨连接
21 胸肋关节

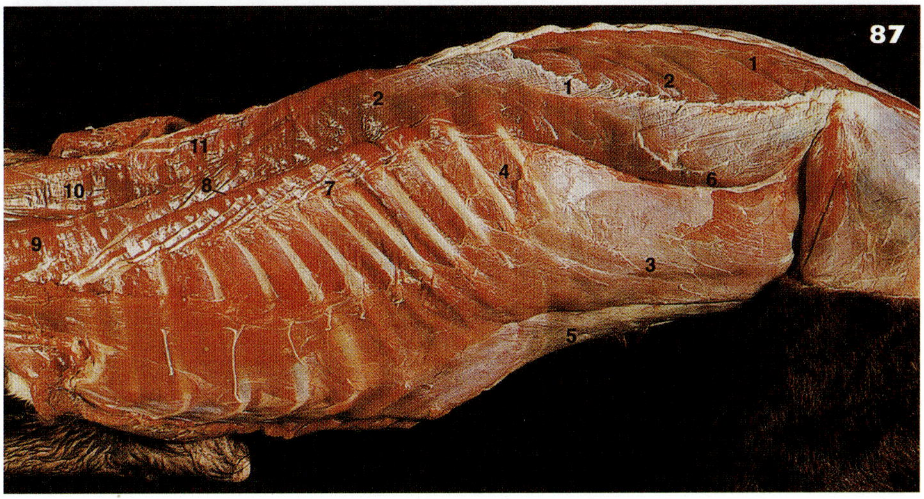

87 犬躯干深层轴上肌的外侧面观，除去前背侧锯肌。

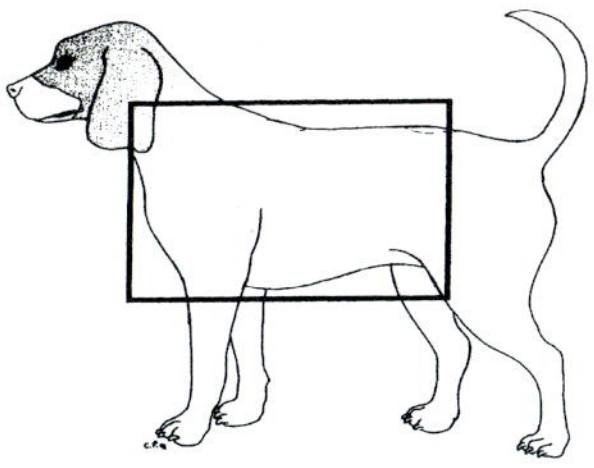

1 胸腰筋膜（断端）
2 胸腰最长肌
3 腹外斜肌
4 腹内斜肌
5 腹直肌
6 腰髂肋肌
7 胸髂肋肌
8 颈最长肌
9 头棘肌
10 头半棘肌
11 棘肌和胸半棘肌

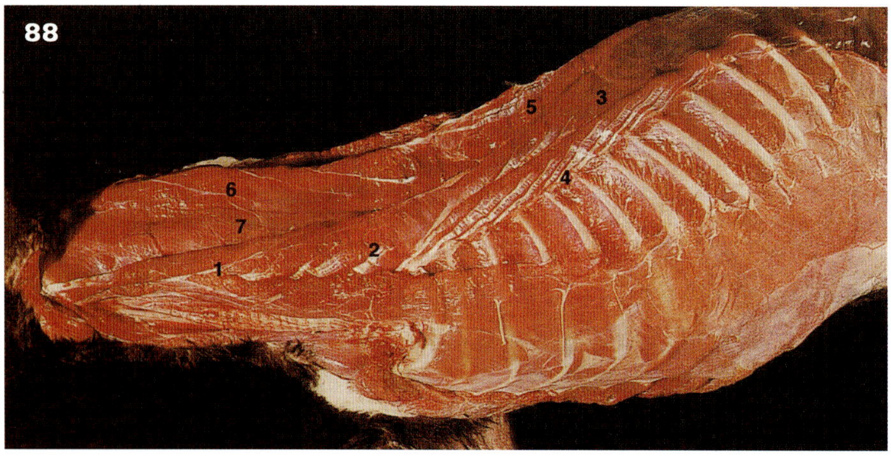

88　犬颈部和胸部深层轴上肌的外侧面观，除去颈夹肌和前背侧锯肌。

1　头最长肌	5　棘肌和胸半棘肌
2　颈最长肌	6　头半棘肌（二腹肌）
3　胸腰最长肌	7　头半棘肌（复肌）
4　胸髂肋肌	

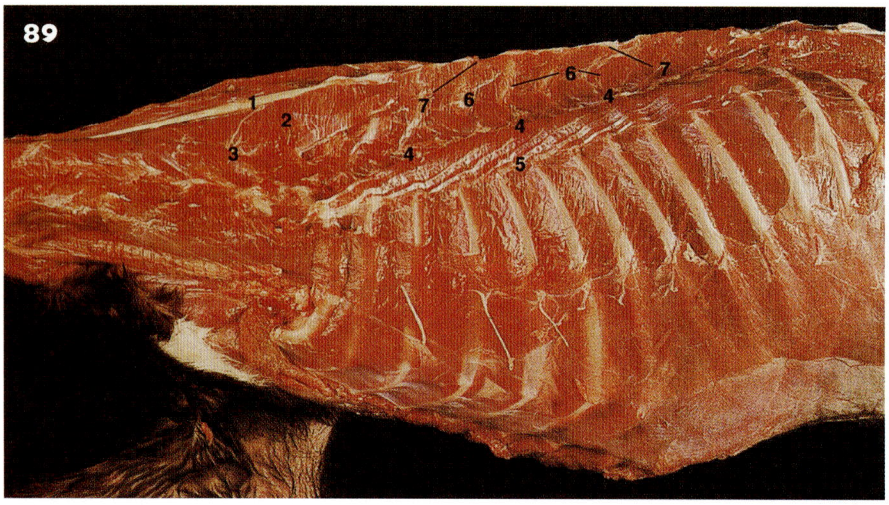

89　犬颈部和胸部深层轴上肌的外侧面观。为了显示项韧带，除去头半棘肌和胸部的肌肉。

1　项韧带	5　胸髂肋肌
2　颈棘肌	6　棘间肌
3　颈多裂肌	7　棘上韧带
4　胸多裂肌	

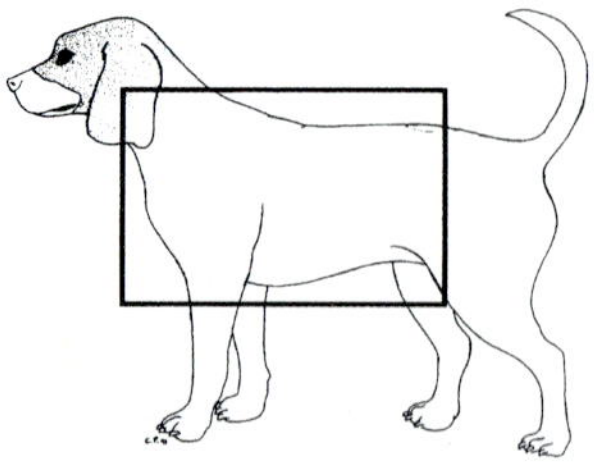

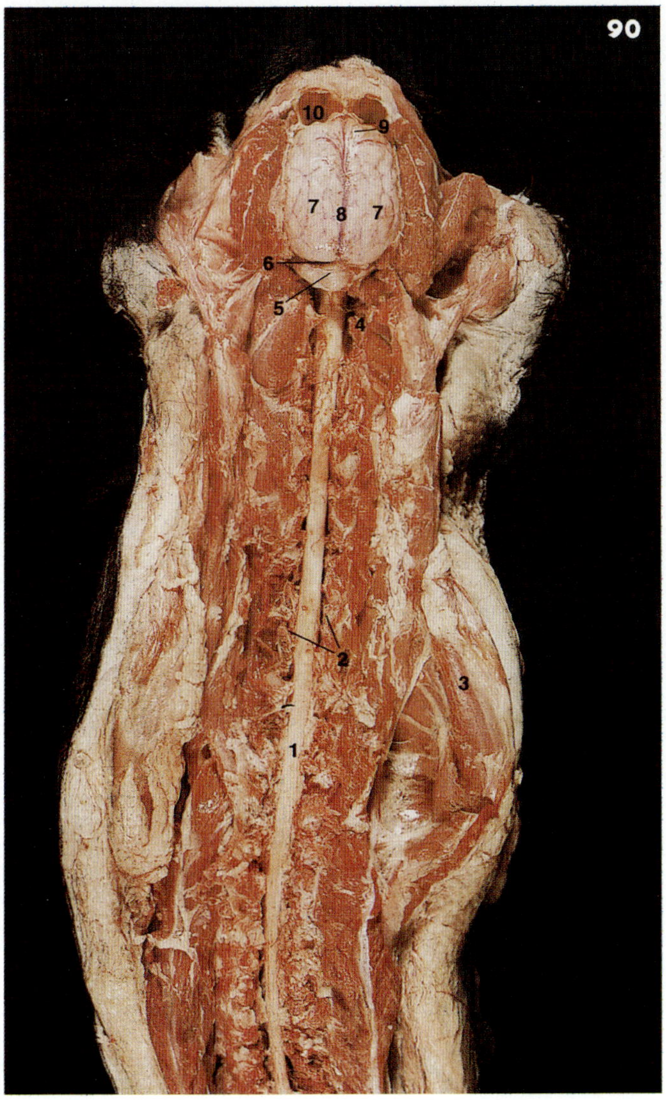

90 犬脑和胸腰段脊髓背侧面观，除去背侧轴上肌、背侧椎骨板和头盖骨，显示脑膜和脊髓。

1	硬脊膜	6	覆盖横裂的横窦
2	椎管	7	大脑半球
3	前肢	8	覆盖大脑纵裂的矢状窦
4	第一颈椎（寰椎）	9	嗅球
5	小脑	10	额窦

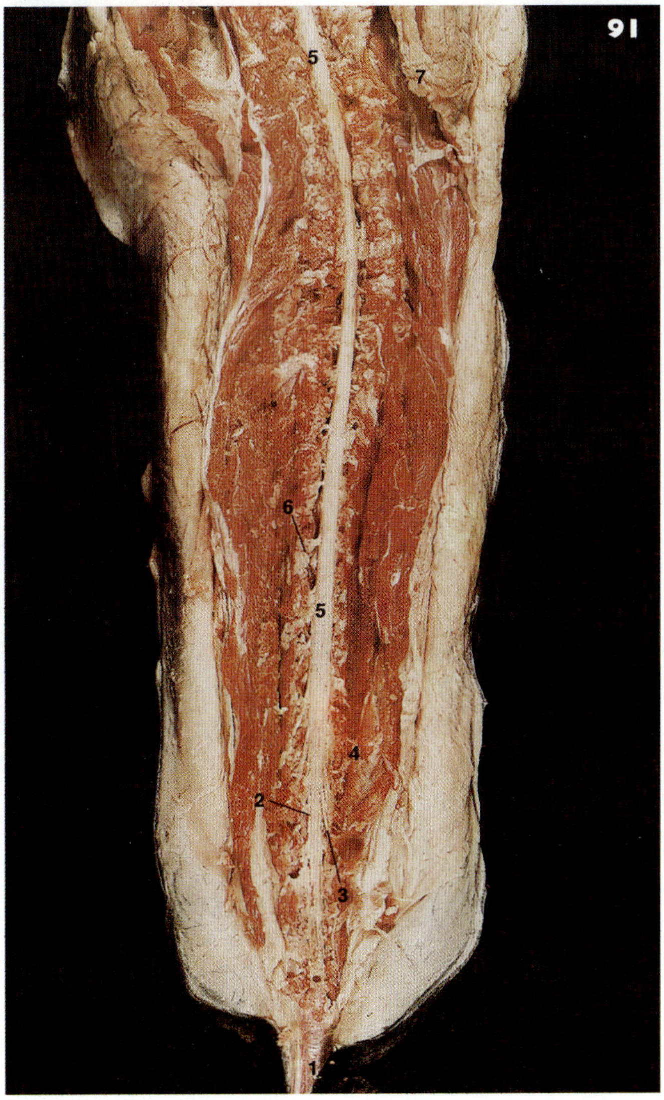

91 犬第一胸椎后脊髓的背侧面观，除去背侧轴上肌和背侧椎骨板，显示椎管。

1	尾部	5	硬脊膜
2	马尾	6	脊神经
3	尾脊神经	7	前肢
4	荐骨		

4 前肢

首先显示前肢近端到远端的骨学和肌学结构。使用骨标本和X光片在骨学上详细显示单一骨骼和骨连接，肌肉及附件配有分割标本的图解，血管和神经注解在不同的分割标本中，造影剂用在X光线照相术以显示脉管联结的通路。

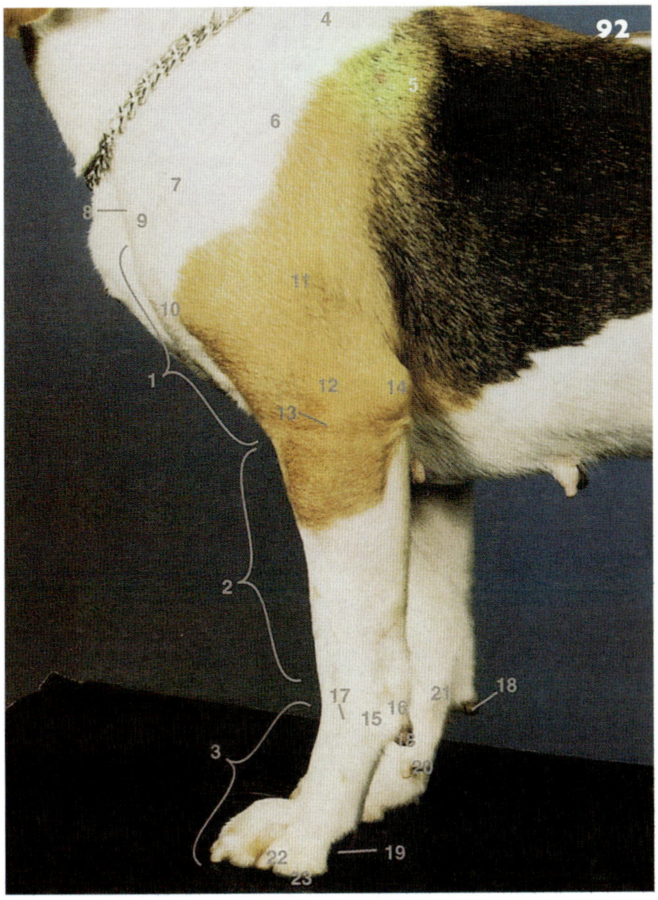

92 活体犬站立位的左前肢外侧面观，示常规临床检查可触及的结构。

1 臂
2 前臂
3 前足
4 肩胛骨前角
5 肩胛骨后角
6 肩胛冈
7 肩峰
8 肩关节
9 肱骨大结节
10 三角肌粗隆
11 臂三头肌
12 肱骨外侧上髁
13 肘关节
14 尺骨鹰嘴突
15 茎突
16 副腕骨
17 腕关节
18 腕垫
19 掌垫
20 第一指
21 桡骨茎突
22 第五指
23 趾垫

93 活体犬站立位前肢头侧面以及后肢的背侧面观，显示可触及的结构。

1 臂
2 前臂
3 前足
4 胸骨柄
5 胸肌
6 臂头肌
7 肩关节
8 肱骨外侧上髁
9 肱骨内侧上髁
10 肘关节
11 头静脉（皮下位置）
12 桡骨茎突
13 尺骨茎突
14 第一指
15 第五指
16 胫内侧踝
17 腓外侧踝
18 跗关节
19 第二趾

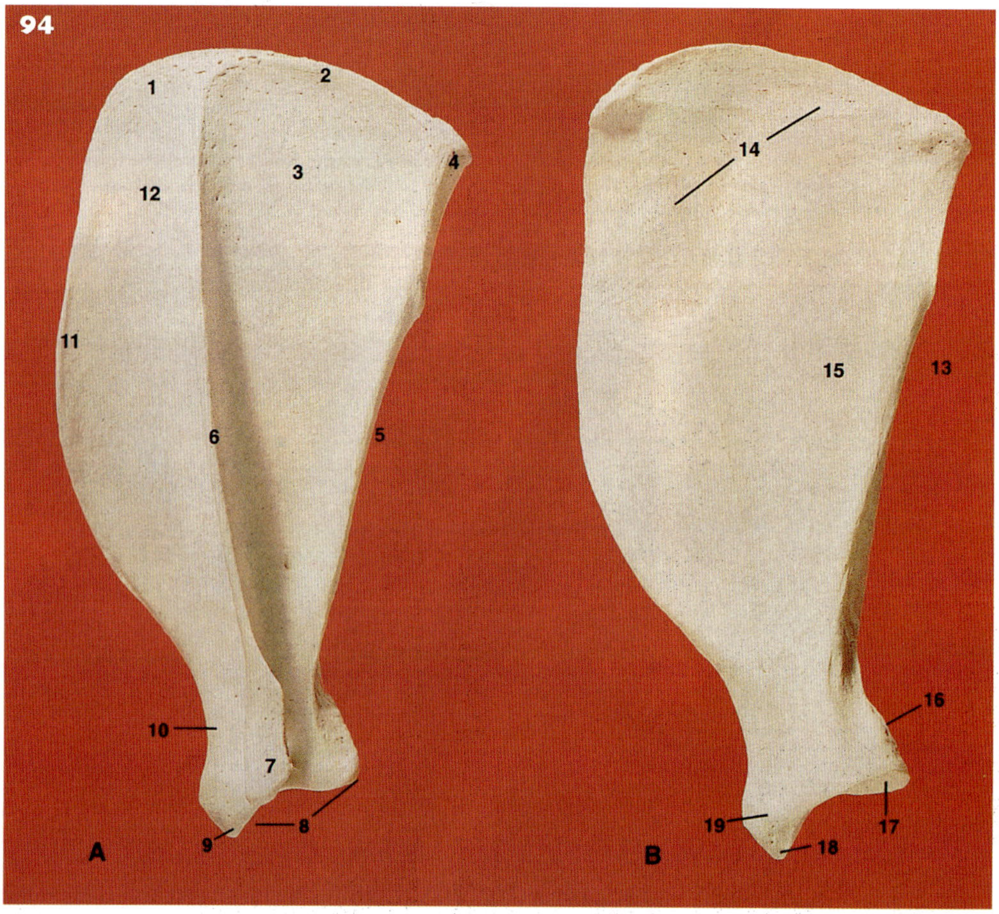

94 犬的左侧肩胛骨外侧面观(A)和右侧肩胛骨内侧面观(B)。

1	前角
2	背侧缘
3	冈下窝
4	后角
5	后缘
6	肩胛冈
7	肩峰
8	腹侧角
9	盂上结节
10	肩胛切迹
11	前缘
12	冈上窝
13	后缘
14	锯肌面
15	肩胛下窝
16	盂下结节
17	关节盂
18	盂上结节
19	喙突

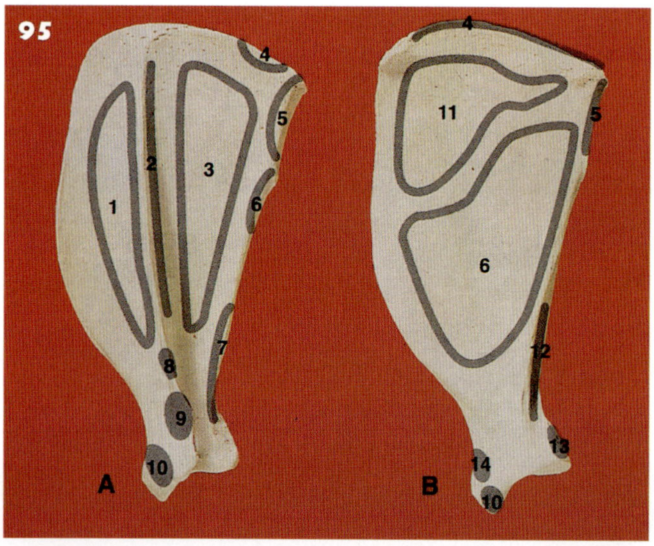

95 犬的肩胛骨的外侧面观(A)和内侧面观(B)，显示肌肉附着的区域。

1	冈上肌	8	肩胛横突肌
2	斜方肌和三角肌	9	三角肌
3	冈下肌	10	臂二头肌
4	菱形肌	11	腹侧锯肌
5	大圆肌	12	三头肌长头
6	肩胛下肌	13	小圆肌
7	小圆肌和臂三头肌长头	14	喙臂肌

96　犬的肩胛骨的外侧面观(A)和内侧面观(B)，显示骨化中心。

1　肩胛骨体
2　盂上结节

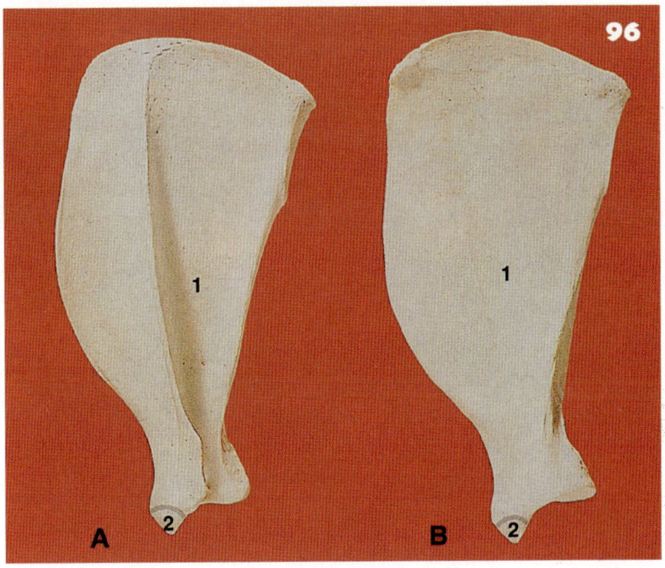

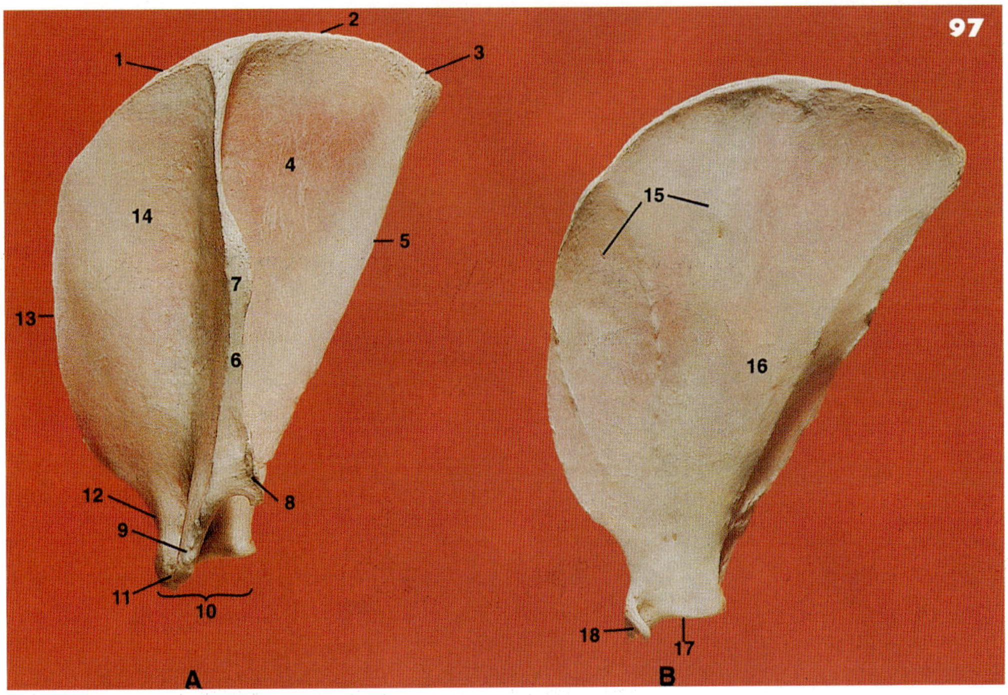

97　猫的左侧肩胛骨外侧面观(A)和右侧肩胛骨内侧面观(B)。

1	前角	7	肩胛冈结节	13	前缘
2	背侧缘	8	钩上突	14	冈上窝
3	后角	9	钩突	15	锯肌面
4	冈下窝	10	腹侧角	16	肩胛下窝
5	后缘	11	盂上结节	17	关节盂
6	肩胛冈	12	肩胛切迹	18	喙突

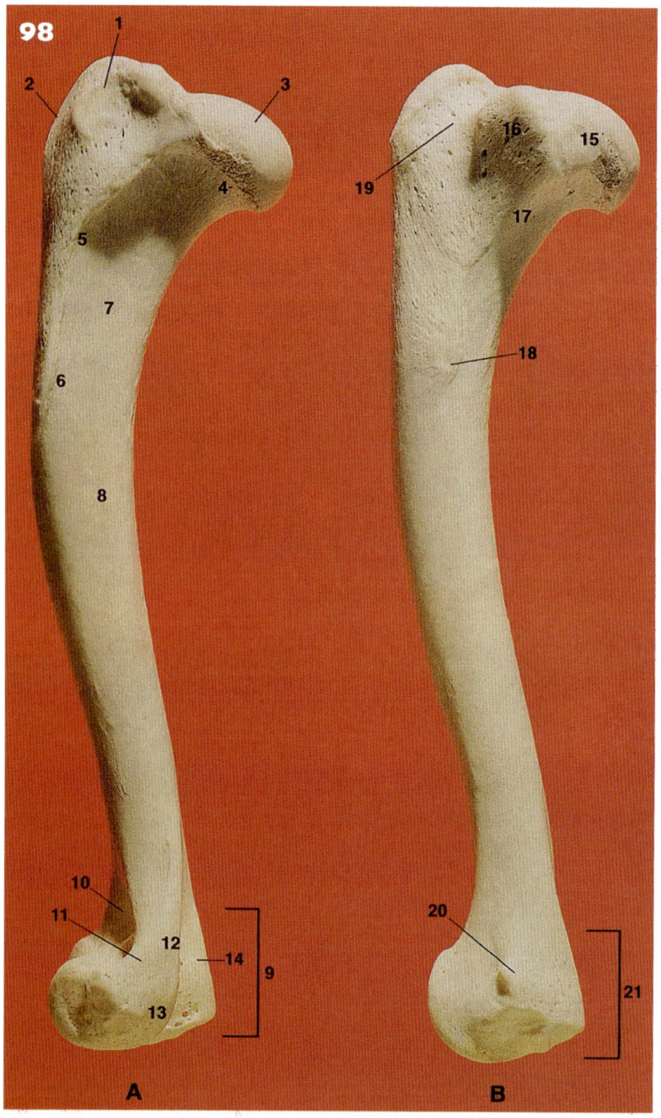

98 犬的左肱骨外侧面观(A)和右肱骨内侧面观(B)。

1	大结节	12	外侧上髁嵴
2	大结节嵴	13	外侧上髁
3	肱骨头	14	鹰嘴窝
4	肱骨颈	15	肱骨头
5	三头肌线	16	小结节
6	三角肌粗隆	17	小结节嵴
7	臂肌沟(螺旋肌沟)	18	大圆肌粗隆
8	肱骨体	19	结节间沟
9	髁状突	20	内侧上髁
10	桡窝	21	髁状突
11	滑车上孔		

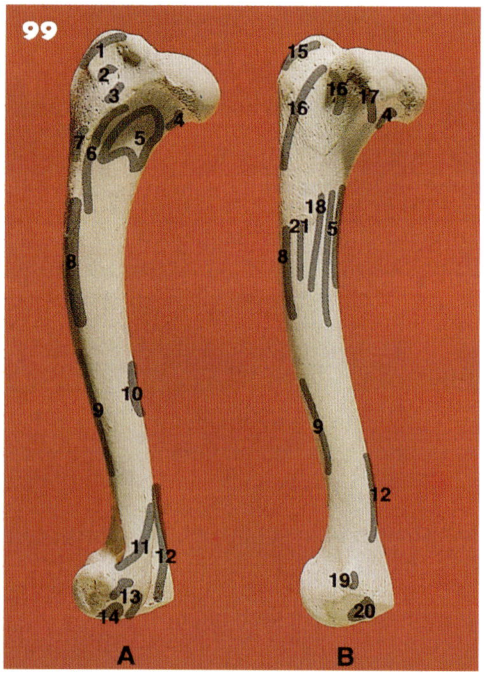

99 犬肱骨外侧面观(A)和内侧面观(B),显示肌肉附着的区域。

1	冈上肌	12	肘肌
2	冈下肌	13	腕、指伸肌和尺外侧伸肌
3	小圆肌	14	旋后肌
4	臂三头肌副头	15	冈上肌
5	臂肌	16	胸深肌
6	臂三头肌外侧头	17	肩胛下肌
7	胸浅肌	18	喙臂肌和臂三头肌内侧头
8	三角肌	19	旋前圆肌
9	锁臂肌	20	腕、指屈肌
10	臂桡肌	21	大圆肌和背阔肌
11	腕桡侧伸肌		

临床注释

8所示肱骨体呈S形。这个外形带来的问题是当骨干骨折修复时髓内钉的选择。髓内钉常规的选择是尽可能地充满髓腔而使固定更加牢固。然而由于这个S-形肱骨体或骨干必须用一个较细的髓内钉才能穿过弯曲的髓内腔。由于肱骨近端粗厚,远端细,所以骨干骨折主要出现在肱骨的远端。幼犬主要发生在肱骨远端滑车上孔和生长板。

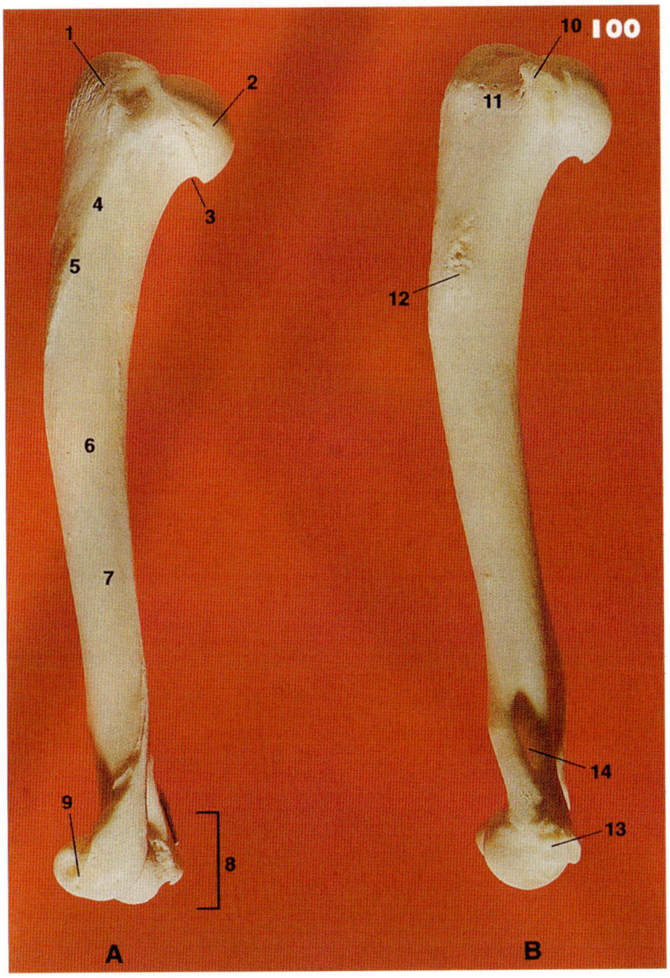

100　猫的左肱骨外侧面观(A)和右肱骨内侧面观(B)。

1	大结节	8	髁状突
2	肱骨头	9	外侧上髁
3	肱骨颈	10	小结节
4	三头肌线	11	结节间沟
5	三角肌粗隆	12	大圆肌粗隆
6	肱骨体	13	内侧上髁
7	臂肌沟	14	髁上孔

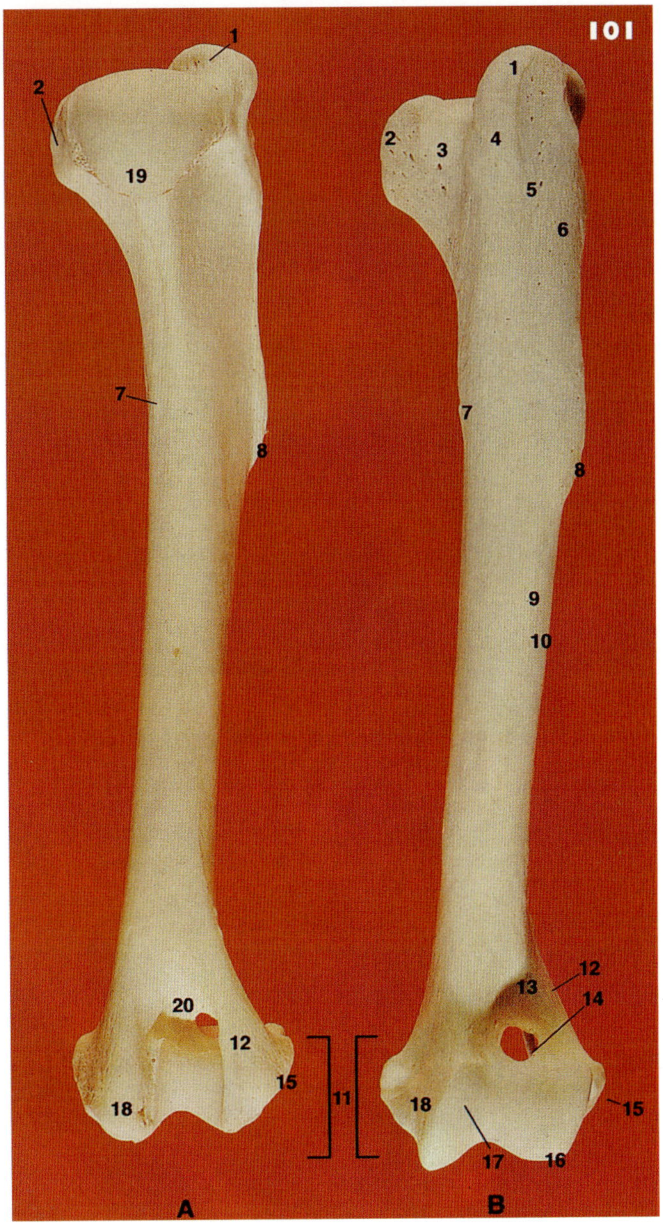

101　犬的右肱骨(A)尾侧面观和左肱骨(B)头侧面观。

1	大结节	11	髁状突
2	小结节	12	外侧上髁嵴
3	结节间沟	13	桡窝
4	大结节嵴	14	滑车上孔
5	小圆肌粗隆	15	外侧上髁
6	三头肌线	16	肱骨小头
7	大圆肌粗隆	17	滑车
8	三角肌粗隆	18	内侧上髁
9	肱骨体	19	肱骨头
10	臂肌沟	20	鹰嘴窝

临床注释

图-100中14所示髁上孔的存在是用于鉴别猫和犬肱骨不同之处。臂动脉和正中神经穿过髁上孔，所以如果当这个地方发生骨折将对猫产生严重的影响。

图-101中14所示在某些短腿品种犬如：卡因，该孔缺失。犬的该孔没有结构通过，被结缔组织相连。

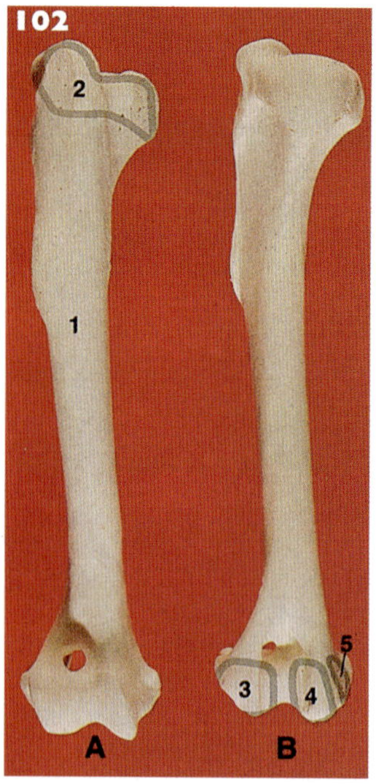

102 犬的右肱骨(A)头侧面观和左肱骨(B)尾侧面观，显示骨化中心。

1 肱骨体
2 肱骨体近端
3 外侧髁
4 内侧髁
5 内侧上髁

103 猫的左肱骨(A)头侧面观和右肱骨(B)尾侧面观。

1 大结节
2 小结节
3 结节间沟
4 大结节嵴
5 三头肌线
6 大圆肌粗隆
7 三角肌粗隆
8 肱骨体
9 髁上孔
10 髁状突
11 桡窝
12 外侧上髁
13 内侧上髁
14 滑车
15 肱骨小头
16 肱骨头
17 髁上孔
18 鹰嘴窝

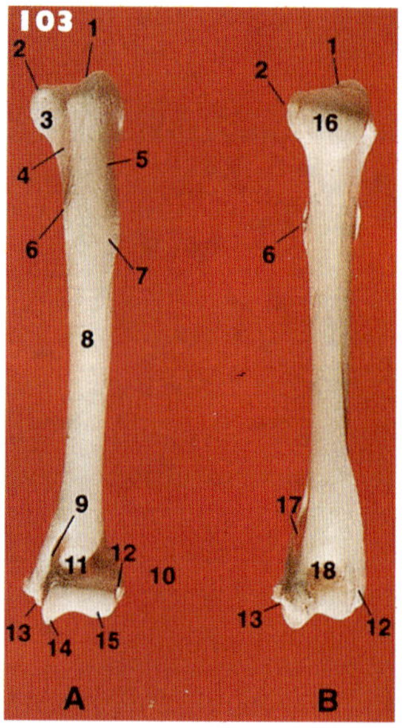

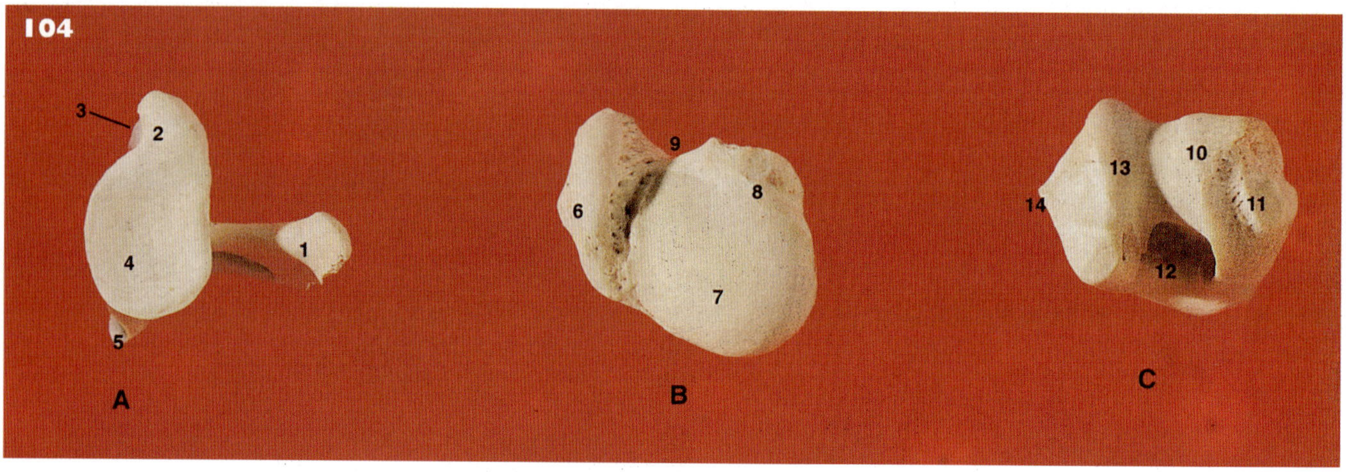

104 犬的肩胛骨远端(A)，肱骨的近端(B)和远端(C)。

1 肩峰
2 盂上结节
3 肩胛骨喙突
4 关节盂
5 盂下结节
6 大结节
7 肱骨头
8 小结节
9 结节间沟
10 肱骨小头
11 外侧上髁
12 鹰嘴窝
13 滑车
14 内侧上髁

临床注释

6 所示大结节挨得非常近的沟有着特殊的小孔。可以通过这个沟插入骨髓钉，并固定在远端，起到肱骨体骨折的固定效果。

105 犬的左肩关节(A)头侧面观和右肩关节(B)尾侧面观。

1	肩胛骨体	6	肩胛骨喙突	11	肱骨体
2	肩胛冈	7	大结节	12	肩胛骨颈
3	肩峰	8	小结节	13	盂下结节
4	肩胛切迹	9	结节间沟	14	关节盂缘
5	盂上结节	10	三头肌线	15	肱骨头

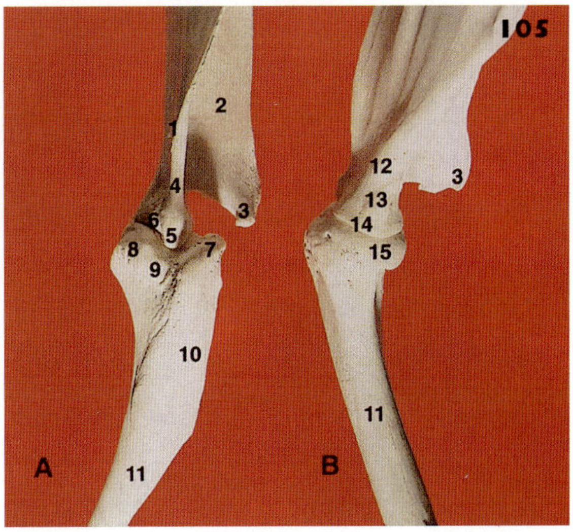

临床注释

3和7注意相关位置是两个可触及的骨结构。被用作评价肩关节位置是否正确。一旦发生肩关节错位，其相对位置结构就会发生改变。

106 肩部X光侧位平片，侧卧前肢前后分开，肩关节被固定防止与气管重叠。

1 第七颈椎
2 第一胸椎
3 第一肋
4 肩胛骨体
5 肩胛冈
6 冈上肌窝
7 冈下肌窝
8 肩峰
9 气管
10 盂上结节
11 盂下结节
12 关节盂
13 肩关节
14 肱骨头
15 大结节
16 肱骨体
17 三角肌粗隆
18 肘关节
19 鹰嘴
20 胸骨
21 心脏
22 支气管
23 食管(空气)

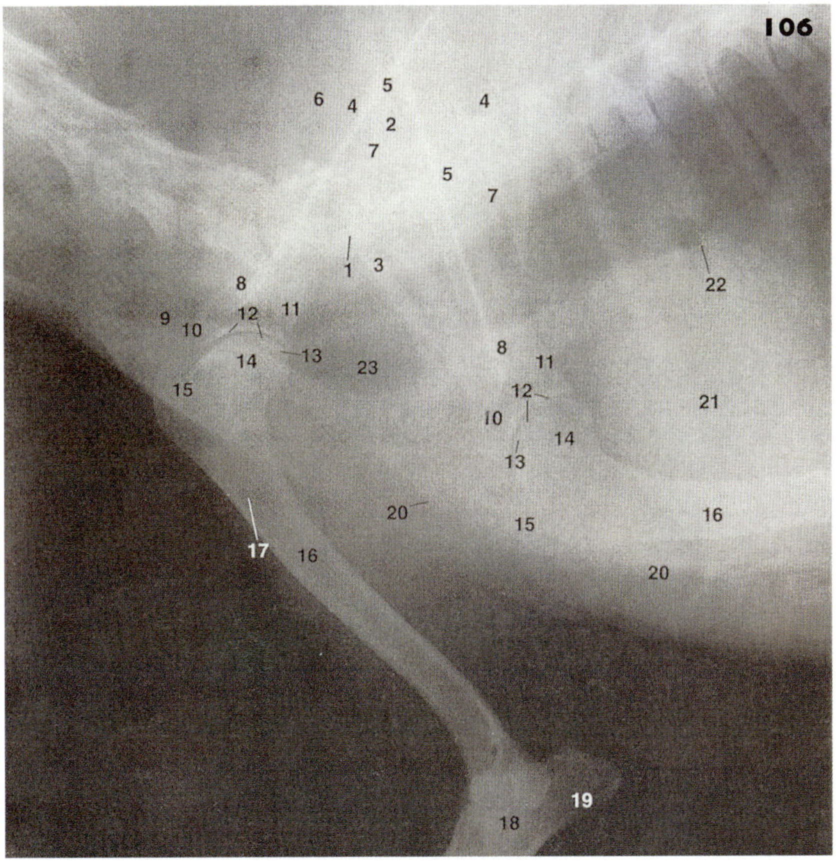

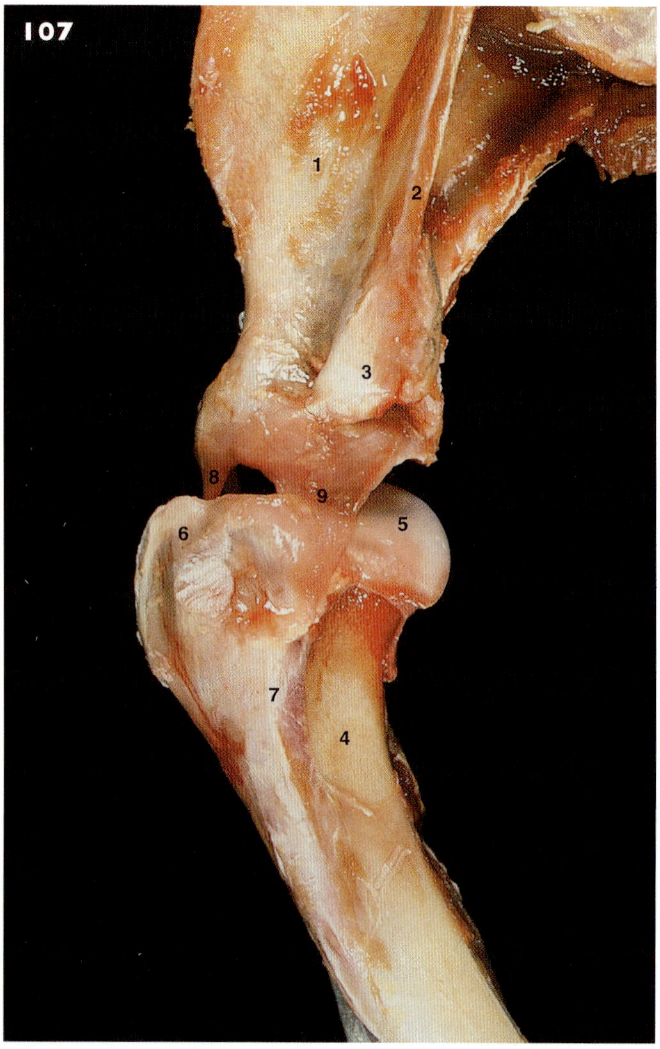

107　犬的左肩关节外侧面观，关节周围肌肉已被去除，显示关节韧带、臂二头肌腱起点位置。

1　肩胛骨	6　大结节
2　肩胛冈	7　三头肌线
3　肩峰	8　臂二头肌腱
4　肱骨	9　盂肱韧带外侧
5　肱骨头	

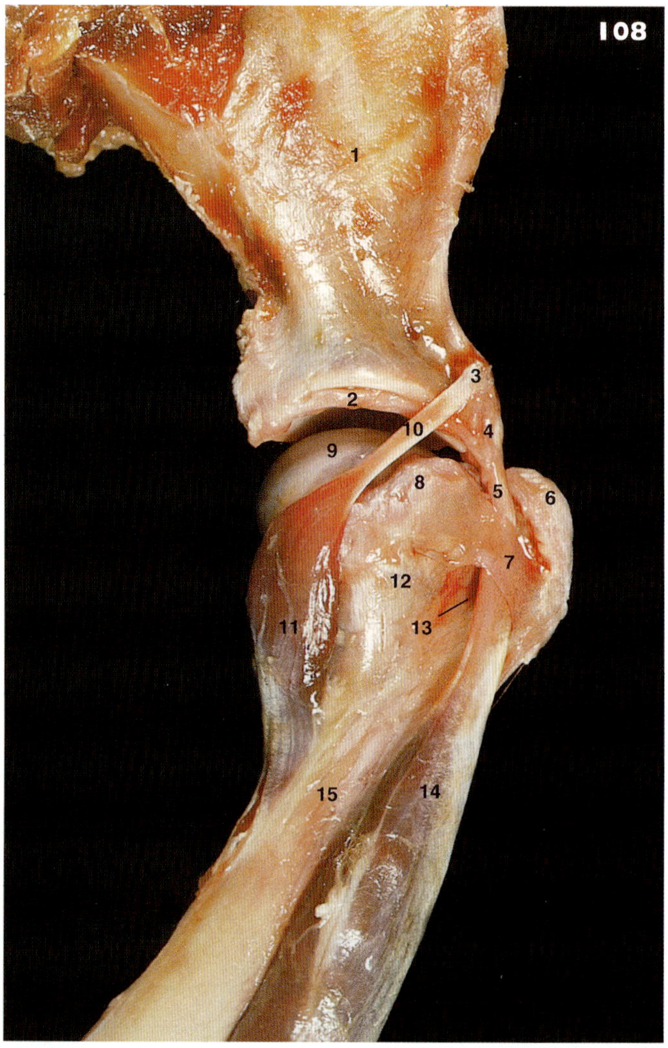

108　犬的左肩关节内侧面观，关节周围肌肉已被去除，显示关节韧带、臂二头肌腱起点位置。

1　肩胛骨	9　肱骨头
2　关节盂	10　喙臂肌腱
3　喙突	11　喙臂肌
4　盂上结节	12　盂肱韧带
5　在结节间沟内的臂二头肌腱	13　结节间沟
6　大结节	14　臂二头肌
7　肱横韧带	15　肱骨
8　小结节	

109 犬的左肩关节头侧面观，关节周围肌肉已被去除，显示关节韧带、臂二头肌腱起点位置。

1	肩胛骨	8	臂二头肌腱
2	肩胛冈	9	肱横韧带
3	肩峰	10	小结节
4	关节盂	11	大结节
5	喙突	12	肱骨
6	喙臂肌腱	13	臂二头肌
7	盂上结节	14	喙臂肌

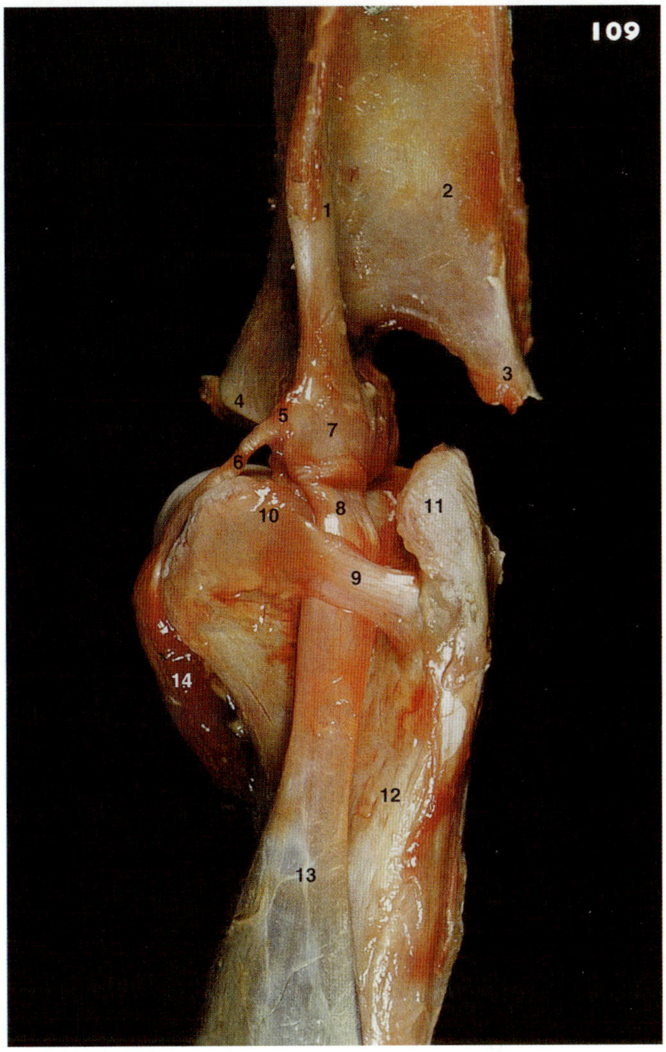

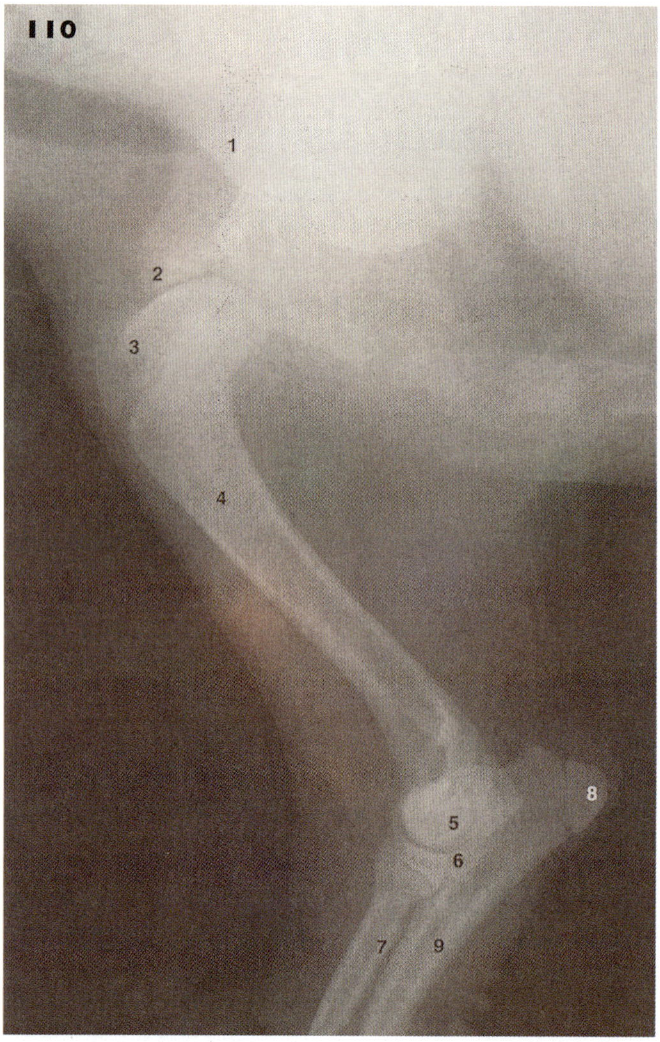

110　幼犬肩部X光内侧位片，显示骨化中心。

1　肩胛骨体
2　盂上结节
3　肱骨近端骺
4　肱骨体
5　肱骨远端骺
6　桡骨近端骺
7　桡骨体
8　尺骨近端骺（鹰嘴前体）
9　尺骨体

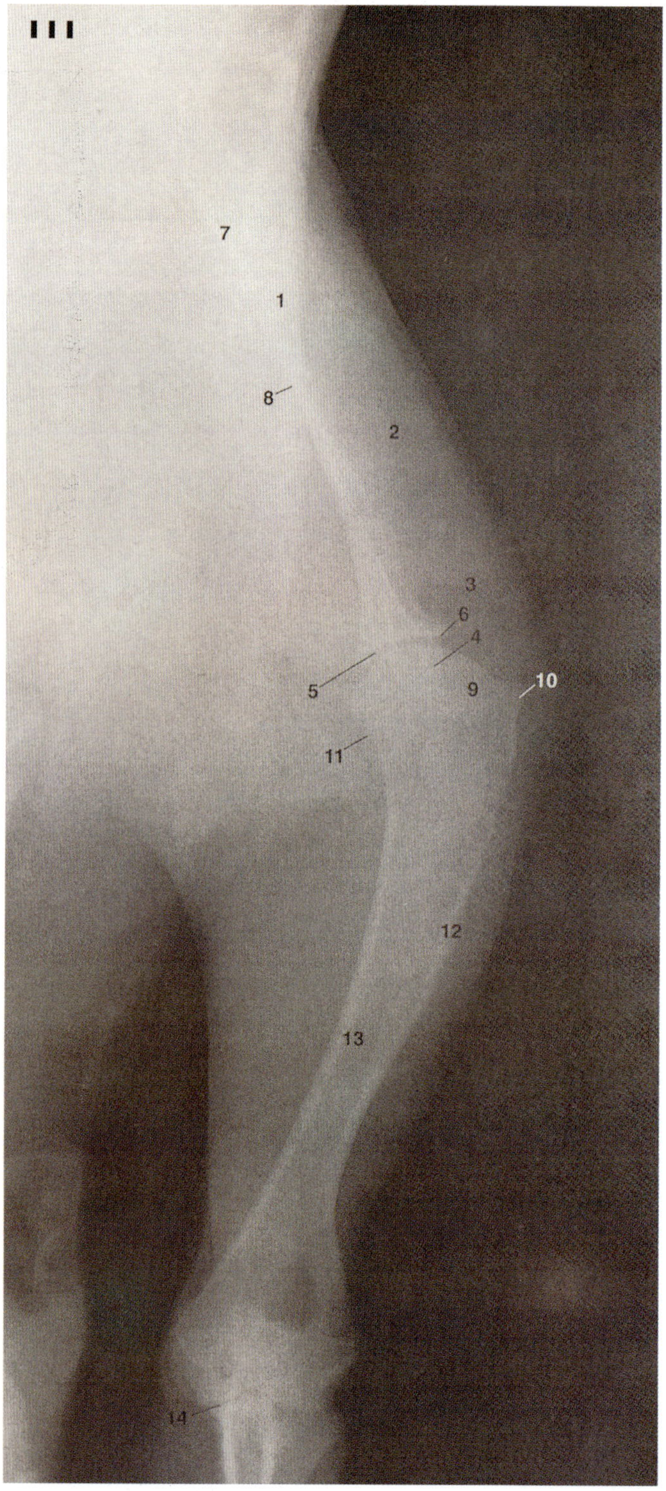

111　犬肩关节X光正位片。

1　肩胛骨体
2　肩胛冈
3　肩峰
4　盂上结节和喙突
5　关节盂
6　肩关节
7　锯肌面
8　肩胛下窝
9　肱骨头
10　大结节
11　小结节
12　三角肌粗隆
13　肱骨体
14　肘关节

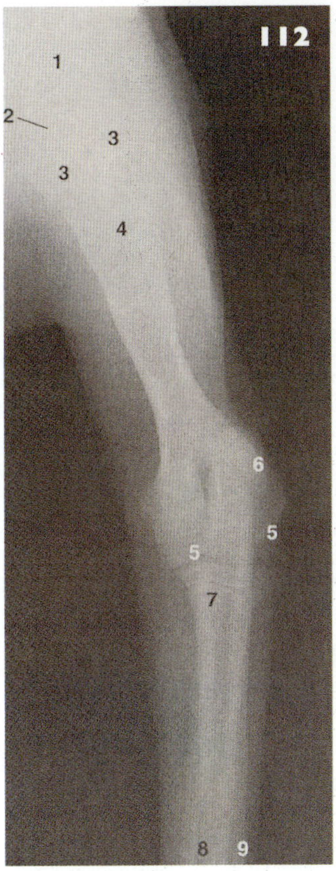

112　幼犬肩部和臂部 X 光正位片，显示骨化中心。

1　肩胛骨体
2　盂上结节
3　肱骨近端骺
4　肱骨体
5　肱骨远端骺
6　尺骨近端骺（鹰嘴前体）
7　桡骨近端骺
8　桡骨体
9　尺骨体

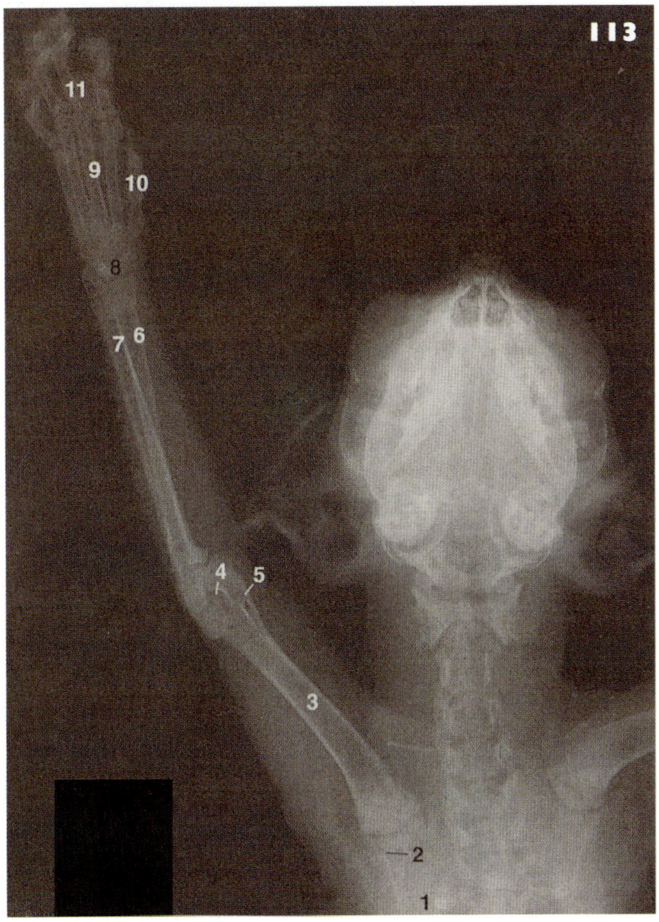

113　幼猫前肢 X 光正位片，显示髁上孔。

1　肩胛骨
2　钩上突
3　肱骨
4　滑车上窝
5　髁上孔
6　桡骨
7　尺骨
8　腕
9　掌骨
10　第一指
11　第二指到第五指

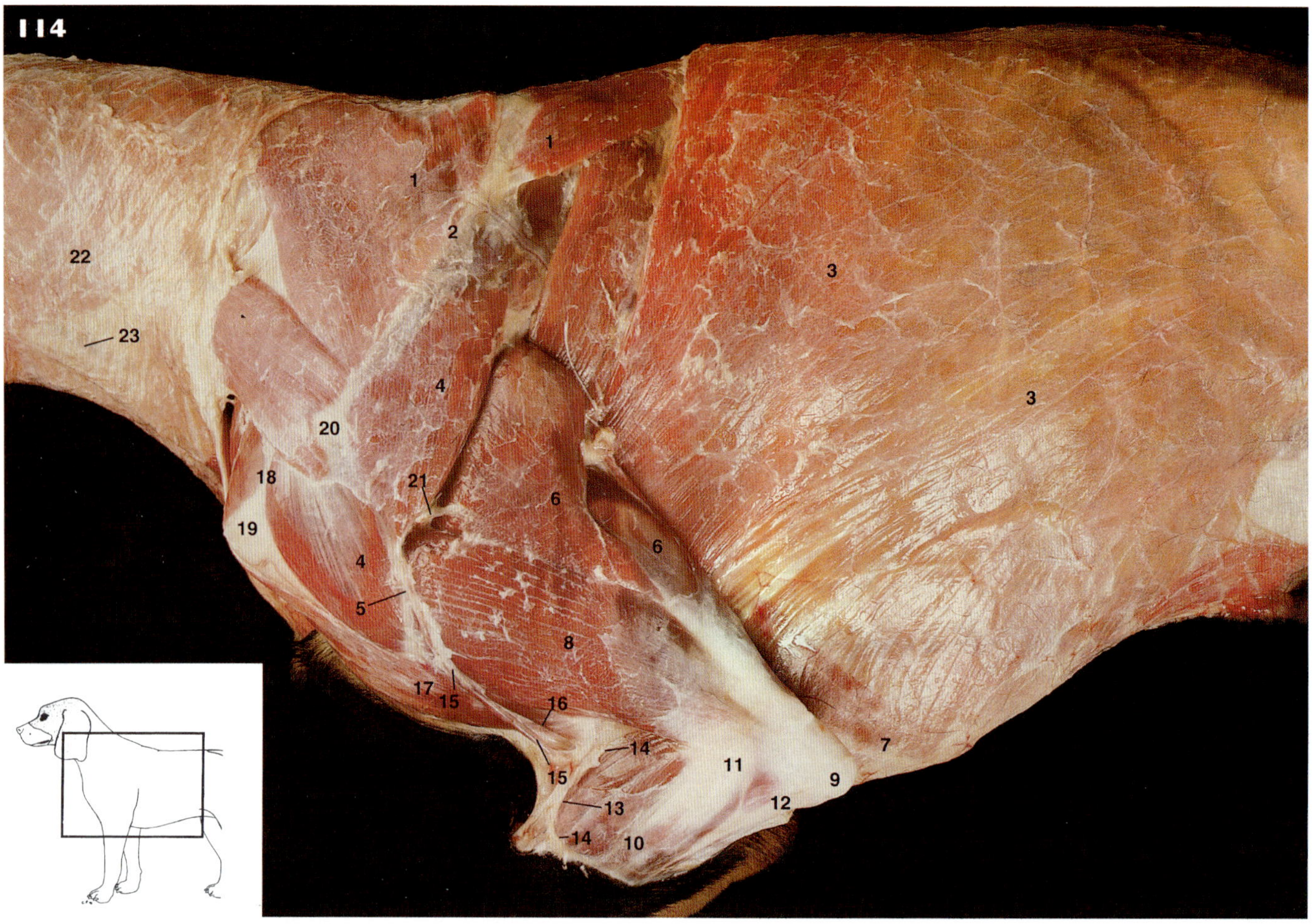

114 犬的颈、肩、前肢和胸壁外侧浅层肌肉。

1 斜方肌
2 肩胛冈
3 躯干皮肌
4 三角肌
5 腋臂静脉
6 臂三头肌（长头）
7 胸深肌（躯干皮肌的深面）
8 臂三头肌（外侧头）
9 鹰嘴
10 伸肌群
11 肱骨外侧上髁
12 肘肌
13 臂浅动脉
14 桡神经（浅外侧和内侧支）
15 头静脉
16 肘正中静脉
17 锁臂肌
18 冈上肌
19 肱骨大结节
20 肩峰
21 前外侧皮神经
22 颈浅括约肌
23 颈外静脉

临床注释

17 所示的位置是实施肱骨骨折切开复位术和髓内钉固定的外科切口。近端骨折通路是从三头肌外侧头（8）分离锁臂肌后缘。中段骨折通路从臂肌头侧边缘（16）分离锁臂肌后缘。远端骨折通路分离臂肌后缘和三头肌前缘（14）。这个地方容易损伤桡神经，注意避开。

115 犬的离体左前肢的肩臂部内侧面观，肩带肌已经被切断。

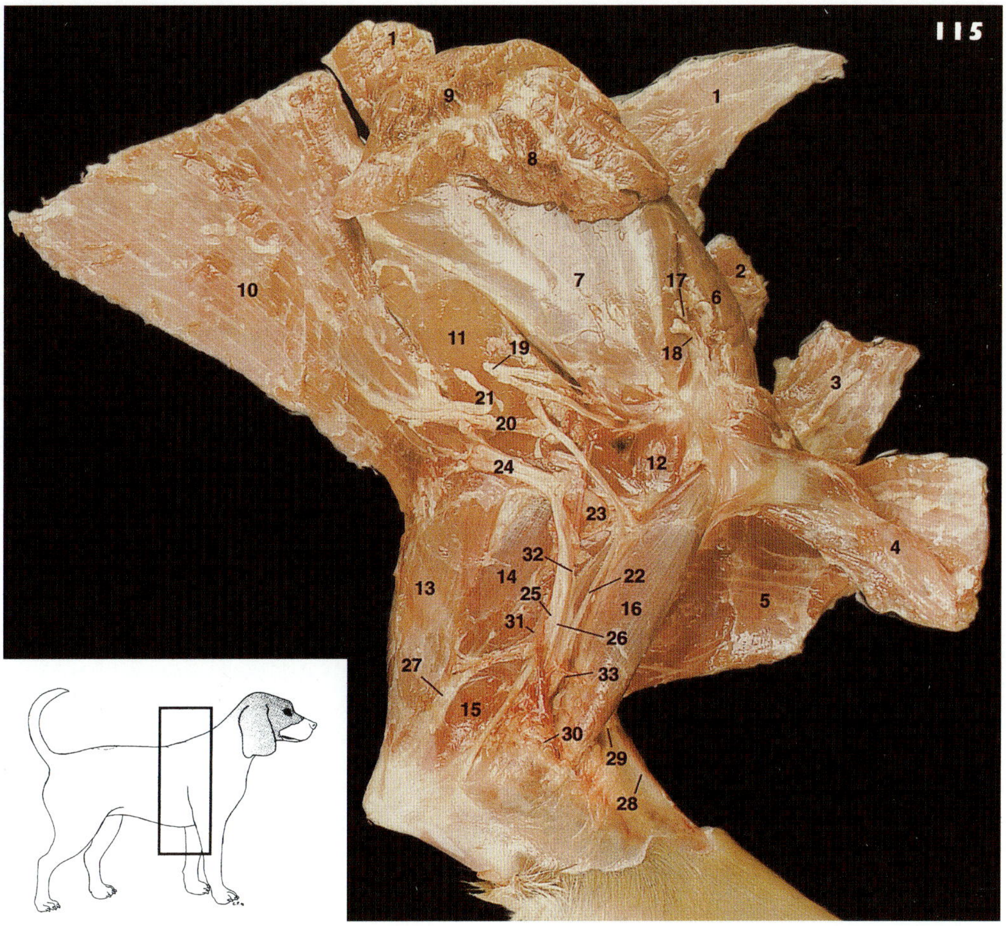

1	斜方肌	12	喙臂肌	23	桡神经
2	肩胛横突肌	13	前臂筋膜张肌	24	正中神经和尺神经
3	锁臂肌和神经	14	臂三头肌（长头）	25	尺神经
4	胸深肌	15	臂三头肌（内侧头）	26	正中神经
5	胸浅肌	16	臂二头肌	27	前臂后皮神经
6	冈上肌	17	肩胛下神经	28	头静脉
7	肩胛下肌	18	肩胛上神经	29	肘正中静脉
8	腹锯肌（断缘）	19	腋神经	30	正中静脉
9	菱形肌（断缘）	20	胸外神经	31	臂静脉
10	背阔肌	21	胸背神经	32	臂动脉
11	大圆肌	22	肌皮神经	33	二头肌动脉

临床注释

17～27所示这些外周神经都来自于腋窝的臂神经丛。它来源于C5、6、7、8和T1脊神经腹侧支。臂神经丛的严重损伤将导致所有在这个区域的肌肉运动功能障碍，除了斜方肌（1）、肩胛横突肌（2）和菱形肌（9）的运动靠脊神经背侧支和脊髓副神经（脑神经XI）来控制。臂神经丛麻痹使肩部区域皮肤感觉丧失，包括整个前肢皮肤到远端肘关节，这是鉴别诊断桡神经麻痹和臂神经丛麻痹的关键。前者只是前臂头侧和尾侧后缘出现感觉丧失。

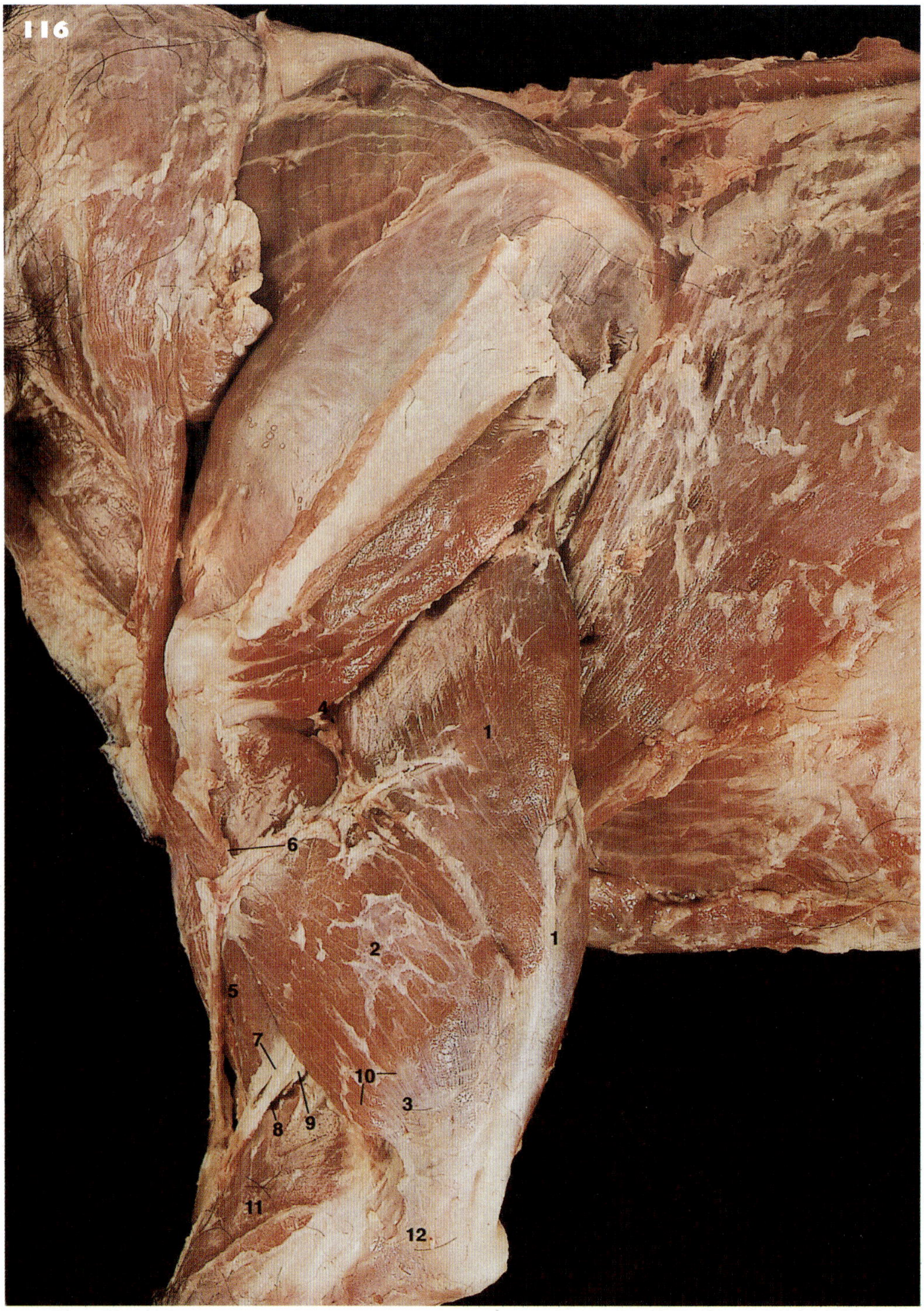

116 犬的左肩臂部深层肌肉外侧面观，斜方肌和三角肌已被切除。

1 臂三头肌（长头）
2 臂三头肌（外侧头）
3 臂三头肌（内侧头）
4 小圆肌
5 臂肌
6 桡神经
7 内侧皮支
8 外侧皮支
9 深支
10 臂三头肌支
11 腕桡侧伸肌
12 肘肌

临床注释

6所示这个位置的桡神经一般不太容易受到外伤的损伤，但桡神经麻痹将造成肘的伸肌功能丧失，腕和指将产生严重的功能障碍，肘关节及其以下部分站立不稳。前臂头侧和尾侧缘将丧失感觉功能。

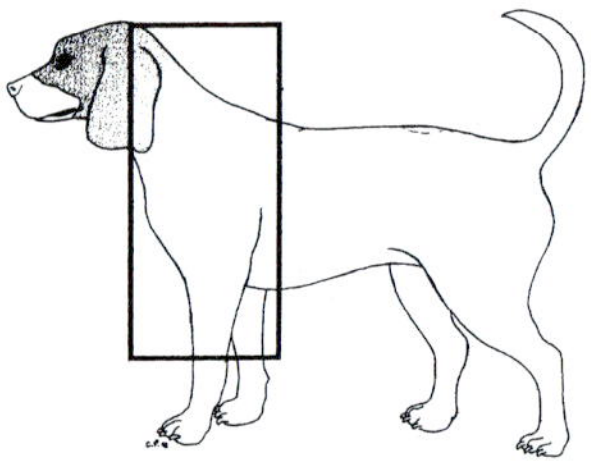

117 犬的左肩臂部深层肌肉外侧面观，肩胛横突肌、斜方肌、三角肌、臂三头肌外侧头已被切除。

1 菱形肌
2 背阔肌
3 三角肌(断缘)
4 冈下肌
5 小圆肌
6 胸深肌
7 臂三头肌(长头)
8 臂三头肌(副头)
9 腕桡侧伸肌
10 肘肌
11 桡神经
12 臂肌
13 头静脉
14 腋臂静脉
15 锁臂肌
16 肩峰
17 肱骨大结节
18 冈上肌
19 斜方肌(断缘)
20 肩胛横突肌(断缘)
21 颈部锁头肌
22 锁骨腱

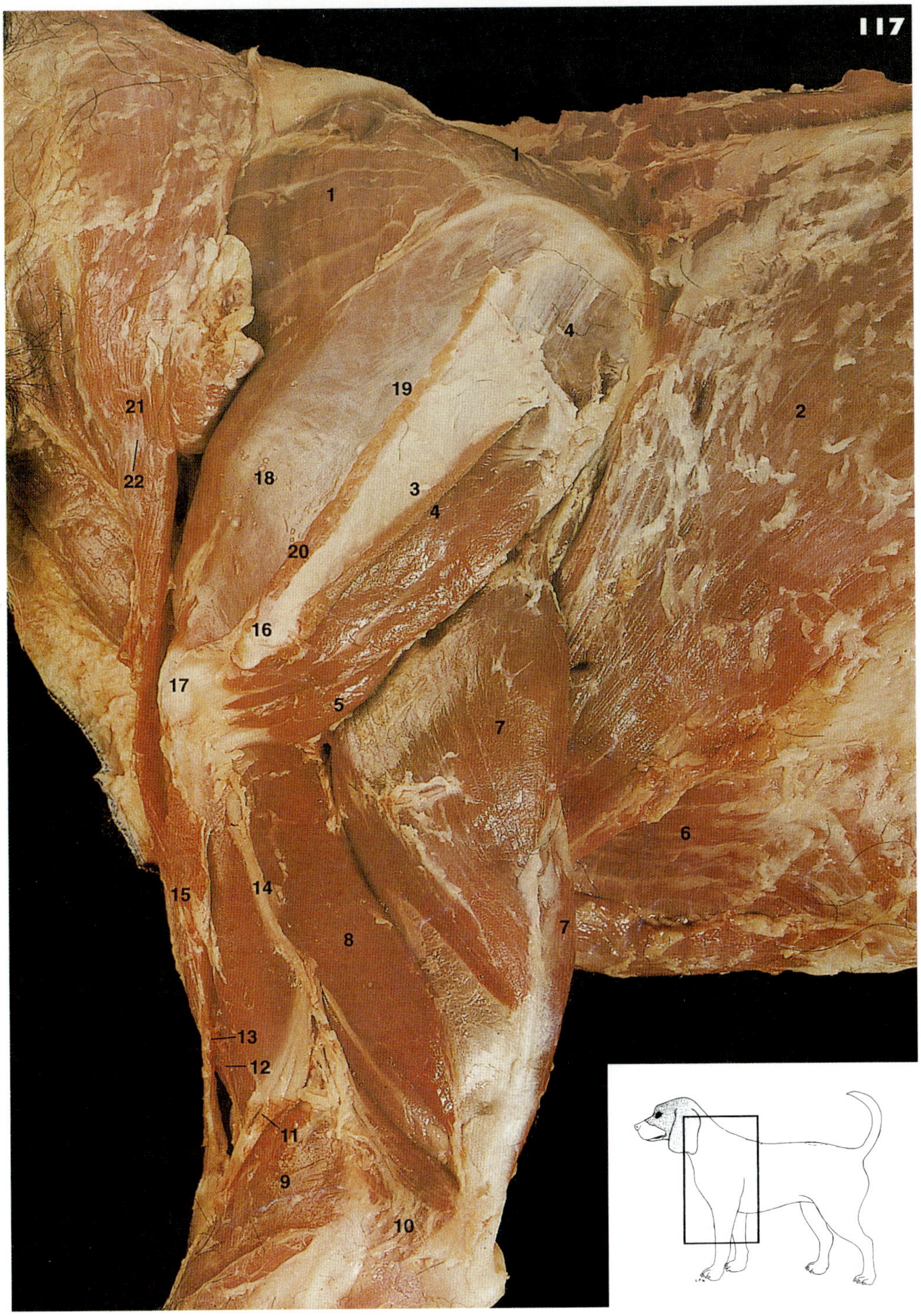

临床注释

5所示小圆肌横跨肩关节的外侧，是外科手术通路的入口，分开三角肌的两个头露出小圆肌，切开并旋转或切开露出肩关节囊。

11 所示桡神经螺旋穿过臂肌沟(螺旋肌沟)。这个地方在肱骨骨折时或骨折的手术修补时容易出现损伤。测试桡神经的功能可以刺激前臂头侧和尾侧的知觉反应。桡神经麻痹将丧失腕和指的伸肌运动功能，臂三头肌的功能良好能使肘关节保持伸展状态。这样，犬不动时能够保持基本正常的姿势，但当前进时不能伸展腕和指关节，拖动前肢，以爪背侧着地。

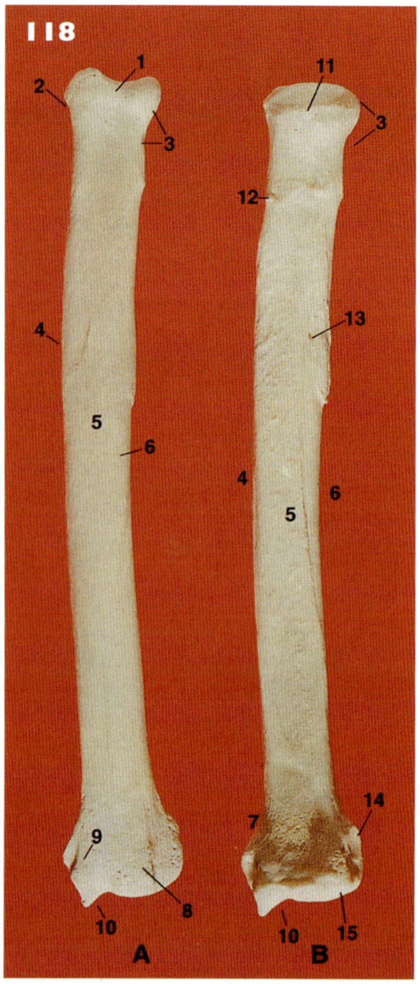

118　犬的左桡骨头侧面观(A)和右桡骨尾侧面观(B)。

1　桡骨头凹
2　桡骨头
3　桡骨颈
4　内侧缘
5　桡骨体
6　外侧缘
7　指总伸肌沟
8　腕桡侧伸肌沟
9　拇长展肌沟
10　茎突
11　环状关节面
12　桡骨粗隆
13　滋养孔
14　尺骨切迹
15　腕关节面

119　犬的左桡骨头侧面观(A)和右桡骨尾侧面观(B)，显示骨化中心。

1　桡骨体
2　近端骨骺
3　远端骨骺

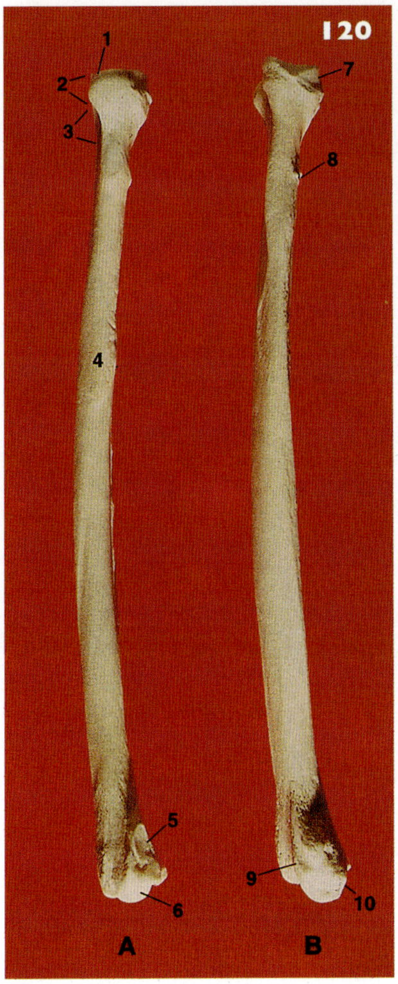

120　犬的左桡骨外侧面观(A)和右桡骨内侧面观(B)。

1　桡骨头凹
2　桡骨头
3　桡骨颈
4　桡骨体
5　尺骨切迹
6　腕关节面
7　环状关节面
8　桡骨粗隆
9　伸肌沟
10　茎突

121　犬的桡骨外侧面观(A)和内侧面观(B)，显示肌肉附着点。

1　旋后肌
2　旋前圆肌
3　拇长展肌
4　臂二头肌和臂肌
5　指深屈肌
6　旋前方肌
7　臂桡肌

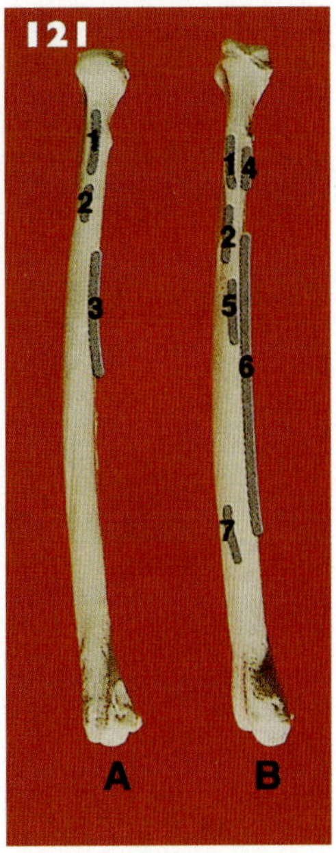

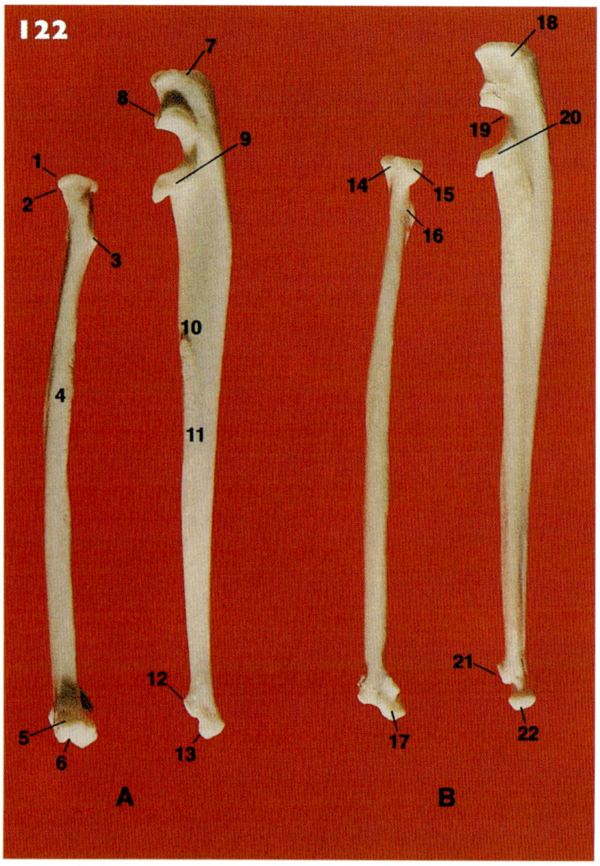

122 猫的左桡骨、尺骨外侧面观(A)和右桡骨、尺骨内侧面观(B)。

1	桡骨头	12	尺骨切迹
2	桡骨颈	13	尺骨茎突
3	桡骨粗隆	14	环状关节面
4	桡骨体	15	关节凹
5	尺骨切迹	16	桡骨粗隆
6	腕关节面	17	桡骨茎突
7	鹰嘴	18	鹰嘴
8	肘突	19	滑车切迹
9	外侧冠突	20	内侧冠突
10	骨间缘	21	环状关节面
11	尺骨体	22	尺骨茎突

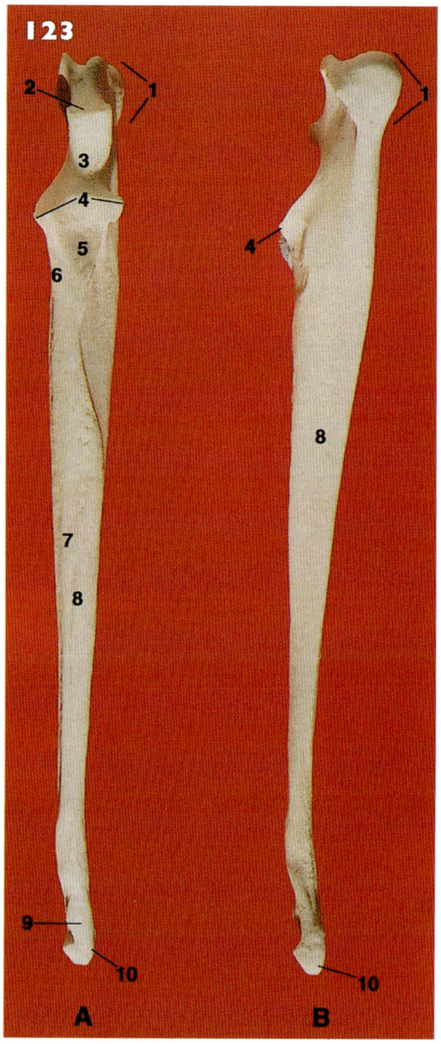

123 犬的左尺骨头侧面观(A)和右尺骨尾侧面观(B)。

1 鹰嘴
2 肘突
3 滑车切迹
4 冠突
5 桡骨切迹
6 尺骨粗隆
7 骨间缘
8 尺骨体
9 环状关节面
10 茎突

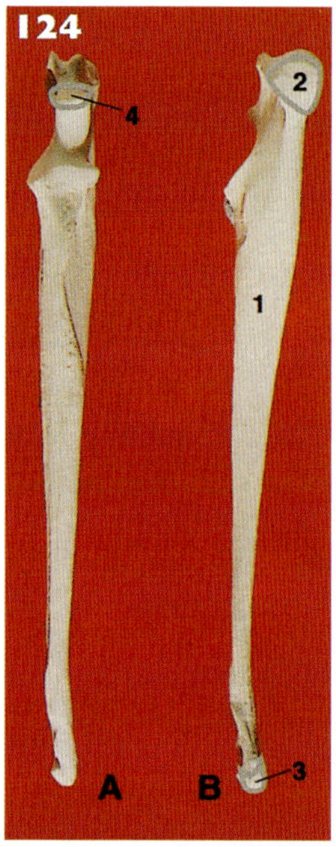

124 犬的左尺骨头侧面观(A)和右尺骨尾侧面观(B)，显示骨化中心。

1 尺骨体
2 近端骨骺
3 远端骨骺
4 肘

临床注释

4所示一个环绕的关节面，当犬伏卧和仰卧时关节发生移动。

125 犬的左尺骨外侧面观(A)和右尺骨内侧面观(B)。

1 鹰嘴
2 肘突
3 滑车切迹
4 冠突
5 桡骨切迹
6 尺骨体
7 茎突
8 尺骨粗隆
9 骨间缘
10 环状关节面

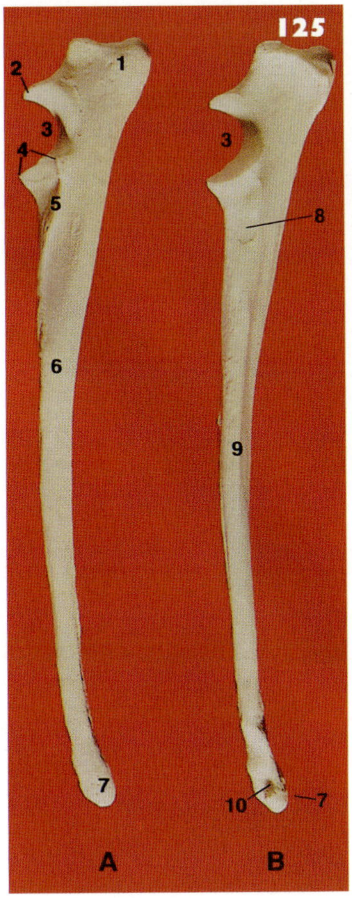

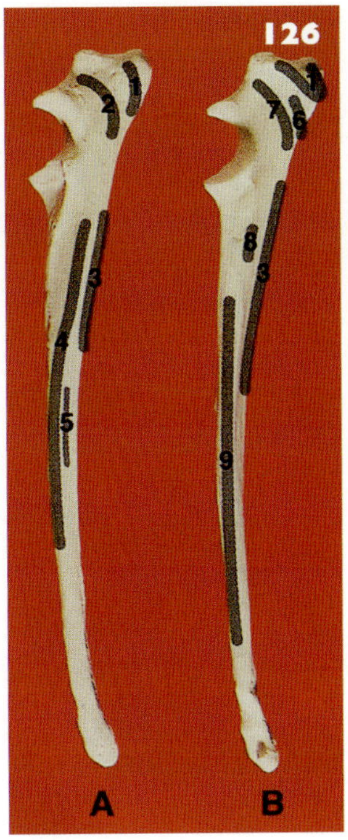

126 尺骨外侧面观(A)和内侧面观(B)，显示肌肉附着点。

1 臂三头肌
2 肘肌
3 指深屈肌
4 拇长展肌
5 拇长伸肌
6 前臂筋膜张肌
7 尺侧腕屈肌
8 臂二头肌和臂肌
9 旋前方肌

临床注释

2 所示肘关节伸展站立时鹰嘴突，它与肱骨的鹰嘴窝(参照图-127、图-130 和图-132)形成的关节结构非常稳固，很少有关节错位，除非受到强有力打击或者伴有肱骨上髁骨折。

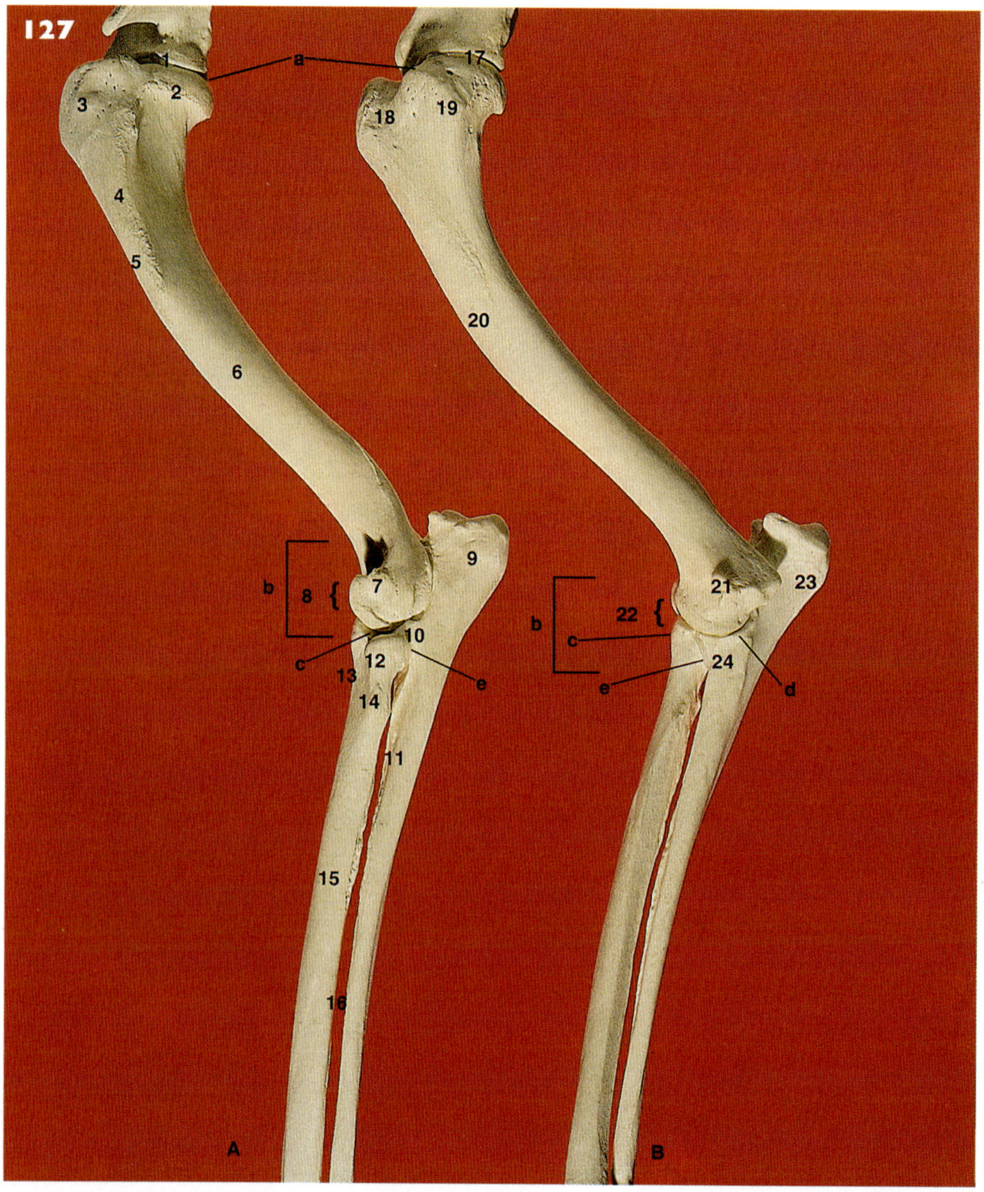

127 犬的左肩关节和肘关节外侧面观(A)和右肩关节和肘关节内侧面观(B)。

a	肩关节	6	肱骨体	17	肩关节腔
b	肘关节	7	外侧上髁	18	结节间沟
c	肱桡关节	8	髁状突	19	小结节
d	肱尺关节	9	鹰嘴	20	肱骨体
e	近端桡尺关节	10	冠突	21	内侧上髁
		11	尺骨体	22	肘关节腔
1	关节盂	12	桡骨头凹	23	鹰嘴
2	肱骨头	13	桡骨头	24	尺骨粗隆
3	大结节	14	桡骨颈		
4	臂三头肌线	15	桡骨体		
5	三角肌粗隆	16	骨间隙		

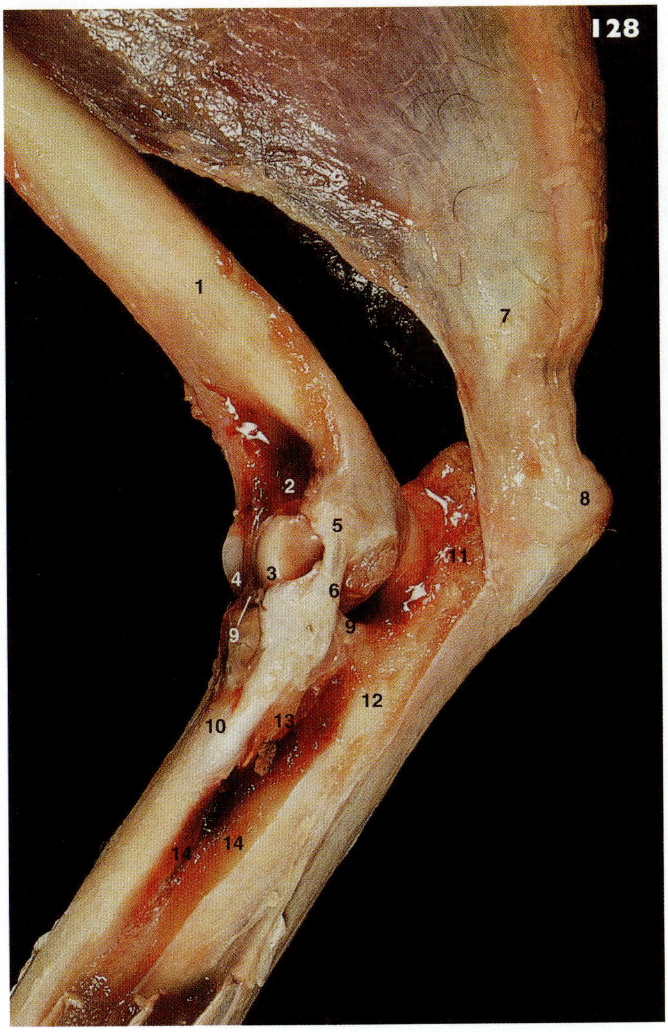

128 犬的左肘关节外侧面观，臂三头肌已经被移开，周围其他肌肉组织已经被切除。

1	肱骨	8	鹰嘴
2	滑车上孔	9	环状韧带
3	肱骨小头	10	桡骨
4	滑车	11	肘肌的断缘
5	外侧上髁	12	尺骨
6	外侧侧副韧带	13	骨间肌膜
7	臂三头肌	14	拇长展肌

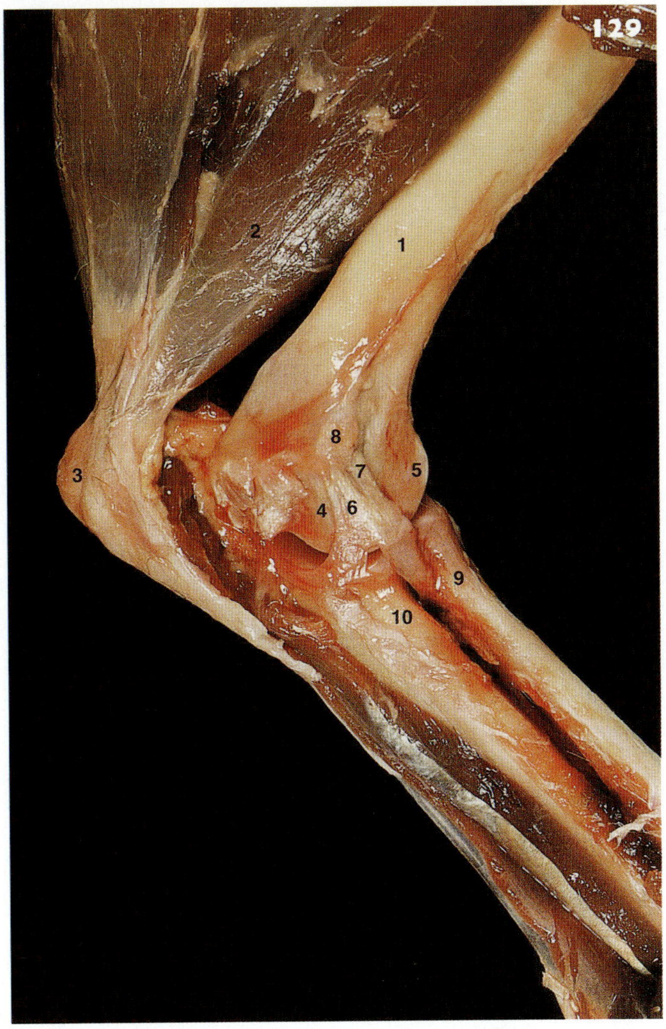

129 犬的左肘关节内侧面观，臂三头肌已经被移开，周围的其他肌肉组织已经被切除。

1	肱骨	6	内侧侧副韧带
2	臂三头肌	7	斜形韧带
3	鹰嘴	8	内侧上髁
4	滑车	9	桡骨
5	肱骨小头	10	尺骨

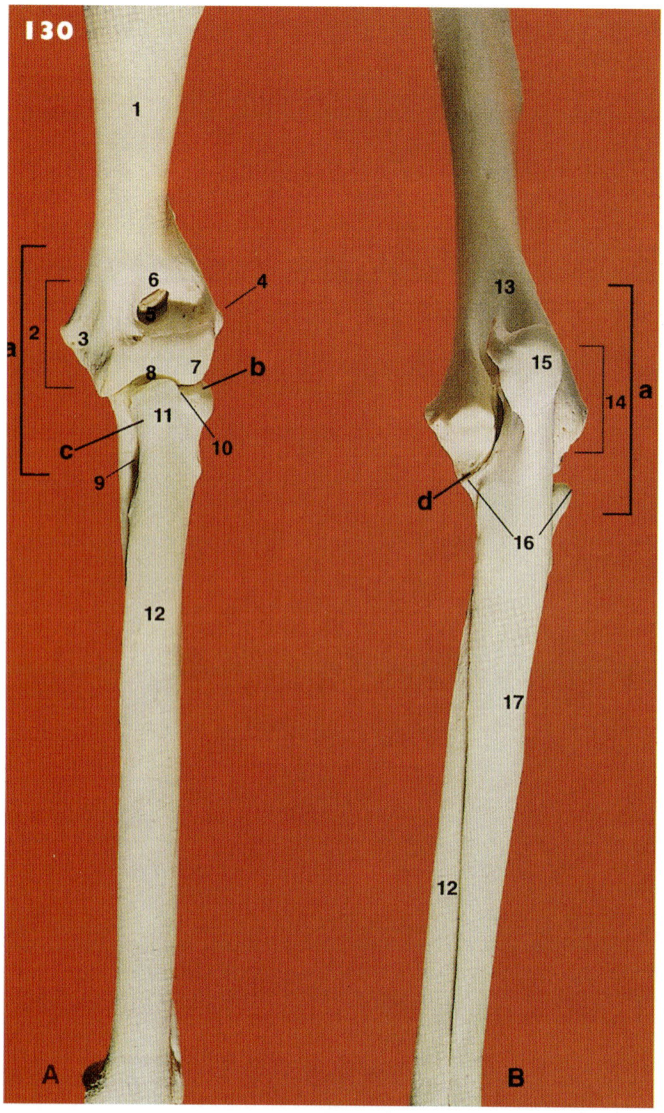

130 犬的左肘关节头侧面观(A)和右肘关节尾侧面观(B)。

a	肘关节	7	肱骨小头
b	肱桡关节	8	滑车
c	近端桡尺关节	9	尺骨
d	肱尺关节	10	桡骨头凹
		11	桡骨头
1	肱骨体	12	桡骨体
2	髁状突	13	鹰嘴窝
3	内侧上髁	14	髁状突
4	外侧上髁	15	鹰嘴
5	滑车上孔	16	冠突
6	桡窝	17	尺骨体

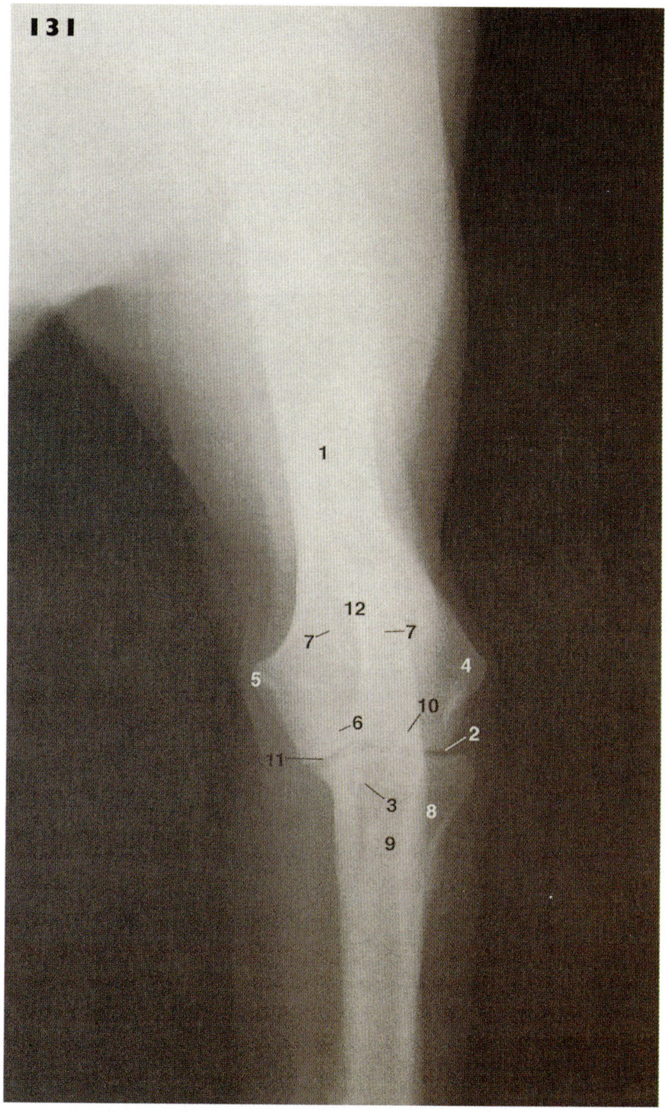

131 犬的肘关节X光正位片。

1	肱骨体	7	鹰嘴窝
2	肘关节	8	桡骨
3	近端桡尺关节	9	尺骨
4	外侧上髁	10	外侧冠突
5	内侧上髁	11	内侧冠突
6	肱骨滑车缘	12	鹰嘴

132 犬的前臂和腕部X光侧位片。

1 肱骨体
2 肘关节
3 近侧桡尺关节
4 肱骨小头外侧
5 肱骨滑车内侧部
6 外侧上髁
7 外侧上髁嵴
8 内侧上髁
9 滑车上孔内侧缘
10 桡骨粗隆
11 外侧冠突
12 内侧冠突
13 肘突
14 鹰嘴的前外侧结节
15 鹰嘴的前内侧结节
16 鹰嘴
17 桡骨体
18 尺骨体
19 骨间隙
20 桡腕骨
21 尺腕骨
22 副腕骨
23 第一腕骨
24 第二腕骨
25 第三腕骨
26 第四腕骨
27 拇长展肌籽骨
28 桡尺远侧关节
29 前臂腕关节
30 中间腕关节
31 腕掌关节
32 桡骨茎突
33 尺骨茎突
34 第一掌骨
35 第二掌骨到第五掌骨
36 腕垫
37 第一指近籽骨
38 第一指近指节骨
39 第一指的第三指节骨
40 近籽骨

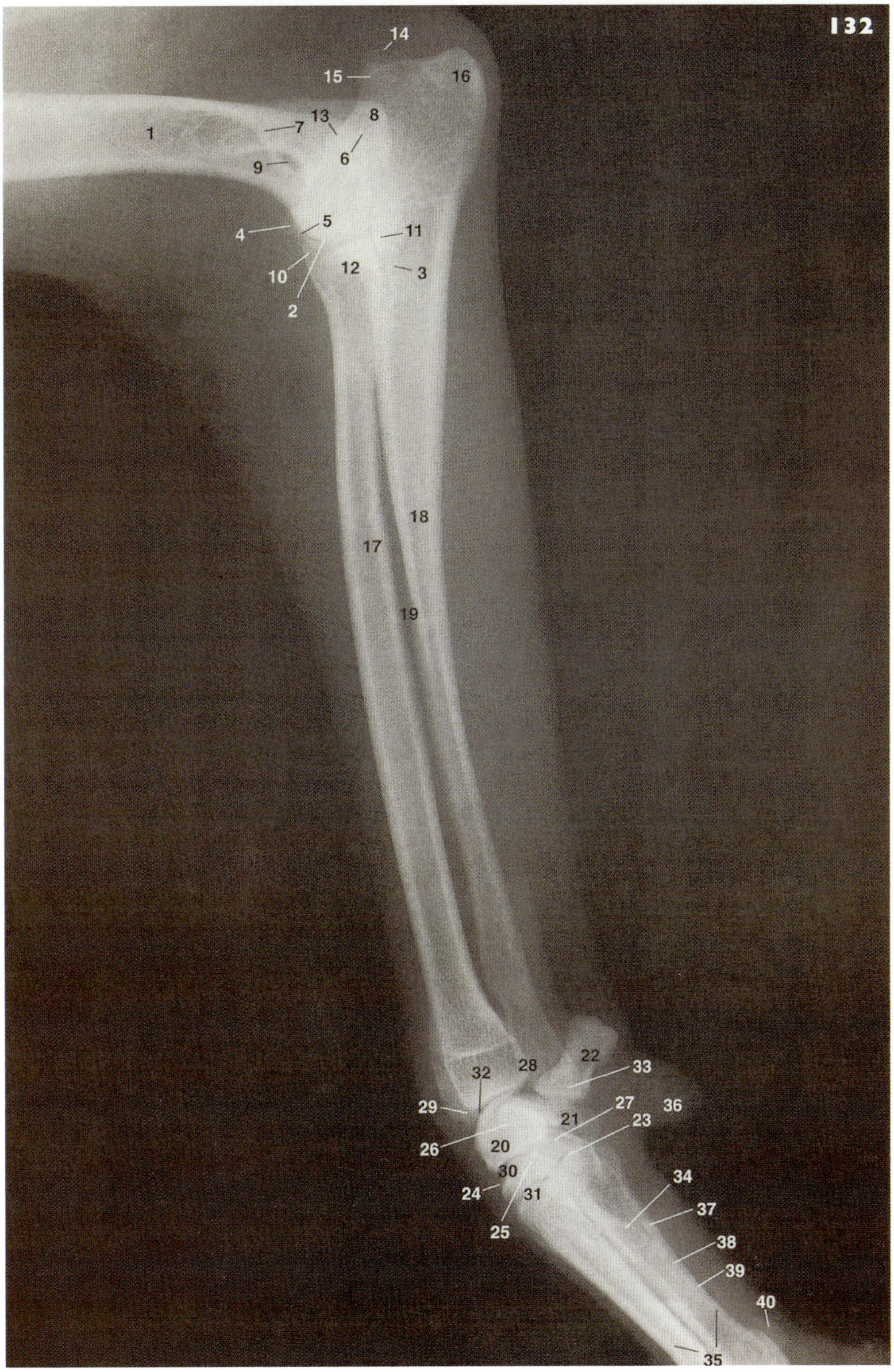

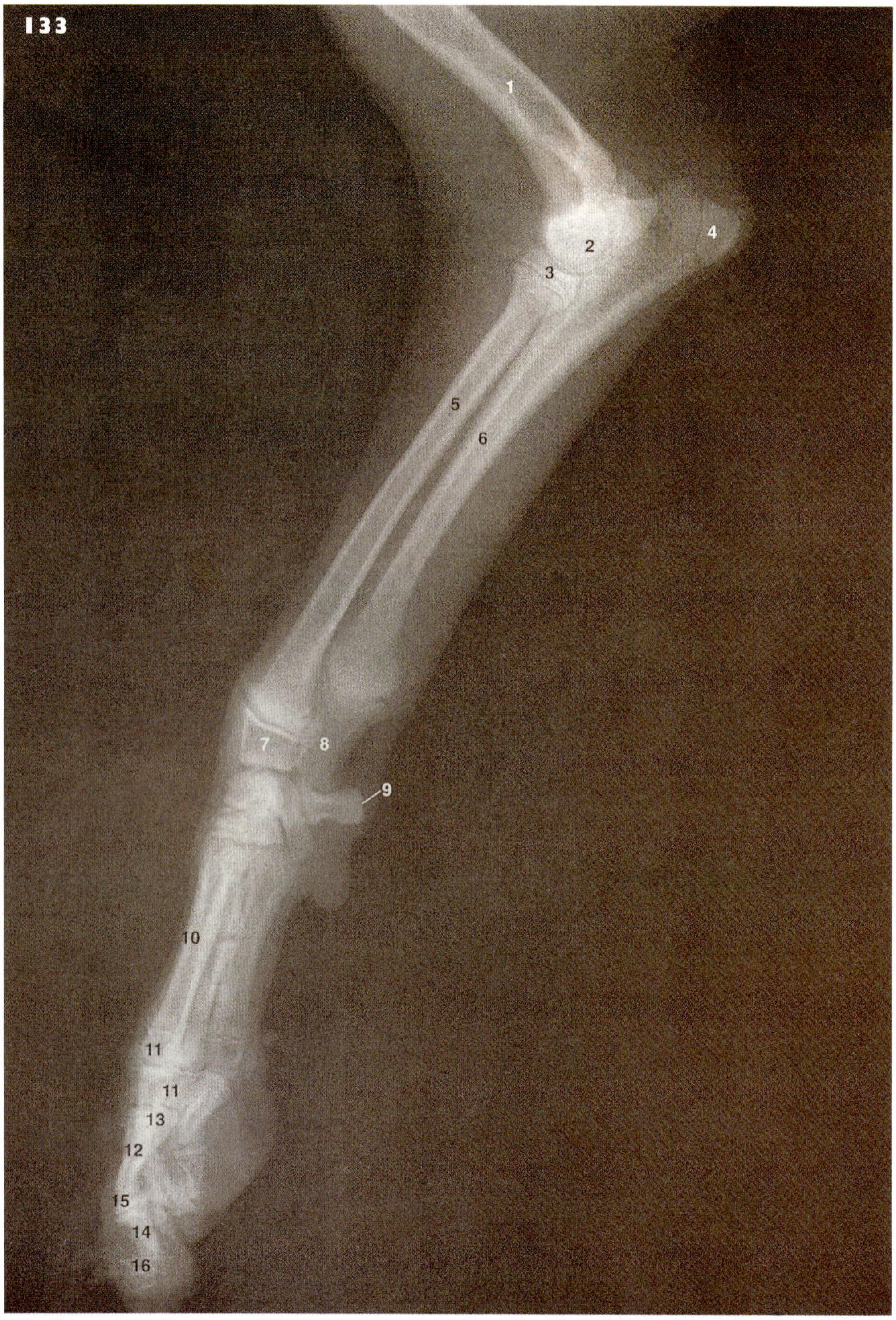

133 幼犬前臂、腕部和前足部X光侧位片，显示骨化中心。

1 肱骨体
2 肱骨远端骺
3 桡骨近端骺
4 尺骨近端骺(鹰嘴的前体)
5 桡骨体
6 尺骨体
7 桡骨远端骺
8 尺骨远端骺
9 游离副腕骨骺
10 掌骨体
11 掌骨远端骺
12 近节指骨体
13 第一指的近端骺
14 第二节指骨
15 第二指的近端骺
16 第三节指骨

临床注释

4所示在尺骨的近端鹰嘴的中心通常为骨化的中心。在幼犬玩闹中，三头肌强烈拉伸肘关节容易造成其损伤。有时鹰嘴未能与骨干愈合，肘突成为一个单独的分离骨化中心，并能引起关节的病理变化，这种情况与遗传因素有关，例如德国牧羊犬。

9所示的是副腕骨，它有两个骨化中心，作为主要的屈肌腕附着点，犬在玩闹中容易受到损伤。

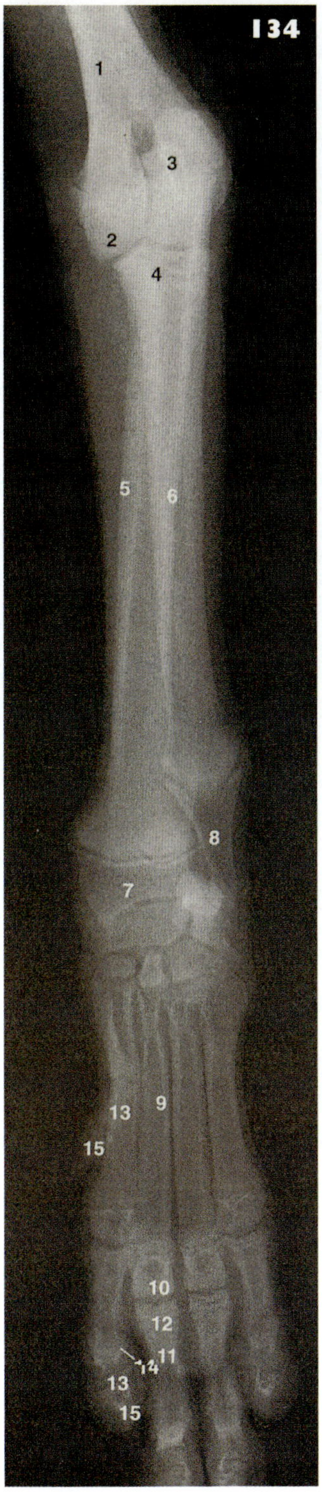

134 幼犬前臂、腕部和前足部X光正位片，显示骨化中心。

1 肱骨体
2 肱骨远端骺
3 尺骨近端骺（鹰嘴的前体）
4 桡骨近端骺
5 桡骨体
6 尺骨体
7 桡骨远端骺
8 尺骨远端骺
9 掌骨体
10 掌骨远端骺
11 近节指骨体
12 第一指的近端骺
13 第二节指骨体
14 第二指的近端骺
15 第三节指骨体

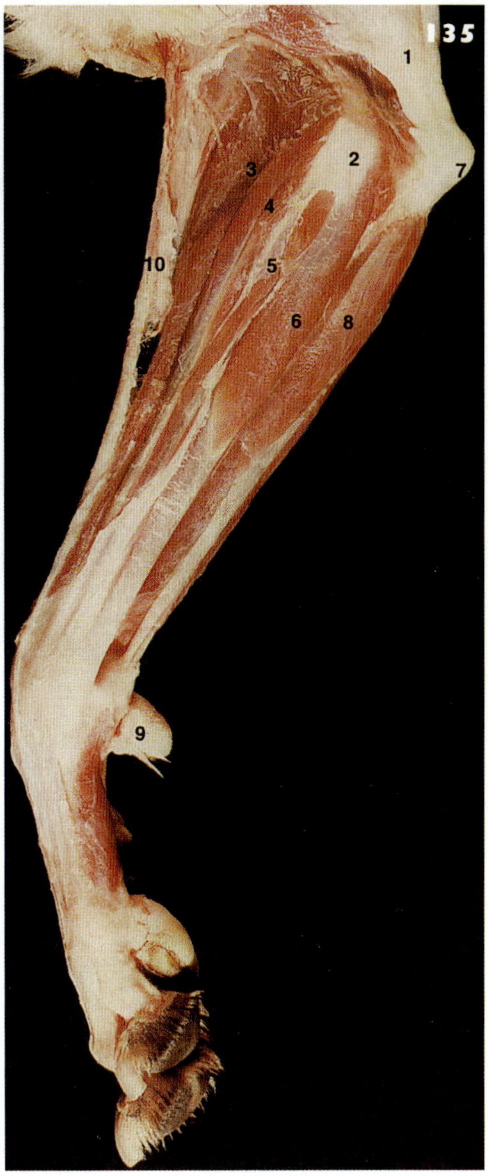

135 犬的左上肢前臂和前足部的外侧面观。

1 臂三头肌
2 肱骨外侧上髁
3 腕桡侧伸肌
4 指总伸肌
5 指外侧伸肌
6 腕尺侧伸肌（外尺肌）
7 鹰嘴
8 腕尺侧屈肌（尺头）
9 腕垫
10 头静脉

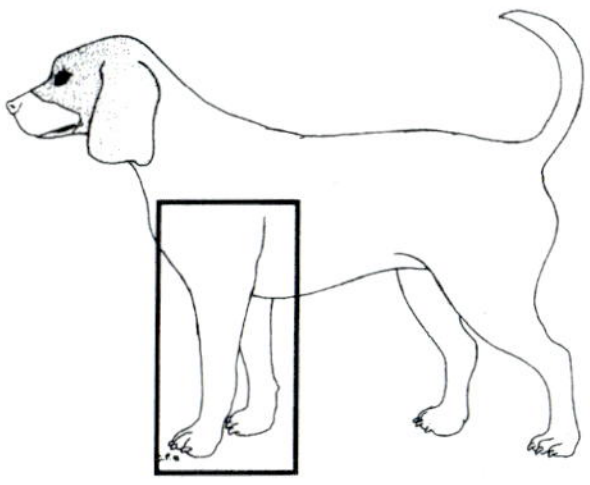

临床注释

2所示所有腕和指的伸肌都起于外侧上髁。这是一个对记忆名称和理解这个区域肌肉功能非常有用的结构。

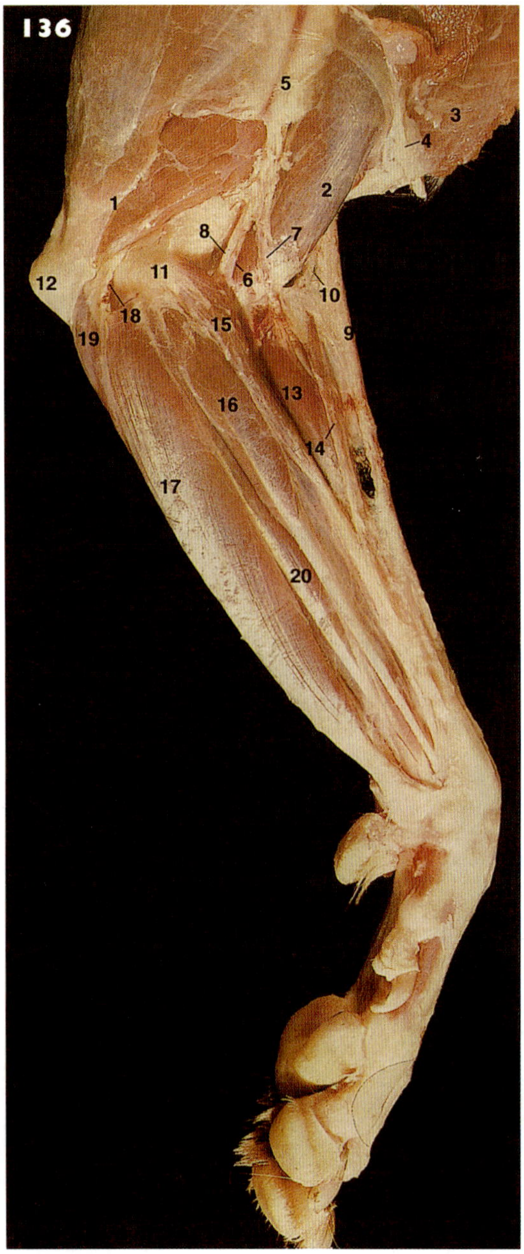

136　犬的左前肢前臂和前足部的内侧面观，前肢已经从躯干上分离。

1	臂三头肌	12	鹰嘴
2	臂二头肌	13	腕桡侧伸肌
3	胸浅肌	14	臂桡肌
4	胸神经	15	旋前圆肌
5	臂静脉	16	腕桡侧屈肌
6	臂动脉	17	指浅屈肌
7	桡浅动脉	18	尺神经
8	正中神经	19	腕尺侧屈肌（尺头）
9	头静脉	20	指深屈肌（肱骨头）
10	桡神经浅内侧支		
11	肱骨内侧上髁		

临床注释

11所示腕和指的屈肌都起于内侧上髁。这是一个对记忆名称和理解这个区域肌肉功能非常有用的结构。

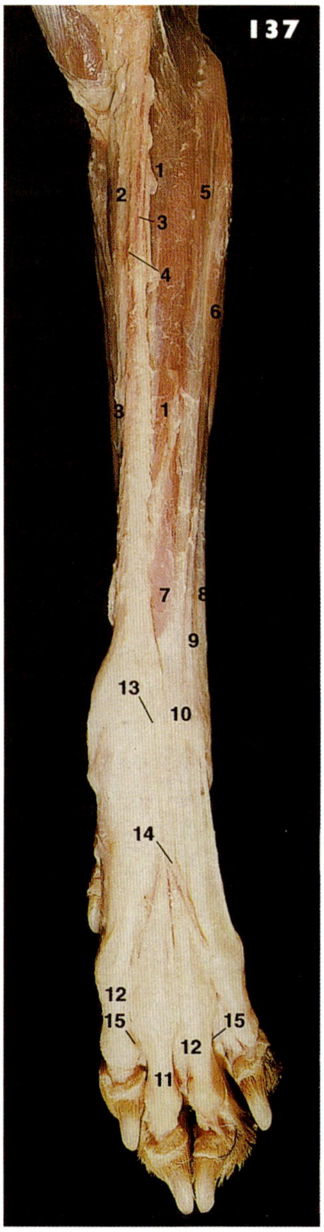

137　犬的左前臂头侧面观和前足部背侧面观。

1　腕桡侧伸肌
2　臂桡肌
3　头静脉
4　桡神经浅内外侧支
5　指总伸肌
6　指外侧伸肌
7　拇长展肌
8　腕尺侧伸肌（外尺肌）腱
9　指外侧伸肌腱
10　指总伸肌腱
11　背侧籽骨位置
12　伸肌腱
13　副头静脉
14　掌背静脉
15　指背侧总动脉、静脉和神经

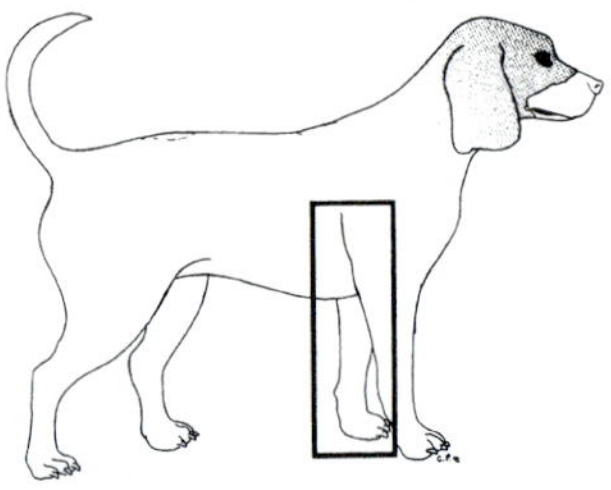

临床注释

3所示的位置是犬猫常规进行静脉穿刺的位置，紧靠桡神经浅内外侧支（4）。静脉和神经平行的通道容易引起的问题是如果刺激性药物漏出血管，经常在动物静脉注射的皮肤区域发生深部溃疡。

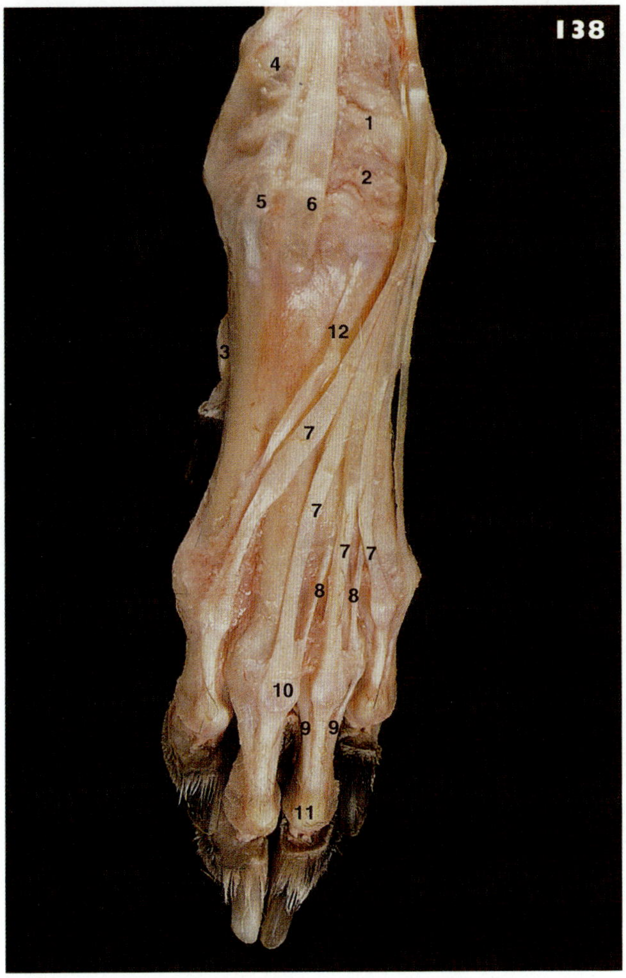

138 犬的左前肢腕部和前足部的背侧面观，拇长展肌被切除，显露腕指伸肌腱。

1 近侧列腕骨	8 指外侧伸肌腱
2 远侧列腕骨	9 骨间肌腱穿过掌的背侧与指总伸肌腱联合
3 第一指	10 背侧籽骨位置
4 拇长展肌腱籽骨位置	11 背侧伸缩韧带
5 腕桡侧伸肌腱(长肌)	12 拇长展肌腱和固有伸肌腱
6 腕桡侧伸肌腱(短肌)	
7 指总伸肌腱	

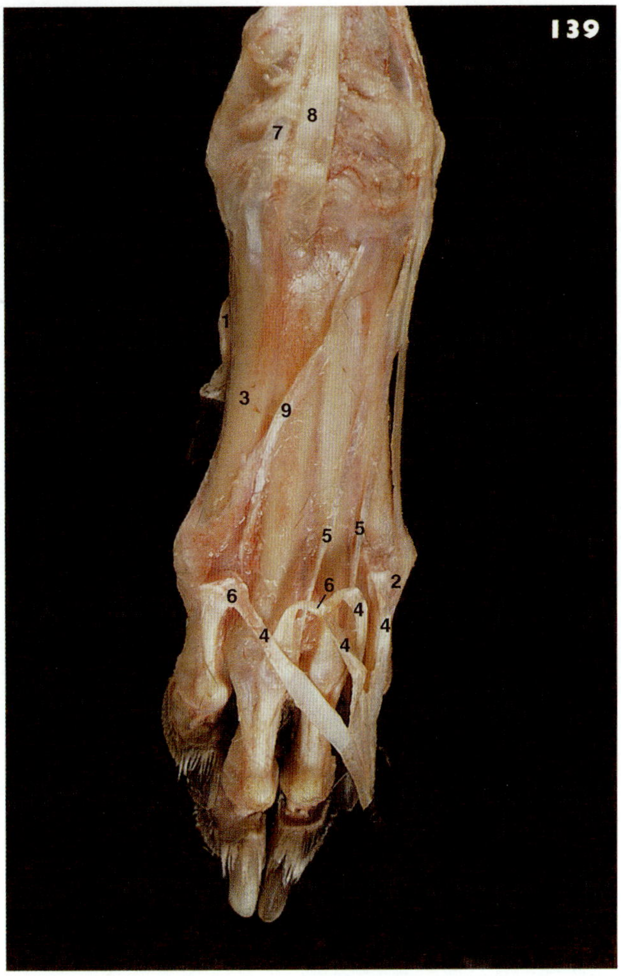

139 犬的左前肢腕部和前足部的背侧面观，指总伸肌腱在近端被切断并翻转到远端。

1 第一指	6 指总伸肌腱背侧籽骨位置
2 第五指	7 腕桡侧伸肌腱(长肌)
3 第二掌骨	8 腕桡侧伸肌腱(短肌)
4 指总伸肌腱	9 拇长展肌腱和固有伸肌腱
5 指外侧伸肌腱	

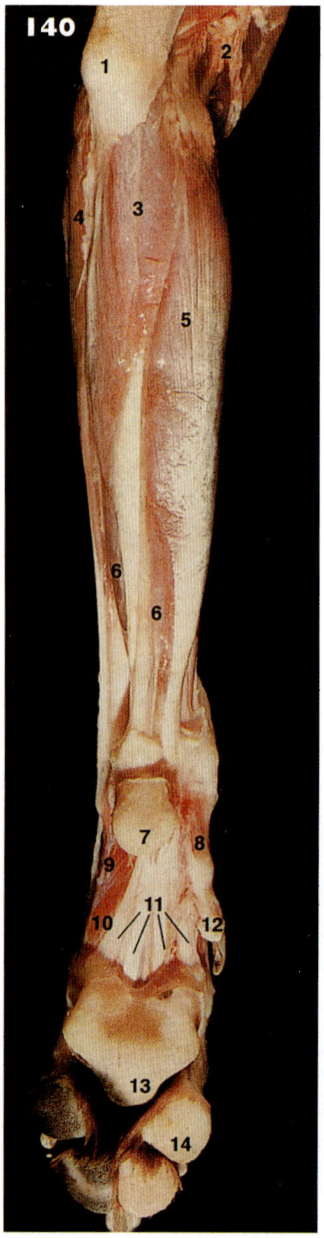

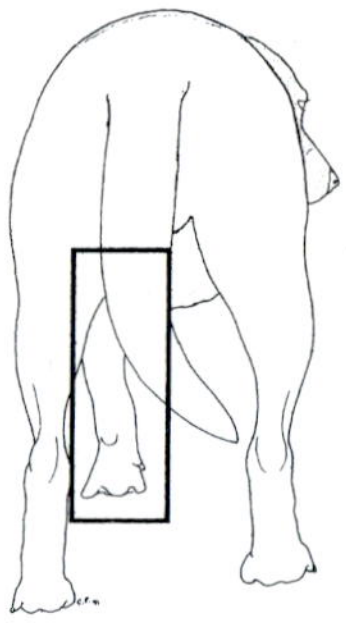

140　犬的左前肢腕部和前足部的尾侧面观，指垫被完整地保留。

1	鹰嘴	8	拇短展肌
2	正中脉管	9	第五指外展肌
3	腕尺侧屈肌（尺头）	10	第五指屈肌
4	腕尺侧伸肌（外尺肌）	11	指浅屈肌腱
5	指浅屈肌	12	第一指
6	腕尺侧屈肌（肱骨头）	13	掌垫
7	腕垫	14	指垫

141　犬的左腕骨背侧面观，连接在一起（A）和游离的（B）。

1　桡腕骨
2　尺腕骨
3　副腕骨
4　第一腕骨
5　第二腕骨
6　第三腕骨
7　第四腕骨
8　桡骨关节面
9　尺腕骨外侧突

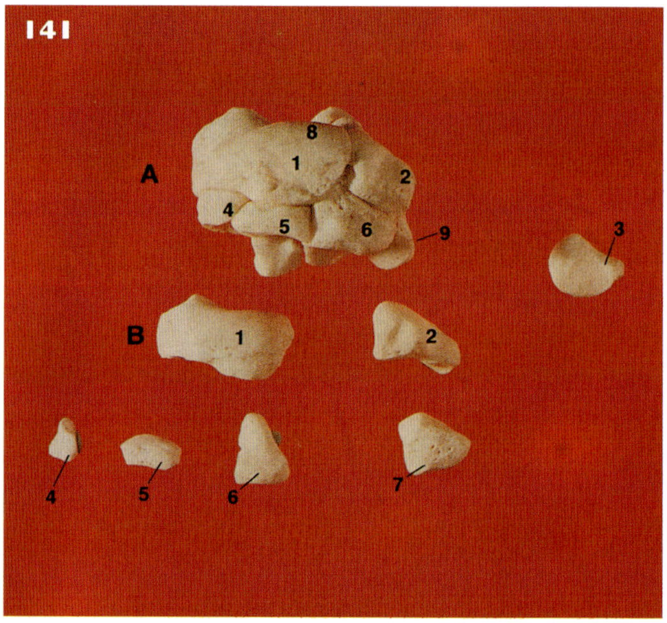

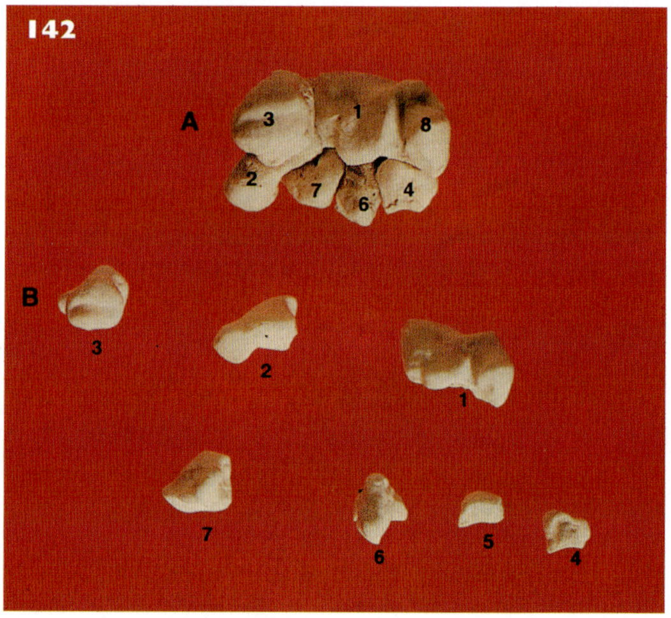

142　犬的左腕骨掌侧面观，连接在一起（A）和游离的（B）。

1　桡腕骨
2　尺腕骨
3　副腕骨
4　第一腕骨
5　第二腕骨
6　第三腕骨
7　第四腕骨
8　腕桡侧屈肌腱沟

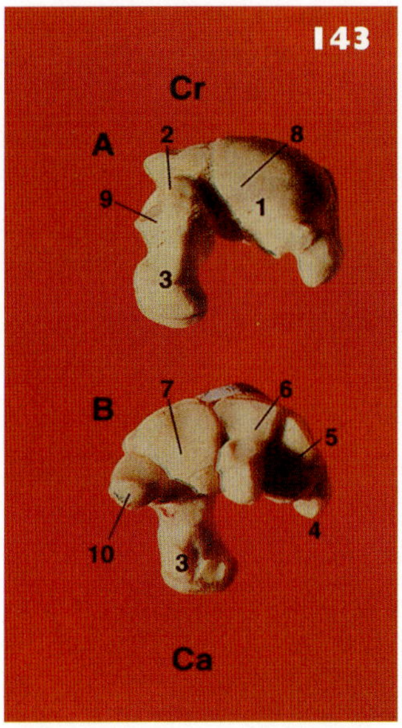

143 犬的左腕骨近端(A)和右腕骨远端(B), Cr. 头侧面, Ca 尾侧面。

1 桡腕骨
2 尺腕骨
3 副腕骨
4 第一腕骨
5 第二腕骨
6 第三腕骨
7 第四腕骨
8 桡骨关节面
9 尺骨关节面
10 尺腕骨掌突

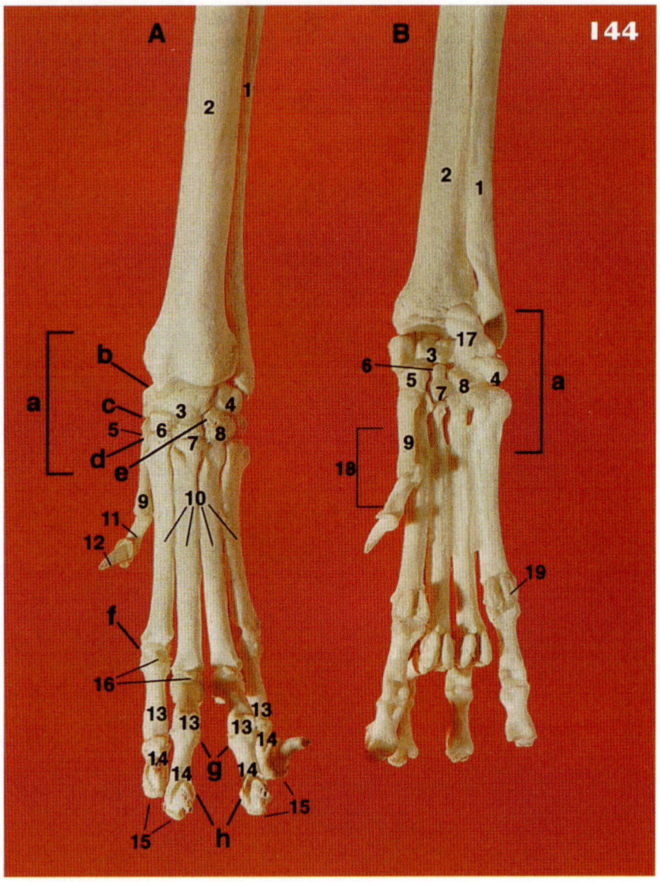

144 犬的左腕骨和前脚骨背侧面(A)和犬的右腕骨和前脚骨掌侧面(B)。

a 腕关节
b 前臂腕关节
c 中间腕关节
d 腕掌关节
e 腕骨间关节
f 掌指关节
g 近端指间关节
h 远端指间关节

1 尺骨体
2 桡骨体
3 桡腕骨
4 尺腕骨
5 第一腕骨
6 第二腕骨
7 第三腕骨
8 第四腕骨
9 第一掌骨
10 第二到第五掌骨
11 第一指骨近指节
12 第一指骨远指节
13 第二到第五指骨近指节
14 第二到第五指骨中指节
15 第二到第五指骨远指节
16 背侧籽骨
17 副腕骨
18 第一指骨
19 掌籽骨

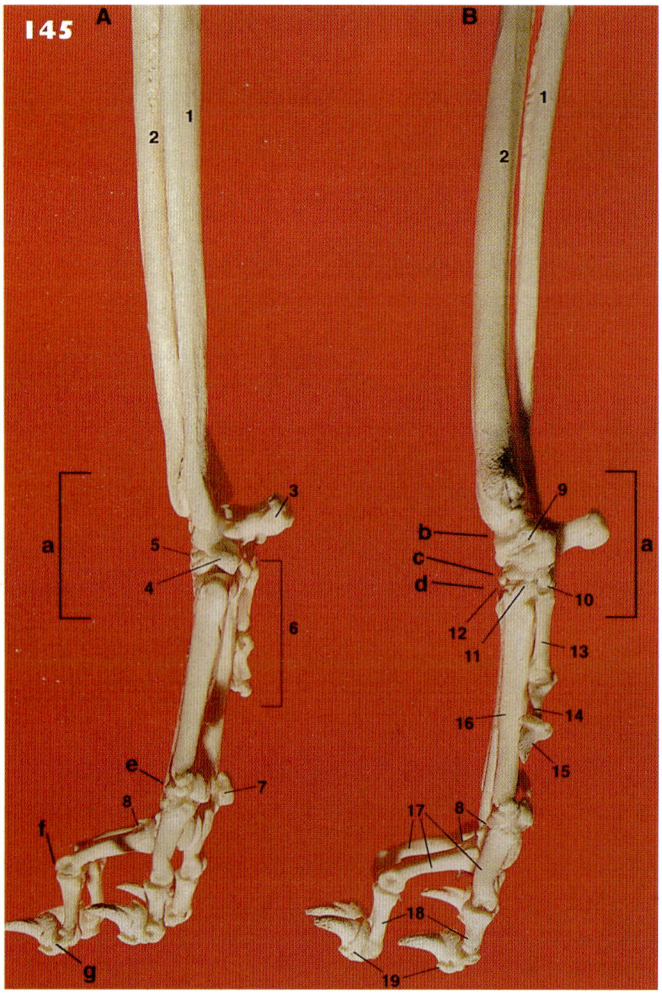

145 犬的左腕骨和前足骨外侧面观(A)和犬的右腕骨和前足骨内侧面观(B)。

- a 腕关节
- b 前臂腕关节
- c 中间腕关节
- d 腕掌关节
- e 掌指关节
- f 近端指间关节
- g 远端指间关节

1. 尺骨体
2. 桡骨体
3. 副腕骨
4. 尺腕骨
5. 第四腕骨
6. 第一指骨
7. 掌籽骨
8. 背侧籽骨
9. 桡腕骨
10. 第一腕骨
11. 第二腕骨
12. 第三腕骨
13. 第一掌骨
14. 第一指骨近指节
15. 第一指骨远指节
16. 第二掌骨
17. 第二到第五指骨近指节
18. 第二到第五指骨中指节
19. 第二到第五指骨远指节

146 犬的腕及前足部 X 光背侧正位片。

1. 桡骨体
2. 尺骨体
3. 桡骨茎突
4. 尺骨茎突
5. 桡尺远侧关节
6. 前臂腕关节
7. 桡腕骨
8. 尺腕骨
9. 副腕骨
10. 第一腕骨
11. 第二腕骨
12. 第三腕骨
13. 第四腕骨
14. 中间腕关节
15. 腕掌关节
16. 拇长展肌腱籽骨
17. 第一掌骨
18. 第二掌骨
19. 第三掌骨
20. 第四掌骨
21. 第五掌骨
22. 近籽骨(掌)
23. 背侧籽骨
24. 掌指关节
25. 第二到第五指骨近指节
26. 近端指间关节
27. 第二到第五指骨中指节
28. 远端指间关节
29. 第二到第五指骨远指节
30. 爪嵴
31. 爪突

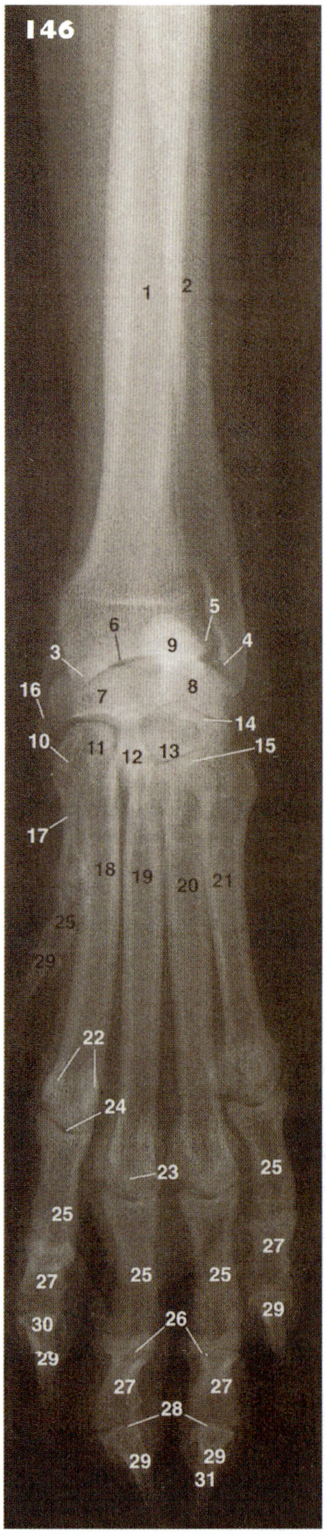

临床注释

16 所示拇长展肌腱有一个中间的籽骨，由外向内穿过桡腕骨。仔细鉴别这是一个正常的结构，而不是骨折碎片。

23所示每一条指总伸肌腱都有一个穿过掌指关节的背侧籽骨(参照图-144 中 16)。这是在这个部位识别犬科动物 X 光片的正常结构标记。自然情况下，猫在相同位置是软骨。

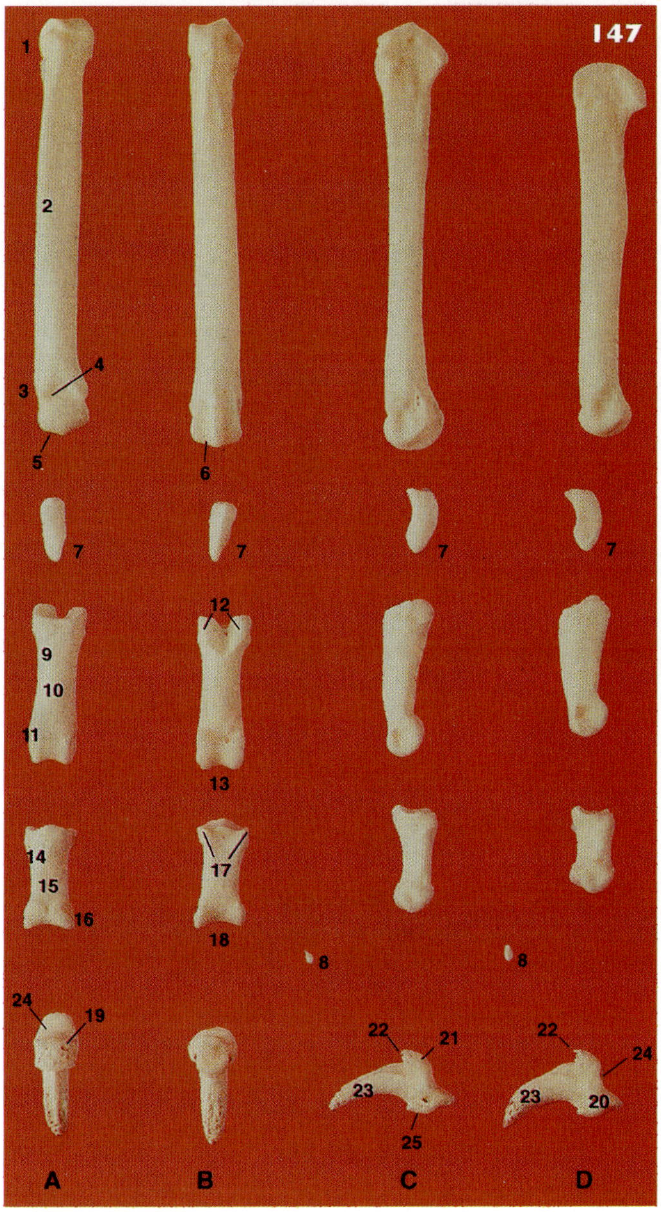

147 犬的前足骨背侧(A)、掌侧(B)、轴侧(C)和反轴侧(D)的各自形态。

1	掌骨底	14	中节指骨底
2	掌骨体	15	中节指骨体
3	掌骨头	16	中节指骨头
4	籽骨窝	17	关节凹
5	滑车	18	滑车
6	籽骨嵴	19	远节指骨底
7	近籽骨	20	远节指骨体
8	背侧籽骨	21	伸肌突
9	近节指骨底	22	爪嵴
10	近节指骨体	23	爪突
11	近节指骨头	24	关节面
12	关节凹	25	指深屈肌止点
13	滑车		

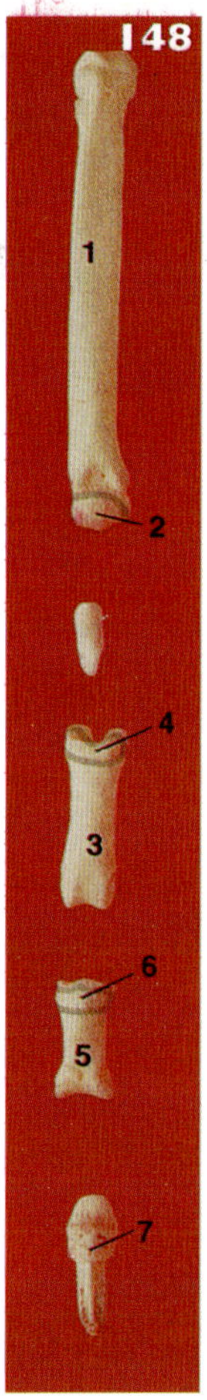

148 犬前足骨背侧面典型形态，显示骨化中心。

1	掌骨体
2	掌骨远端骺
3	近节指骨体
4	近节指骨近端骺
5	中节指骨体
6	中节指骨近端骺
7	远节指骨体

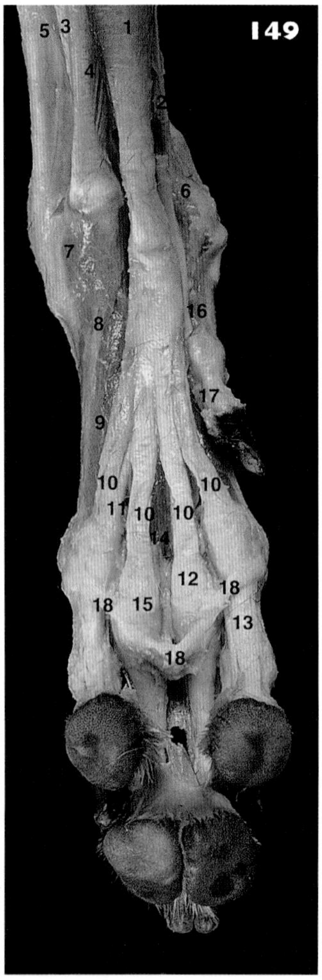

149 犬的左前足部掌侧观，指浅屈肌腱由腕部进入到掌部，已经被分离开，腕垫和掌垫已经被切除。

1 指浅屈肌
2 腕桡侧屈肌
3 腕尺侧屈肌（肱头）
4 腕尺侧屈肌腱（尺头）
5 腕尺侧伸肌（外尺肌）
6 腕骨筋膜（屈肌支持带）
7 第五指外展肌
8 第五指屈肌
9 第四骨间肌
10 指浅屈肌腱
11 位于指浅屈肌腱深层的指深屈肌腱
12 掌环状韧带（掌浅横韧带）
13 指环状韧带近端
14 蚓状肌
15 近端籽骨位置
16 拇短展肌
17 第一指指深屈肌腱
18 指间韧带

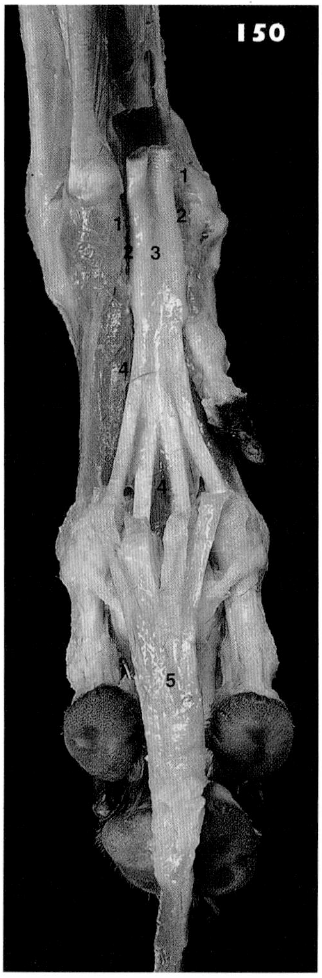

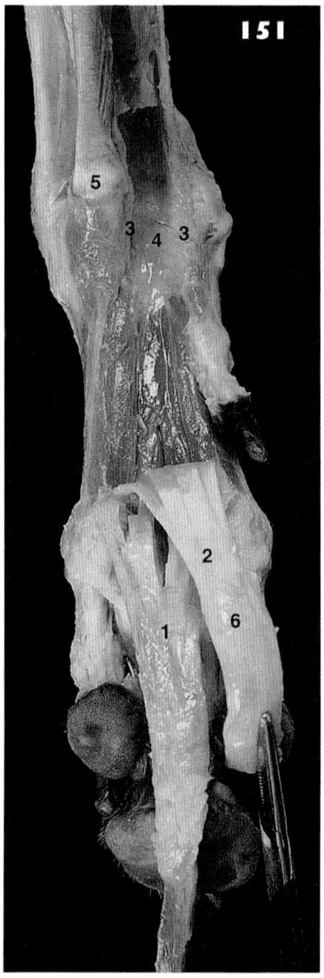

150 犬的左前足部掌侧观，指浅屈肌腱折返到远端，显示指深屈肌腱；屈肌支持带已经被移开，显示深部屈肌腱穿过腕管。

1 屈肌支持带断缘
2 腕管区
3 指深屈肌腱（近端切开）
4 骨间肌
5 指浅屈肌（折返到远端）

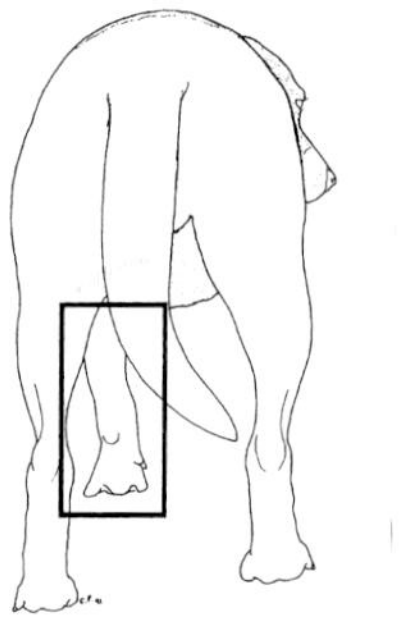

临床注释

1所示屈肌支持带构成掌的腕管范围，在犬和猫包括指深屈肌腱（3）而不包括指浅屈肌（5）。

151 犬的左前足部掌侧观，指浅屈肌腱和指深屈肌腱被切开折返到远端，显示腾空的腕管。

1 指浅屈肌腱
2 指深屈肌腱
3 腕管区
4 掌腕骨纤维软骨（掌腕骨韧带）
5 副腕骨
6 切开的部分指深屈肌腱滑液鞘

临床注释

4所示纤维软骨构成背侧界线。
5所示副腕骨构成腕管外侧界线。

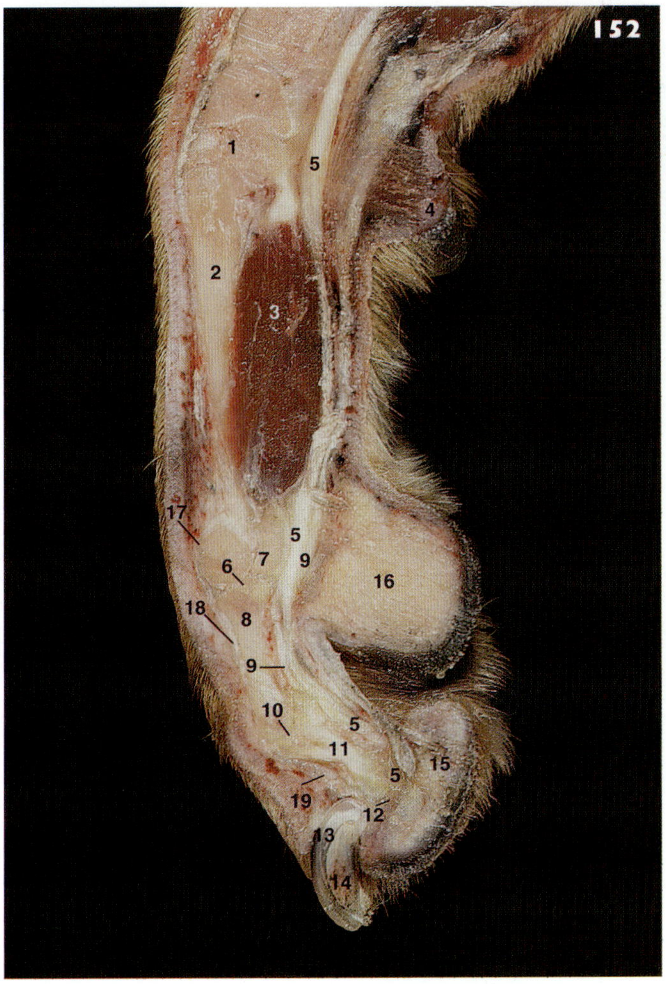

152 穿过犬前足部腕骨和第三指骨的轴面。

1	腕	11	中节指骨
2	第三掌骨	12	远端指间关节
3	骨间肌	13	爪
4	腕垫	14	第三节指骨爪突
5	指深屈肌腱	15	指垫
6	掌指关节	16	掌垫
7	近端籽骨	17	背侧籽骨
8	近节指骨	18	指总伸肌腱
9	指浅屈肌腱	19	背侧伸缩韧带
10	近端指间关节		

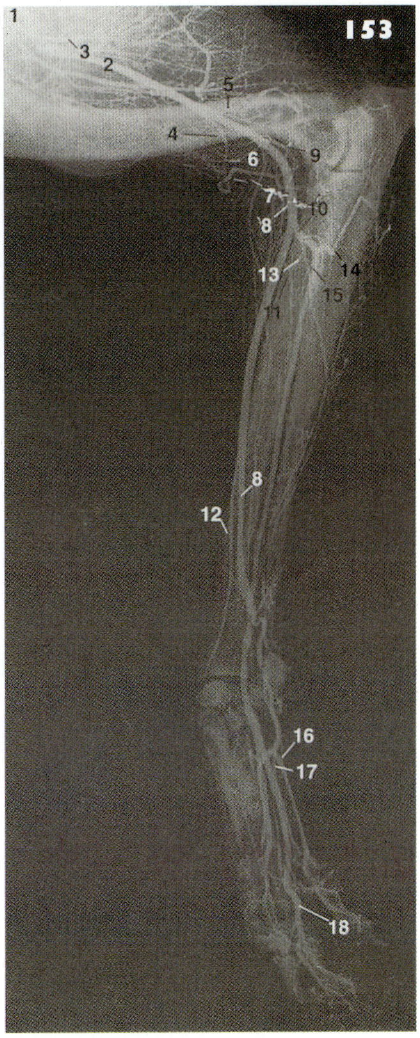

153 犬的前肢动脉造影 X 光侧位片。

1	腋动脉	10	骨间总动脉
2	臂动脉	11	前臂深动脉
3	臂深动脉	12	桡动脉
4	二头肌动脉	13	骨间后动脉
5	尺侧副动脉	14	骨间前动脉
6	臂浅动脉	15	尺动脉
7	肘横动脉	16	指掌侧总动脉
8	正中动脉	17	掌心动脉
9	尺返动脉	18	指掌侧固有动脉

临床注释

7 所示是屈肌腱通过掌部的近端籽骨的位置。

9 指的是浅屈肌腱，它构成一个腱的袖套，允许指深屈肌腱穿过它。紧接着指浅屈肌腱嵌入掌侧的近端指间关节的中节指骨软骨。后者的软骨结构成中间骨板屈肌腱。

12 所示关节的掌侧与指深屈肌腱和远端的骨板交叉，犬在这个位置的软骨小结被呈现。

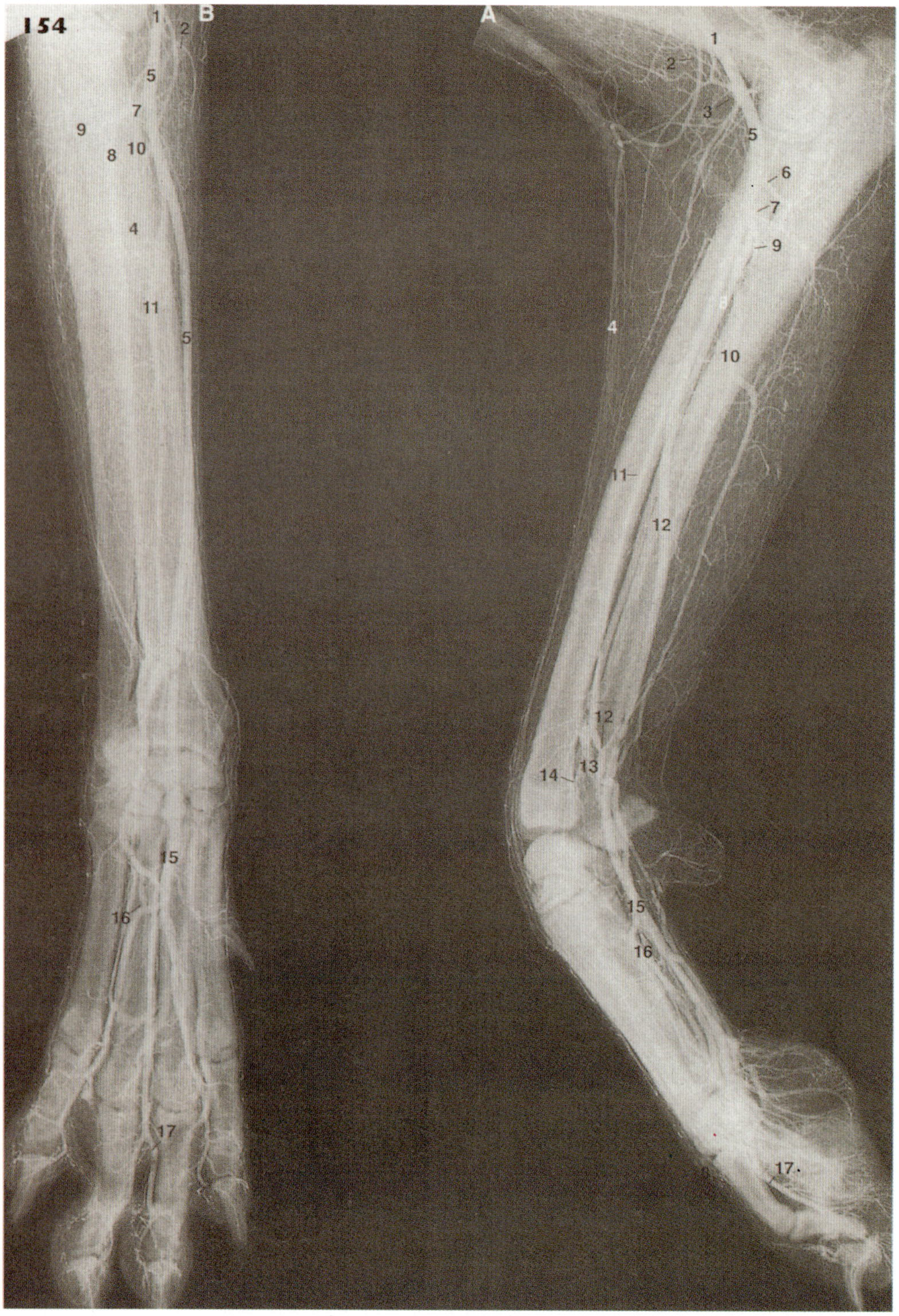

154 犬的前肢动脉造影X光侧位片(A)和背侧正位片(B)。

1 臂动脉
2 臂浅动脉
3 肘横动脉
4 前臂浅前动脉
5 正中动脉
6 尺返动脉
7 骨间总动脉
8 骨间后动脉
9 骨间前动脉
10 尺动脉
11 桡动脉
12 尺动脉和骨间后动脉吻合
13 桡掌支
14 桡腕背支
15 指掌侧总动脉
16 掌心动脉
17 指掌侧固有动脉
18 指背侧固有动脉

155 犬前肢静脉造影X光侧位片。

1 副头静脉
2 头静脉
3 桡静脉
4 骨间静脉
5 尺静脉
6 正中静脉
7 肘正中静脉
8 臂静脉
9 腋臂静脉
10 肩胛臂静脉
11 腋静脉
12 颈外静脉
13 胸内静脉
14 前腔静脉
15 前腔静脉
16 心脏右侧

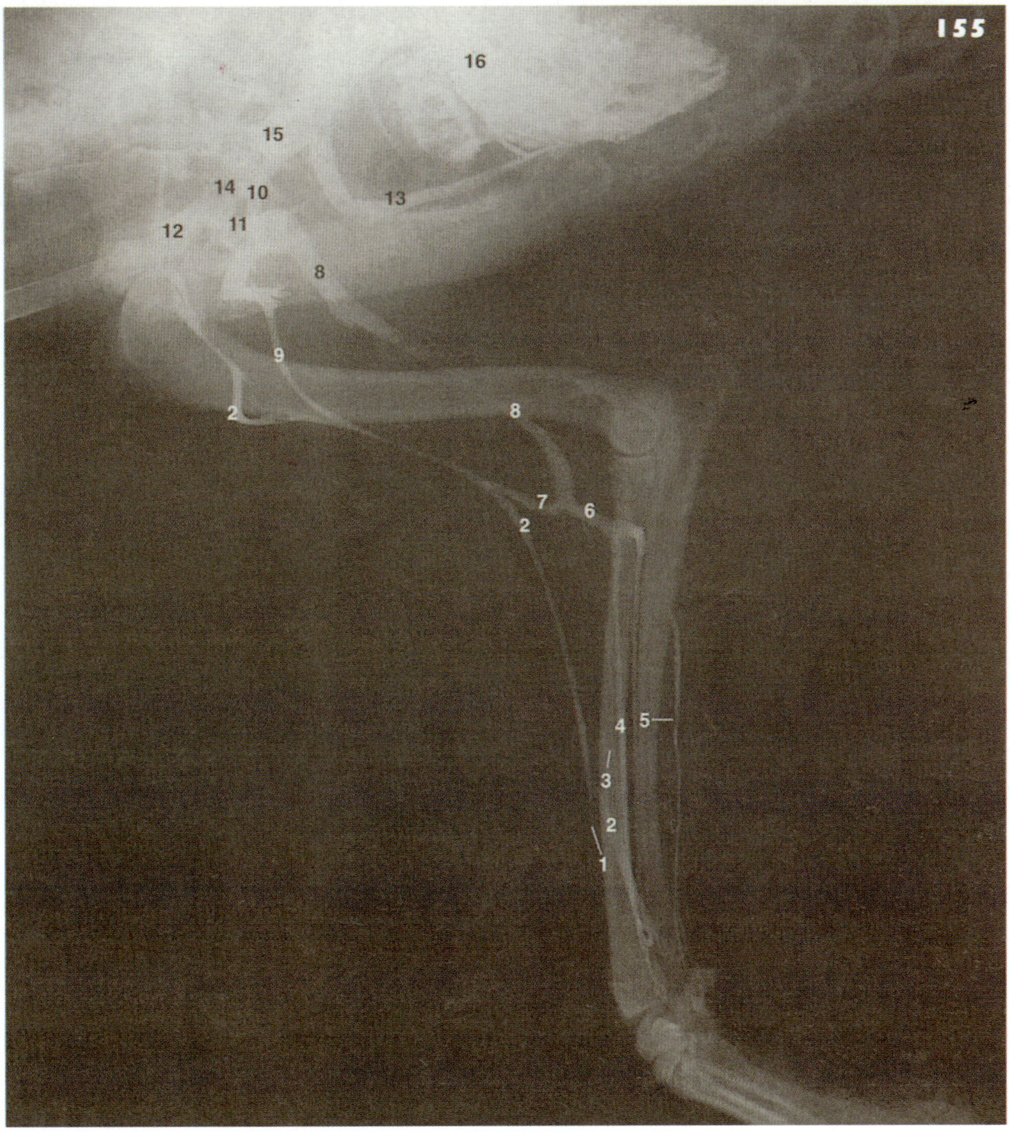

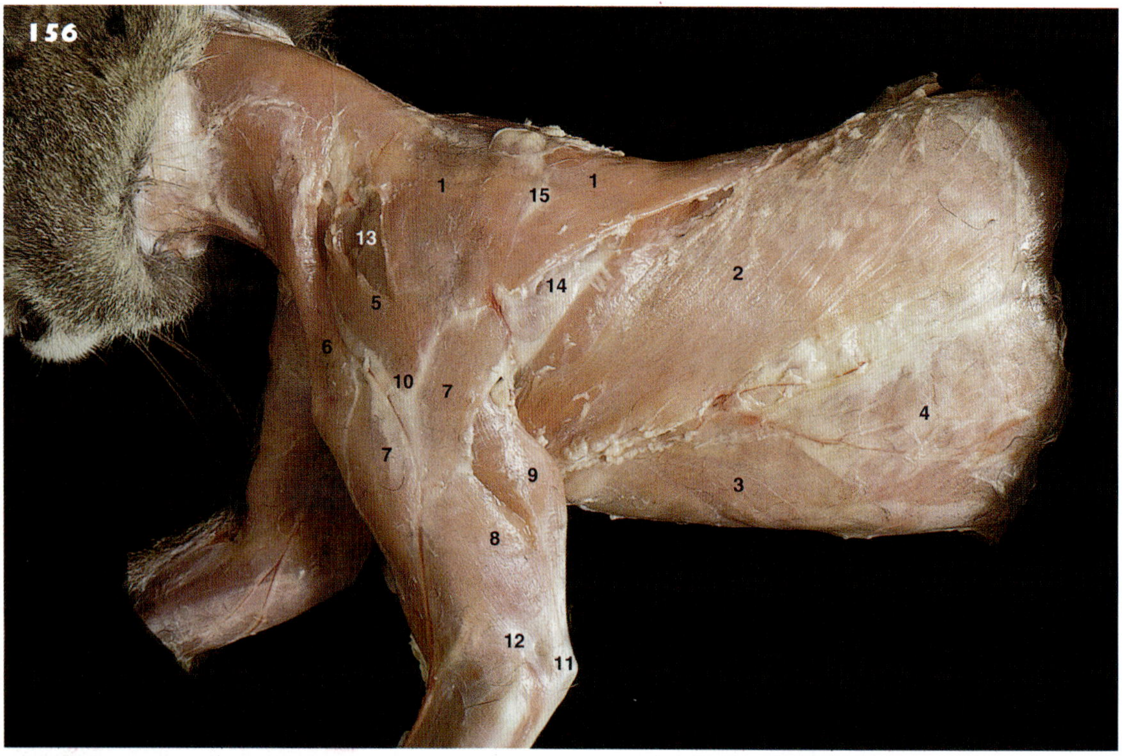

156 猫左肩臂部外侧面观。

1	斜方肌	9	臂三头肌(长头)
2	背阔肌	10	肩峰
3	胸深肌	11	鹰嘴
4	腹外斜肌	12	肱骨外侧上髁
5	肩胛横突肌	13	颈浅淋巴结
6	锁头肌颈部(臂头肌)	14	腹侧锯肌(深层)
7	三角肌	15	肩胛骨
8	臂三头肌(外侧头)		

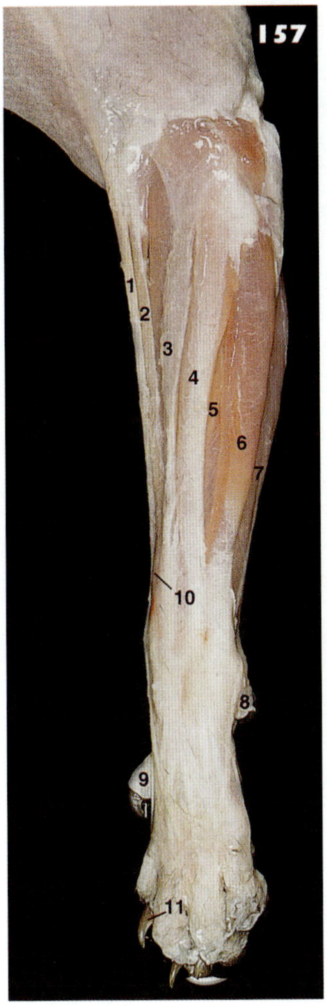

157 猫的左前臂和前足部的前外侧面。

1 头静脉
2 臂桡肌
3 腕桡侧伸肌
4 指总伸肌
5 指外侧伸肌
6 腕尺侧伸肌(外尺肌)
7 腕尺侧屈肌(尺头)
8 腕垫
9 第一指
10 拇长展肌
11 第二指爪

158 猫的左前臂和前足部的后内侧面观。

1 鹰嘴
2 内侧上髁
3 腕尺侧屈肌(尺头)
4 指浅屈肌
5 指深屈肌(肱头)
6 腕桡侧屈肌
7 腕桡侧伸肌
8 头静脉
9 腕垫
10 第一指
11 掌垫
12 第二指垫

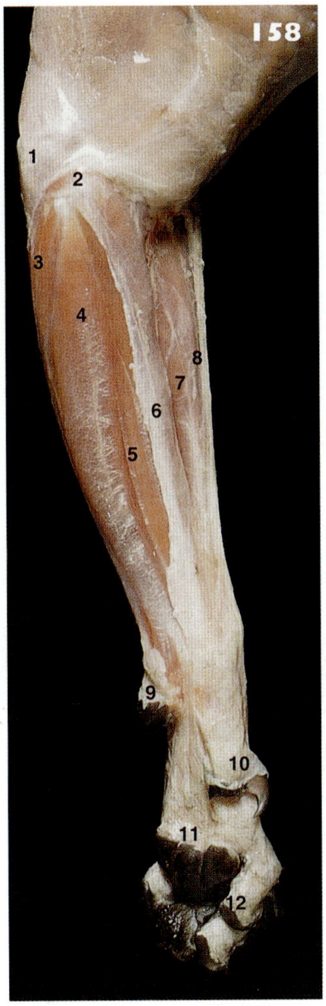

5 胸部

胸部的骨学特性通过骨骼标本和X光片来显示。通过分割标本，连续显示胸部由浅入深的肌肉系统和内脏。另外增加B型超声检查，利用相应横断面的标本，配合影像的特点来显示胸腔内腔器官。

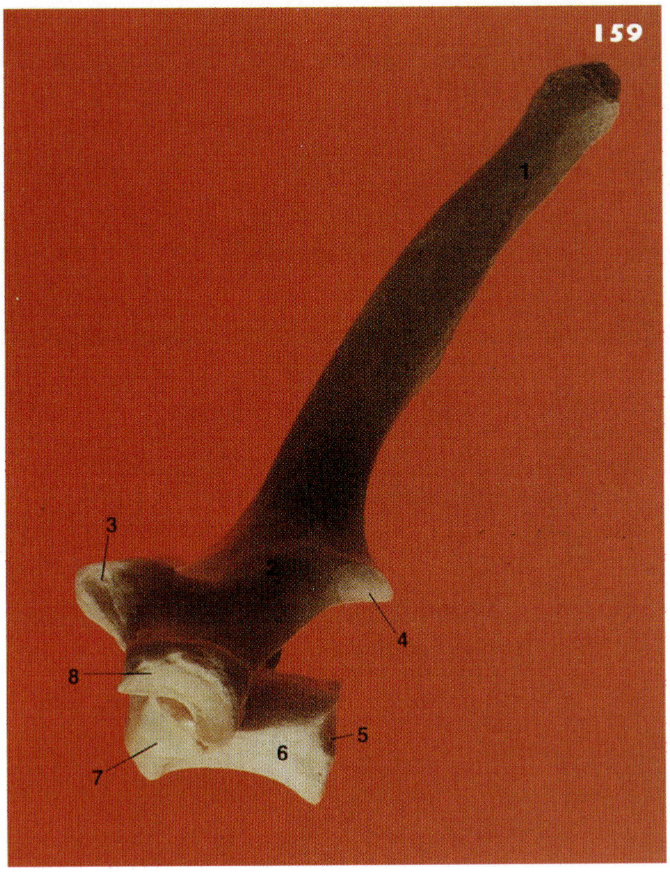

159 犬第一胸椎外侧面观。

1 棘突
2 椎弓板
3 乳突
4 后关节突
5 后肋凹
6 锥体
7 前肋凹
8 横突肋凹

160 犬第六胸椎前外侧面观。

1 棘突
2 椎弓板
3 前关节突
4 横突
5 横突肋凹
6 椎弓根
7 锥体
8 椎孔
9 前肋凹

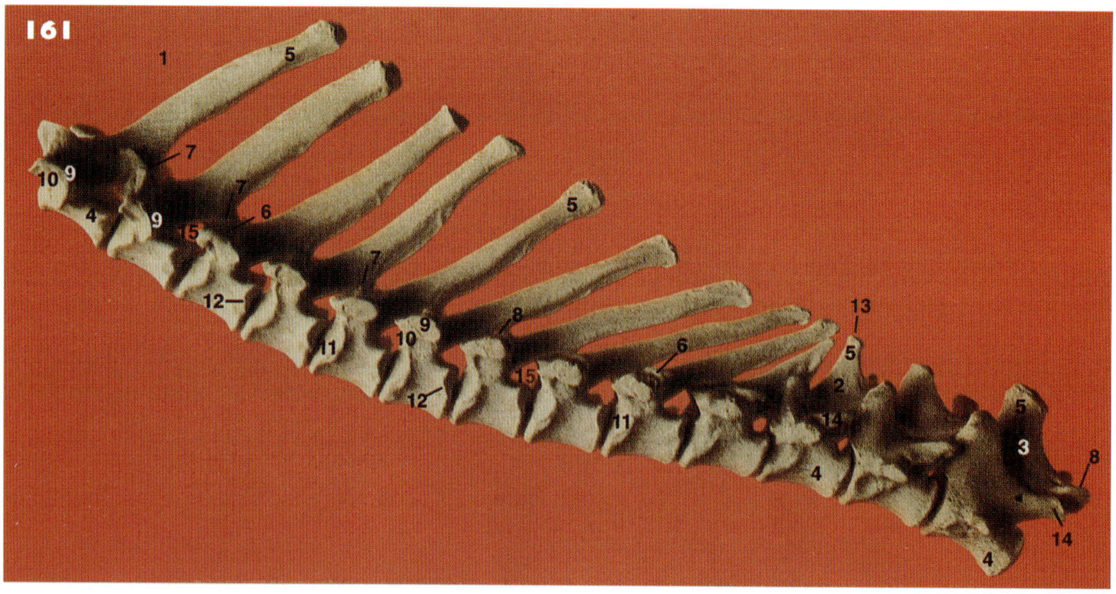

161 犬的连接胸椎外侧面。

1 第一胸椎
2 第十一胸椎
3 第十三胸椎
4 椎体
5 棘突
6 前关节突
7 乳突
8 后关节突
9 横突
10 横突前肋凹
11 前肋凹
12 后肋凹
13 直棘胸椎
14 副突
15 椎间孔

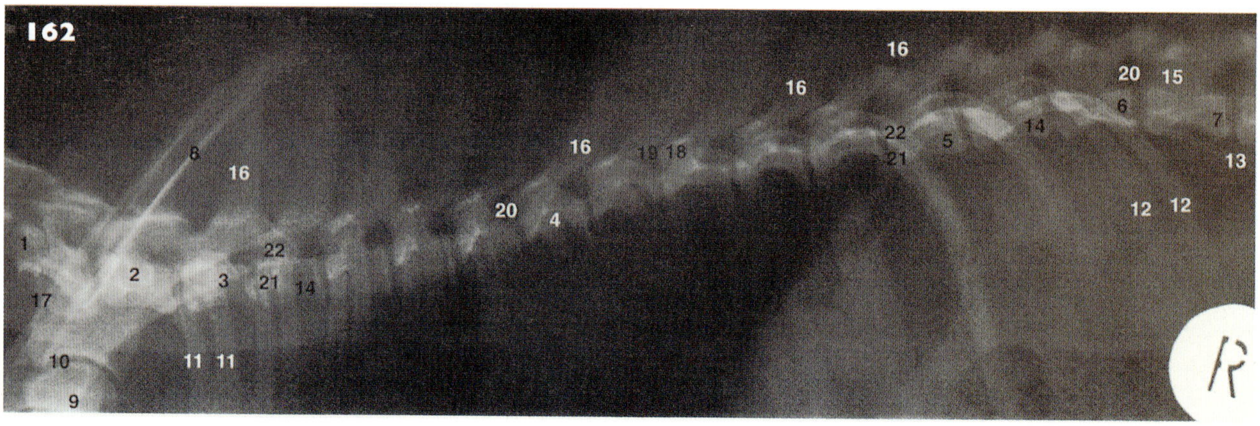

162 犬的脊柱胸廓段 X 光片侧位。

1 第六颈椎
2 第七颈椎
3 第一胸椎
4 第六胸椎
5 第十一胸椎
6 第十三胸椎
7 第一腰椎
8 肩胛骨
9 肱骨
10 肩关节
11 第一肋
12 第十二肋
13 第十三肋（浮肋）
14 椎体
15 椎孔的背腹侧缘（椎管）
16 棘突
17 横突（第六颈椎板）
18 前关节突
19 后关节突
20 椎间孔
21 肋骨头
22 肋结节

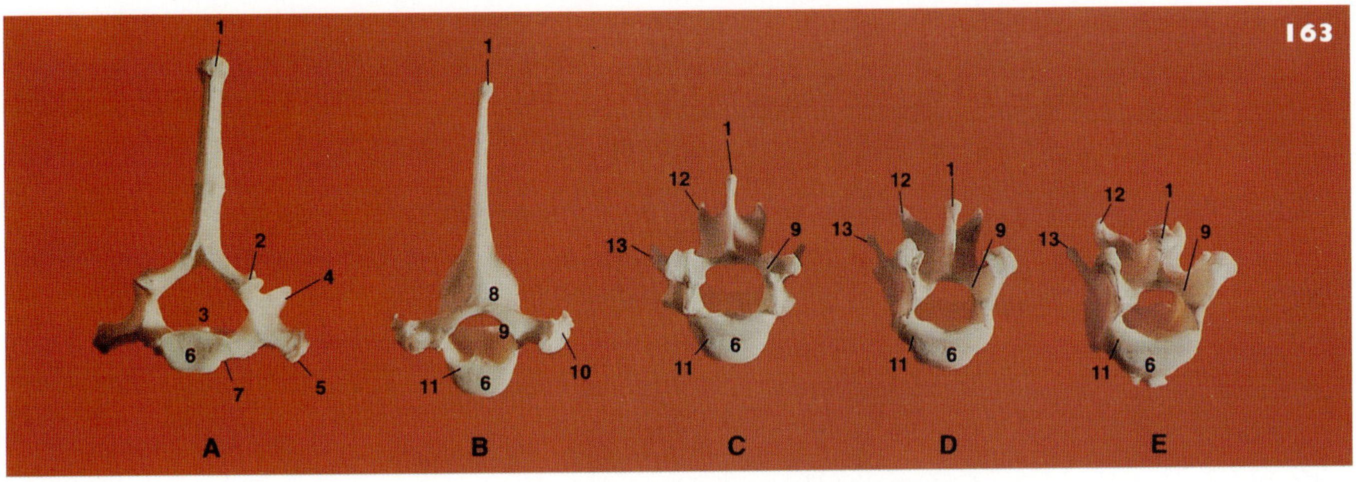

163　猫的第一胸椎尾侧面观(A)和第六(B)、第十一(C)、第十二(D)、第十三(E)胸椎头侧面。

1　棘突	8　椎弓板
2　后关节突	9　前关节突
3　椎孔	10　横突
4　乳突	11　前肋凹
5　横突(和前肋凹)	12　后关节突
6　椎体	13　副突
7　后肋凹	

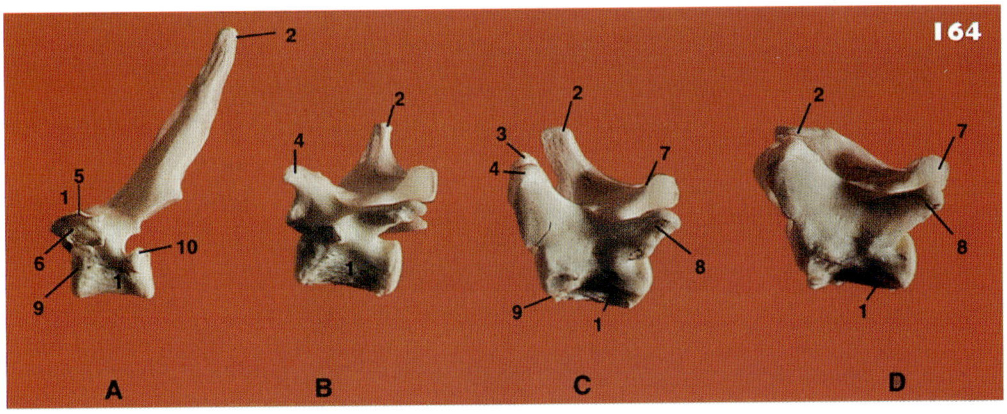

164　猫的第六(A)、第十一(B)、第十二(C)、第十三(D)胸椎左外侧面观。

1　椎体	6　横突肋凹
2　棘突	7　后关节突
3　前关节突	8　副突
4　乳突	9　前肋凹
5　横突	10　后肋凹

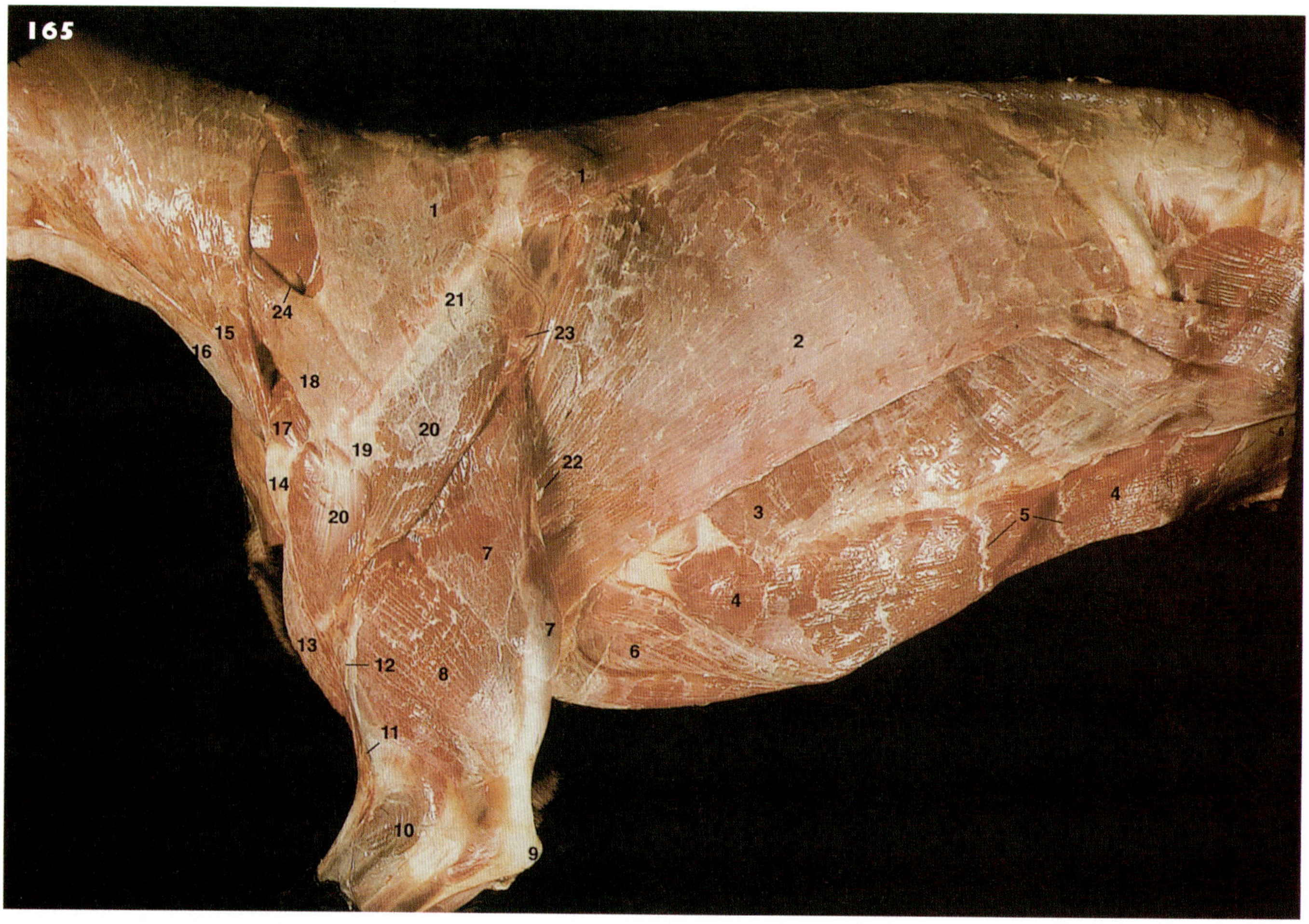

165 犬的肩臂部浅层肌肉外侧面，除去躯干皮肌和颈括约肌。

1	斜方肌	9	鹰嘴	17	冈上肌
2	背阔肌	10	伸肌群	18	肩胛横突肌
3	腹外斜肌	11	头静脉	19	肩峰
4	腹直肌	12	腋臂静脉	20	三角肌
5	腱划	13	锁臂肌	21	肩胛冈
6	胸深肌	14	肱骨大结节	22	肋间臂神经（第二胸神经）
7	臂三头肌（长头）	15	颈部锁头肌	23	肩胛下动静脉
8	臂三头肌（外侧头）	16	胸头肌	24	颈浅淋巴结

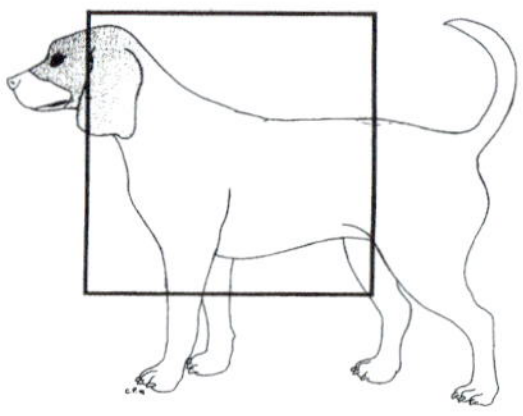

临床注释

2和3所示是进行胸廓外科切开术的通路。在这个切口横断背阔肌肌纤维，可能切断下面的胸背神经。

9所示鹰嘴位于站立犬第五肋水平线上，这样为了心脏的听诊和超声检查，必须把前肢向前拉，露出第三和第四肋间隙。

24所示颈浅淋巴结在临床检查时通常能够摸到。前肢的淋巴管回流都通过这个淋巴结。这个淋巴结的单独性增大，表明同侧的前肢出现感染。

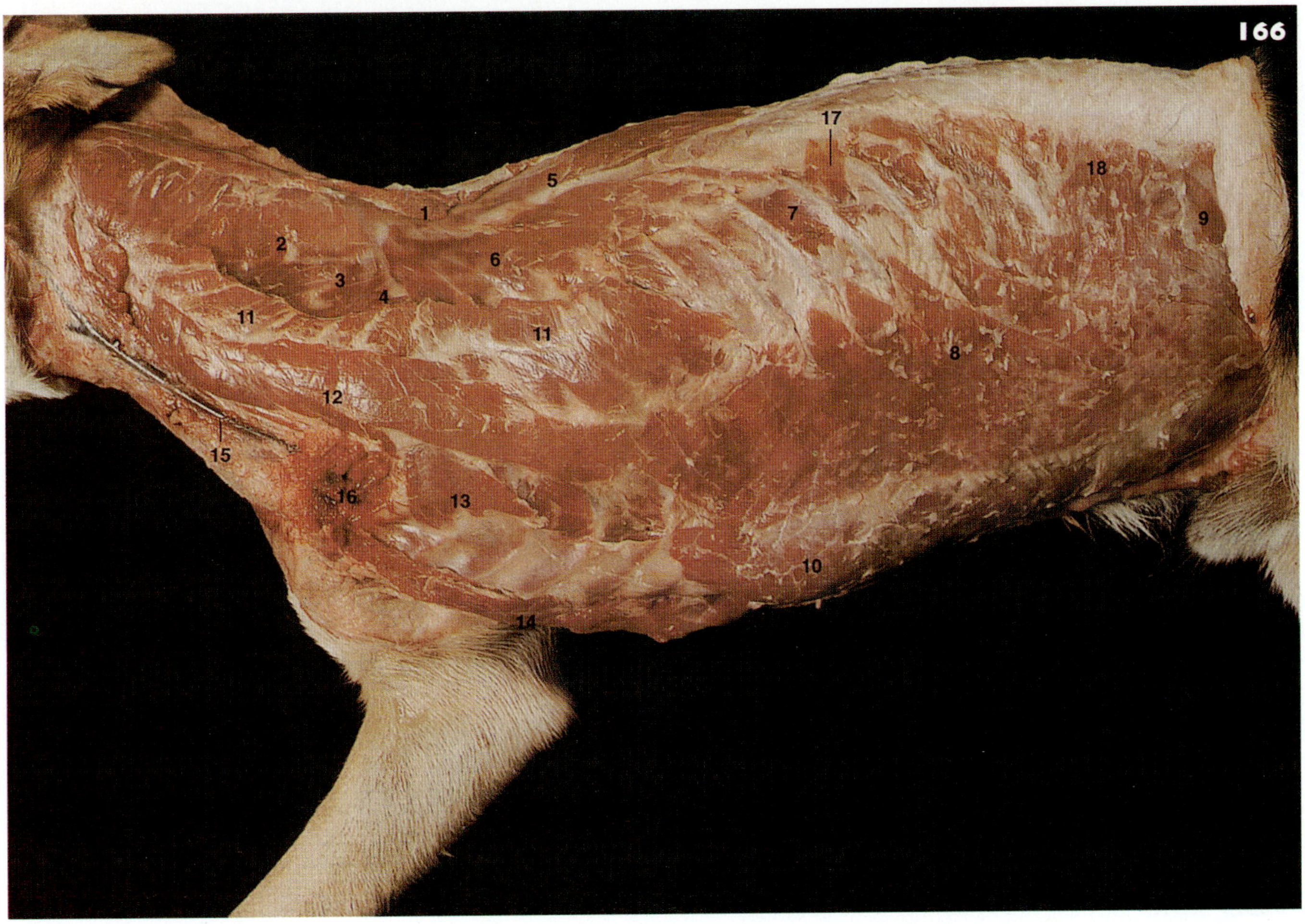

166 犬的颈部和胸腹壁肌肉外侧面，左前肢及附带肌肉已被切除，腋动静脉和臂神经丛也同时被切断。

1 菱形肌（断面）
2 夹肌
3 颈最长肌
4 胸最长肌
5 棘肌和胸半棘肌
6 前背侧锯肌
7 肋间肌
8 腹外斜肌肋部
9 腹外斜肌腰部
10 腹直肌
11 腹侧锯肌（断面）
12 斜角肌
13 胸直肌
14 胸肌（断面）
15 颈外静脉
16 腋动静脉（断面）
17 后背侧锯肌
18 腹内斜肌肋部

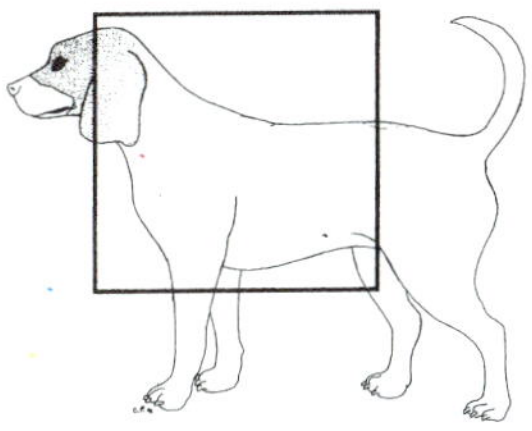

临床注释

8和11所示是穿过肋间隙完成胸廓切开术的通路。手术时，用肋骨牵开器将这些肌肉分开，可以相对减少肌肉的损伤。如果切口位于第五肋间隙的前面将有必要切开斜角肌（12）。

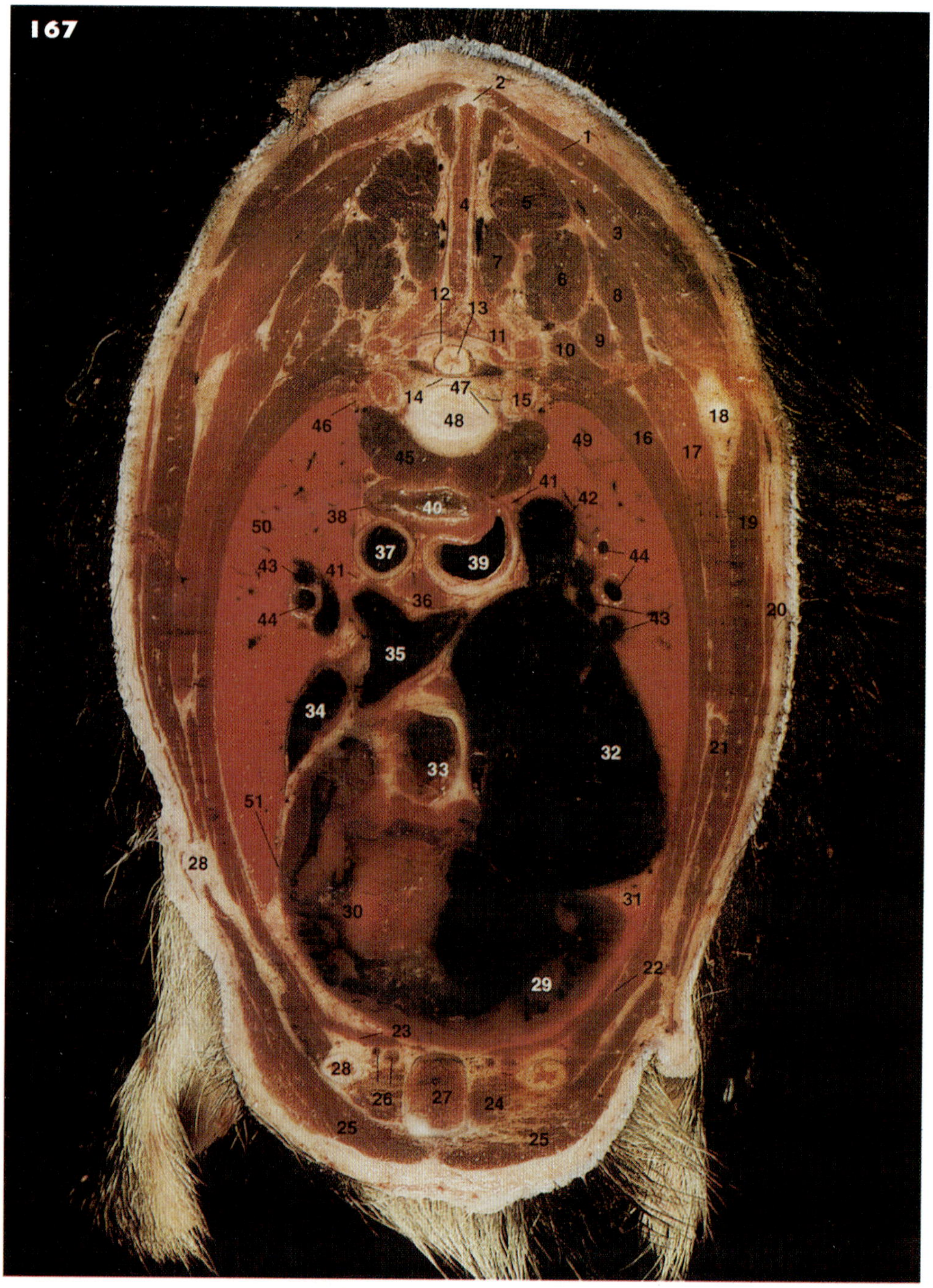

167 犬的第四胸椎水平位的躯干横切面尾侧面观。

1 斜方肌
2 棘上韧带
3 菱形肌
4 第四胸椎棘突
5 棘肌和半棘肌（胸的和颈的）
6 胸最长肌
7 胸多裂肌
8 前背侧锯肌
9 胸髂肋肌
10 回旋肌
11 第四胸椎弓
12 硬膜外脂肪
13 脊髓
14 小头间韧带
15 肋骨头
16 肋间外肌和肋间内肌
17 腹侧锯肌
18 肩胛骨
19 背阔肌
20 躯干皮肌
21 斜角肌
22 腹直肌
23 胸横肌
24 肋间内肌
25 胸深肌
26 胸内动静脉
27 胸骨
28 肋软骨
29 右心室
30 左心室
31 冠状沟内的脂肪
32 右心房
33 左心室流出道（主动脉瓣）
34 左心耳
35 肺动脉
36 气管支气管淋巴结
37 主动脉
38 胸导管
39 气管
40 食管
41 左右迷走神经
42 右奇静脉
43 肺静脉
44 支气管
45 颈长肌
48 交感神经干
47 椎间盘纤维环
48 椎间盘
49 右肺前叶
50 左肺前叶
51 膈神经

临床注释

37 和 40 所示主动脉和食管位于心脏的基底水平面，主动脉位于纵隔食管的左侧。如果实施胸廓切开对食管进行一些外科手术，最好选择右侧以避开主动脉。纵隔后部食管位于左侧，主动脉到达背侧，因此手术通路选择左侧。

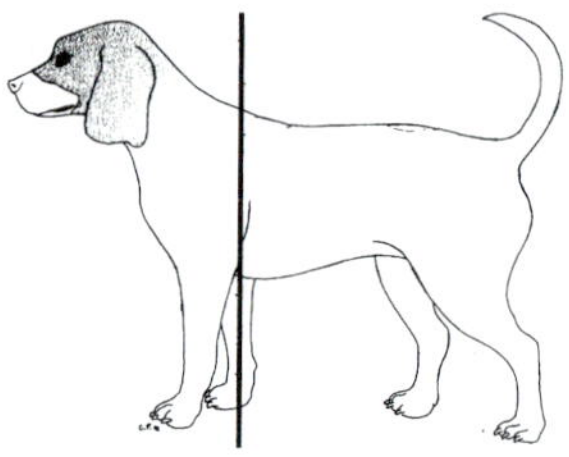

168 犬的左胸腔外侧面观，胸壁肌肉和前肢已经被切除，保留部分肋骨。

1 前背侧锯肌
2 臂神经丛
3 腋动静脉
4 第一肋
5 第三肋
6 第五肋
7 第十三肋(浮肋)
8 胸骨部膈
9 肋部膈
10 膈中心腱
11 左肋膈隐窝
12 腹外斜肌
13 心脏
14 纵隔胸膜
15 左肺后叶
16 左肺前叶后部
17 左肺前叶前部
18 胸腺
19 肋软骨联结
20 肋软骨
21 胸骨
22 肋弓

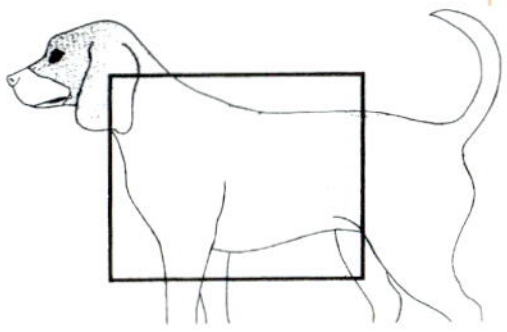

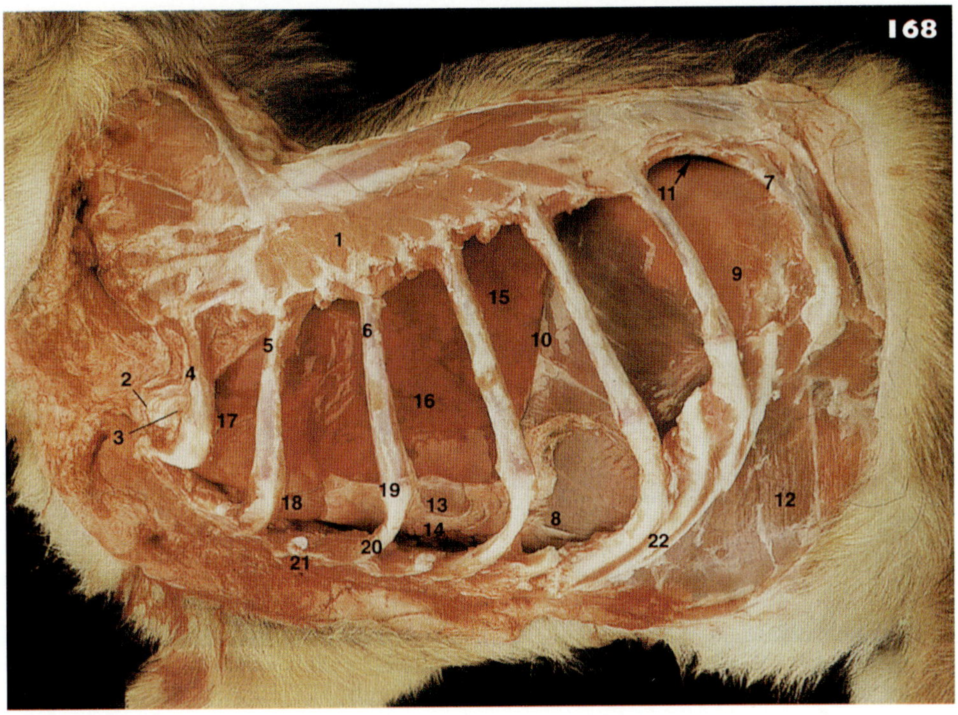

临床注释

13 所示心脏的可触及位置是在第 3、第 4、第 5 肋间隙。在肺的边缘有心脏切迹，是临床听诊和超检查的一个非常有意义的窗口。该处可以直接获取心脏的信息而没有肺覆盖在上面。在机体右侧有一个同样心脏切迹(参照图 -169 中 15)。

169 犬的右侧胸腔外侧面观，胸壁肌肉和前肢已经被切除，保留部分肋骨。

1 臂神经丛
2 肋间血管
3 第一肋
4 第四肋
5 第八肋
6 第十三肋(浮肋)
7 右侧肋膈隐窝
8 腹外斜肌
9 腹内斜肌
10 肋部膈
11 胸骨部膈
12 右肺后叶
13 右肺中叶
14 右肺前叶
15 心脏切迹
16 心脏
17 纵隔胸膜
18 胸骨

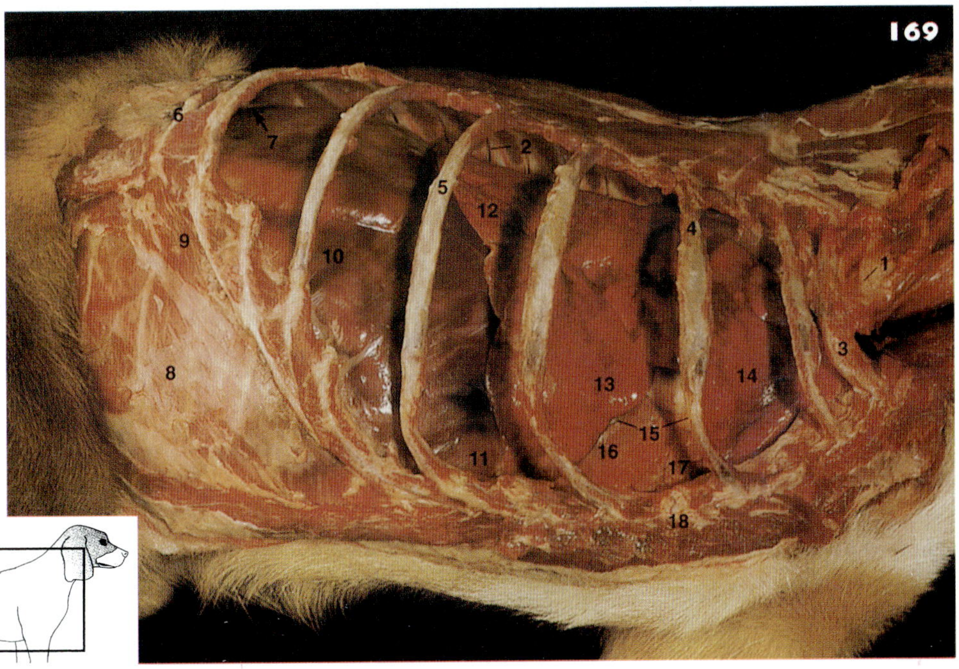

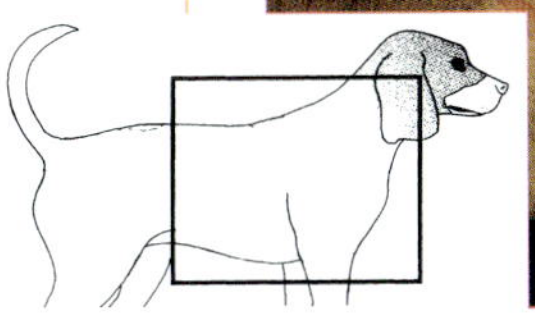

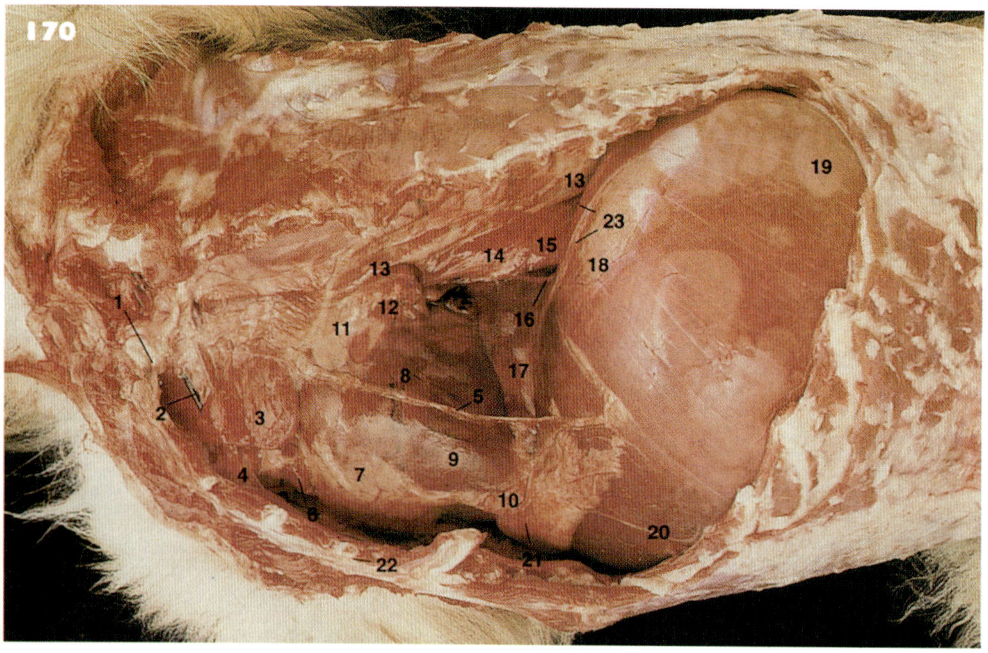

170 犬的左侧胸腔外侧面观，左肺已经被摘除，显示纵隔和其他脏器。

1 臂神经丛
2 胸内动静脉
3 胸腺
4 纵隔胸膜
5 膈神经
6 右心耳
7 右心室
8 左心耳
9 左心室
10 心尖
11 心基
12 肺脉管（断端）和左主支气管
13 主动脉
14 食管
15 迷走神经背侧支
16 迷走神经腹侧支
17 右肺副叶
18 膈中心腱
19 肋部膈
20 胸骨部膈
21 胸骨心包韧带位置
22 第五肋肋软骨
23 食管裂孔

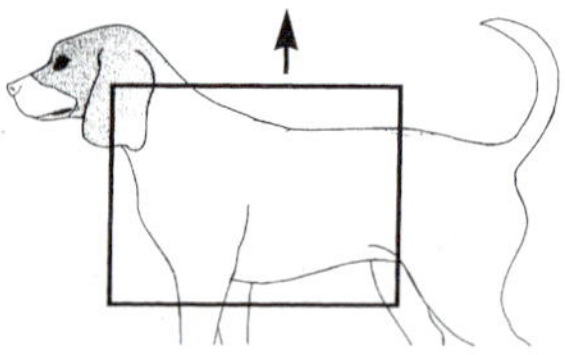

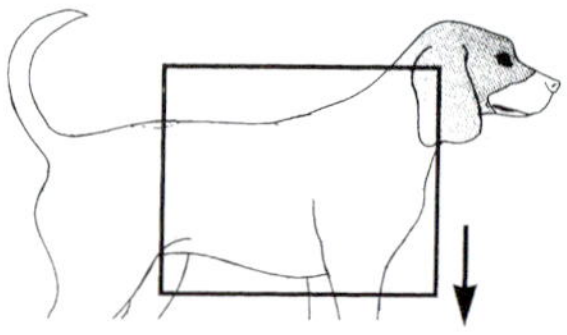

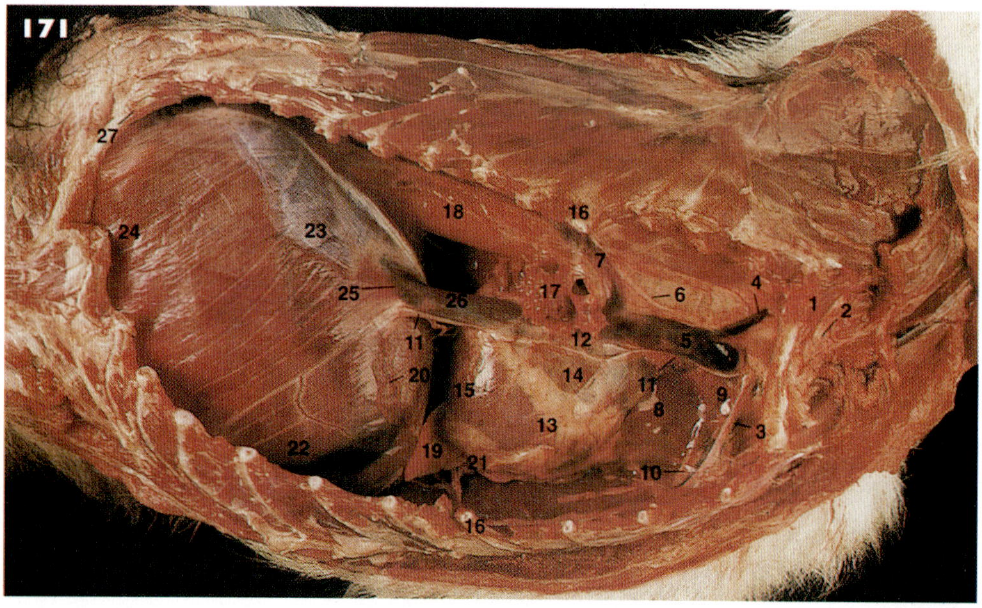

171 犬的右侧胸腔外侧面，左肺已经被摘除，显示纵隔和其他脏器。

1 第一肋
2 臂神经丛
3 胸内动静脉
4 右肋颈静脉
5 前腔静脉
6 迷走神经（横越气管）
7 右奇静脉
8 左肺前叶
9 胸腺
10 纵隔胸膜
11 右膈神经
12 心基
13 右心室
14 右心房
15 左心室
16 第五肋
17 肺脉管（断端）和支气管
18 食管和迷走神经
19 左肺
20 腔静脉皱襞
21 心尖
22 胸骨部膈
23 膈中心腱
24 肋部膈
25 腔静脉孔
26 后腔静脉
27 第十三肋（浮肋）

172 犬的胸腔腹侧观，胸骨和肋软骨已经被切除，显示胸腔内脏。

1 喉与环甲肌
2 气管
3 甲状腺
4 胸骨甲状肌
5 胸头肌
6 颈动脉鞘(包括颈总动脉和迷走交感神经干)
7 颈外静脉
8 胸骨柄
9 腋动静脉
10 纵隔胸膜
11 前腔静脉
12 右奇静脉
13 右肺前叶
14 右肺中叶
15 右肺后叶
16 右肺副叶
17 左肺前叶前部
18 左肺前叶后部
19 左肺后叶
20 右锁骨下动脉
21 左锁骨下动脉
22 右心房
23 心基
24 右心室
25 心包膜
26 肺门处的肺动静脉
27 后腔静脉和右膈神经
28 胸骨部膈
29 膈中心腱
30 腔静脉孔
31 剑状突
32 左心室
33 心尖

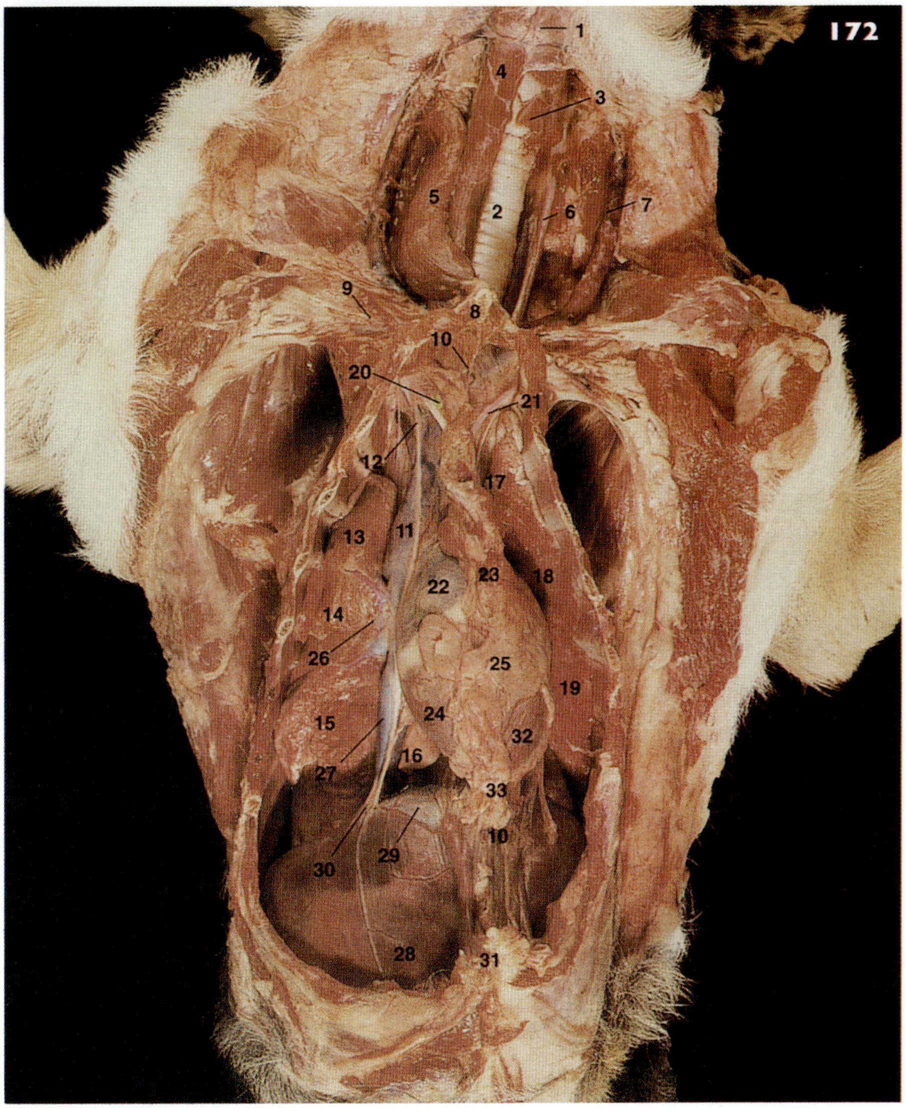

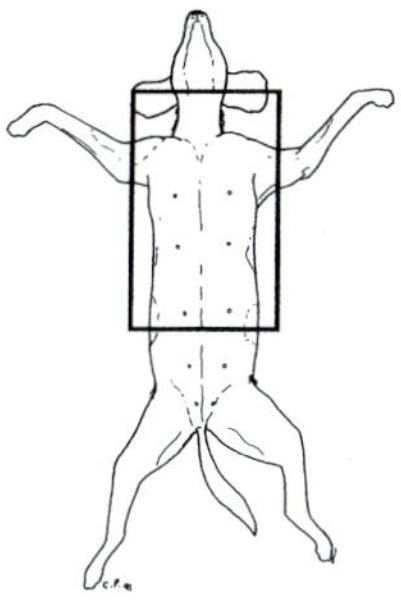

←

临床注释(图-170)

3所示这只犬的胸腺较大，表明是未成熟的动物，胸腺功能活跃。在发育成熟的犬，胸腺的活跃程度和大小减退。在成年犬胸腺将非常小。

14、15和16所示的食管的位置位于纵隔后部。通常认为这样的位置关系有助于当食管被异物阻塞造成食管划伤时能保护位于器官表面的迷走神经支。

23所示膈的食管裂孔，是胸腔和腹腔之间的一个自然通道。此处有可能发生膈疝，必要时实施左侧胸廓切开术，对其进行手术修补。

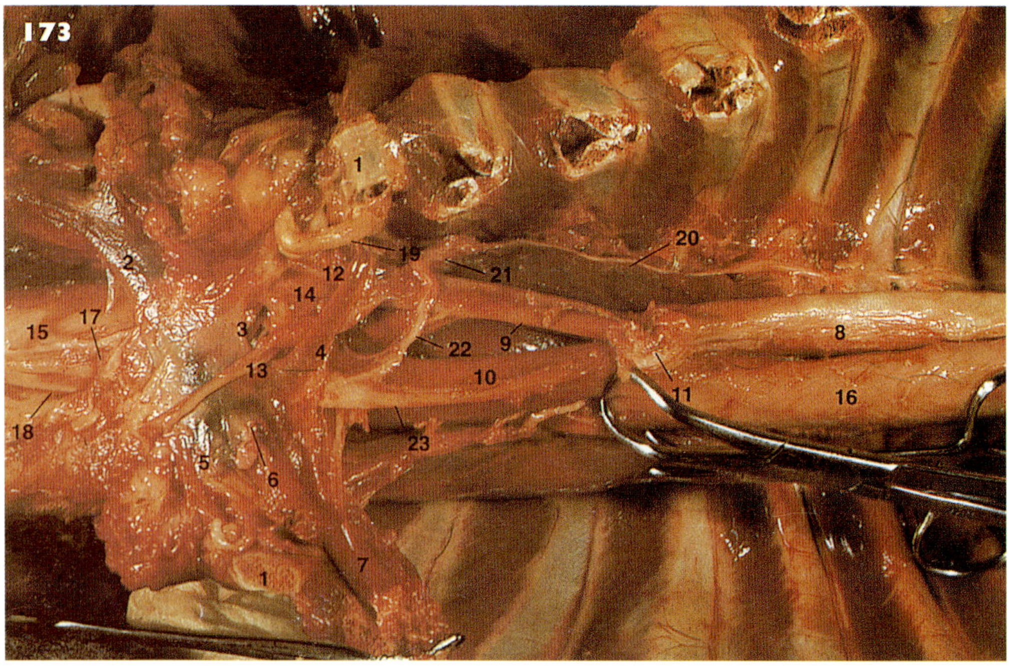

173 显示犬的胸腔背头区，摘除胸部内脏，但保留心基部的动脉弓和腔静脉。

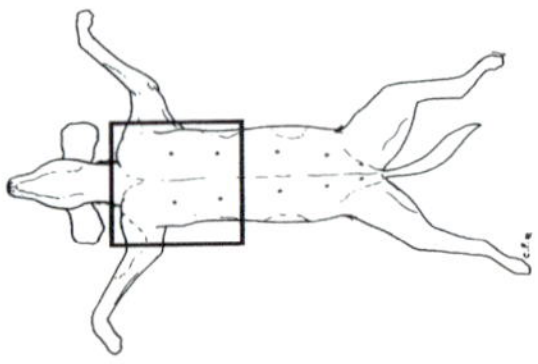

1 第一肋
2 左臂头静脉
3 左锁骨下静脉
4 左肋颈静脉
5 右臂头静脉
6 胸内静脉(断端)
7 前腔静脉(被动脉钳截断)
8 降主动脉
9 左锁骨下动脉
10 臂头动脉
11 主动脉弓近端(断端)
12 肋颈干
13 胸内动脉
14 锁骨下动脉延续为腋动脉
15 颈段食管
16 胸段食管
17 喉返神经
18 颈动脉鞘(包括颈总动脉和迷走交感神经干)
19 椎神经
20 交感神经干
21 颈胸神经节(星形神经节)
22 锁骨下袢
23 左迷走神经(断端)

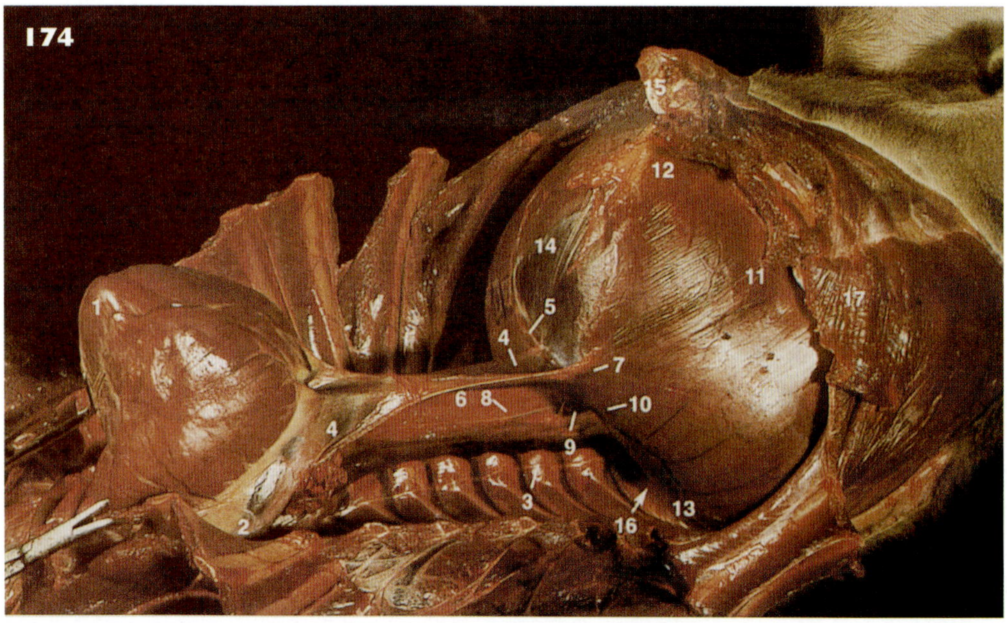

174 犬膈的前面右侧观，肺已经被摘除，心脏后移。

1 心尖
2 前腔静脉
3 交感神经干
4 后腔静脉
5 腔静脉孔
6 食管
7 食管裂孔
8 迷走神经
9 主动脉
10 主动脉裂孔
11 肋部膈
12 胸骨部膈
13 腰部膈
14 膈中心腱
15 剑状突
16 腰膈隐窝
17 腹侧锯肌

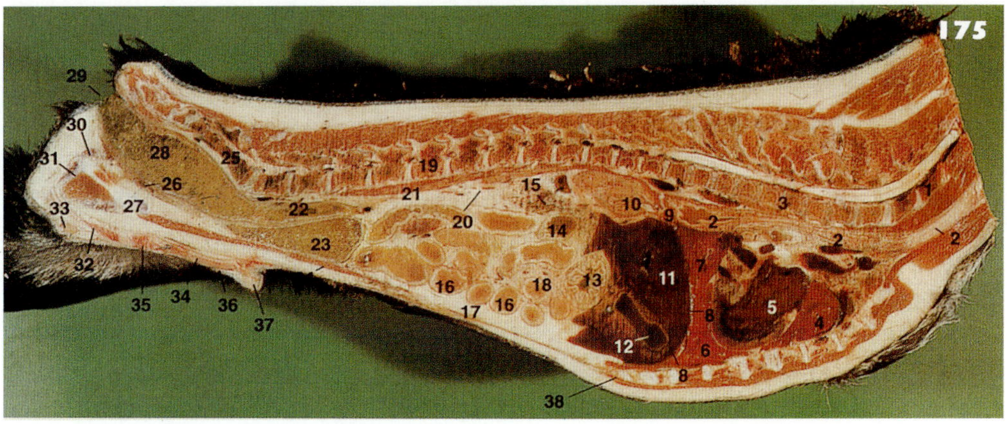

175 雄性犬胸腔、腹腔和骨盆腔旁正中矢状面，显示左侧局部解剖结构。

1	颈椎	11	肝脏	21	腰大肌	31	阴茎海绵体
2	食管	12	胆囊	22	降结肠	32	阴茎体
3	胸椎	13	胃幽门部	23	膀胱	33	睾丸
4	左肺前叶	14	横结肠	24	腹直肌	34	阴茎头
5	右心室	15	胰脏	25	荐骨	35	阴茎头球
6	右肺副叶	16	空肠	26	前列腺	36	龟头延长部
7	左肺后叶	17	大网膜	27	骨盆联合	37	包皮
8	膈	18	肠系膜	28	直肠	38	胸骨剑状突
9	食管裂孔	19	腰椎	29	肛门		
10	胃贲门部	20	主动脉	30	阴茎根		

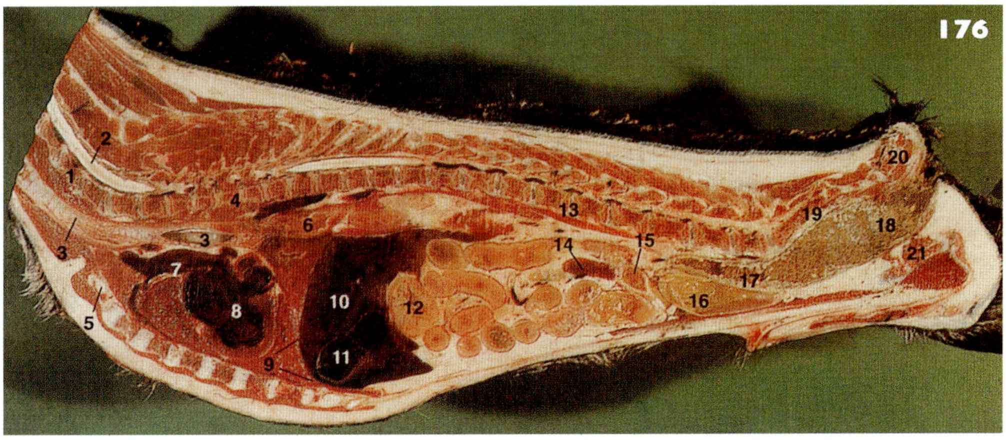

176 雄性犬胸腔、腹腔和骨盆腔旁正中矢状面，显示右侧局部解剖结构。

1	颈椎	8	右心室	15	十二指肠横断
2	脊髓	9	膈	16	膀胱
3	气管	10	肝	17	降结肠
4	胸椎	11	胆囊	18	直肠
5	胸骨柄	12	胃	19	荐骨
6	食管	13	腰椎	20	尾椎
7	前腔静脉	14	肠系膜淋巴结	21	耻骨联合

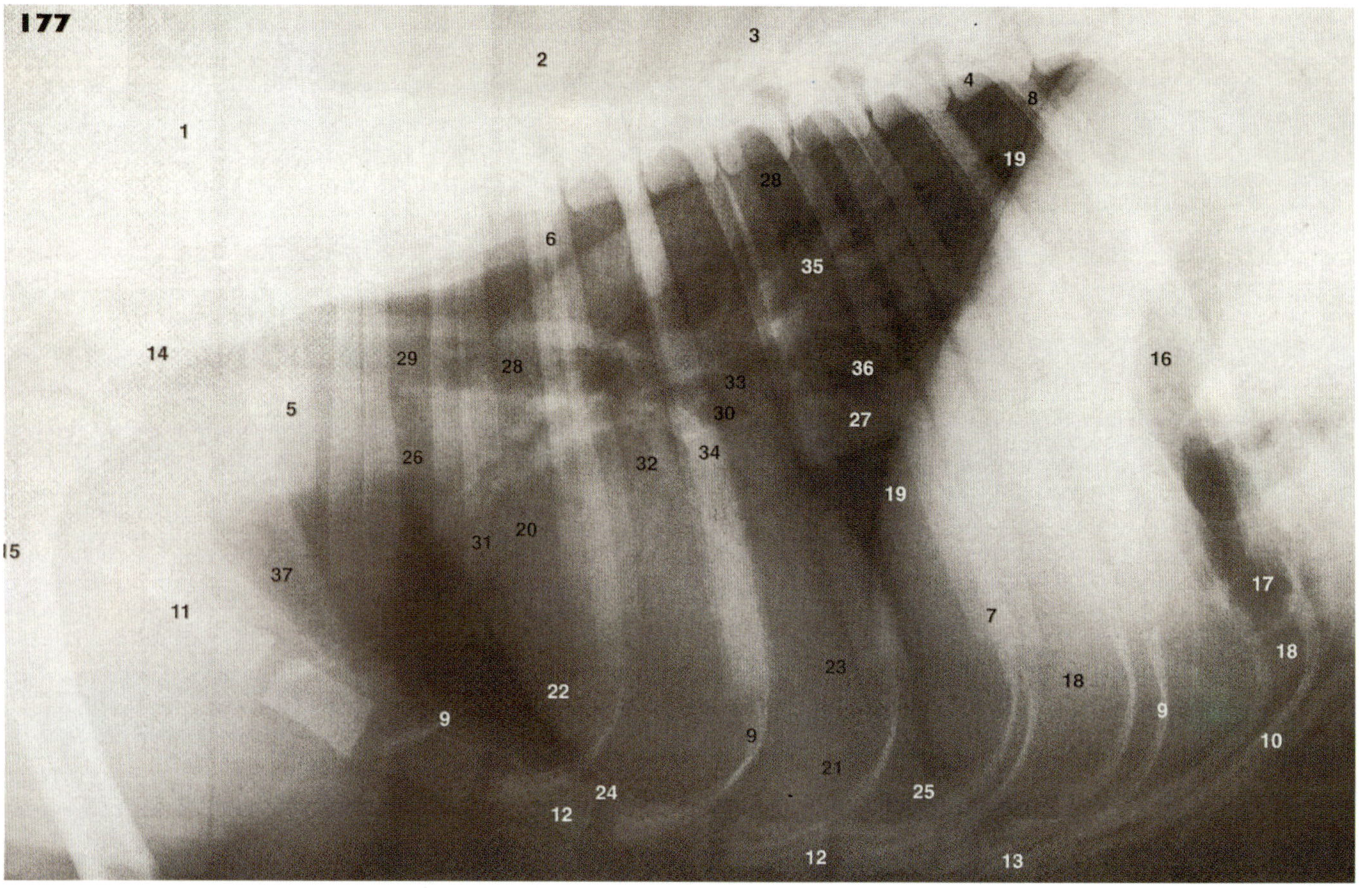

177 犬的胸部侧位 X 光片。

1	第一胸椎	14	肩胛骨	27	后腔静脉
2	第四胸椎	15	肱骨	28	主动脉
3	第七胸椎	16	胃	29	气管
4	第十胸椎	17	小肠	30	气管分叉
5	第一肋	18	肝脏	31	肺前叶支气管
6	第四肋	19	膈	32	肺中叶支气管
7	第七肋	20	心基	33	肺后叶支气管
8	第十肋	21	心尖	34	右肺副叶支气管
9	肋软骨	22	心脏右侧	35	背侧支气管
10	肋弓	23	心脏左侧	36	腹侧支气管
11	胸骨柄	24	心包	37	胸膜顶
12	胸骨节	25	胸骨心包韧带		
13	剑状突	26	前腔静脉		

178 犬胸部背腹位X光片。

1 第七颈椎
2 第一胸椎
3 第四胸椎
4 第七胸椎
5 第十胸椎
6 第一肋
7 第四肋
8 第七肋
9 第十肋
10 胸骨节
11 肩胛骨
12 气管
13 心基
14 心尖
15 主动脉
16 前腔静脉
17 后腔静脉
18 胸骨心包韧带
19 右肺
20 左肺
21 胸膜顶
22 膈
23 肝脏
24 胃
25 椎骨前关节突
26 椎骨后关节突
27 棘突
28 肋骨凹
29 肋骨
30 肋骨头
31 肋软骨

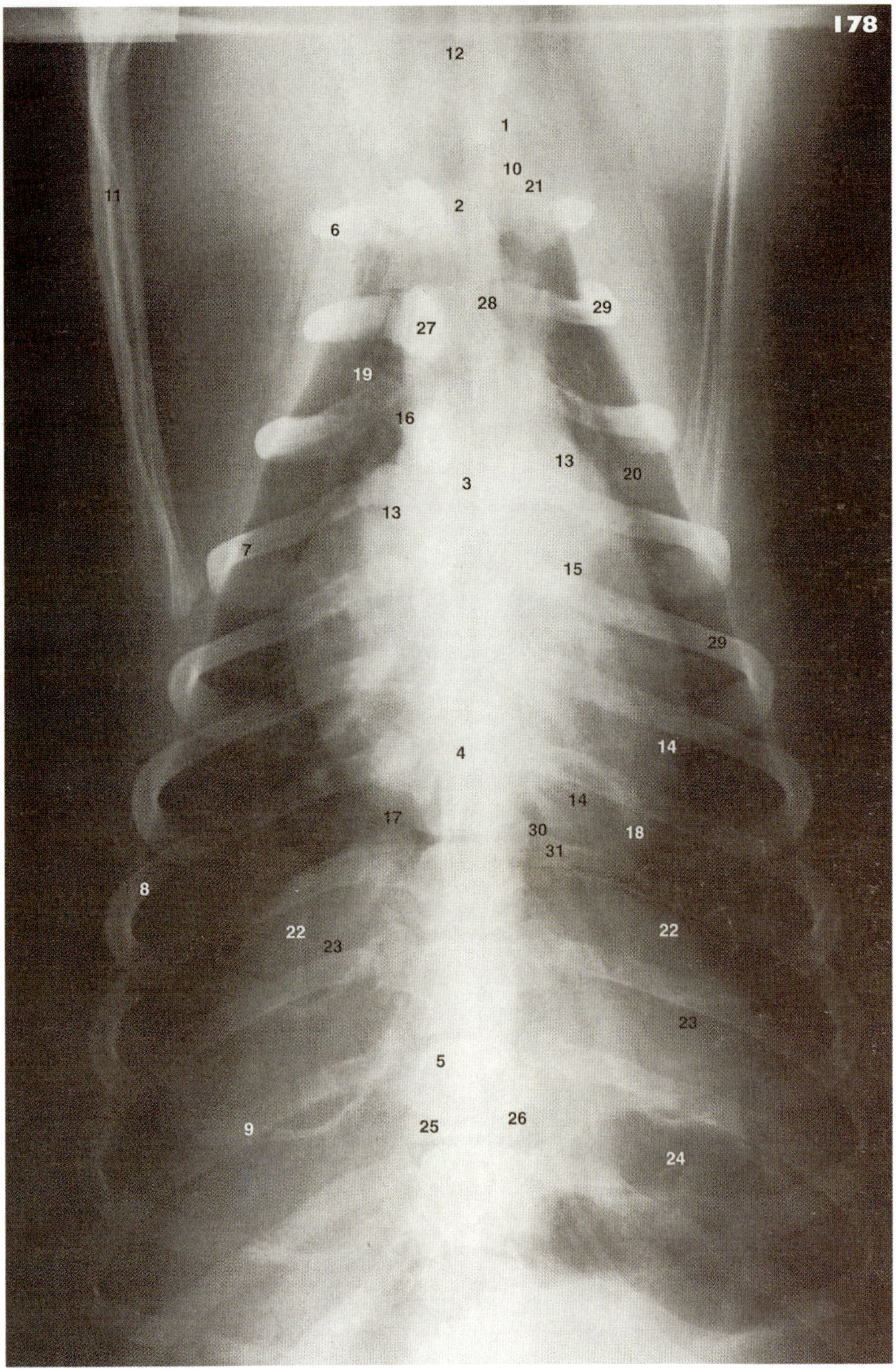

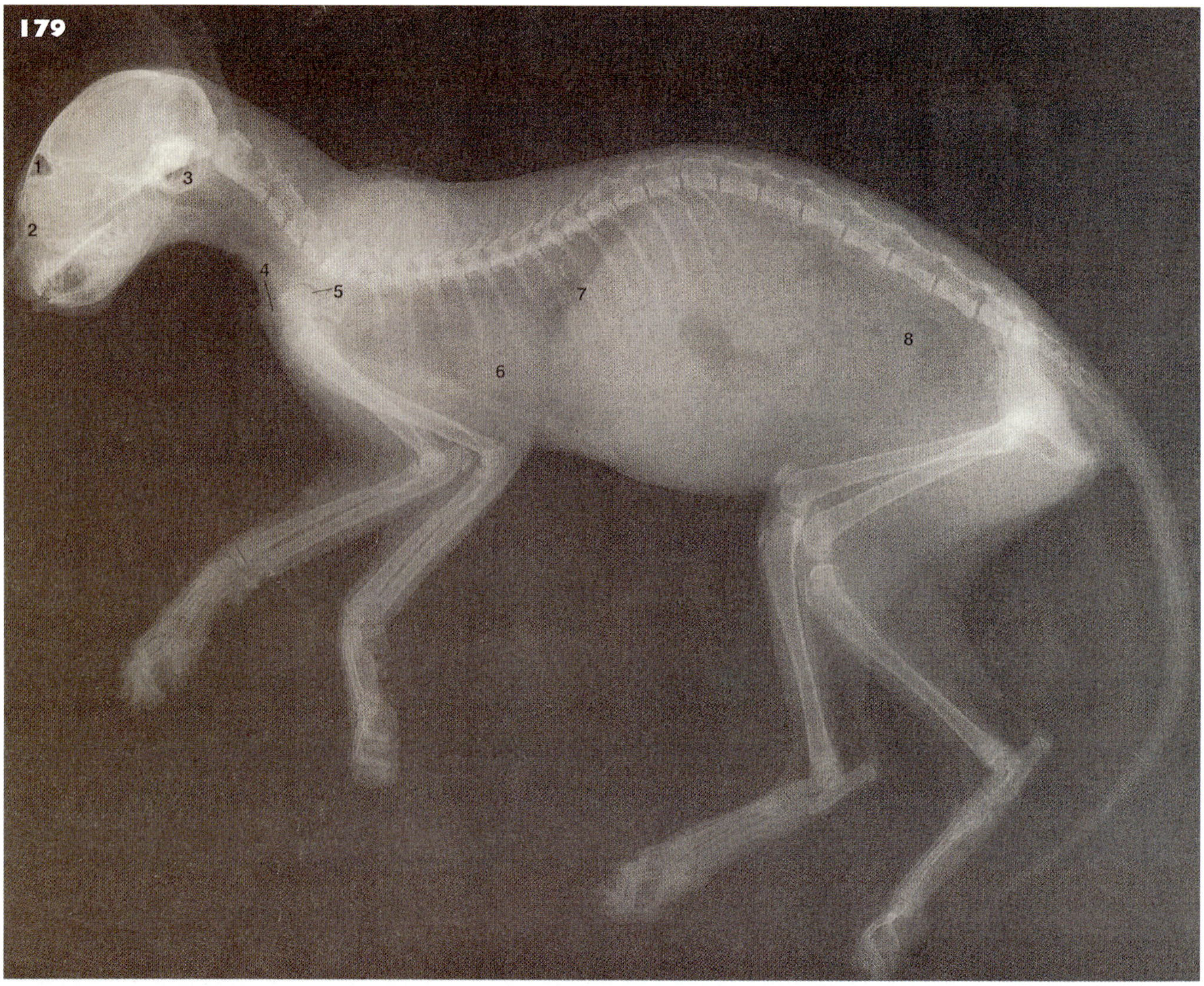

179 幼猫X光侧位平片，显示骨骼组成和骨化中心。

1 额窦
2 上颌骨
3 鼓泡
4 锁骨
5 肩胛骨肩峰钩上突
6 心脏
7 膈
8 降结肠

临床注释

4和5所示锁骨和钩上突在犬体上没有发现。
注意颅骨的面诸区缩小。

180 猫的头、颈和胸X光背腹侧位片。

1	犬齿	12	锁骨
2	上颌骨	13	肱骨
3	颧弓	14	尺骨鹰嘴
4	下颌骨	15	桡骨
5	鼓泡	16	心尖
6	第一颈椎（寰椎）	17	心基
7	第二颈椎（枢椎）	18	膈
8	胸骨柄	19	第一腰椎
9	第一肋	20	左肾脏
10	肩胛骨	21	右肾脏
11	钩上突		

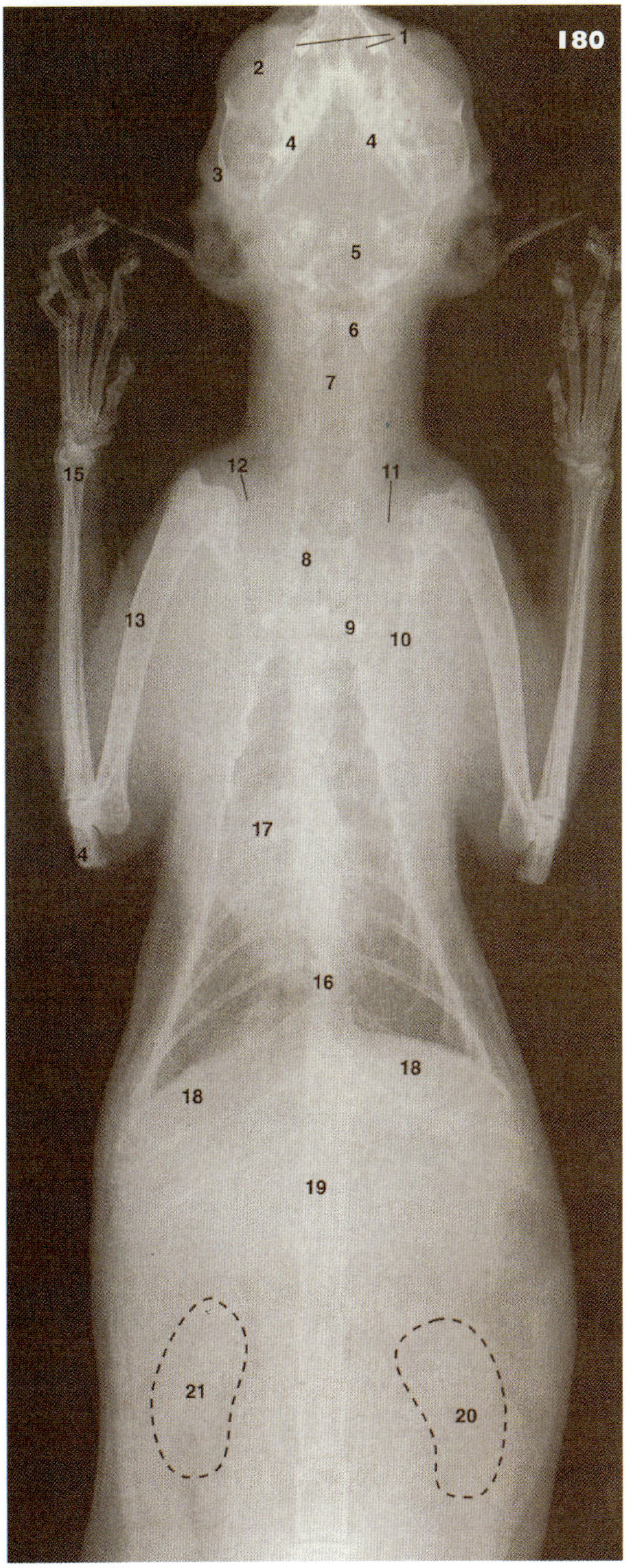

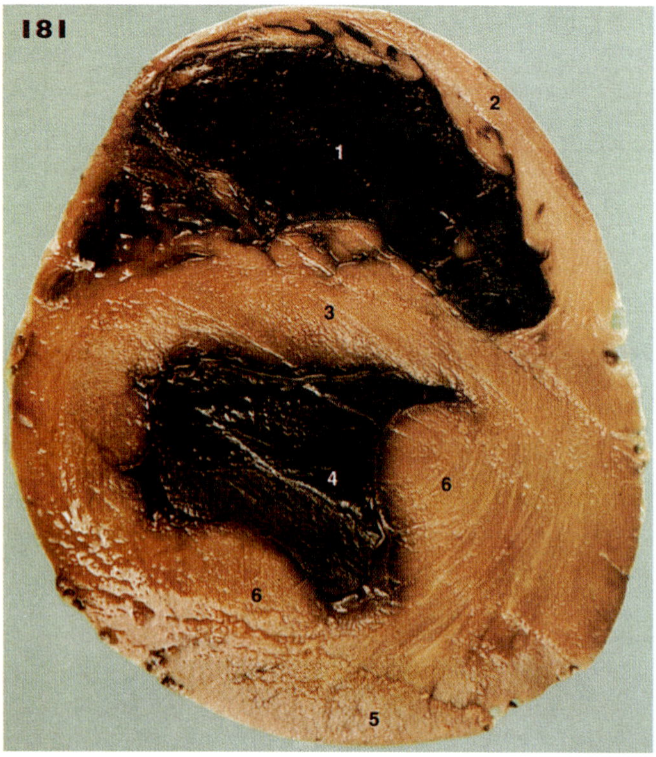

181　犬心室横断面。

1　右心室内腔
2　右心室壁
3　室间隔
4　左心室内腔
5　左心室壁
6　乳头肌

临床注释

这个穿过心室短轴的B超切面得到一个与解剖面相似的结构。这是一个用M型超声检查法测量心室容积的首选位置。

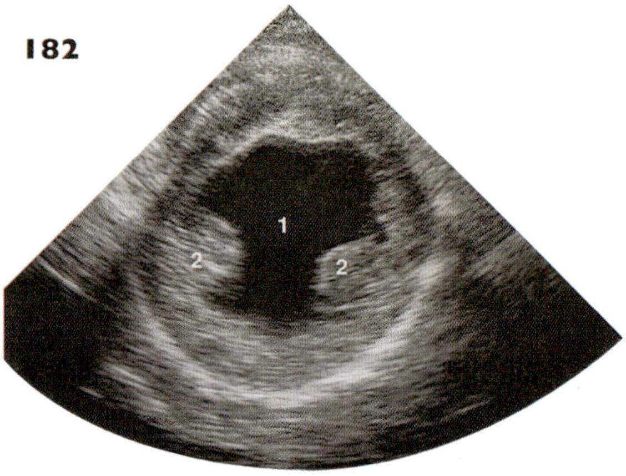

182　犬的左心室B超短轴横切面，在心室的周围可以看到乳头肌。

1　左心室　　　　2　乳头肌

183　犬的心脏纵切面，显示心内部结构。

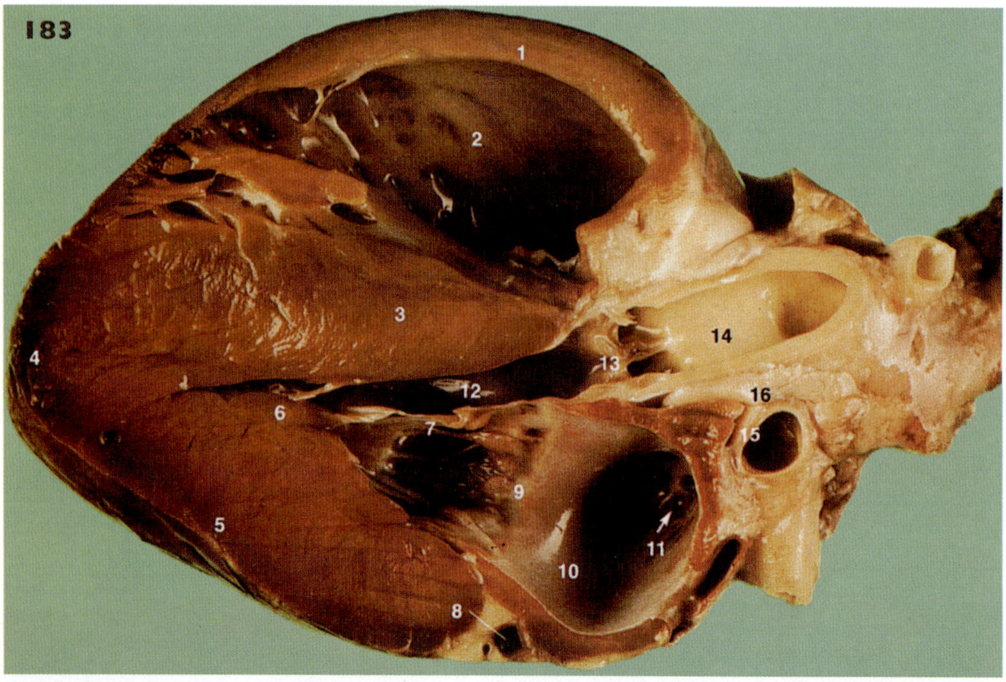

1　右心室壁
2　右心室内腔
3　室间隔
4　心尖
5　左心室壁
6　乳头肌
7　腱索
8　冠状血管
9　二尖瓣（左房室瓣）
10　左心房
11　左心耳
12　左心室出口
13　主动脉瓣
14　主动脉
15　肺动脉
16　心基

184

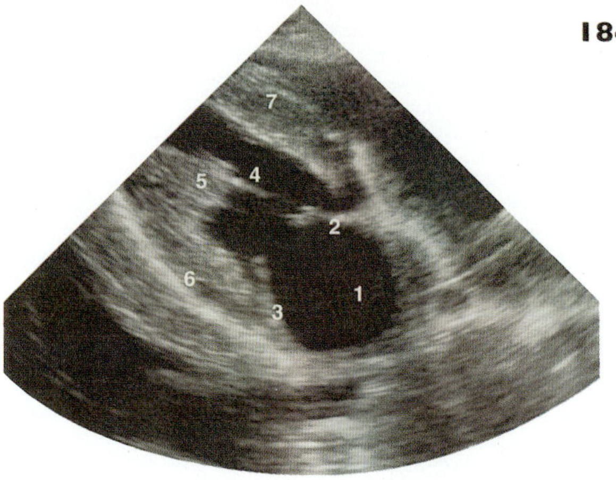

184 犬的左心室B超扫描，穿过左侧胸壁，扫描心脏长轴。

1	左心房	5	左心室乳头肌
2	左房室瓣隔侧尖	6	左心室壁
3	左房室瓣壁侧尖	7	室间隔
4	腱索		

185

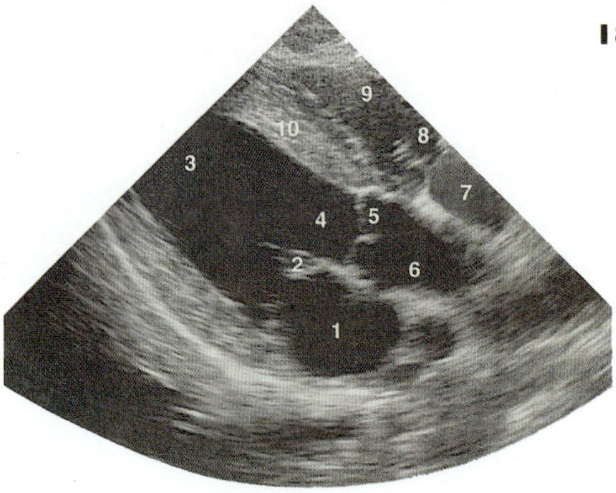

185 犬的心脏长轴B超扫描，通过右侧胸壁，显示两个房室瓣和主动脉瓣。

1	左心房	6	主动脉
2	二尖瓣（左房室瓣）	7	右心房
3	左心室	8	三尖瓣（右房室瓣）
4	左心室出口	9	右心室
5	主动脉瓣	10	室间隔

186

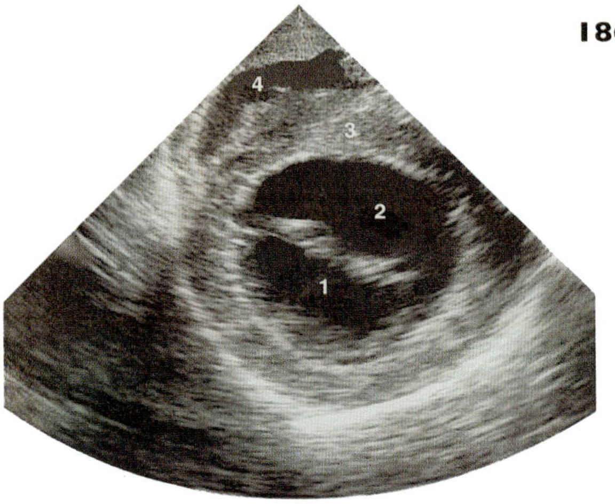

186 右侧胸骨旁心脏短轴B超扫描，示二尖瓣。

1	左房室瓣壁侧尖	3	室间隔
2	左房室瓣隔侧尖	4	右心室

187

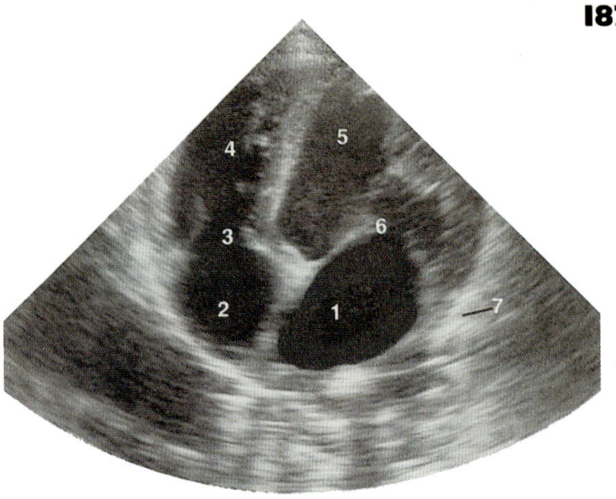

187 胸骨上四腔心观的心脏超声扫描图。

1	左心房	5	左心室
2	右心房	6	二尖瓣（左房室瓣）
3	三尖瓣（右房室瓣）	7	心包
4	右心室		

188

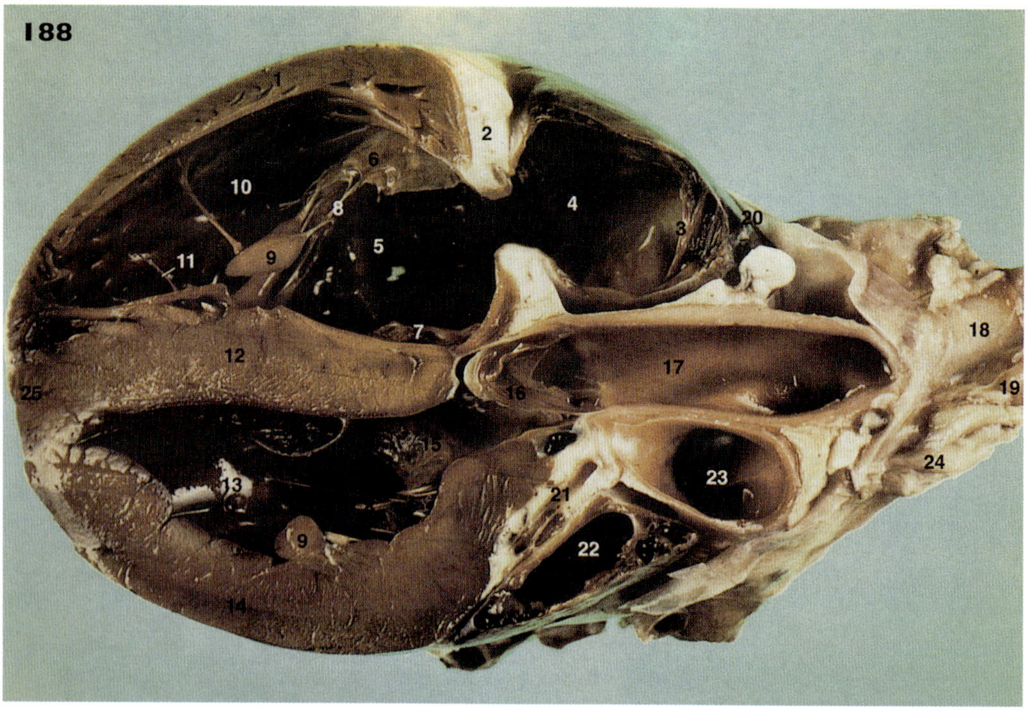

188 犬的心脏纵切面，显示右心室和左心室出口。

1 右心室游离壁
2 冠状沟
3 右心耳
4 右心房
5 三尖瓣（右房室瓣）
6 壁侧（游离）尖
7 隔侧尖
8 腱索
9 乳头肌
10 右心室内腔
11 隔缘肉柱
12 室间隔
13 左心室内腔
14 左心室壁
15 左心室出口
16 主动脉瓣
17 主动脉
18 臂头动脉干
19 左锁骨下动脉
20 心包（断端）
21 冠状血管
22 左心耳
23 肺动脉干
24 心基
25 心尖

189 犬的心基部背侧面，显示瓣膜结构。心房和心耳被打开，腔静脉和肺静脉被切除，前(Cr)和后(Ca)方向被标出。

1 右心耳
2 梳状肌
3 右心房
4 三尖瓣(右房室瓣)
5 冠状沟
6 冠状窦口
7 卵圆窝
8 静脉间结节
9 左心房
10 左心耳
11 二尖瓣(左房室瓣)
12 主动脉瓣右侧半月瓣
13 主动脉瓣左侧半月瓣
14 主动脉瓣背侧半月瓣
15 主动脉右侧窦的右冠状动脉开口
16 主动脉
17 肺动脉干
18 动脉圆锥
19 右心室壁

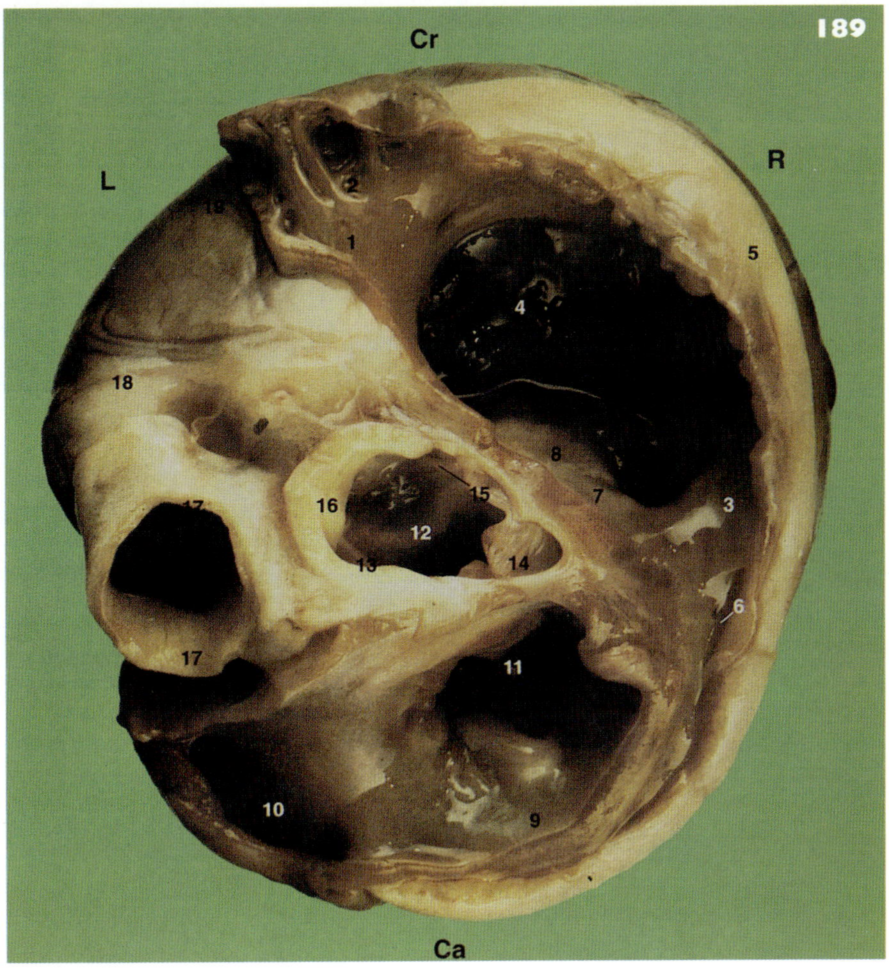

190 犬的心脏右侧B超扫描，穿过左侧胸壁，心尖在扫描的顶部。

1 主动脉瓣
2 左心房
3 右心房
4 三尖瓣(右房室瓣)
5 右心室

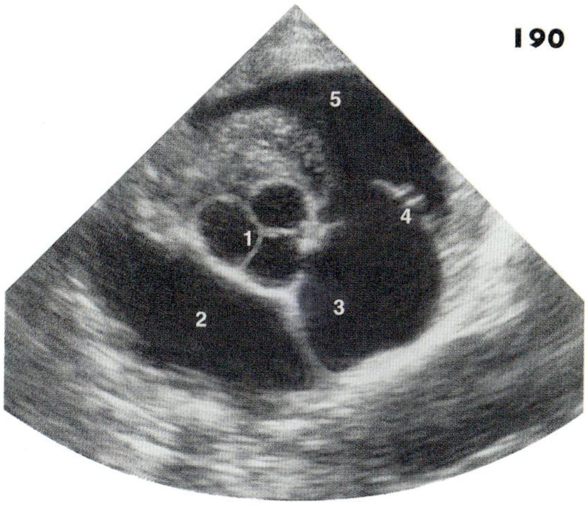

191

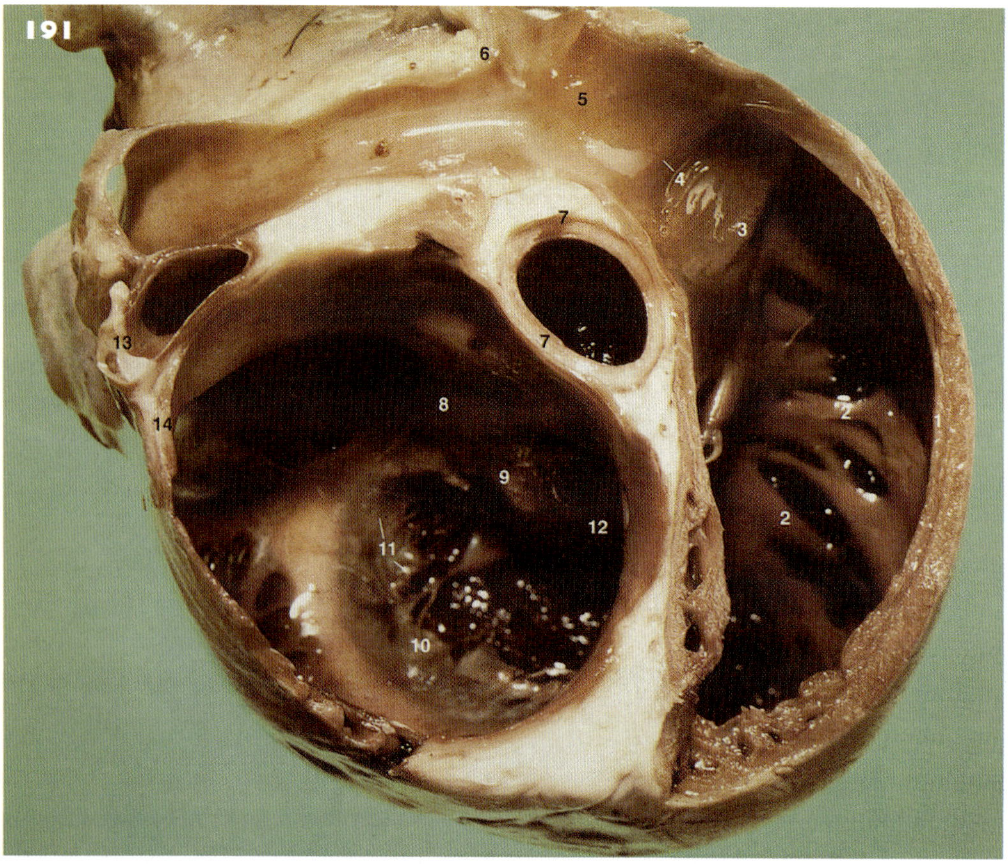

临床注释

4和5所示肺动脉干绕过主动脉，致使两个结构彼此呈直角。该处经常被用于肺动脉瓣B超扫描。当肺动脉瓣出现在长轴，那么主动脉影像应该在短轴。

191 犬心脏在肺动脉瓣水平位的斜切面，示与主动脉关系。

1 右心室游离壁
2 肉柱
3 右心室出口
4 肺动脉瓣
5 肺动脉
6 肺动脉分支
7 主动脉
8 右心房
9 三尖瓣(右房室瓣)
10 壁侧(游离壁)尖
11 腱索
12 右心室
13 肺静脉
14 右心耳

192

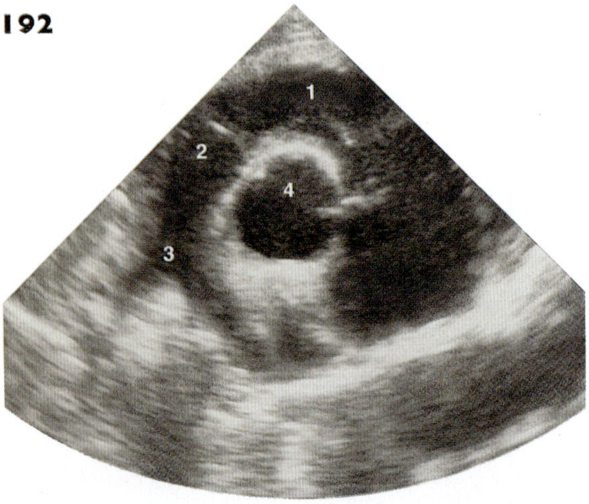

192 犬的心脏肺动脉瓣B超扫描，穿过左侧胸壁，可以看到肺动脉干绕过主动脉。

1 右心室出口
2 肺动脉瓣
3 肺动脉
4 主动脉瓣

6 腹部和骨盆部

首先显示腹部和骨盆的骨性支架，再显示软组织结构层，之后通过分割的标本、横断面标本、X光片和B超影像显示这些区域的内部脏器。显示不同性别内外生殖器官差异。特别注意了腹部和骨盆腔的形态学特征。

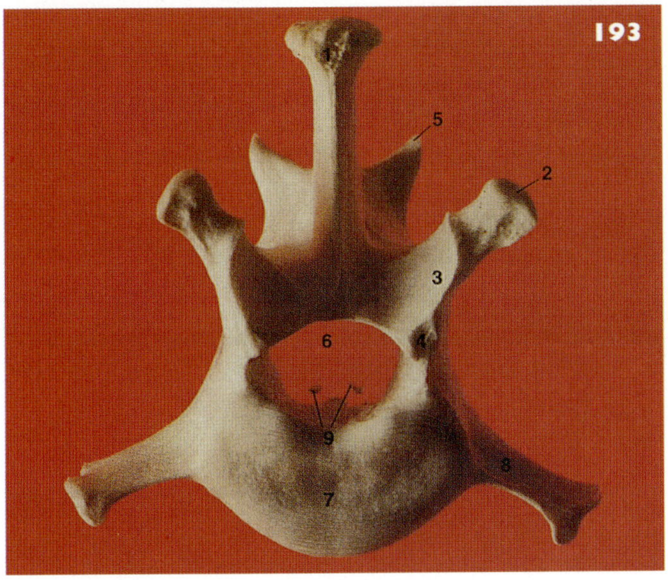

193 犬的第一腰椎头侧面观。

1 棘突
2 乳突
3 前关节面
4 前关节突
5 后关节突
6 椎孔
7 椎体
8 横突
9 背侧孔

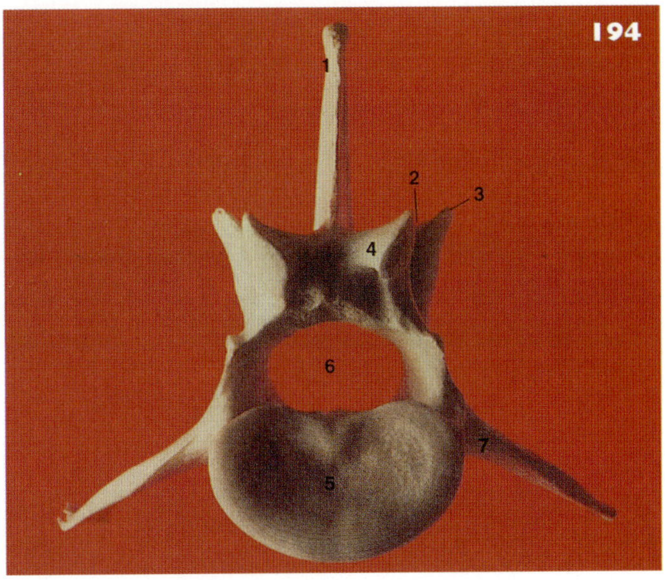

194 犬的第五腰椎尾侧面观。

1 棘突
2 前关节突
3 乳突
4 后关节突
5 椎体
6 椎孔
7 横突

195 犬的荐骨外侧面观。

1 荐正中嵴
2 荐中间嵴
3 荐骨翼
4 耳状面
5 后关节突
6 椎体
7 横突

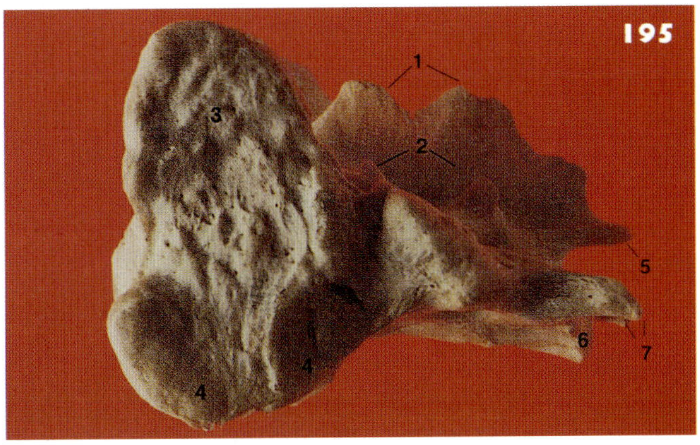

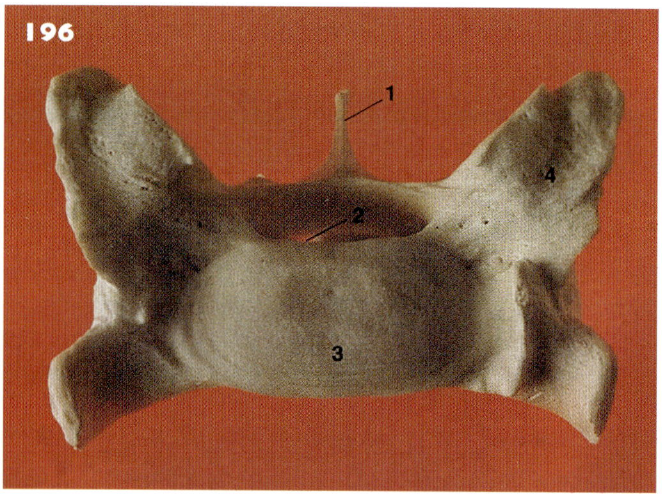

196 犬的荐骨头侧面观。

1 荐正中嵴棘突
2 荐管
3 荐骨底
4 荐骨翼

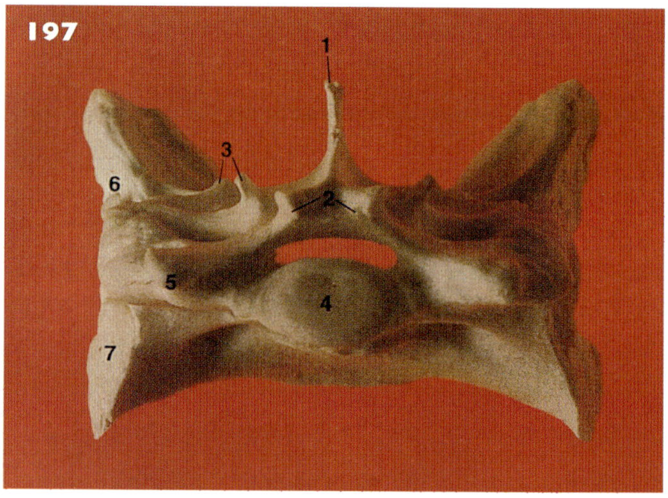

197 犬的荐骨尾侧面观。

1 荐正中嵴棘突
2 后关节突
3 荐中间嵴
4 椎体
5 荐外侧嵴
6 荐骨翼
7 耳状面

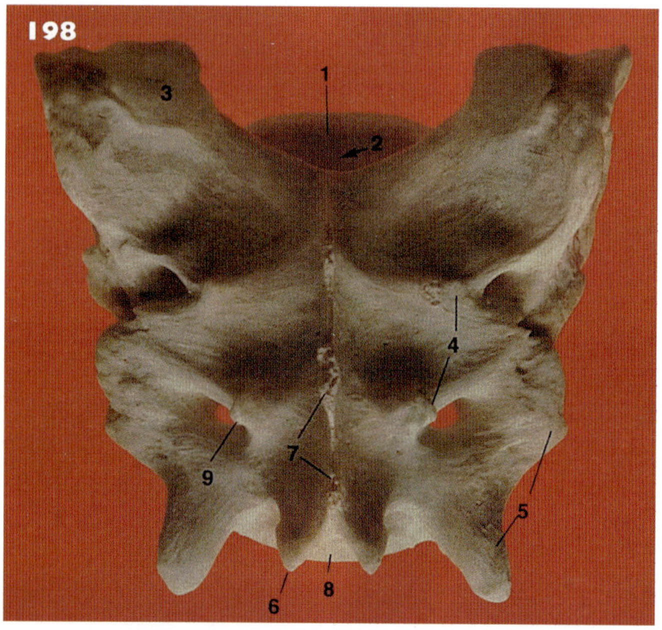

198 犬的荐骨背侧面观。

1 荐骨底
2 荐管
3 前关节面
4 荐中间嵴
5 荐外侧嵴
6 后关节突
7 荐正中嵴
8 荐骨尖
9 荐背侧孔

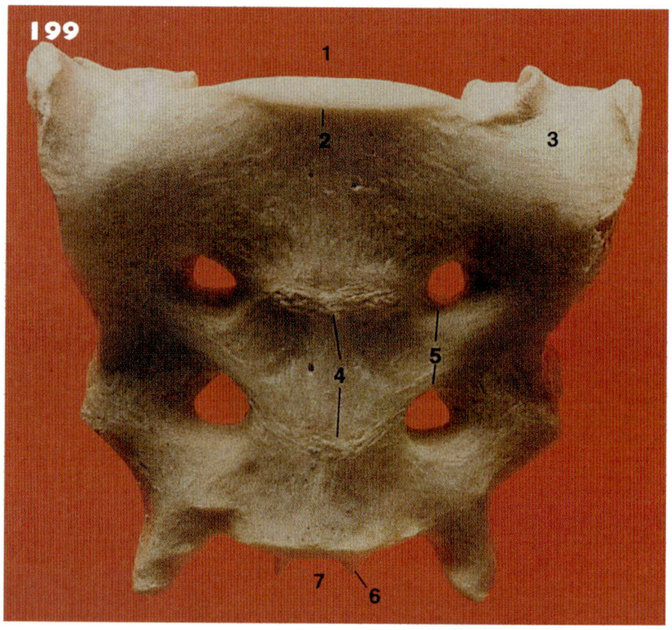

199 犬的荐骨腹侧面观。

1 荐骨底
2 岬
3 荐骨翼
4 横线
5 荐腹侧孔
6 后关节突
7 荐骨尖

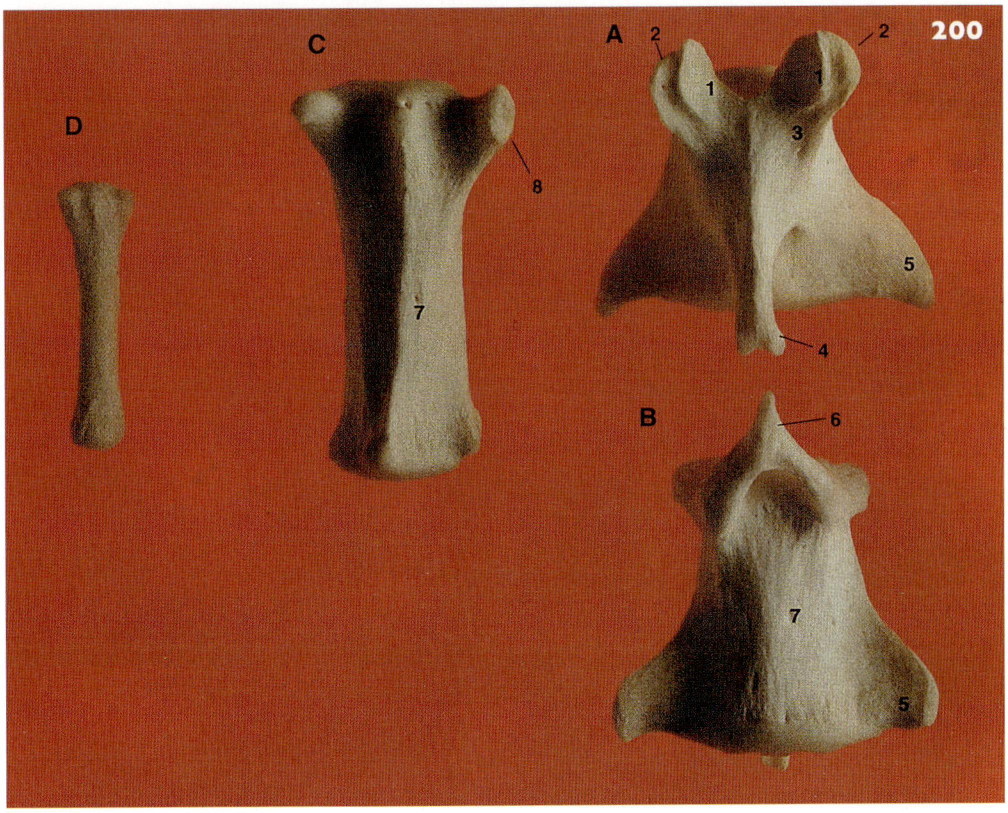

200　犬的第五尾椎背侧面观(A)，第四(B)和第六(C)尾椎腹侧面观，第十四尾椎背侧面观(D)。

1　前关节突
2　乳突
3　椎弓
4　后关节突
5　横突
6　血管弓
7　椎体
8　前横突

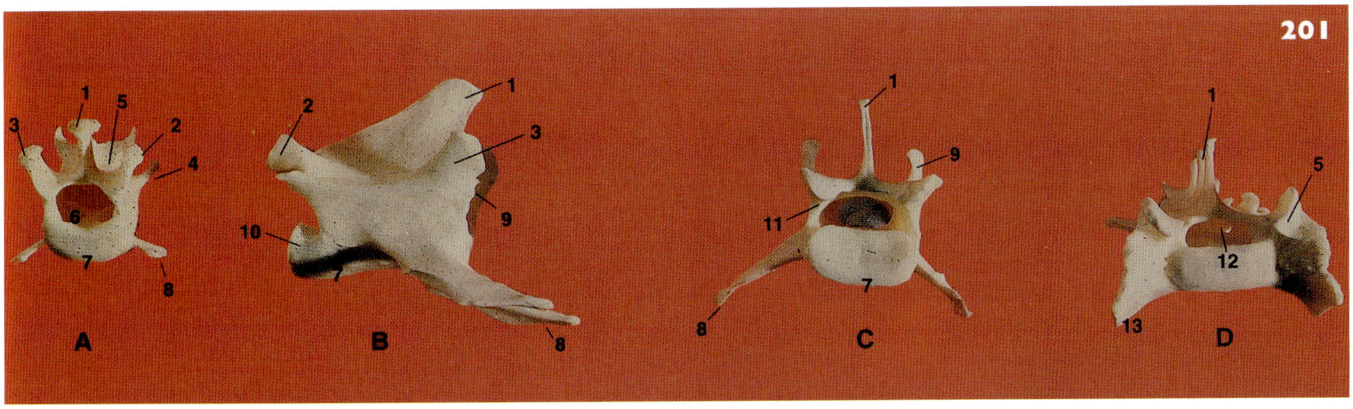

201　猫的第一腰椎头侧面观(A)、第五腰椎右外侧面观(B)、第七腰椎尾侧面观(C)和荐骨头侧面观(D)。

1　棘突	6　椎孔	11　后关节面
2　后关节突	7　椎体	12　荐管
3　乳突	8　横突	13　荐骨翼
4　副突	9　前关节突	
5　前关节面	10　后椎骨切迹	

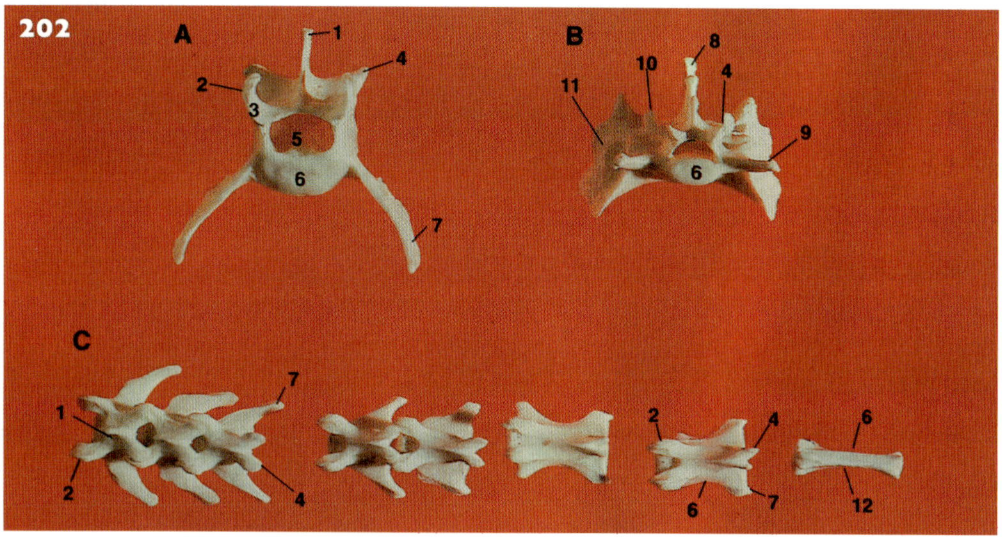

202 猫的第七腰椎头侧面观（A）、荐骨尾侧面观（B）和第一、第二、第三尾椎背侧面观（C）。

1 棘突
2 前关节突
3 前关节面
4 后关节突
5 椎孔
6 椎体
7 横突
8 棘突（荐正中嵴）
9 荐外侧嵴
10 荐中间嵴
11 荐骨翼
12 尾椎远段（背侧）

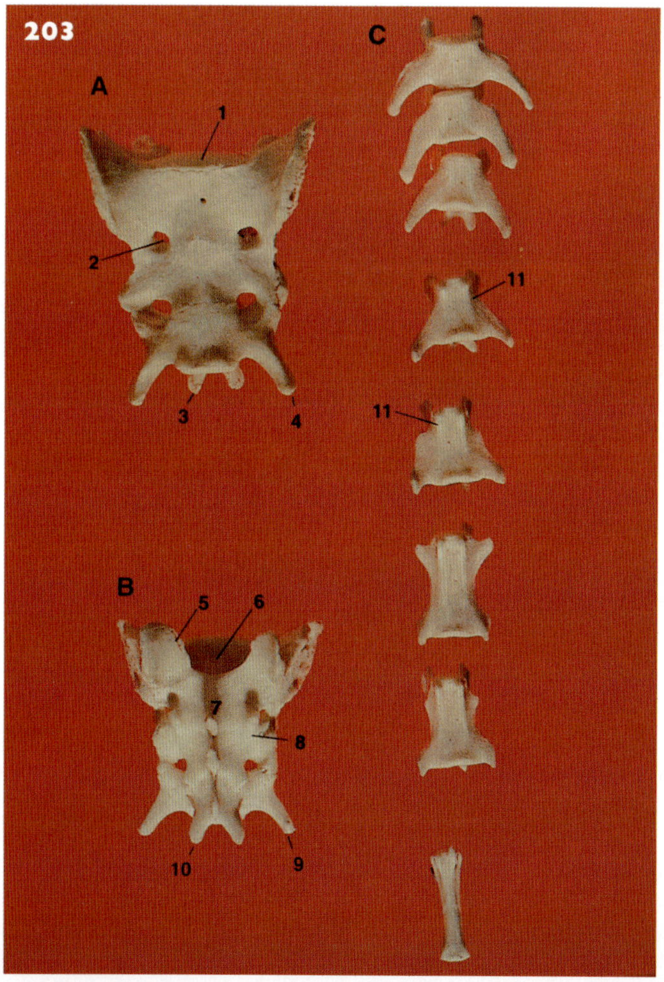

203 猫的荐骨腹侧面观（A）、背侧面观（B）和多个尾椎腹侧面观（C）。

1 岬
2 荐腹侧孔
3 后关节面
4 荐外侧嵴横突
5 前关节面
6 荐管
7 荐正中嵴
8 荐中间嵴
9 荐外侧嵴
10 后关节突
11 血管突

204 犬腰椎连接的侧面观。

1 第一腰椎
2 第七腰椎
3 椎体
4 棘突
5 前关节突
6 乳突
7 后关节突
8 横突
9 副突
10 椎间孔

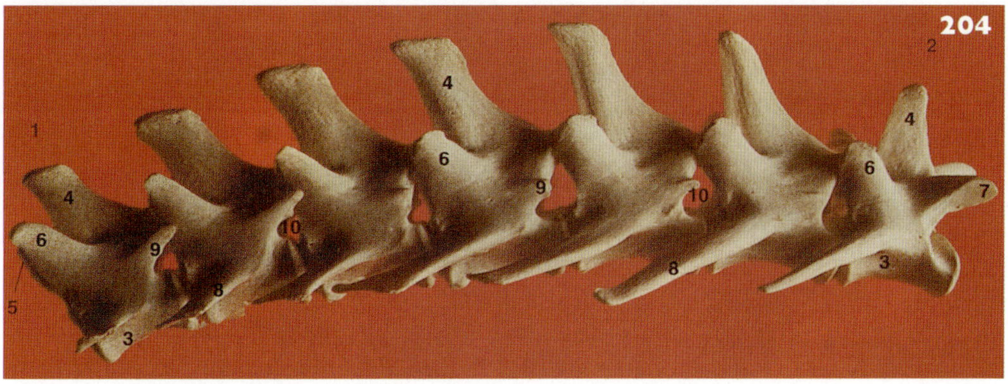

205 犬腰椎连接的背侧面观。

1 第一腰椎
2 第七腰椎
3 棘突
4 前关节突
5 乳突
6 后关节突
7 横突
8 副突

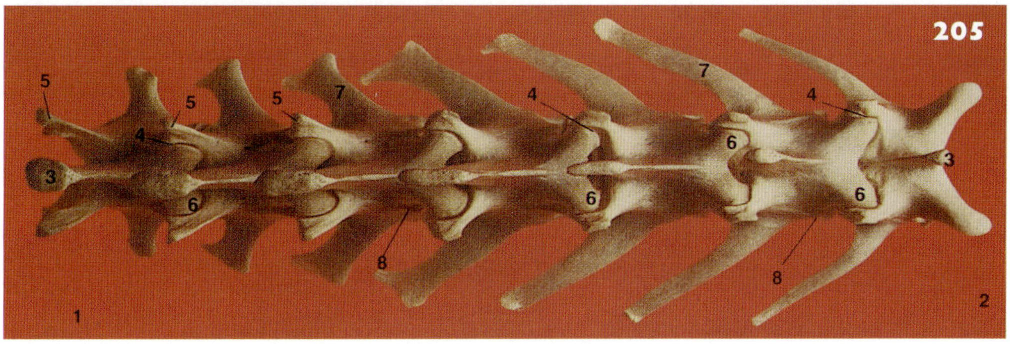

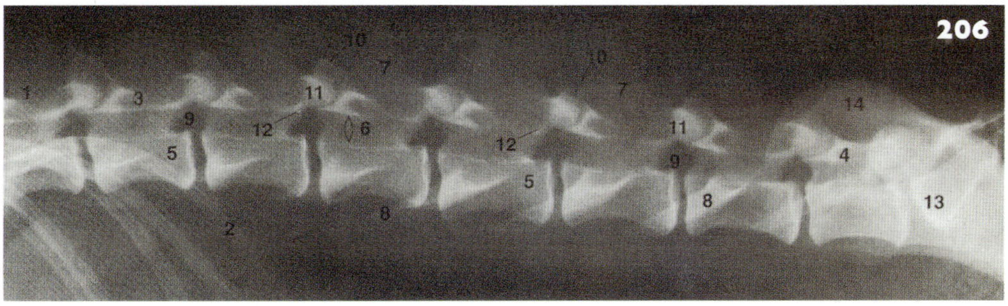

206 犬的腰段脊柱X光侧位片。

1 第十三胸椎
2 第十三肋（浮肋）
3 第一腰椎
4 第七腰椎
5 椎体
6 椎孔的背侧和腹侧缘（椎管）
7 棘突
8 腰椎横突
9 椎间孔
10 前关节突
11 后关节突
12 副突
13 荐骨体
14 荐骨翼

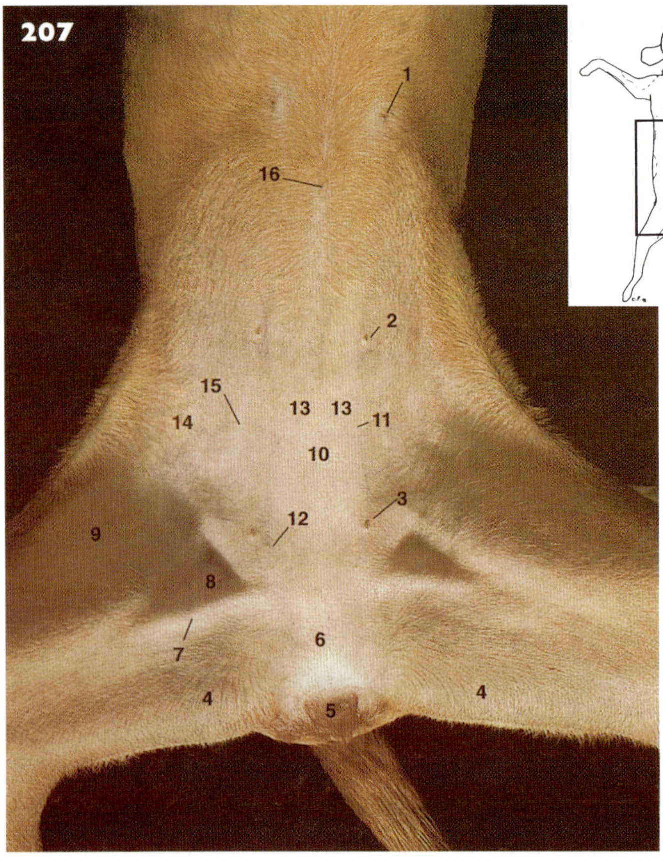

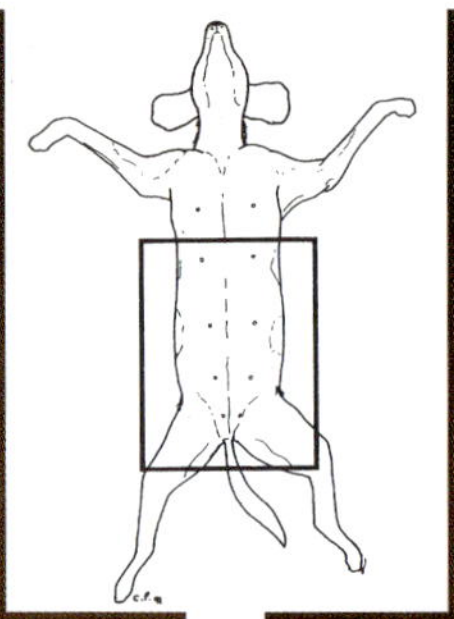

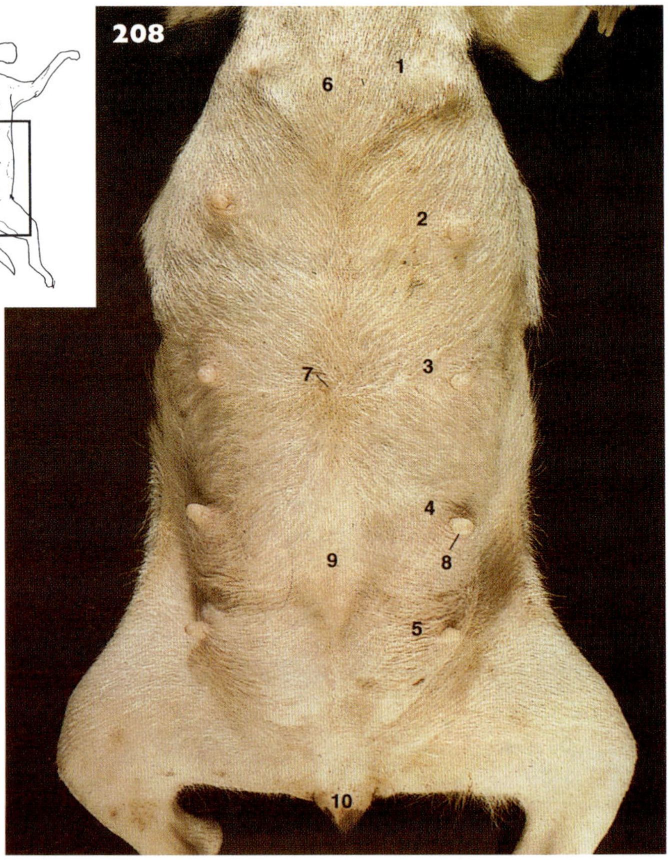

207 未生育雌性犬完整腹壁和腹股沟区腹侧观。

1	前腹部乳头	9	缝匠肌
2	后腹部乳头	10	正中腹白线
3	腹股沟部乳头	11	腹壁后浅动静脉
4	股薄肌	12	腹股沟管浅环
5	阴门	13	腹直肌
6	骨盆联合	14	腹外斜肌和腹内斜肌
7	耻骨肌	15	腹直肌外侧缘
8	股三角	16	脐

208 妊娠雌性犬完整胸廓、腹壁和腹股沟部腹侧面观。

1	前胸部乳腺	6	胸骨剑状突
2	后胸部乳腺	7	脐
3	前腹部乳腺	8	乳头
4	后腹部乳腺	9	正中腹白线
5	腹股沟部乳腺	10	阴门

临床注释

1～3和1～5所示当检查乳腺感染的发展和肿瘤的发生，需了解乳腺淋巴管的流向，这一点是非常重要的。前、后腹部乳腺淋巴管流向胸骨淋巴结和腋淋巴结，后腹部乳腺和腹股沟部乳腺淋巴管流向腹股沟淋巴结，因此后腹部乳腺淋巴管的流向既可以向前，也可以向后。

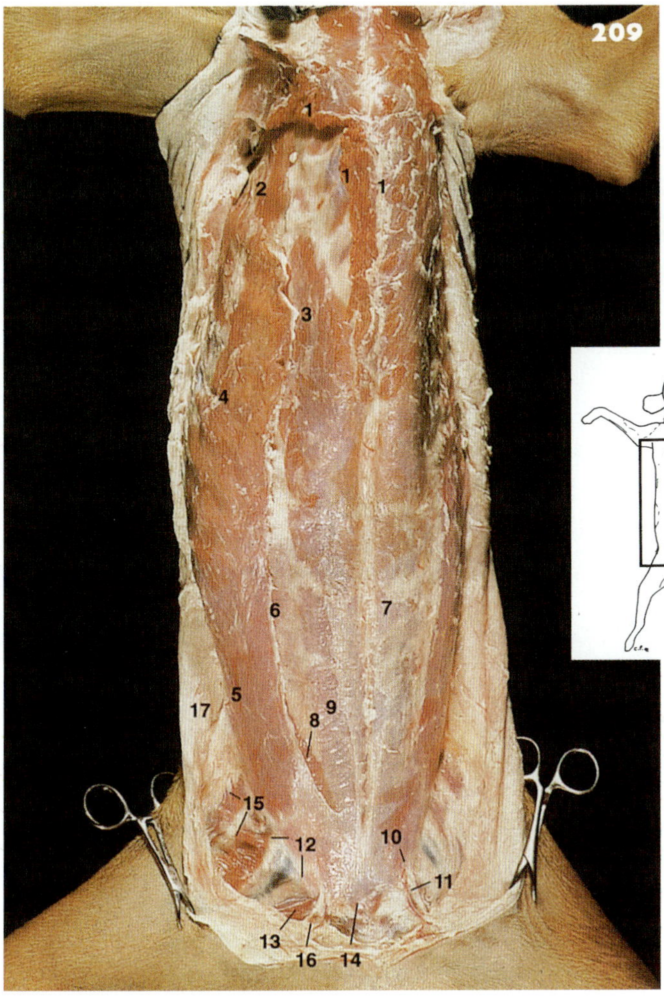

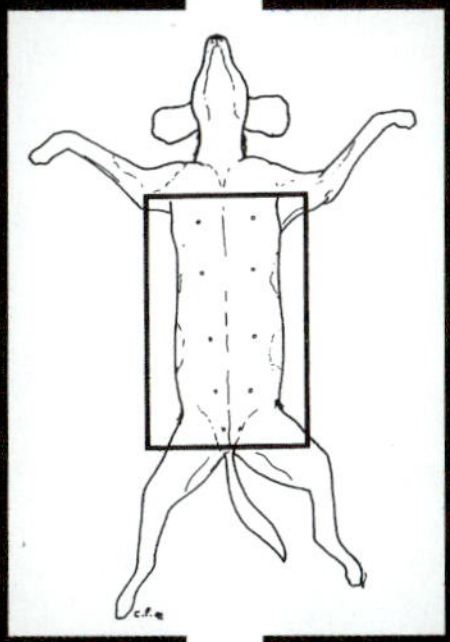

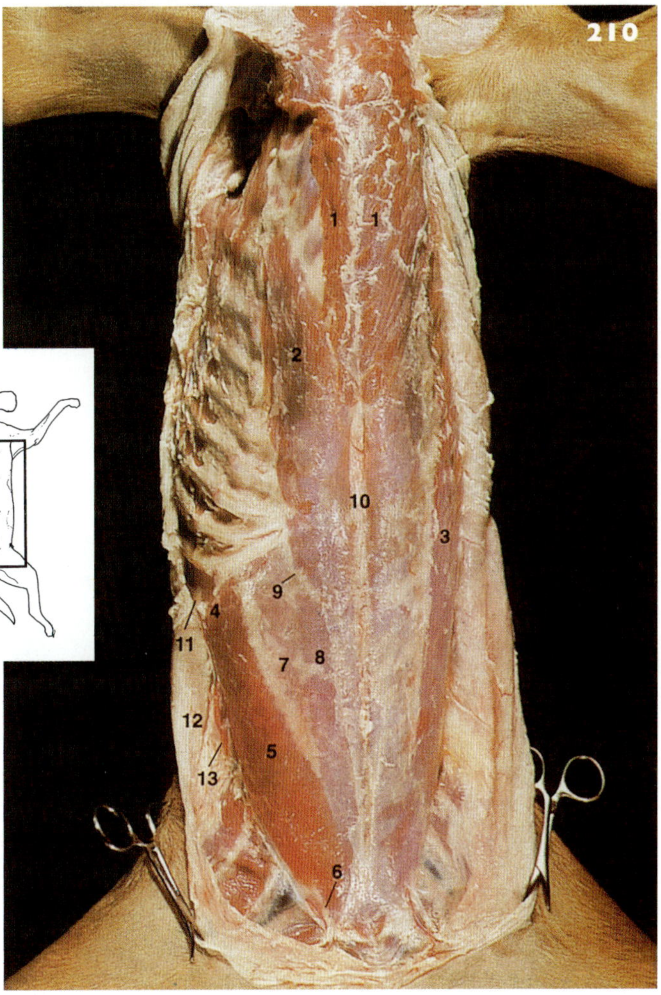

209 犬的胸腹部腹侧面观。皮肤被剥离，胸深肌被折返头侧，显示腹壁肌肉。

1 胸深肌
2 斜角肌
3 腹直肌
4 腹外斜肌肋部
5 腹外斜肌腰部
6 腹外斜肌腱膜（断端）
7 腹直肌鞘
8 腹内斜肌
9 腹外斜肌腱膜在腹直肌鞘表面
10 腹股沟浅环
11 外阴脉管鞘突
12 股三角
13 耻骨肌
14 耻骨前腱
15 缝匠肌
16 腹股沟浅淋巴结
17 返折的皮肤

210 犬的胸腹部腹侧面。右侧胸深肌和腹外斜肌已被切除，显示深层肌肉。

1 胸深肌
2 腹直肌
3 腹外斜肌
4 腹内斜肌肋部
5 腹内斜肌腹部
6 腹内斜肌腹股沟部（腹股沟韧带）
7 腹横肌穿过腹内斜肌腱膜
8 腹内斜肌腱膜在腹直肌鞘表面
9 腹内斜肌腱膜在腹直肌深侧
10 腹白线
11 第十三肋（浮肋）
12 返折的皮肤
13 腹外斜肌（断端）

临床注释

10所示腹白线是腹腔手术的外科通路，切口确保在腹正中白线上，其目的是为了减少出血和便于缝合。

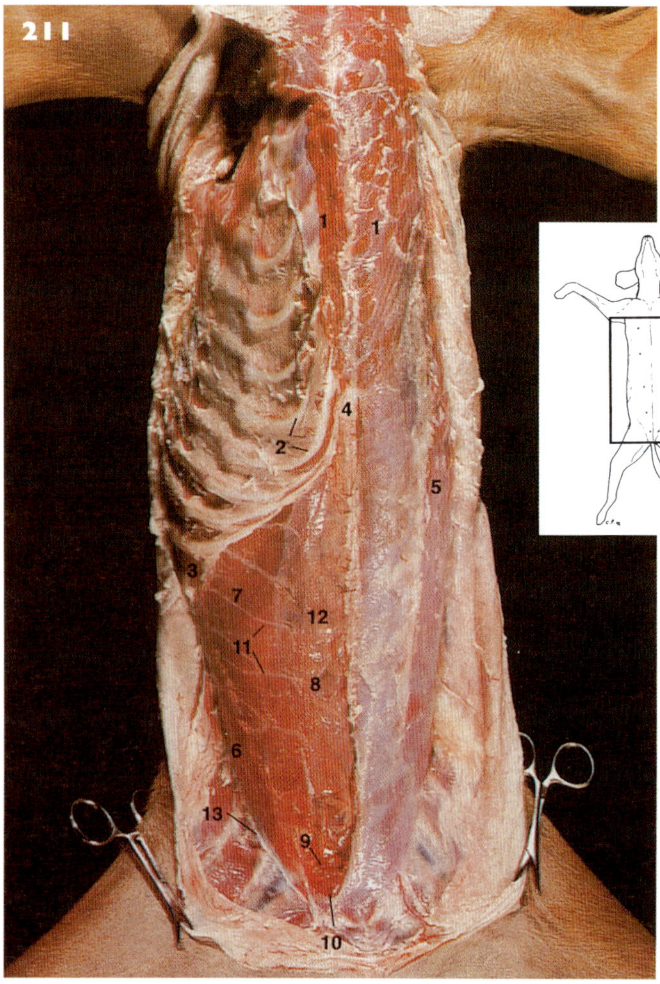

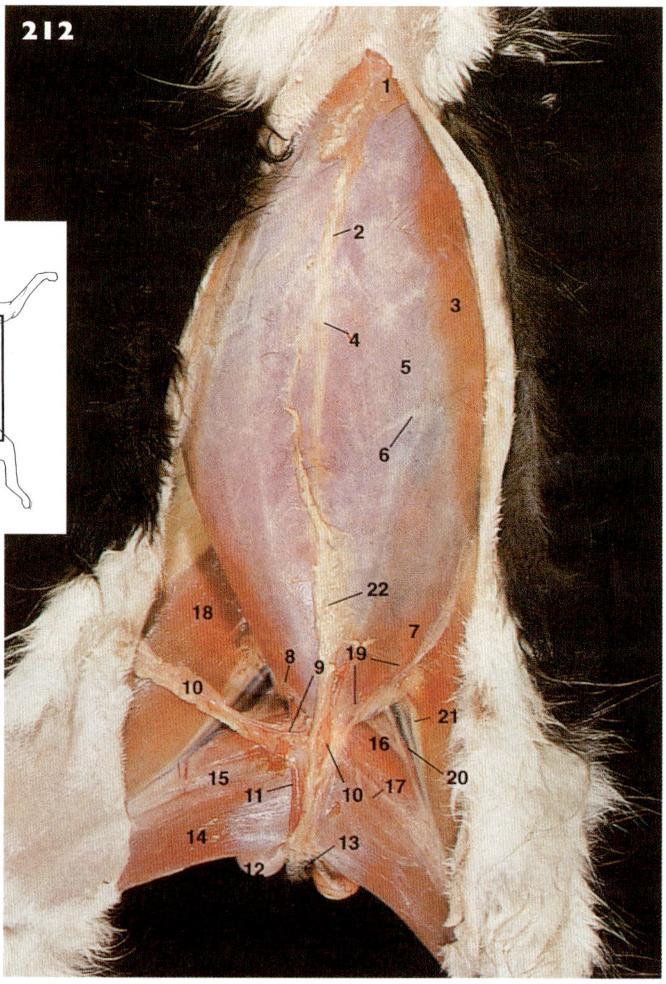

211 犬的胸腹部腹侧面观。右侧胸深肌、腹外斜肌、腹内斜肌和腹直肌已被切除，以便显示深层结构。

1 胸深肌
2 肋软骨
3 第十三肋（浮肋）
4 胸骨剑状突
5 腹外斜肌
6 腹横肌腰部
7 腹横肌肋部
8 腹横肌腱膜在腹直肌深面
9 腹横肌腱膜在腹直肌表面
10 腹直肌
11 胸腰神经腹侧内侧支
12 穿过腹横肌腰部和腹横肌肋部的横筋膜和壁腹膜可看到腹腔内脏
13 腹内斜肌

212 雄性猫腹部浅层肌肉腹侧面观。

1 胸深肌
2 腹白线
3 腹外斜肌
4 脐
5 腹直肌鞘
6 腹直肌腱划
7 腹内斜肌穿过腹外斜肌腱膜
8 腹股沟外环
9 阴部外动静脉
10 腹股沟浅淋巴结
11 精索
12 睾丸
13 包皮
14 股薄肌
15 收肌
16 耻骨肌
17 闭孔神经支
18 缝匠肌
19 股三角
20 股动静脉
21 隐神经（股神经分支）
22 皮下脂肪

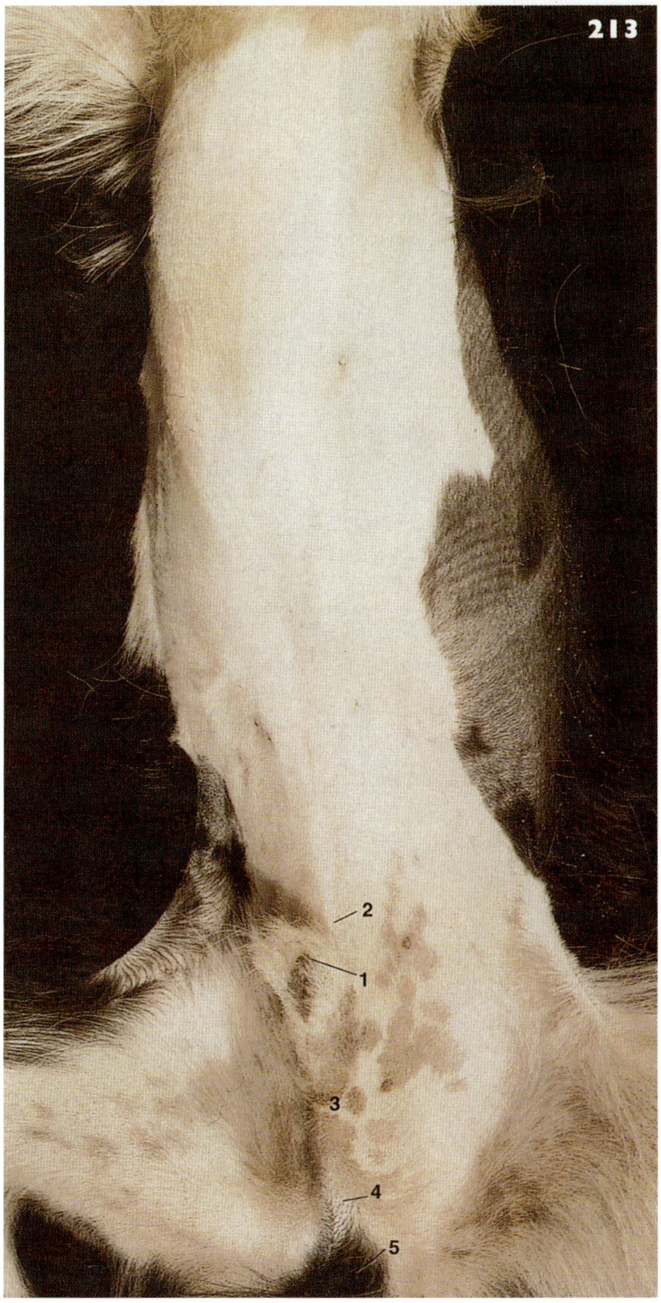

213 雄性犬包皮腹侧面观。

1 包皮口
2 正中褶
3 包皮内的阴茎头
4 阴茎骨后端
5 阴囊

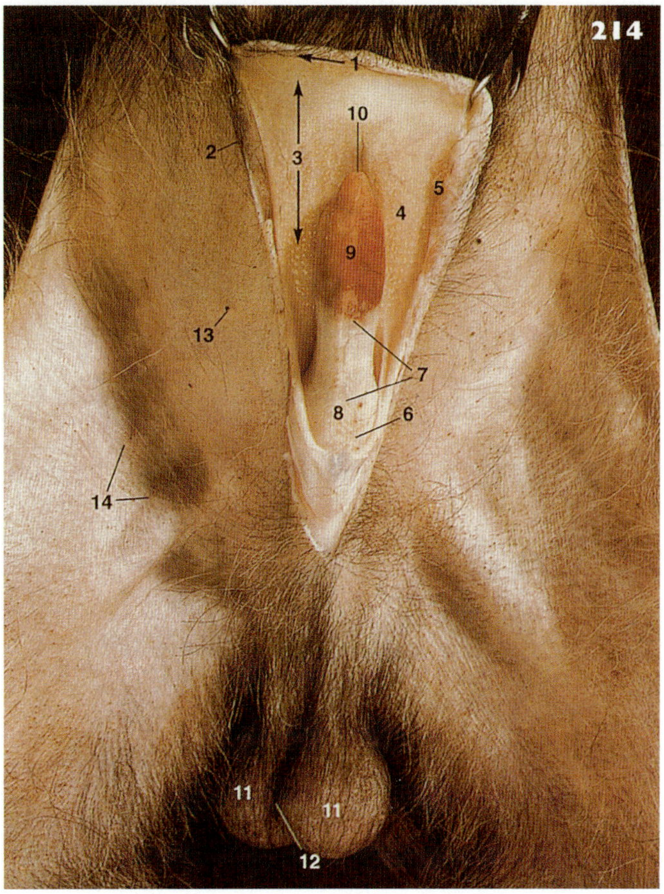

214 雄性犬腹股沟区腹侧面观，包皮前段已经被切开，显示包皮腔和阴茎头。

1 包皮口	8 阴茎头球
2 包皮外表面	9 阴茎头长部
3 包皮外层	10 尿道外口
4 淋巴结	11 阴囊
5 包皮肌	12 阴囊缝
6 阴茎根	13 腹股沟部未发育乳腺乳头
7 包皮内层	14 股三角

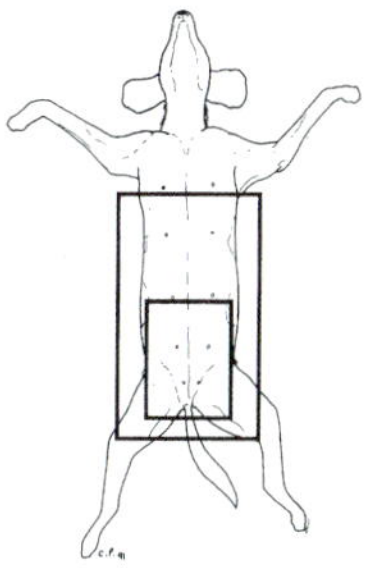

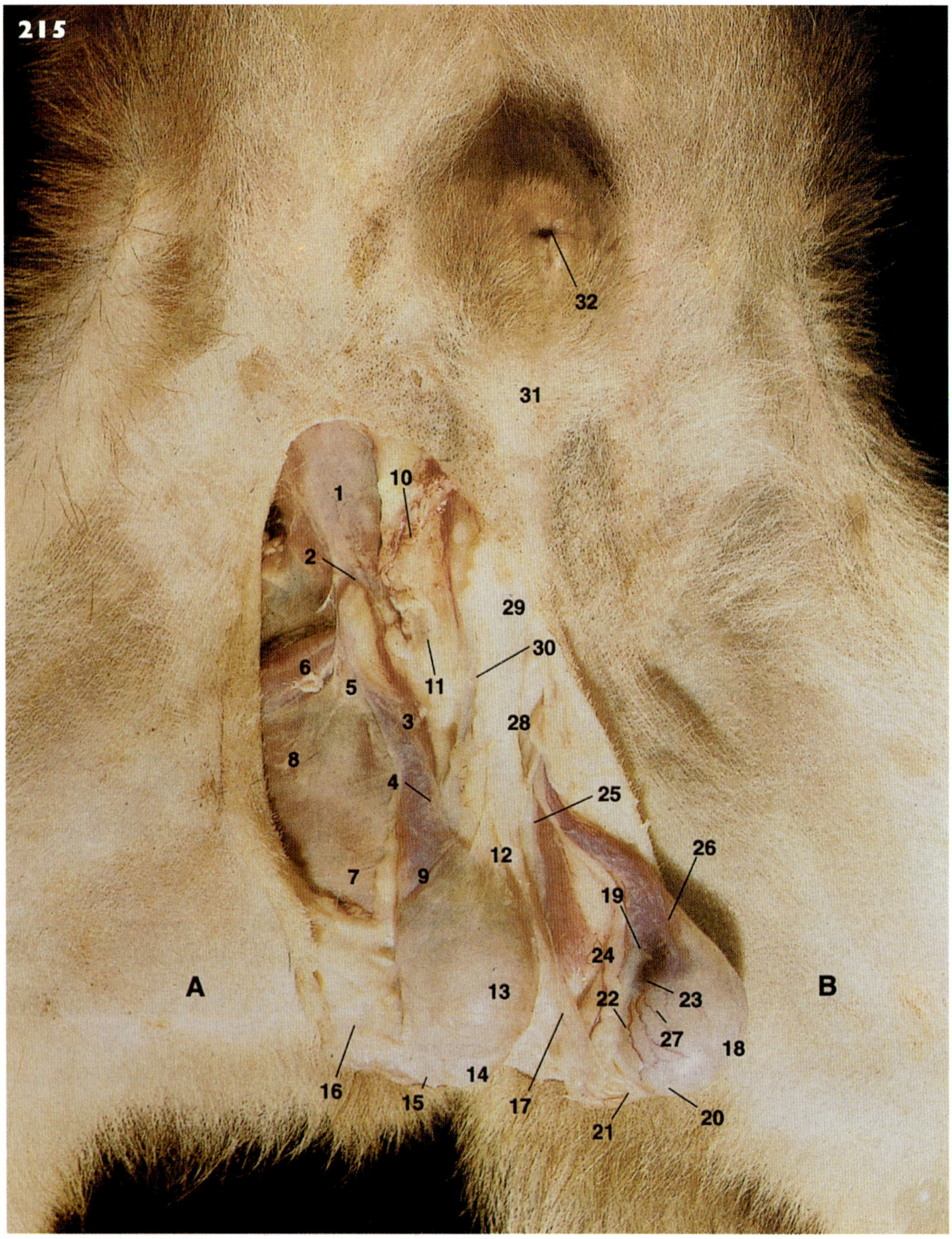

215 雄性犬的腹股沟区腹侧面。右侧阴囊皮肤(A)已经被切开，显示睾丸鞘膜壁层(睾丸在其中)。左侧(B)睾丸鞘膜壁层已经被切开，显示睾丸鞘膜脏层(显露睾丸)。

1 腹外斜肌
2 腹股沟浅环
3 精索
4 鞘突
5 精索外筋膜
6 耻骨肌
7 股薄肌
8 收肌
9 精索内提睾肌
10 阴部外动静脉
11 腹股沟浅淋巴结
12 精索内筋膜
13 睾丸鞘膜壁层内的睾丸
14 附睾尾
15 阴囊韧带
16 阴囊壁
17 阴囊中隔
18 睾丸鞘膜脏层包裹的睾丸
19 输精管
20 睾丸固有韧带
21 附睾尾韧带
22 输精管动静脉
23 输精管系膜
24 提睾肌
25 睾丸鞘膜壁层
26 蔓状静脉丛
27 睾丸静脉
28 阴茎体
29 阴茎头球
30 阴茎背侧动静脉
31 包皮
32 包皮口

临床注释

13 所示该侧(A)是睾丸闭合性去势手术的术野，这时睾丸鞘膜的壁层一直未损伤，同样腹膜也没有被切开。
18 所示该侧(B)是睾丸开放性去势手术的术野，这时睾丸鞘膜尾侧壁层被切开，这样腹膜也被切开。

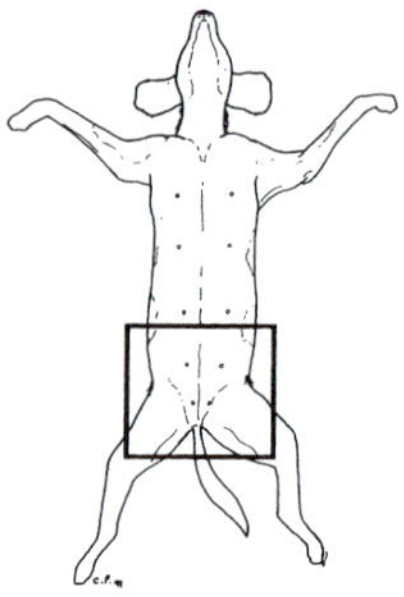

216 雄性猫的会阴尾侧面观。

1 荐尾腹外侧肌
2 直肠尾骨肌
3 尾骨肌
4 肛提肌
5 肛门括约肌
6 肛门
7 肛旁窦位置
8 位于球海绵体肌上的阴茎退缩肌
9 阴茎体
10 坐骨海绵体肌
11 坐骨结节
12 阴茎头
13 尿道外口
14 包皮(切开的)
15 睾丸鞘膜壁层内的睾丸
16 精索
17 荐结节韧带
18 闭孔内肌
19 臀浅肌
20 小腿前展肌(尾股肌)
21 股二头肌
22 半腱肌
23 半膜肌

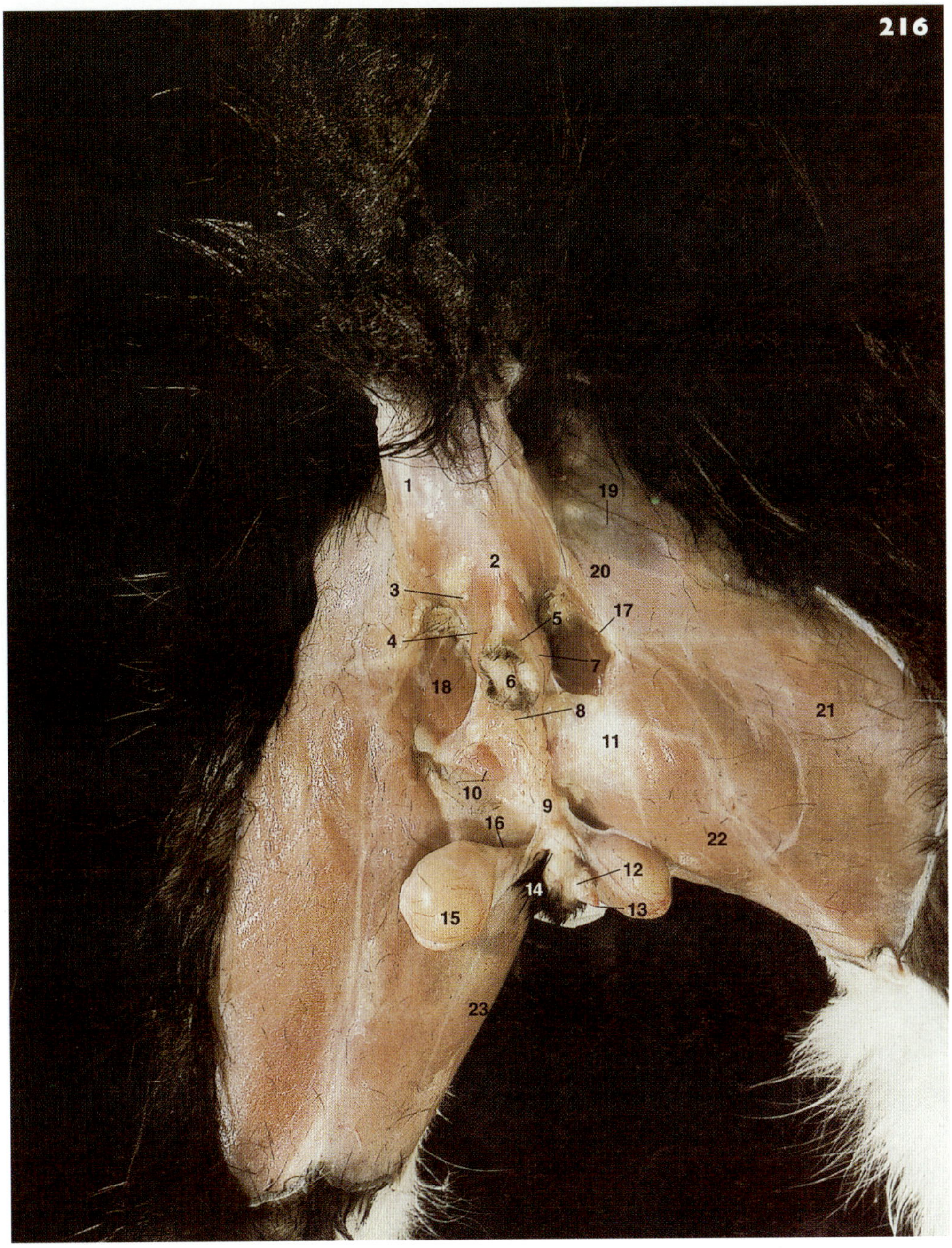

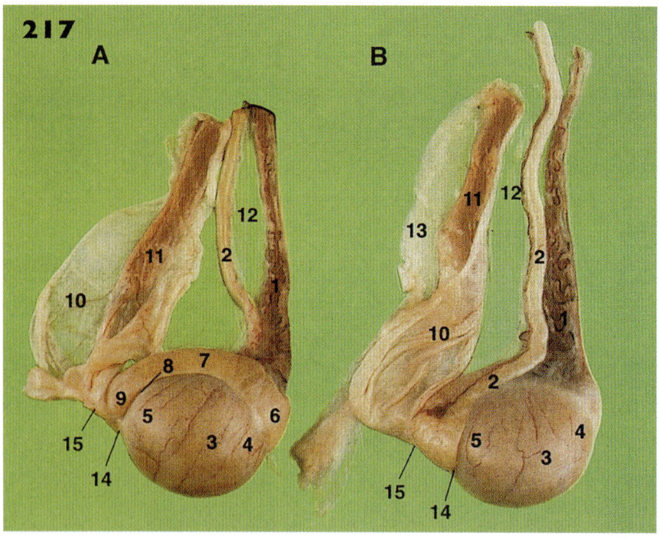

217　从阴囊摘除并切断精索的犬睾丸外侧面观(A)和内侧面观(B)。

1	蔓状静脉丛	9	附睾尾
2	输精管	10	睾丸鞘膜壁层
3	睾丸鞘膜脏层包裹的睾丸	11	提睾肌
4	睾丸头	12	精索系膜
5	睾丸尾	13	精索外筋膜
6	附睾头	14	睾丸固有韧带
7	附睾体	15	附睾尾韧带
8	附睾窦		

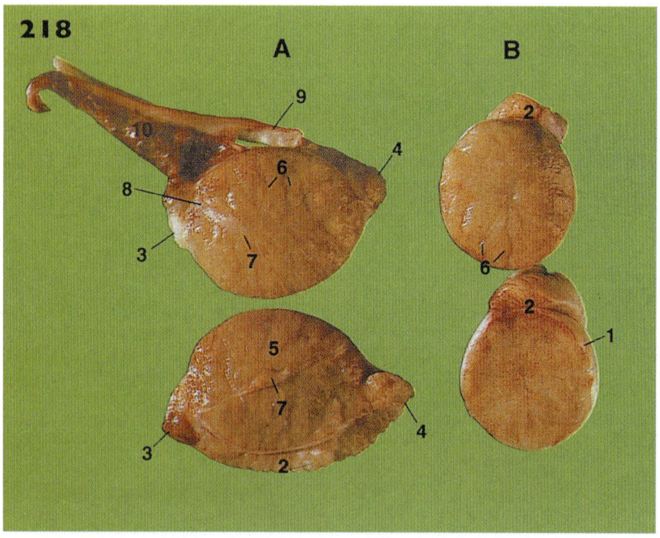

218　犬睾丸纵切面(A)和横切面(B)。

1	白膜(睾丸鞘膜脏层)	6	结缔组织间隔
2	附睾体	7	睾丸纵隔
3	附睾头	8	睾丸网
4	附睾尾	9	输精管
5	睾丸实质	10	蔓状静脉丛

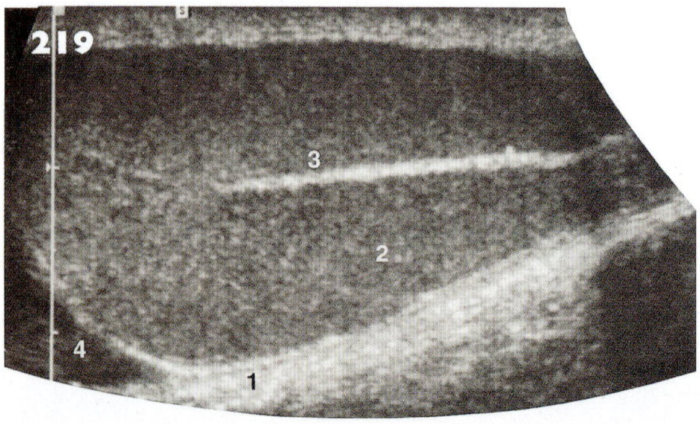

219　犬的睾丸横断超声扫描。

1	白膜
2	睾丸实质
3	纵隔
4	附睾

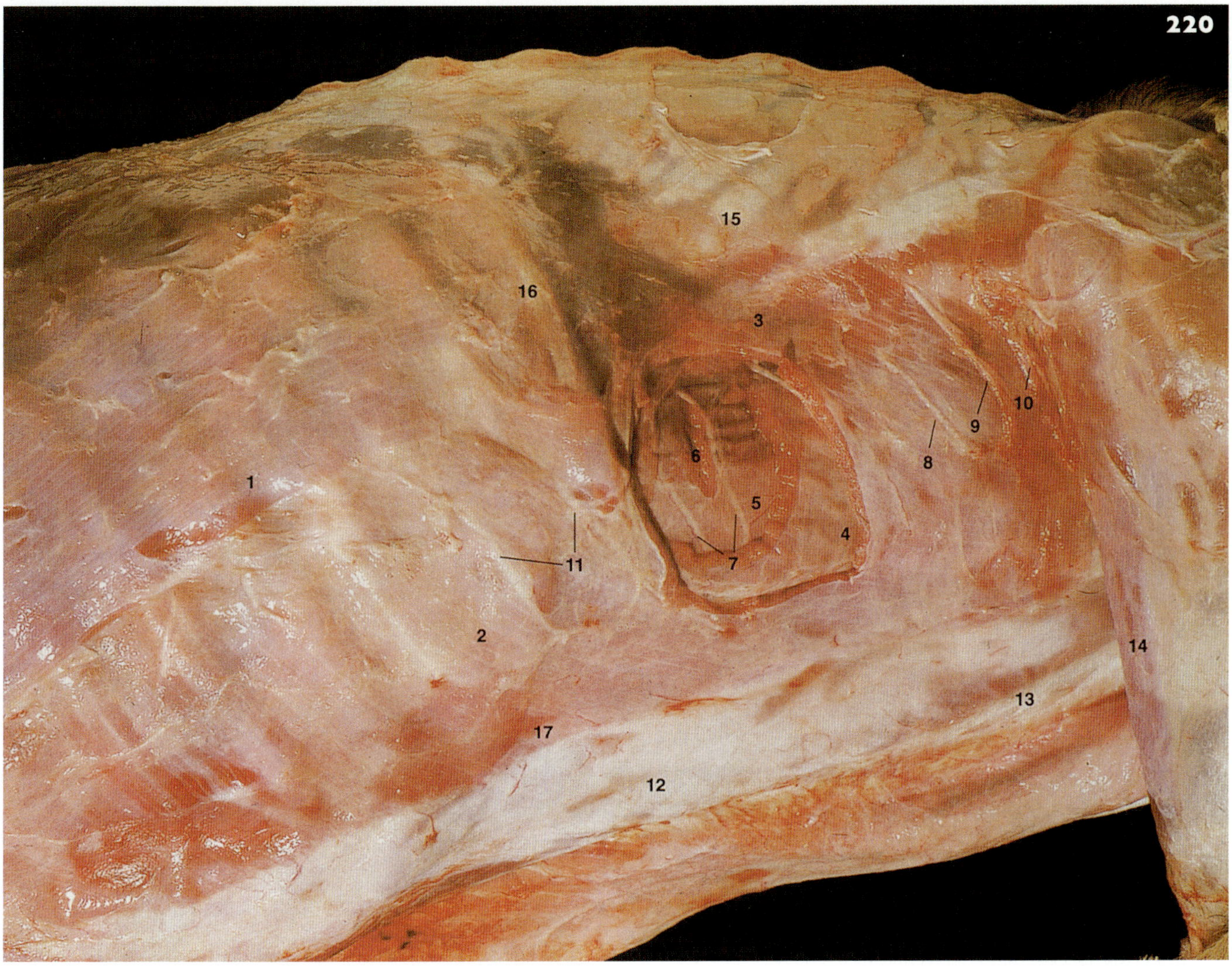

220 犬的左侧腹部侧面观，除去皮肤，显示腹壁肌肉层。

1 背阔肌
2 腹外斜肌肋部
3 腹外斜肌腰部
4 腹内斜肌
5 腹横肌
6 腹横筋膜
7 最后胸神经和第一腰神经腹侧分界区
8 髂腹下后神经（第二腰神经腹侧支）
9 髂腹股沟神经（第三腰神经腹侧支）
10 股外侧皮神经（第四腰神经腹侧支）
11 肋间神经外侧皮支
12 腹外斜肌腱膜
13 腹直肌（腹外斜肌腱膜的深层）
14 缝匠肌
15 胸腰筋膜
16 第十三肋（浮肋）
17 肋软骨肋弓

临床注释

3、4和5所示的腹壁肌肉层是进行腹壁外科手术的通路。切口的深度是由通路中每一层肌肉的纤维走向来确定的。腹横肌层(5)可通过观察到的脊神经腹侧支(7)在其表面通过来判断。

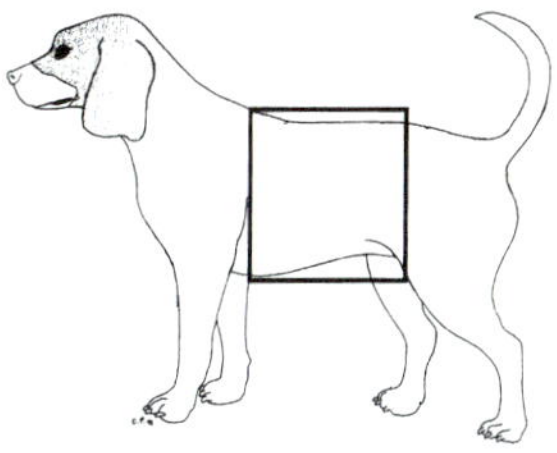

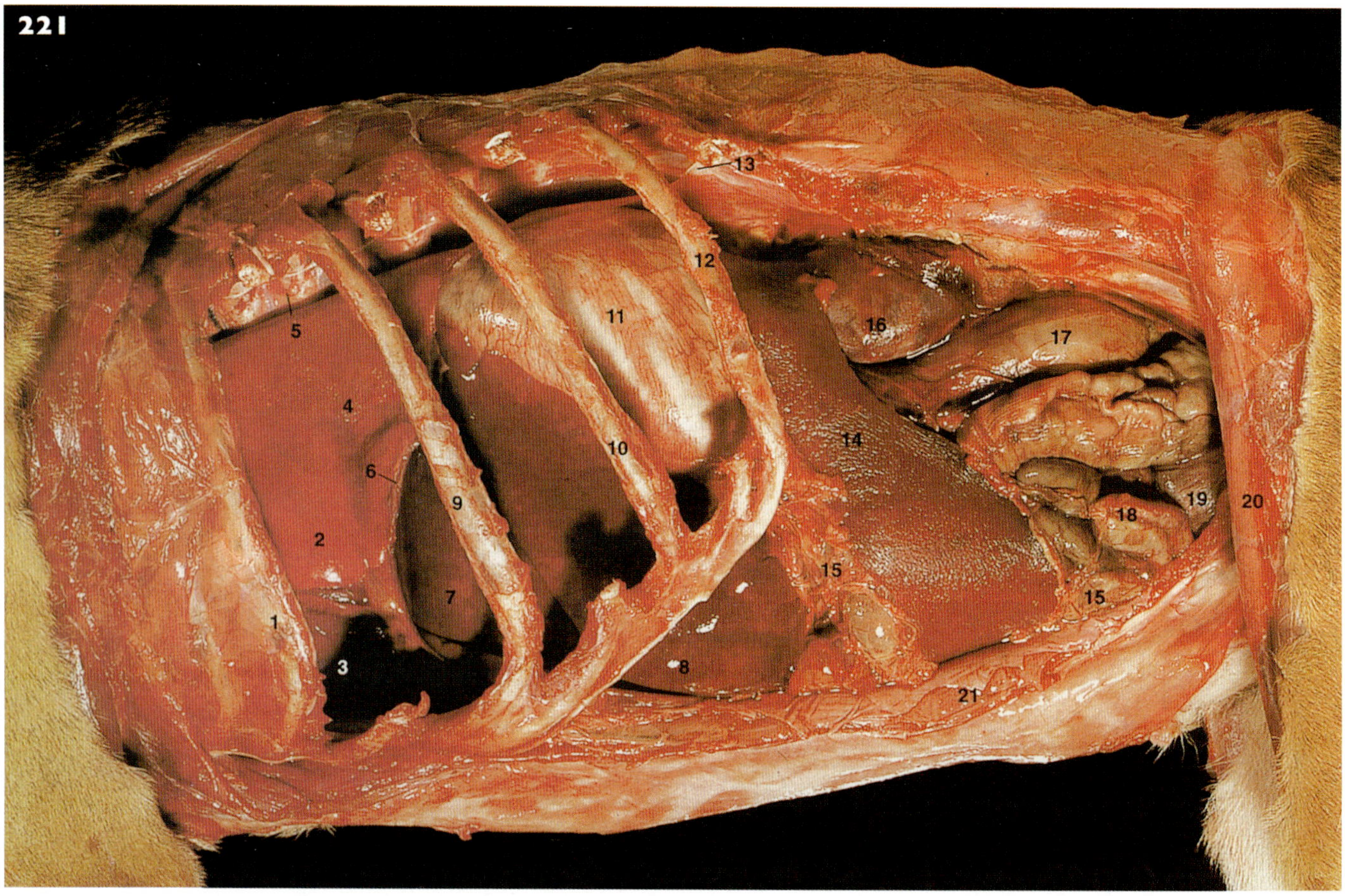

221 犬的胸腹部左外侧面观，外侧胸壁、腹壁和膈已经被切除，显示局部的解剖结构。

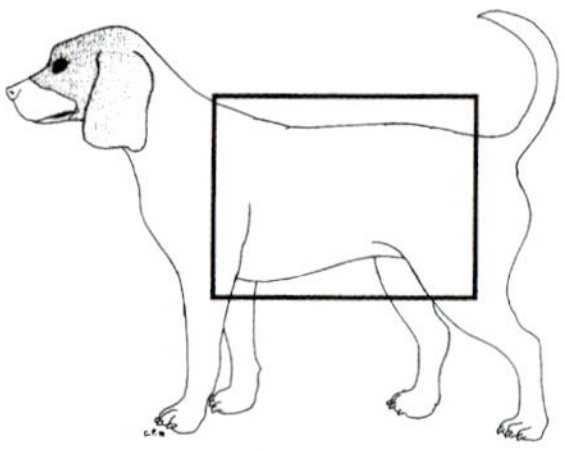

1	第六肋	12	第十二肋
2	左肺前叶后部	13	第十三肋（浮肋）
3	心脏	14	脾脏
4	左肺后叶	15	大网膜
5	交感神经干	16	左肾
6	膈（断端）	17	降结肠
7	肝左内侧叶	18	空肠
8	肝左外侧叶	19	膀胱
9	第八肋	20	缝匠肌
10	第十肋	21	腹直肌
11	胃		

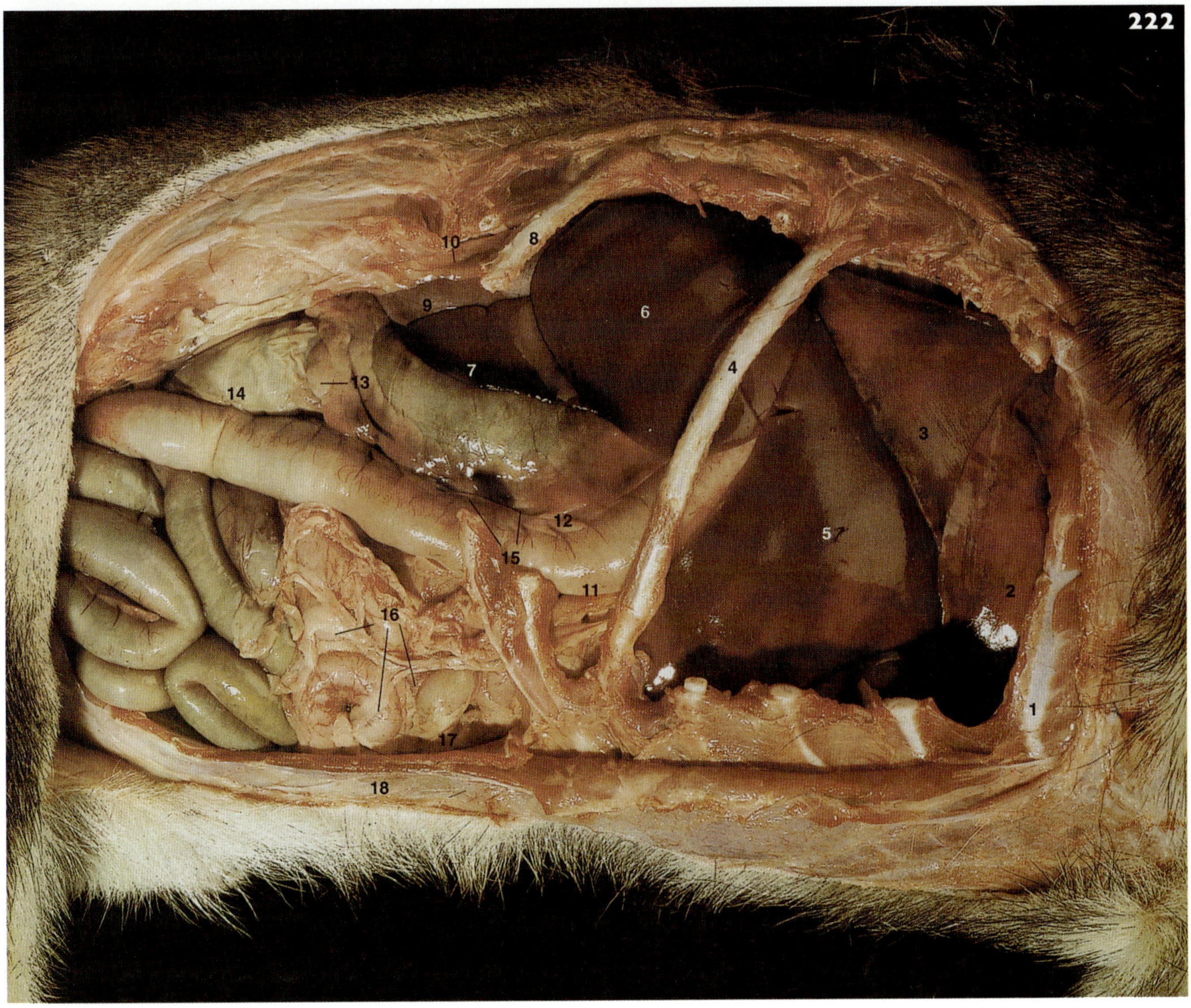

222 犬的胸腹部右外侧面观，外侧胸壁、腹壁和膈已经被切除，显示局部的解剖结构。

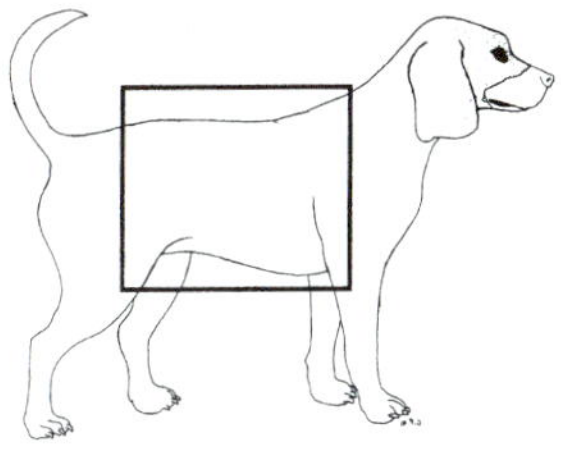

1	第六肋	10	第十三肋（浮肋）
2	右肺中叶	11	十二指肠降部
3	右肺后叶	12	胰腺
4	第十肋	13	盲肠
5	肝右内侧叶	14	降结肠
6	肝右外侧叶	15	十二指肠系膜
7	肝尾状叶	16	大网膜
8	第十二肋	17	空肠
9	右肾	18	腹直肌

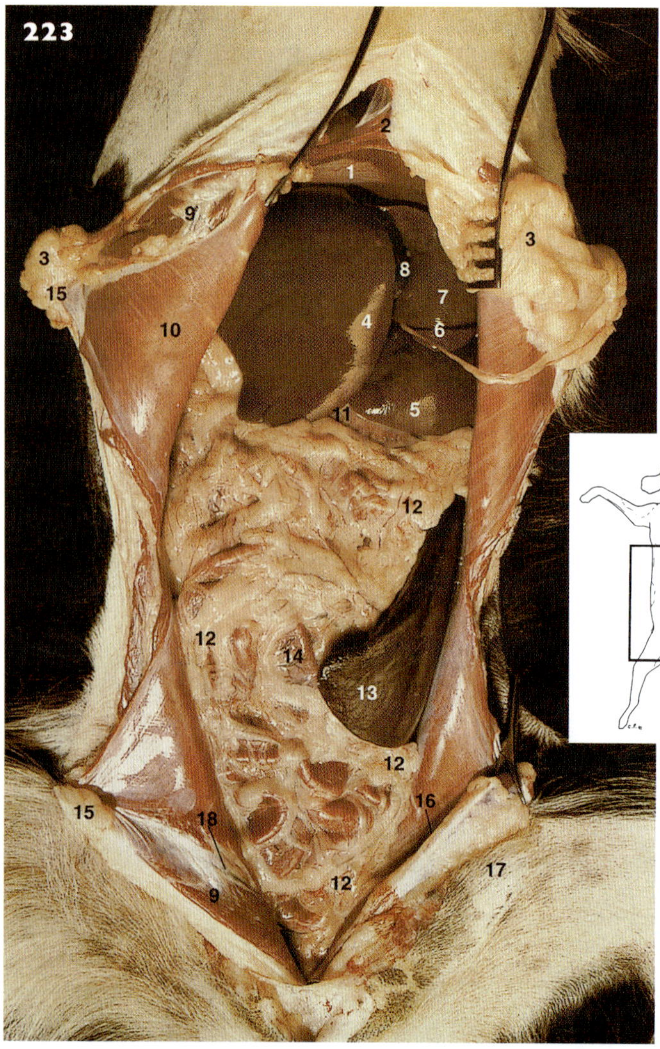

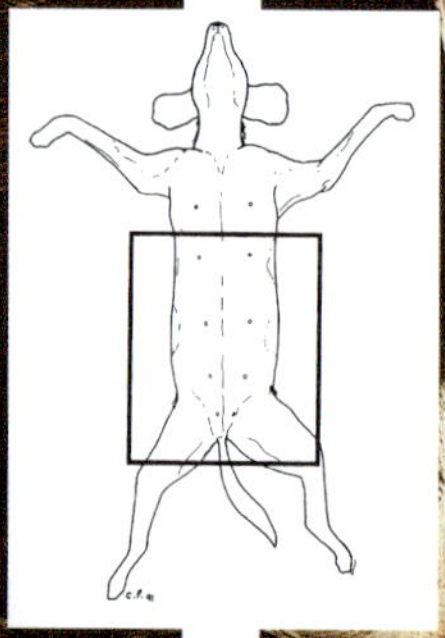

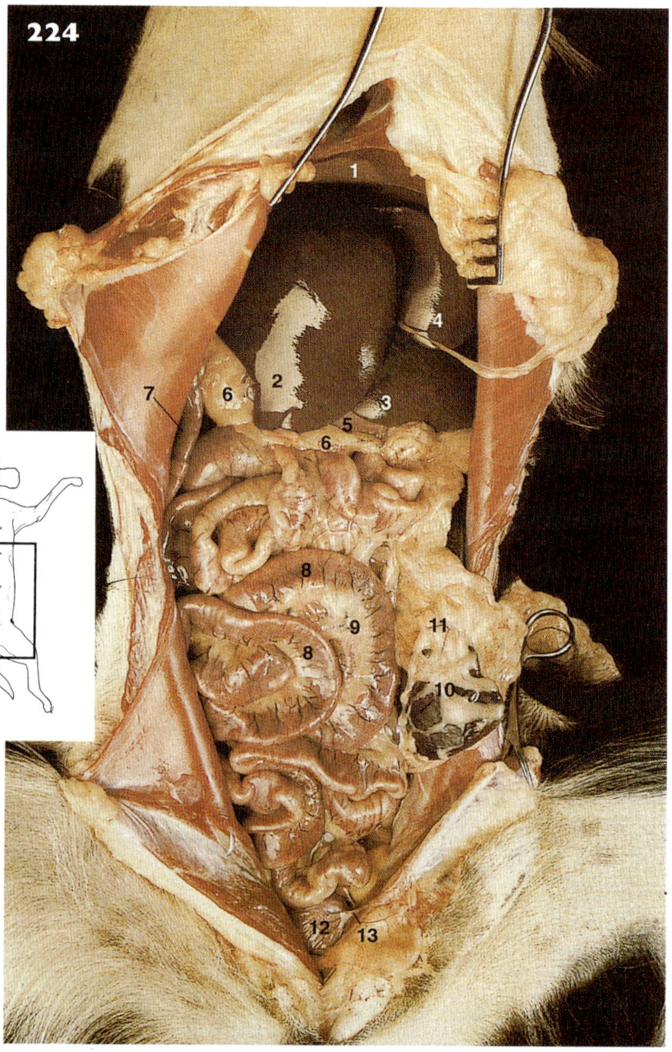

223 雄性犬切开的腹腔腹侧面观。沿腹壁正中腹白线纵向切开，并由脐横向切开，显示大网膜的位置。

1 膈
2 胸骨剑状突
3 镰状韧带
4 肝右内侧叶
5 肝左外侧叶
6 肝方叶
7 肝左内叶
8 胆囊
9 腹直肌深面
10 腹横肌
11 胃大弯
12 大网膜
13 脾脏
14 穿过大网膜的空肠
15 脐
16 腹白线
17 包皮
18 腹壁后深动静脉

224 雄性犬切开的腹腔腹侧面观。大网膜被前移，显示肠管盘旋特点。

1 膈
2 肝右内侧叶
3 肝左外侧叶
4 肝左内侧叶
5 胃大弯
6 大网膜(翻转)
7 十二指肠
8 空肠
9 肠系膜
10 脾脏
11 胃脾韧带
12 膀胱
13 膀胱正中韧带

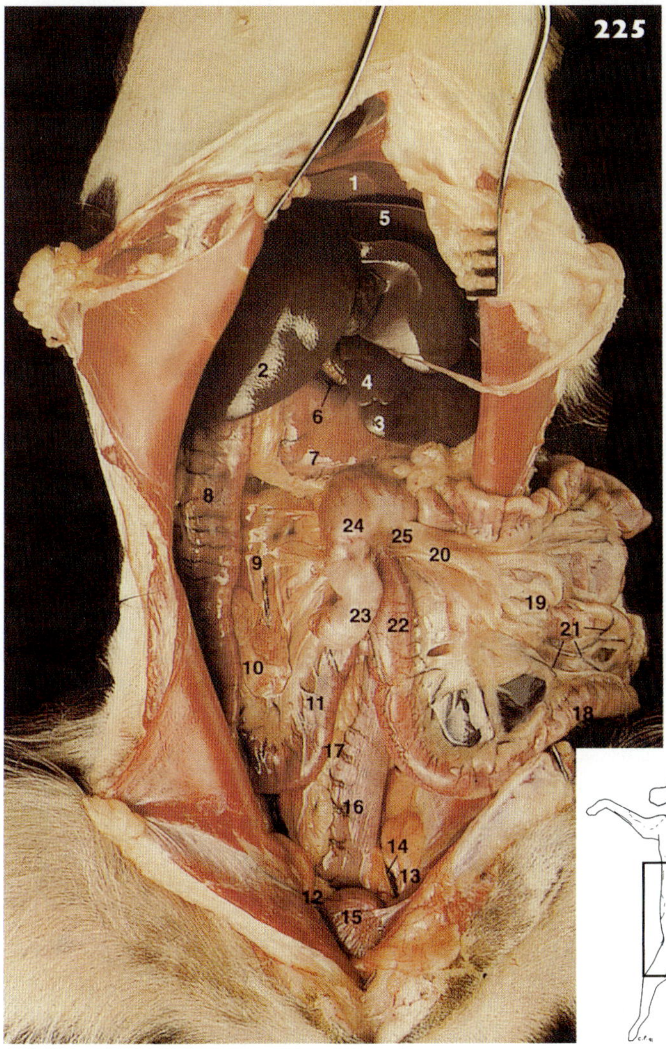

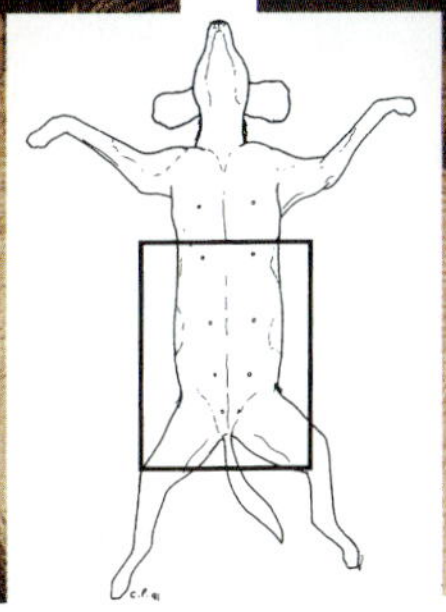

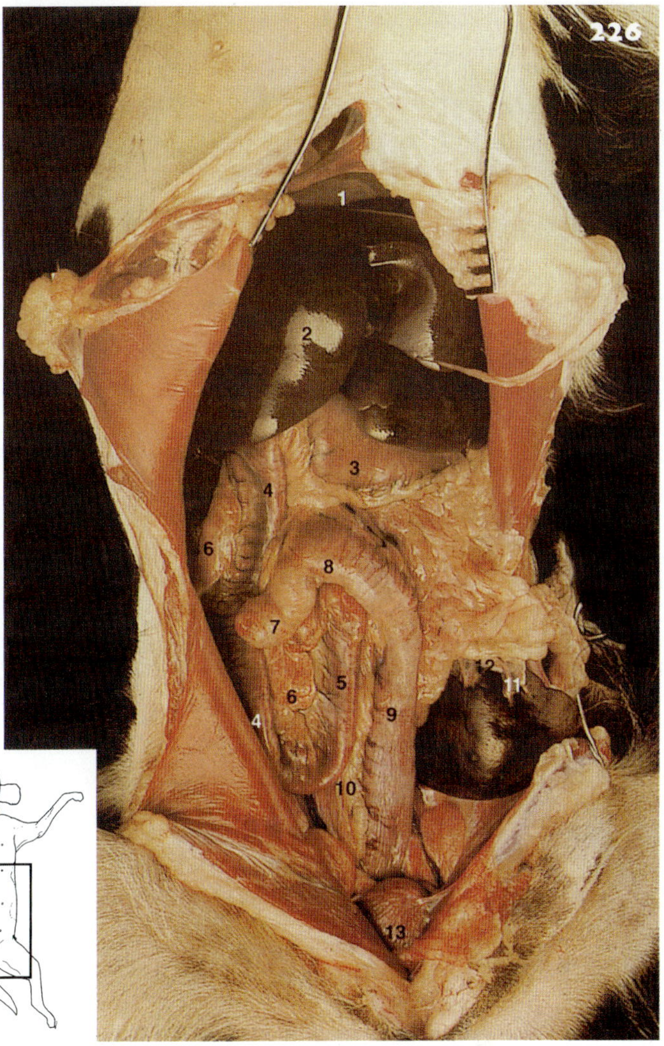

225 雄性犬的腹腔腹侧面观。大网膜从胃大弯处被切除，空肠回旋被打开，显示回结肠连接部。

1 膈
2 肝右内侧叶
3 肝左外侧叶
4 肝方叶
5 肝左侧内叶
6 胃小弯
7 胃大弯
8 十二指肠降部
9 十二指肠系膜
10 胰脏右叶
11 十二指肠升部
12 腹股沟内口
13 鞘突
14 睾丸静脉
15 膀胱
16 降结肠
17 结肠系膜
18 空肠
19 肠系膜
20 脂肪下的肠系膜淋巴结
21 肠系膜前动静脉分支
22 回肠
23 盲肠
24 升结肠
25 肠系膜根

226 雄性犬切开的腹腔腹侧面观。肠道从十二指肠升部到升结肠被切除，脾脏被移到左边。

1 膈
2 肝脏
3 胃壁
4 十二指肠降部
5 十二指肠升部
6 在十二指肠系膜里的胰腺
7 升结肠
8 横结肠
9 降结肠
10 结肠系膜
11 脾门
12 胃脾韧带
13 膀胱

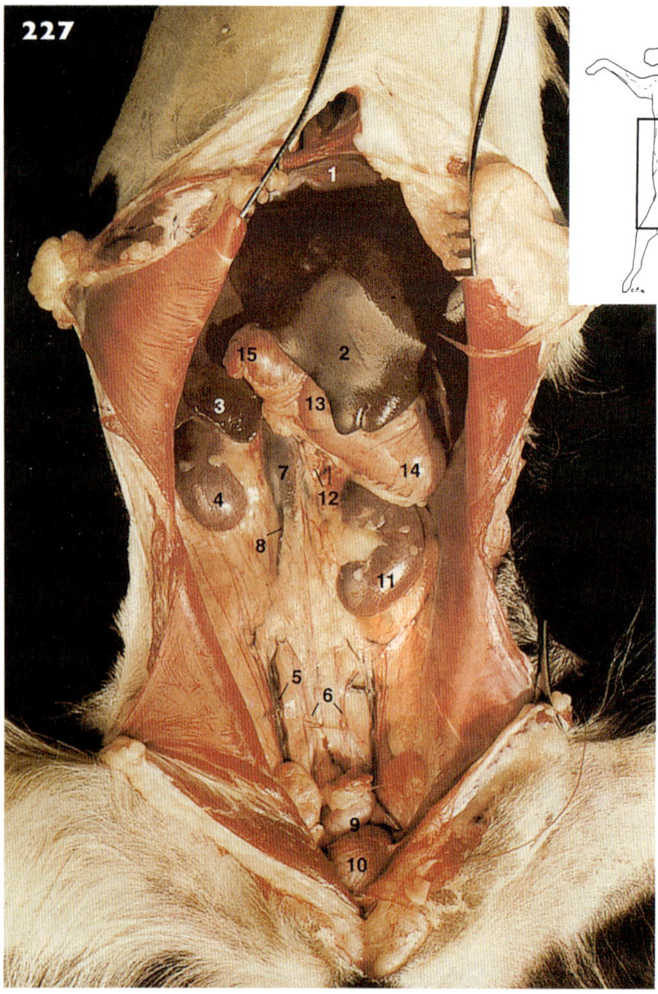

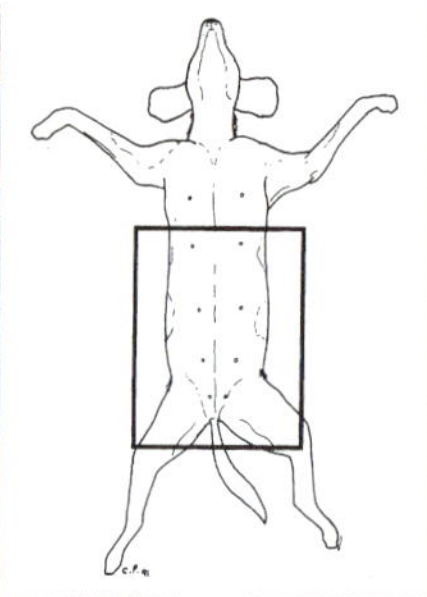

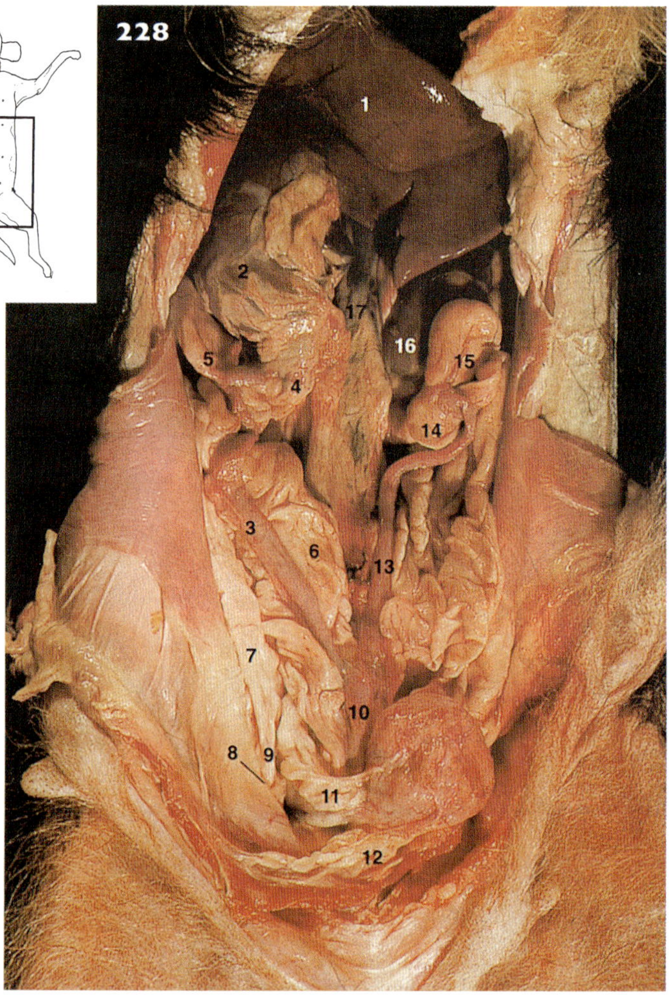

227 雄性犬切开的腹腔腹侧面观。肠道从幽门到骨盆入口处的降结肠全部被切除。

1 膈	9 降结肠(切断)
2 肝右内侧叶	10 膀胱
3 肝尾状叶尾突	11 左肾
4 右肾	12 肾上腺
5 睾丸动静脉	13 幽门
6 输尿管	14 胃底
7 后腔静脉	15 十二指肠(切断)
8 睾丸静脉	

228 雌性犬切开的腹腔腹侧面观。胃肠被切除，显示生殖泌尿道。

1 肝脏	10 子宫体
2 右肾后端	11 膀胱侧韧带
3 右子宫角	12 膀胱正中韧带
4 右侧卵巢囊内的卵巢	13 左子宫角
5 悬韧带	14 左侧卵巢囊内的卵巢
6 子宫系膜	15 卵巢系膜和卵巢血管
7 子宫圆韧带	16 左肾
8 腹股沟管内口	17 后腔静脉
9 鞘突	

229 犬的穿过胸和前腹部的水平切面腹侧面观。切面穿过椎体，显示膈的局部解剖结构和前腹部内脏器官。

1	椎体	9	左肾
2	膈脚	10	肾动静脉
3	肺右后叶	11	膈腹部动静脉
4	肝	12	脾脏
5	右肾	13	胃
6	肾盂	14	肺左后叶
7	输尿管	15	肋
8	肾上腺		

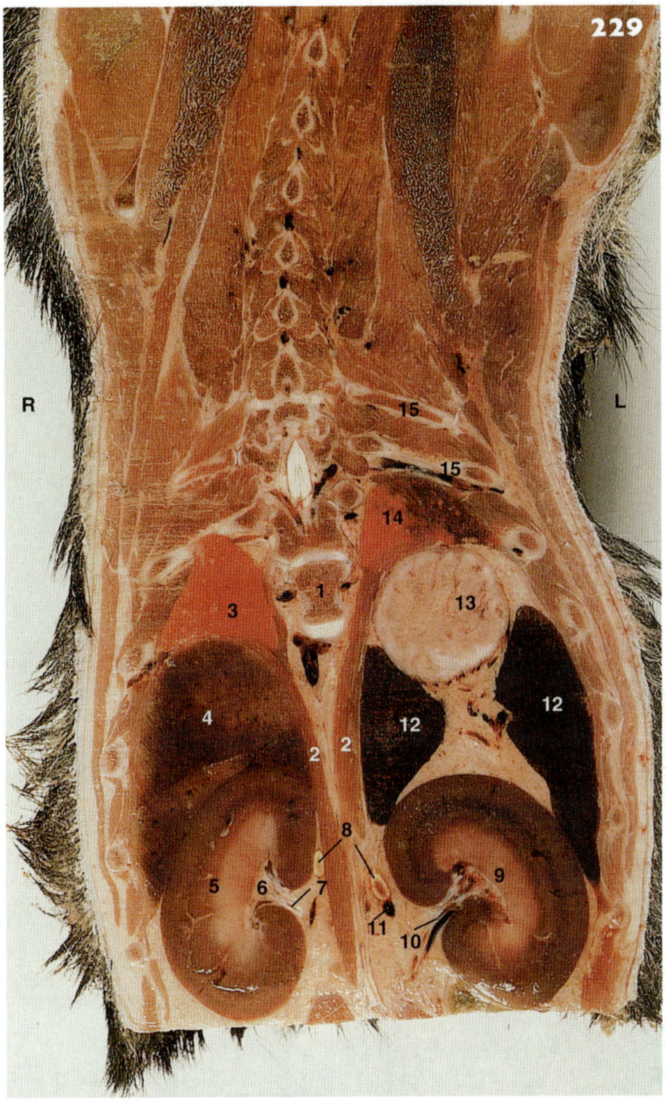

230 犬扩大的左侧内脏器官超声图像。

1	肝脏
2	脾脏
3	肾脏
4	肠

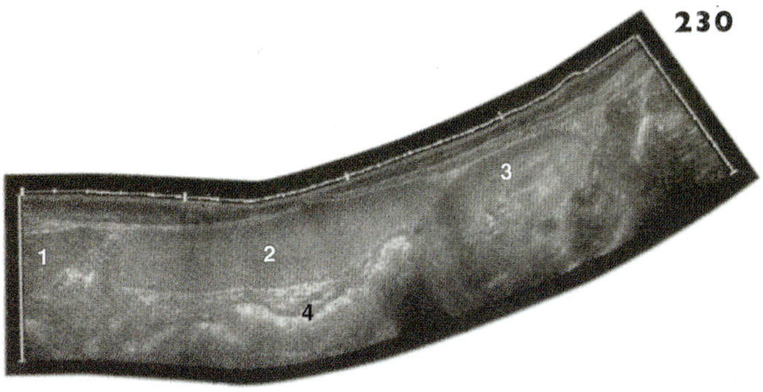

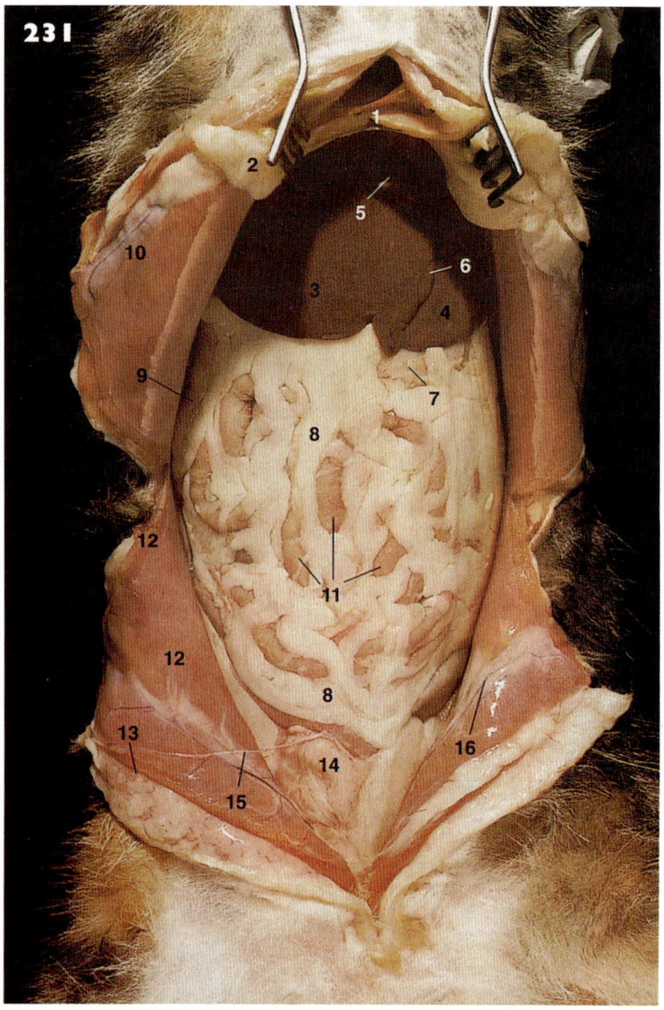

231 猫切开的腹腔腹侧面观，腹壁肌肉被切开，显示大网膜包裹的内脏器官。

1	胸骨剑状突	10	腹直肌鞘腹膜壁层
2	充满脂肪的镰状韧带	11	空肠
3	肝右内侧叶	12	腹外斜肌、腹内斜肌和腹横肌
4	肝左外侧叶	13	腹直肌
5	胆囊	14	膀胱
6	肝方叶	15	膀胱正中韧带
7	胃	16	腹壁后深动静脉
8	大网膜		
9	十二指肠降部		

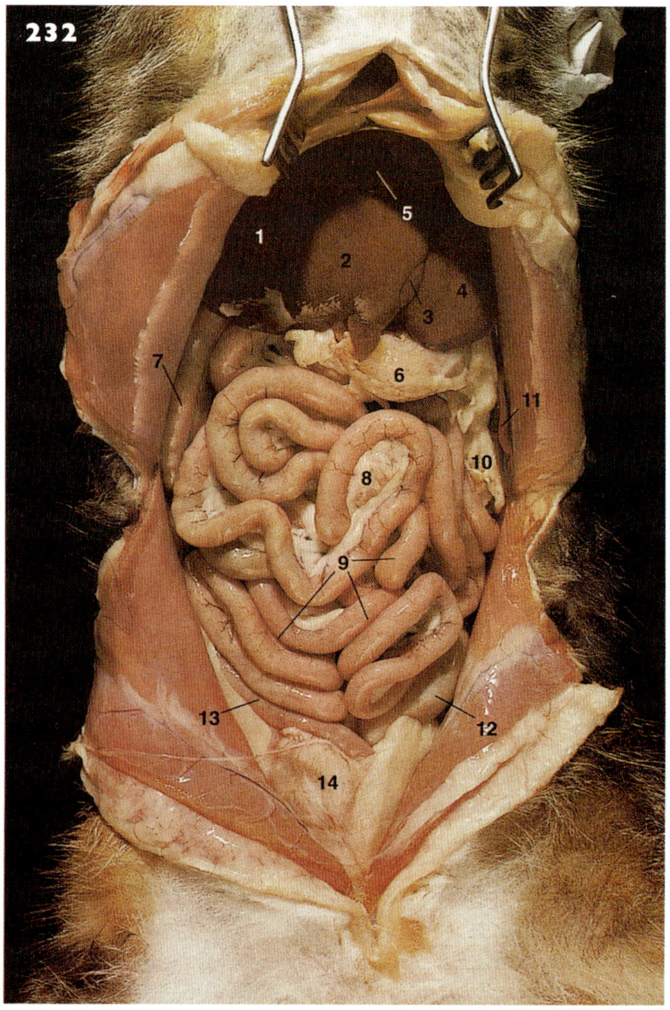

232 猫切开的腹腔腹侧面观，连接于胃大弯的大网膜已经被切掉。

1	肝右外侧叶	8	肠系膜
2	肝右内侧叶	9	空肠
3	肝方叶	10	胃脾韧带
4	肝左外侧叶	11	脾脏
5	胆囊	12	降结肠
6	胃大弯	13	右子宫角
7	十二指肠降部	14	膀胱

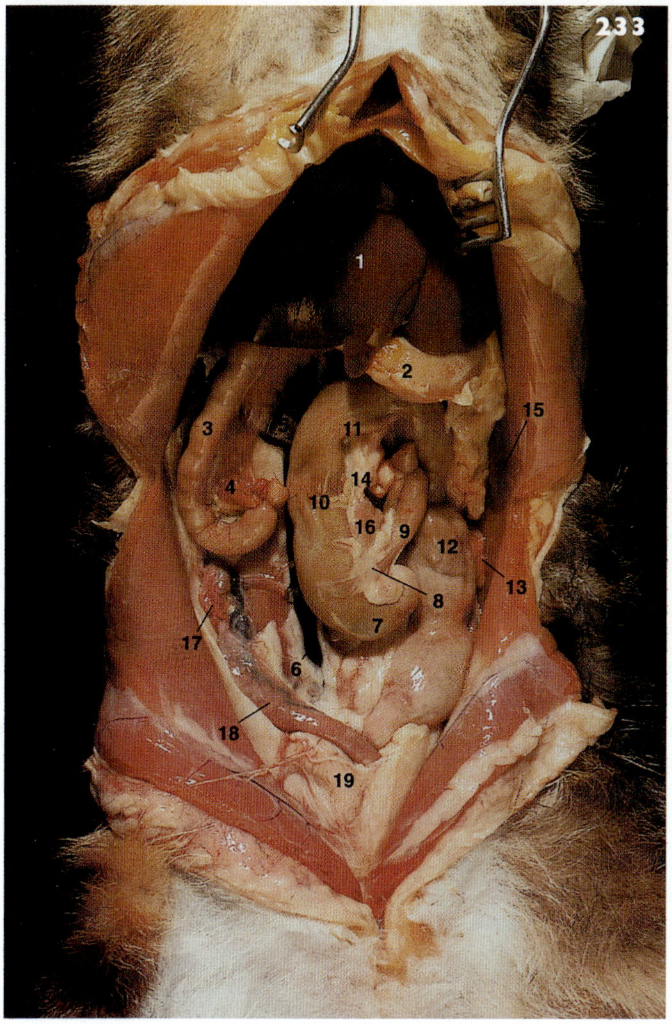

233 雌性猫切开的腹腔腹侧面观，小肠从十二指肠降部到回肠终点被切除。

1 肝脏
2 胃
3 十二指肠
4 胰脏右叶(十二指肠系膜内)
5 肝尾状叶
6 后腔静脉
7 盲肠
8 回结肠口
9 回肠
10 升结肠
11 横结肠
12 降结肠
13 左侧卵巢
14 肠系膜根
15 脾脏
16 肠系膜淋巴结
17 右侧卵巢
18 右子宫角
19 膀胱

临床注释

7 所示的是猫科动物的盲肠，它不像犬盲肠那样弯曲(图 - 225 中 23)。

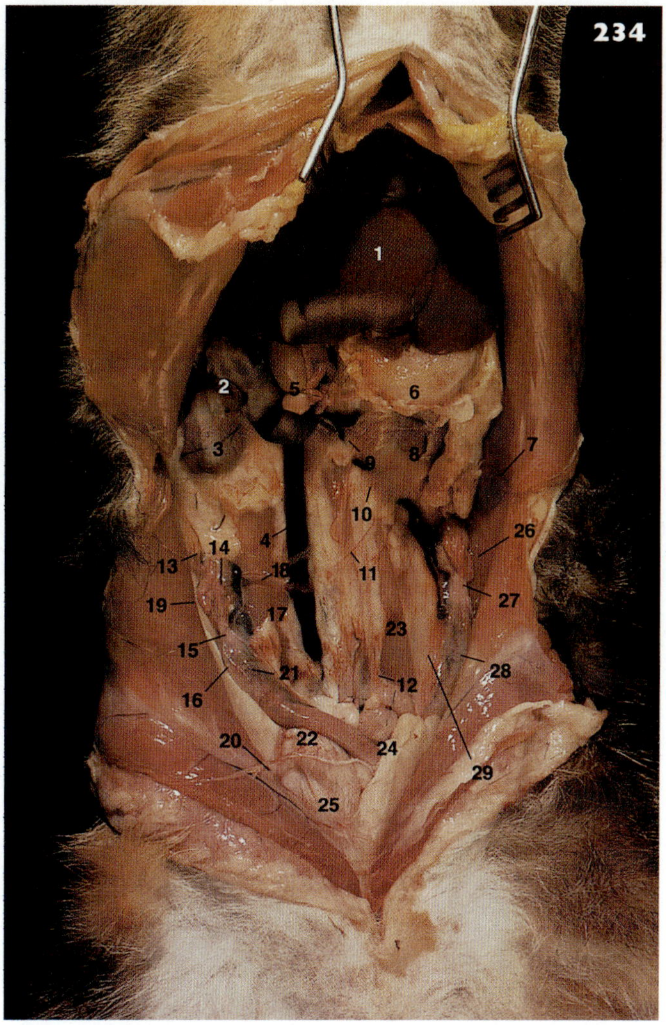

234 雌性猫切开的腹腔腹侧面观，肠管已经被切除，显示生殖泌尿道。

1 肝脏
2 肝尾状叶
3 右肾
4 后腔静脉
5 十二指肠(断端)
6 胃
7 脾脏
8 左肾
9 肾静脉
10 卵巢血管
11 主动脉
12 输尿管
13 右侧卵巢悬韧带
14 右侧卵巢内侧面
15 卵巢囊入口
16 卵巢固有韧带
17 卵巢系膜
18 卵巢动静脉
19 输卵管
20 腹股沟内环的圆韧带
21 卵巢动静脉子宫支
22 右子宫角
23 腰大肌
24 降结肠(断端)
25 膀胱
26 左侧卵巢外侧
27 输卵管
28 左子宫角
29 子宫系膜

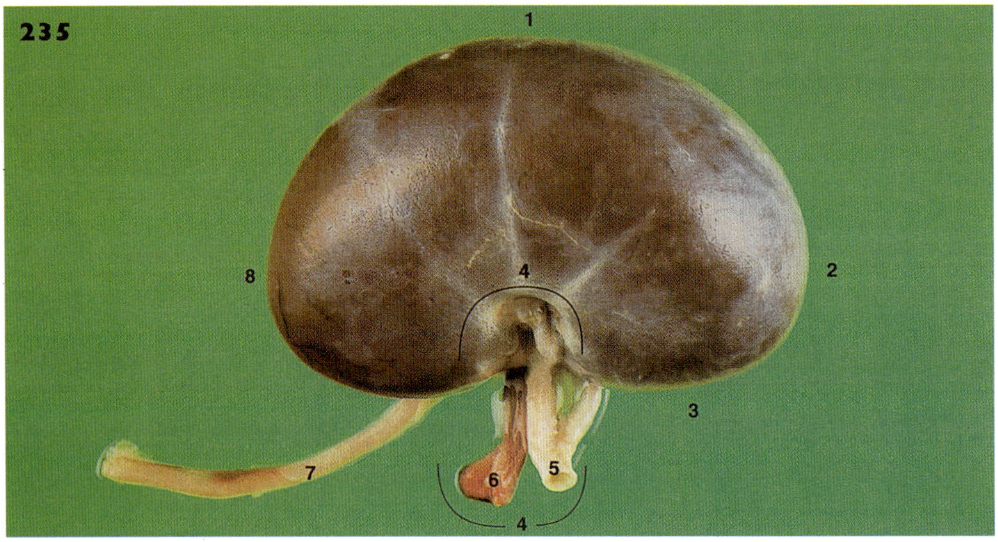

235 犬的肾脏背侧面观。

1 外侧缘
2 前端
3 内侧缘
4 肾门
5 肾动脉
6 肾静脉
7 输尿管
8 后端

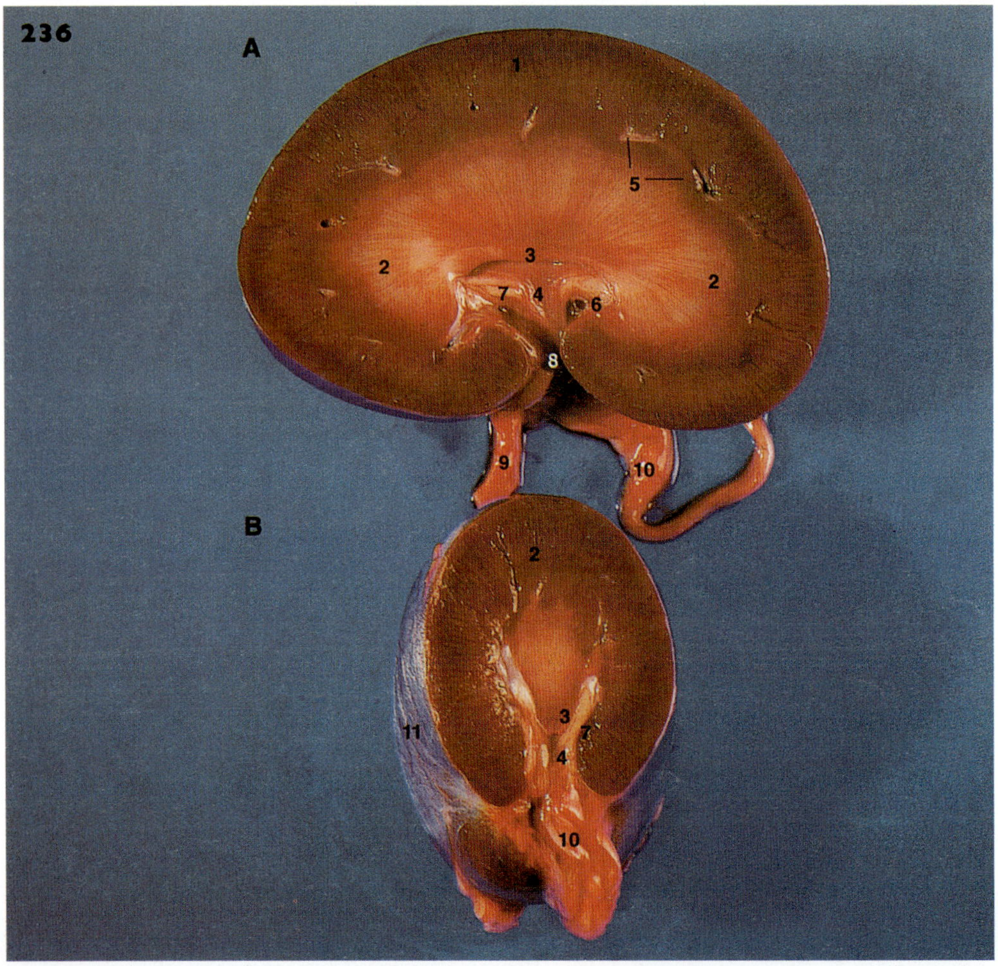

236 犬的肾脏正中额切面(A)和横断面(B)。

1 肾皮质和髓放线
2 肾髓质
3 肾嵴
4 肾盂
5 叶间动静脉分支形成弓状血管
6 肾窦
7 脂肪
8 肾门
9 肾动脉
10 输尿管
11 肾被膜

237 犬肾脏背侧额切面观。

1 肾皮质
2 肾锥体
3 肾髓质
4 脂肪(肾窦)
5 叶间血管
6 弓状血管

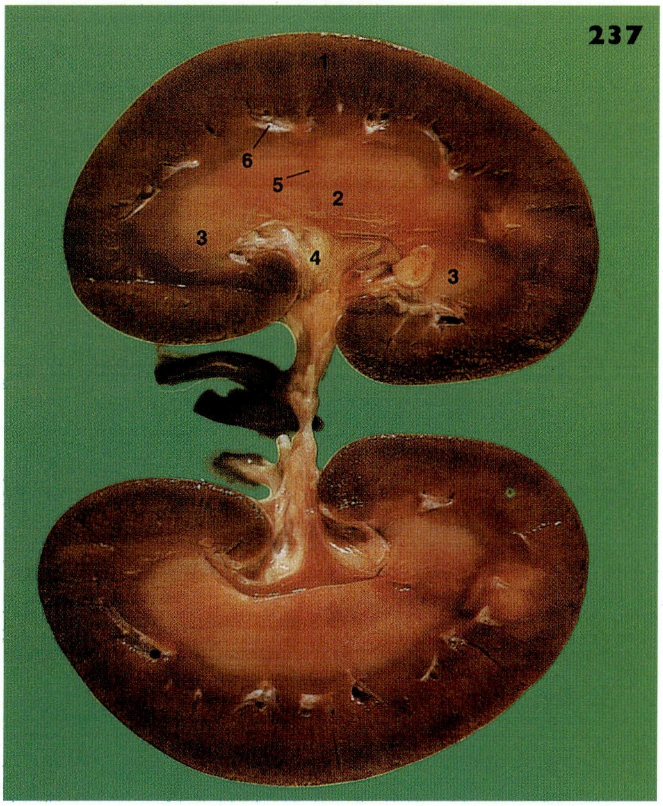

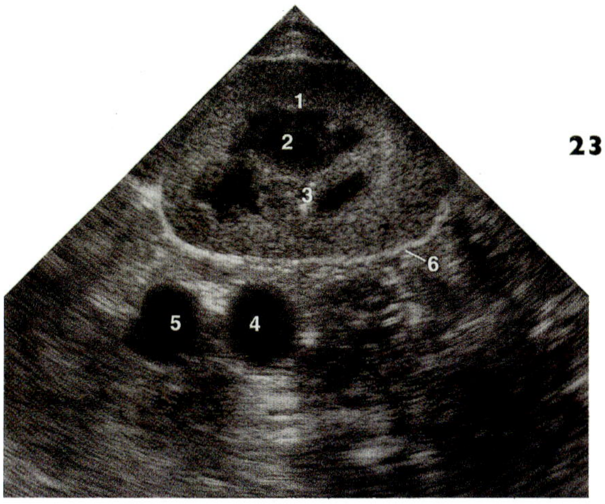

238 犬肾脏横断超声扫描，显示对比肾皮质和肾髓质的不同回声。

1 肾皮质	4 主动脉
2 肾髓质	5 腔静脉
3 肾盂	6 肾被膜

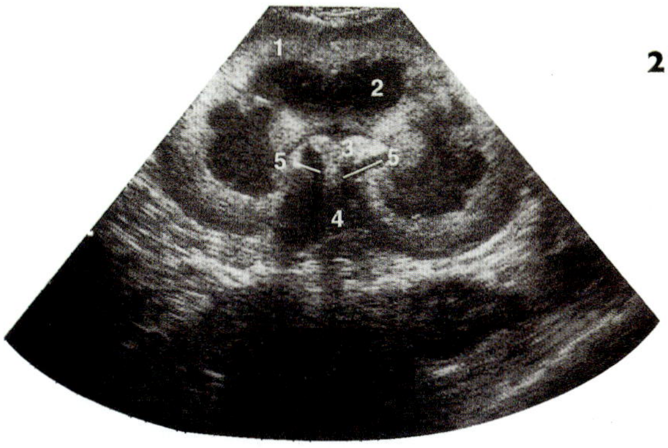

239 犬肾脏背侧超声扫描，显示对比肾皮质和肾髓质的不同回声。肾盂和肾的轮廓产生强回声。

1 肾皮质	4 肾门
2 肾髓质	5 肾脏血管
3 肾盂	

临床注释

该扫描部位的图像和肾脏大体解剖的形态一样。

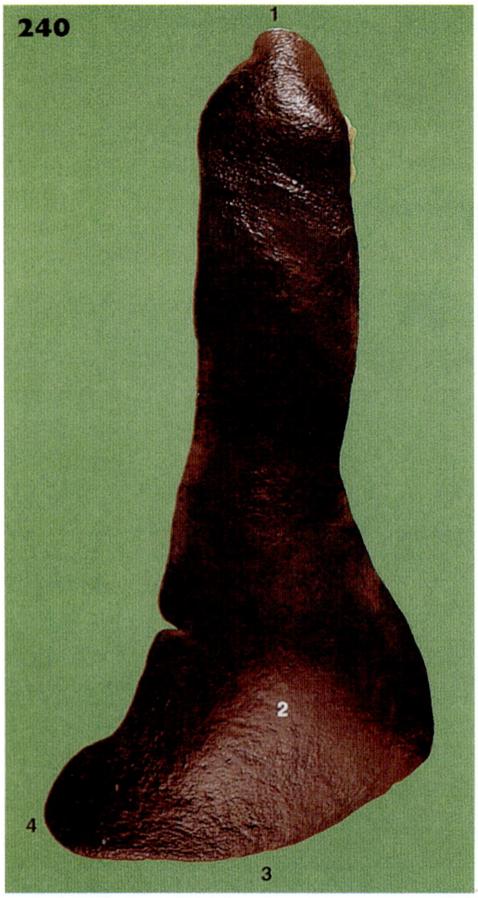

240 犬脾脏的壁面观。

1 脾脏背侧端
2 脾脏壁面
3 脾脏腹侧端
4 前尖端

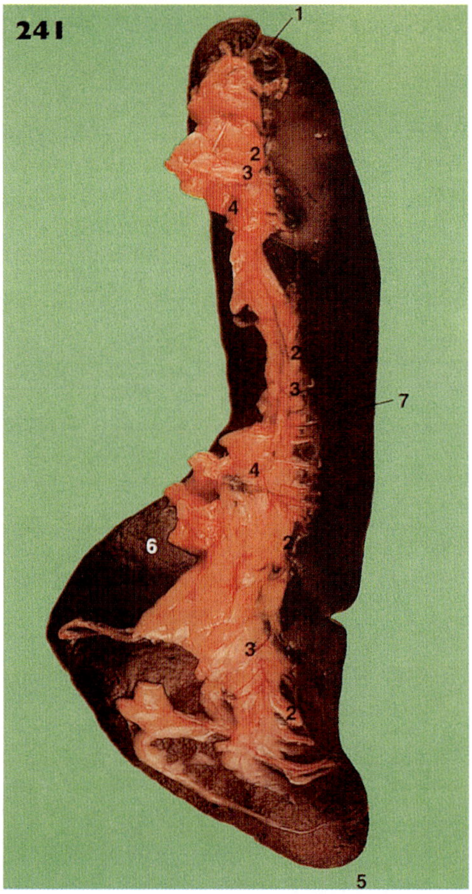

241 犬脾脏的脏面观。

1 脾脏背侧端
2 脾门
3 胃脾韧带
4 脾动静脉分支
5 脾脏腹侧端
6 脾脏肠面
7 脾脏胃面

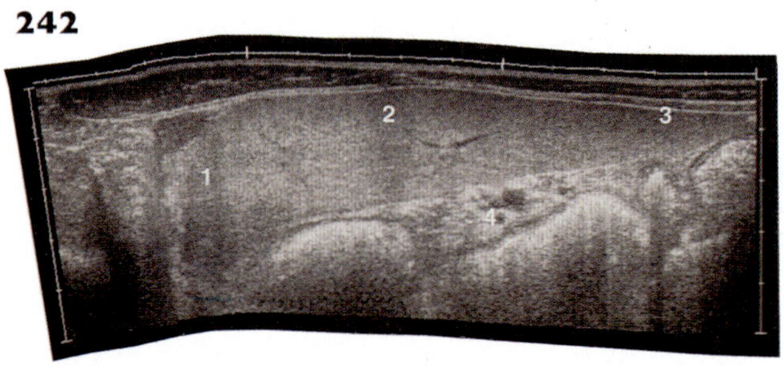

242 犬左侧扩大的脾脏超声扫描影像，示脾脏背侧端。

1 脾脏背侧端
2 脾脏体
3 脾脏腹侧端
4 肠

243　犬的脾脏超声扫描，显示脾脏血管穿过脾髓。

1　脾脏
2　脾脏血管

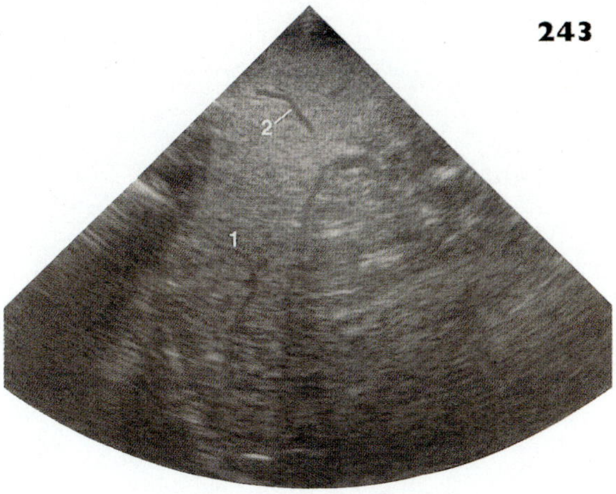

243

244　犬的脾脏和肾脏的超声扫描，显示对比两组织的回声。在左侧肾脏的上方能够看到脾脏。

1　脾脏
2　肾皮质
3　肾髓质

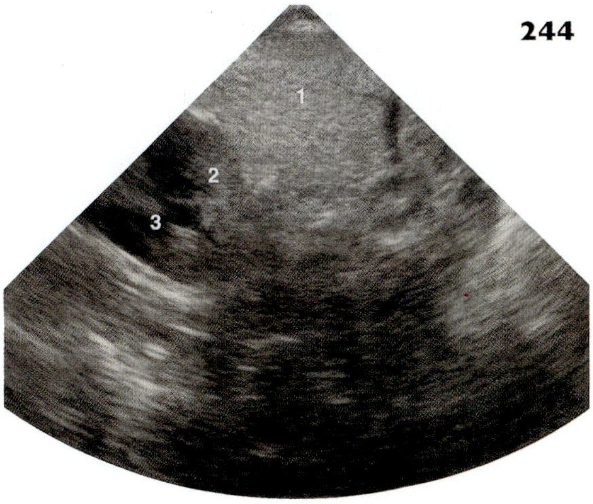

244

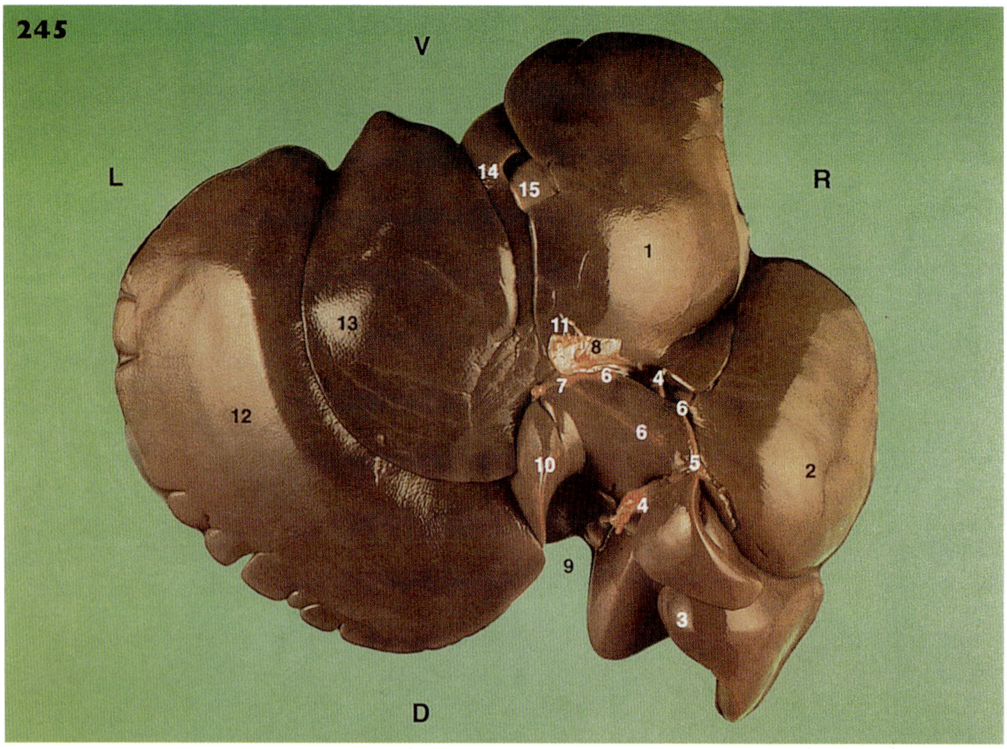

245　犬肝的膈面观。标明了腹侧(V)、背侧(D)、左侧(L)和右侧(R)方位。

1　右内侧叶
2　右外侧叶
3　尾状叶
4　后腔静脉
5　右三角韧带
6　冠状韧带
7　左三角韧带
8　膈的断片
9　食管压迹
10　尾状叶乳头突
11　镰状韧带
12　左外侧叶
13　左内侧叶
14　方叶
15　胆囊

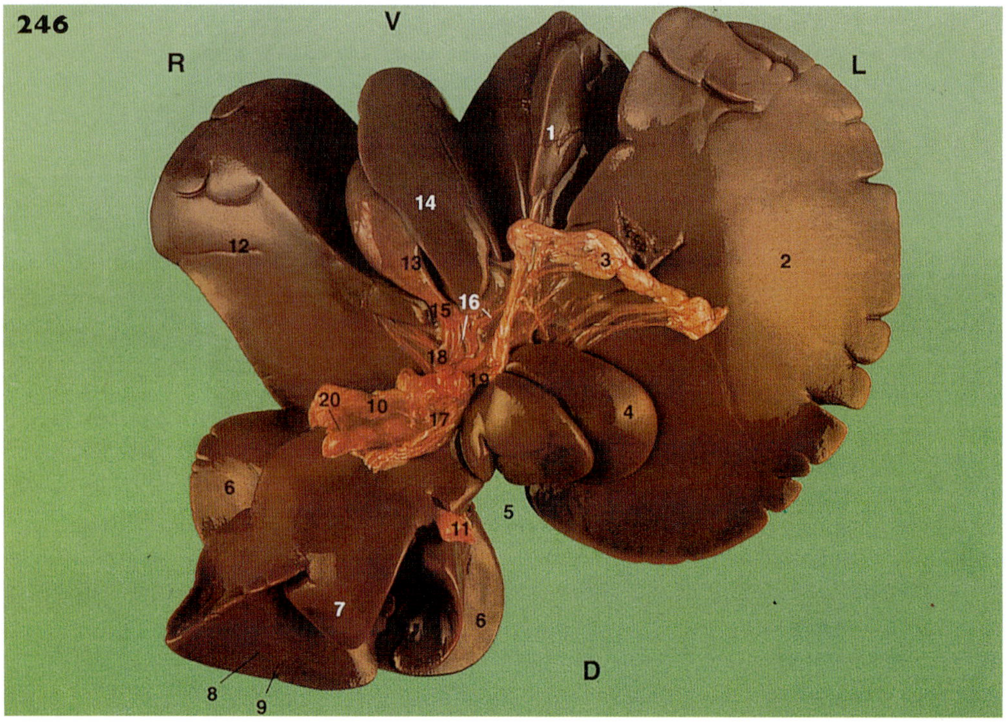

246　犬肝的脏面观。标明了腹侧(V)、背侧(D)、左侧(L)和右侧(R)方位。

1　左内侧叶
2　左外侧叶
3　小网膜(肝胃韧带)
4　尾状叶乳头突
5　食管压迹
6　右外侧叶
7　尾状叶尾状突
8　肾脏压迹
9　肝肾韧带
10　小网膜(肝十二指肠韧带)
11　后腔静脉
12　右内侧叶
13　胆囊
14　方叶
15　胆囊管
16　肝管
17　胆管
18　门静脉
19　肝动脉
20　胃十二指肠动脉

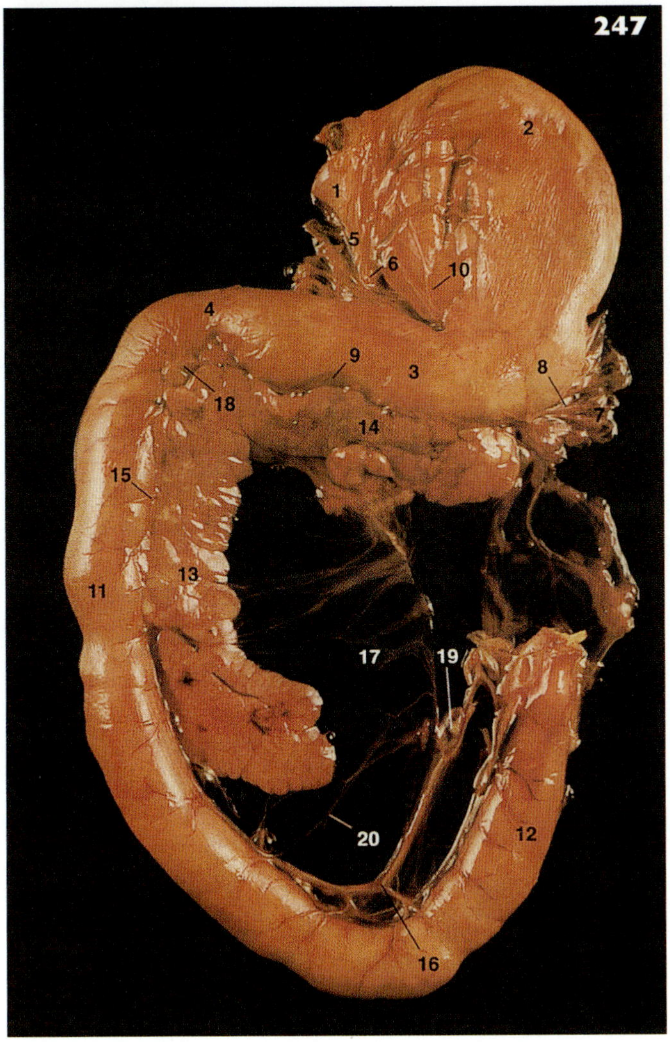

247 犬的胃、十二指肠和胰脏的腹侧面观。

1 贲门	12 十二指肠升部
2 胃底	13 胰脏右叶
3 幽门窦	14 胰脏左叶
4 幽门	15 胰十二指肠前动脉(来自腹腔动脉)
5 小网膜	16 胰十二指肠后动脉(来自肠系膜前动脉)
6 胃左动脉	17 十二指肠系膜
7 大网膜	18 十二指肠淋巴结
8 胃网膜左动脉	19 肠系膜淋巴结
9 胃网膜右动脉	20 自主神经纤维胃十二指肠支
10 淋巴管	
11 十二指肠降部	

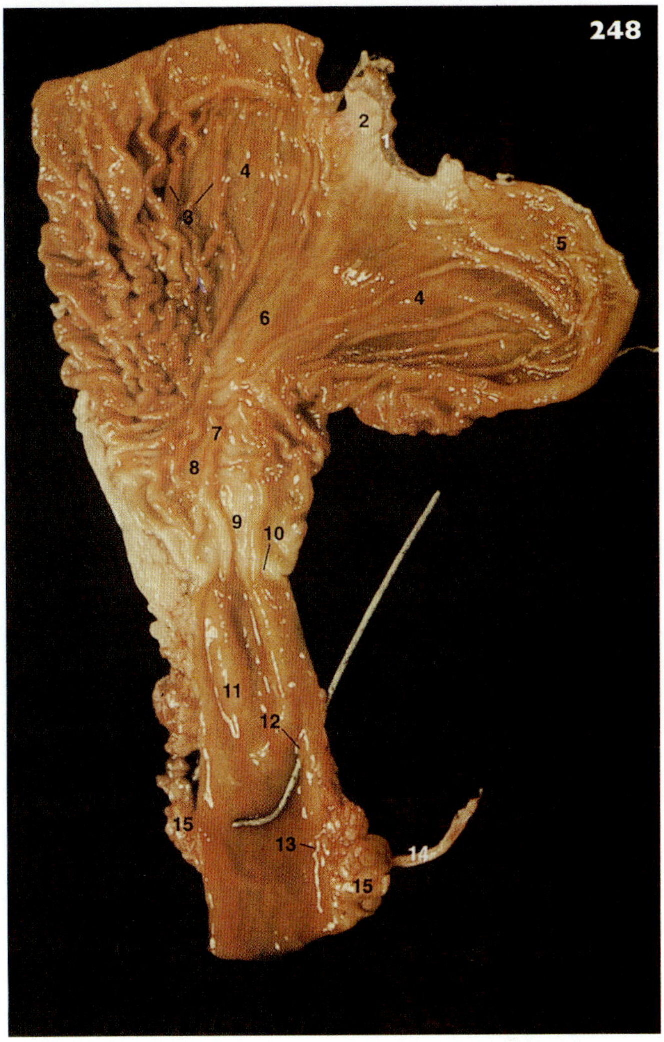

248 切开的犬胃。沿胃大弯切开，显示黏膜层，探针所指是十二肠大乳头部位。

1 贲门	9 幽门管
2 贲门腺区	10 幽门
3 胃襞	11 十二指肠
4 胃腺区	12 十二指肠大乳头
5 胃底	13 十二指肠小乳头
6 胃体	14 胰管
7 幽门腺区	15 胰腺组织
8 幽门窦	

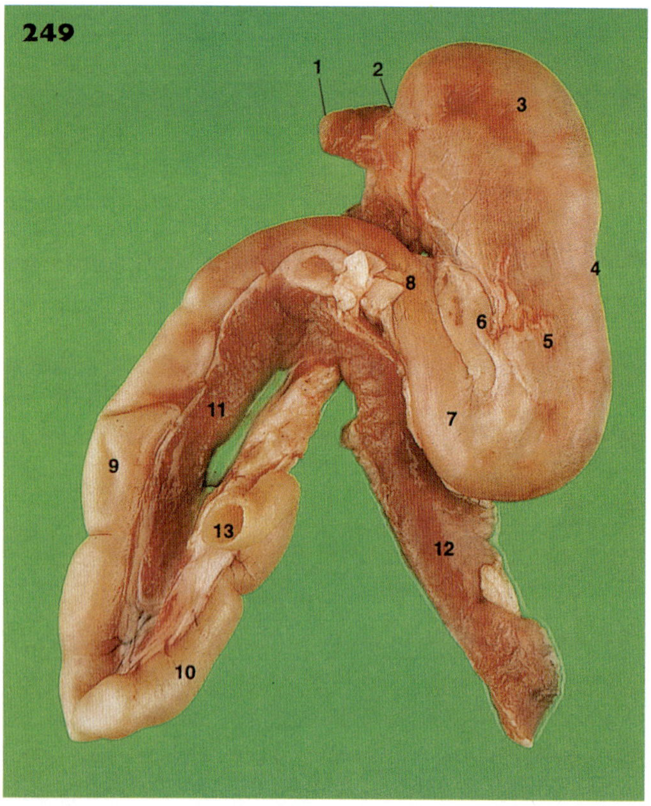

249 猫的胃、十二指肠和胰脏。

1	食管	8	幽门
2	贲门	9	十二指肠降部
3	胃底	10	十二指肠升部
4	胃大弯	11	胰腺右叶
5	胃体	12	胰腺左叶
6	胃小弯	13	空肠
7	幽门窦		

250 犬的回结肠口。切开回肠和升结肠，显示内侧黏膜面。

1 回肠
2 盲肠
3 盲肠褶
4 回结肠口和括约肌
5 回盲褶
6 盲结口
7 升结肠
8 淋巴滤泡

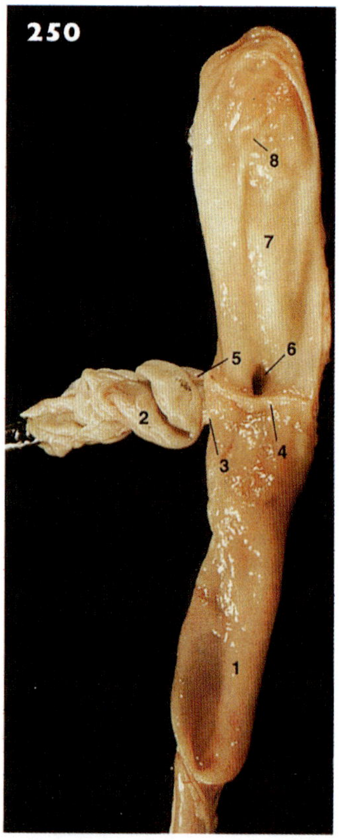

251　猫的肠管。从腹腔摘出，显示回结肠口和缠绕的盲肠盲囊。

1　空肠袢
2　肠系膜
3　肠系膜淋巴结
4　肠系膜动静脉
5　回肠
6　盲肠
7　升结肠
8　横结肠
9　降结肠

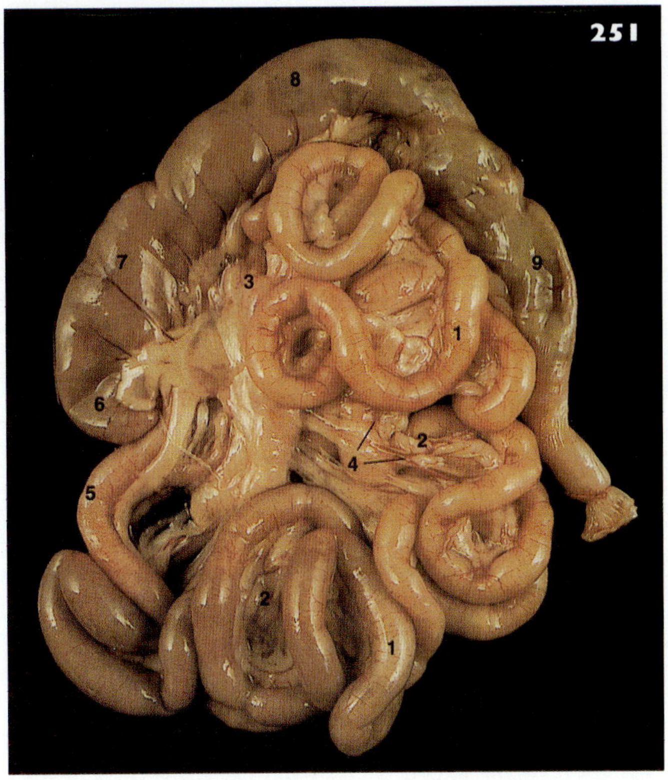

252　猫的肾脏、脾脏和肝脏。

1　带肾囊静脉的肾脏
2　肾门
3　脾脏壁面
4　脾脏背侧端
5　脾脏前缘
6　肝脏脏面
7　肝左外侧叶
8　肝左内侧叶
9　肝方叶
10　肝右内侧叶
11　肝右外侧叶
12　肝尾状叶
13　肝尾状叶尾状突
14　肝尾状叶乳头突
15　肝门
16　胆囊
17　肝背侧缘

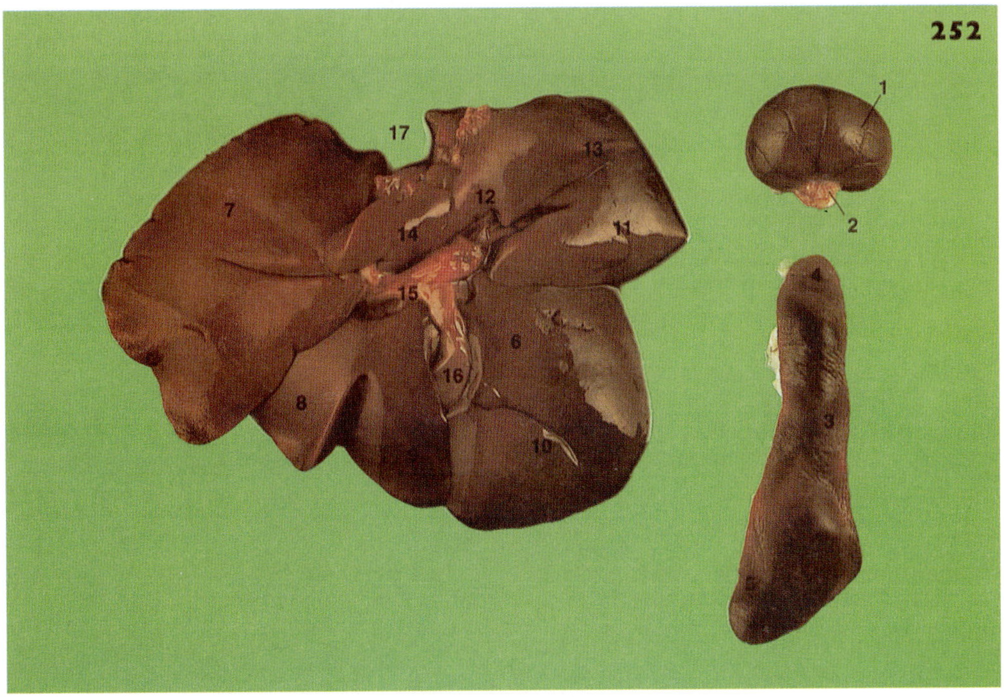

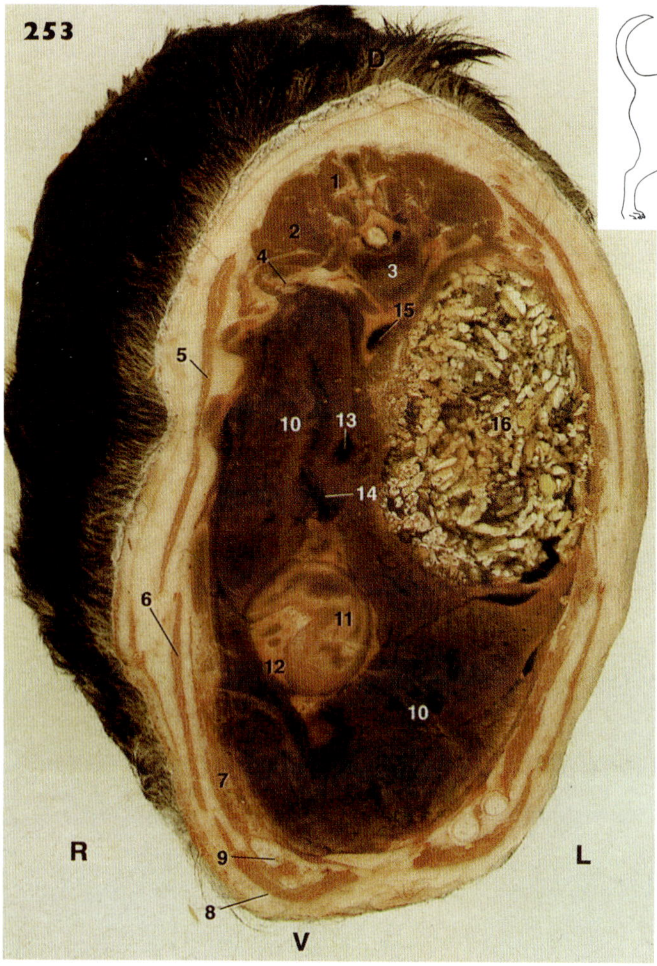

253 犬腹部在第十一胸椎水平横断面头侧面观，标明了背侧(D)、腹侧(V)、左侧(L)和右侧(R)方位。

1	胸腰多裂肌	9	肋软骨
2	胸腰最长肌	10	肝脏
3	第十一胸椎	11	幽门
4	肋	12	胰脏
5	背阔肌	13	后腔静脉
6	腹外斜肌	14	门静脉
7	肋间肌	15	主动脉
8	腹直肌	16	胃体(内容物)

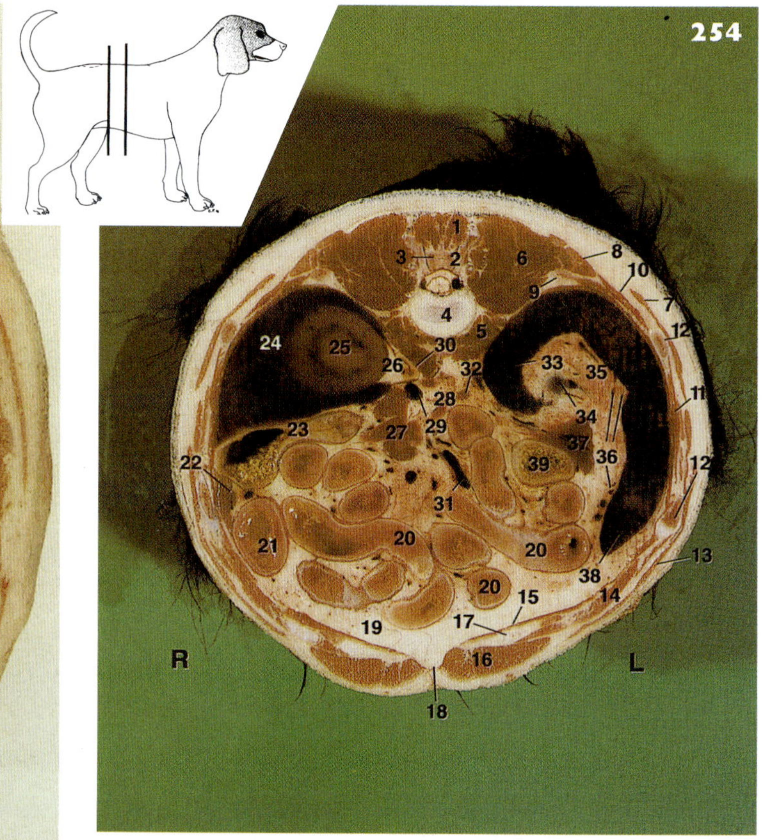

254 犬腹部在第一和第二腰椎间水平横断面头侧面观，标明了左侧(L)和右侧(R)方位。

1	胸腰多裂肌	21	十二指肠降部
2	第二腰椎	22	胰脏
3	第一腰椎	23	横结肠
4	椎间盘	24	肝尾状叶
5	腰大肌	25	右肾
6	胸腰最长肌	26	肾门
7	背阔肌	27	肠系膜淋巴结
8	髂肋肌	28	肠系膜根
9	第十三肋(浮肋)	29	后腔静脉
10	背侧锯肌	30	主动脉
11	肋间肌	31	肠系膜前静脉
12	第十二肋和肋骨软骨交界	32	腰淋巴结
13	腹外斜肌	33	脾脏背侧端
14	腹内斜肌	34	左肾脏前部
15	腹横肌	35	胃脾韧带
16	腹直肌	36	脾脏血管
17	第十一肋软骨	37	胰脏
18	腹白线	38	脾脏的后端
19	大网膜	39	降结肠
20	空肠		

255 犬腹部第二腰椎水平横断面头侧面观。

1	第二腰椎	10	脾脏
2	右肾	11	十二指肠升部
3	肝尾状叶	12	肠系膜根
4	十二指肠降部	13	腹横肌
5	升结肠	14	腹直肌
6	胰脏	15	腹外斜肌
7	空肠	16	腹内斜肌
8	左肾	17	腹白线
9	降结肠	18	肾上腺

255

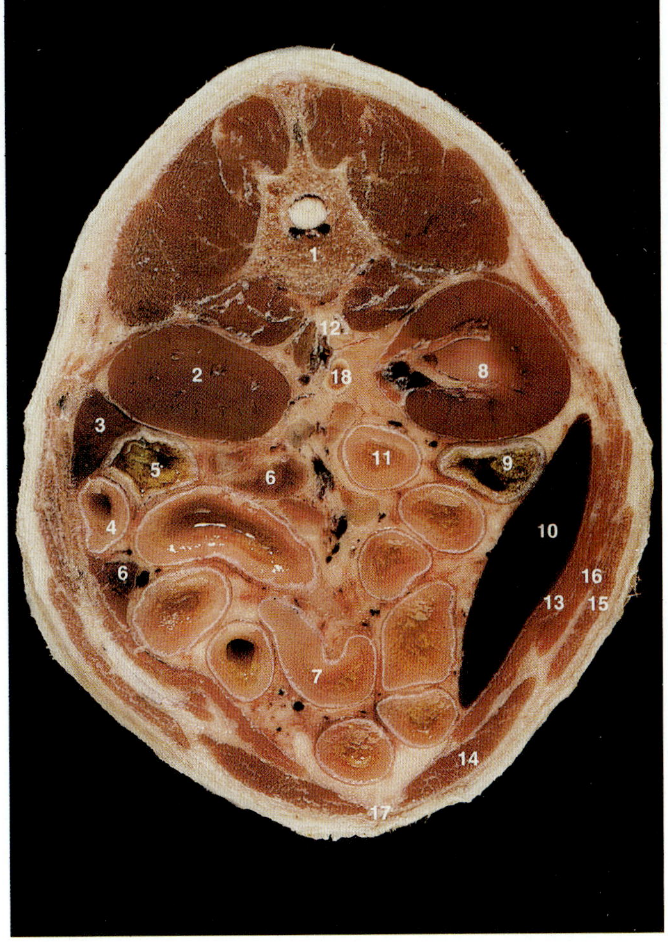

256

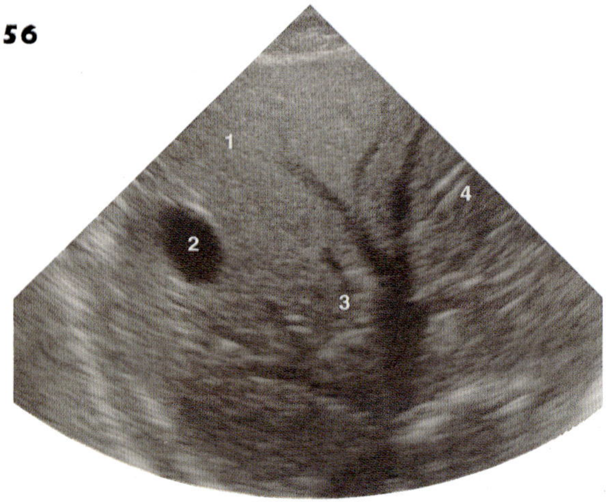

256 犬的肝脏横向超声扫描，胆囊呈一个黑色圆形影像。

1 肝脏	3 肝静脉
2 胆囊	4 门静脉

临床注释

4 所示门静脉壁产生强回声，出现与黑色结构对应的高亮壁。

257

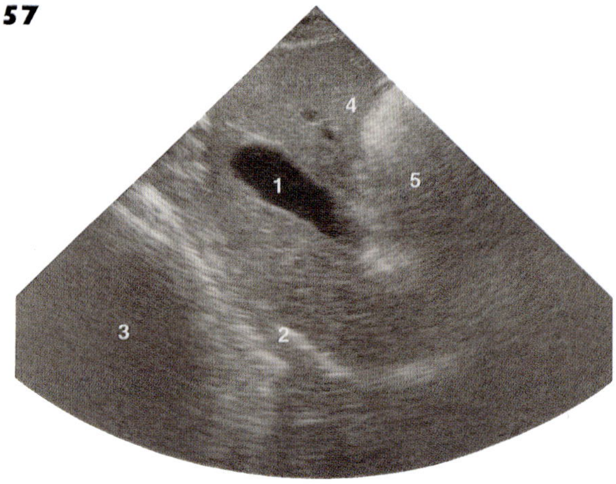

257 犬的肝脏纵向超声扫描，透过深部的膈，可以看到心脏。

1 胆囊	4 肝静脉
2 膈	5 胃
3 心脏	

258

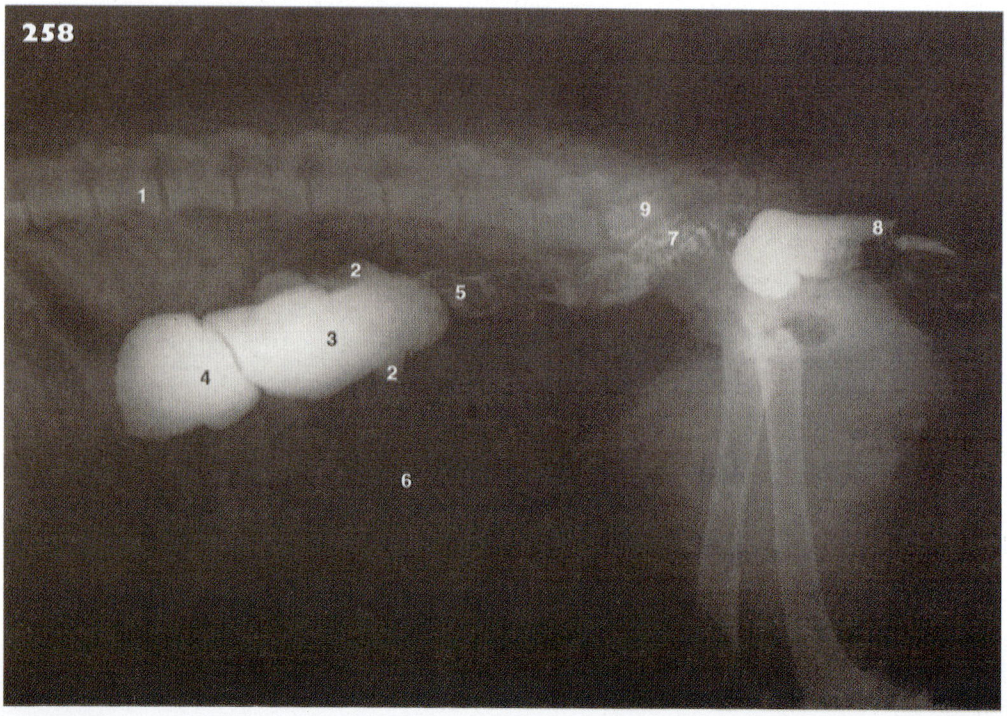

258 犬的腹部X光侧位平片，钡餐灌服后停留在大肠。

1 第一腰椎
2 盲肠
3 升结肠
4 横结肠
5 降结肠
6 空肠
7 直肠
8 肛门
9 荐骨

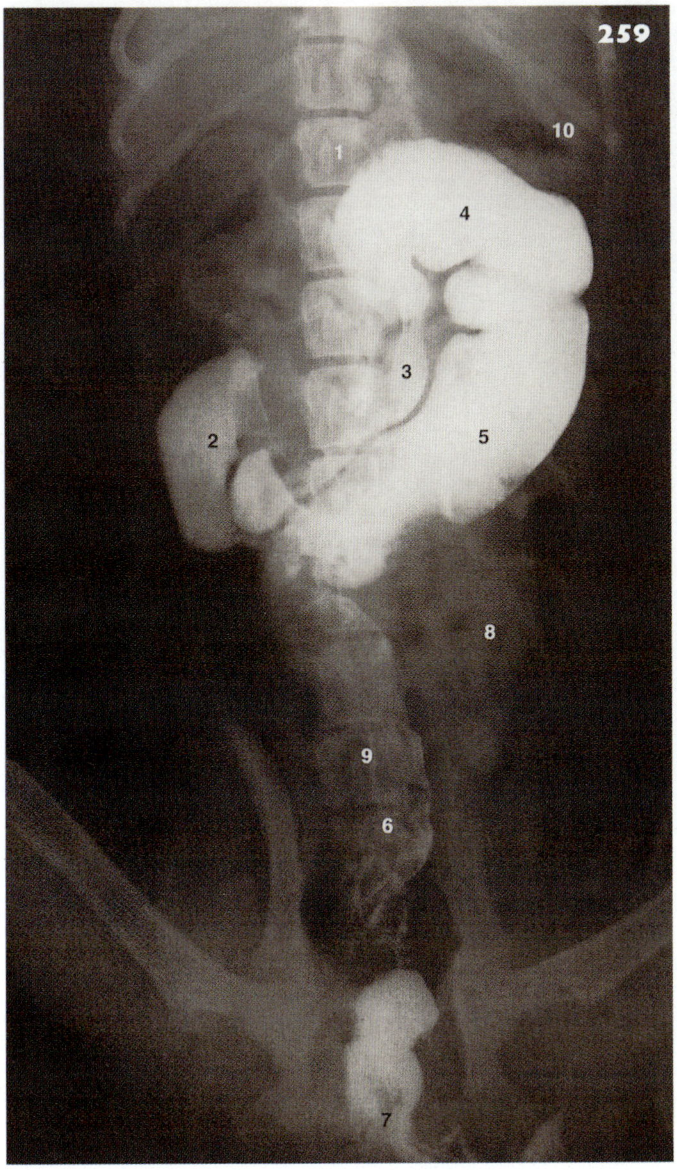

259　犬的腹部 X 光正位片。钡餐灌服后停留在大肠。

1	第十三胸椎	6	直肠
2	盲肠	7	肛门
3	升结肠	8	空肠
4	横结肠	9	第七腰椎
5	降结肠	10	脾脏

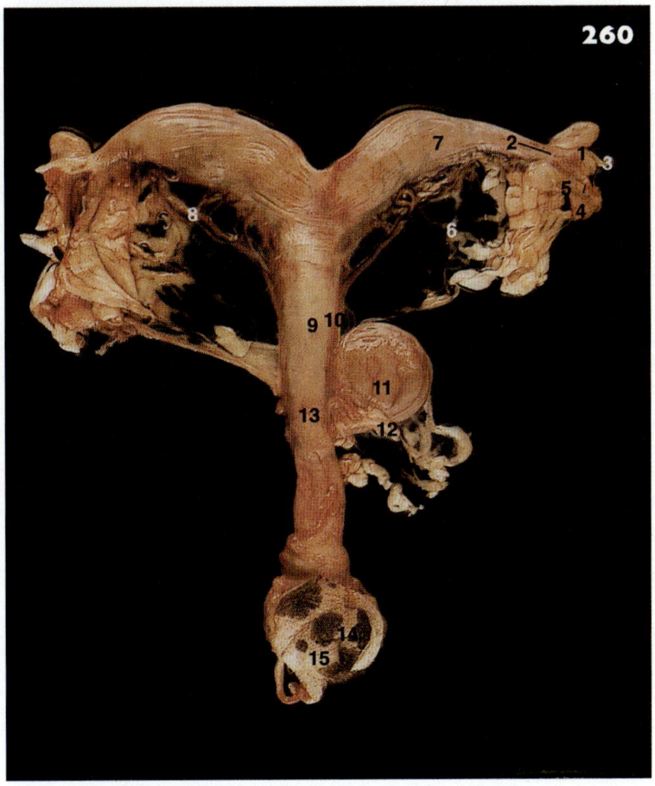

260　雌性犬生殖道背侧面观。

1	卵巢囊	9	子宫体
2	卵巢囊开口	10	子宫动脉
3	卵巢悬韧带	11	膀胱
4	卵巢动脉	12	输尿管
5	卵巢系膜	13	阴道
6	子宫系膜	14	阴门
7	子宫角	15	阴唇
8	卵巢动脉子宫支		

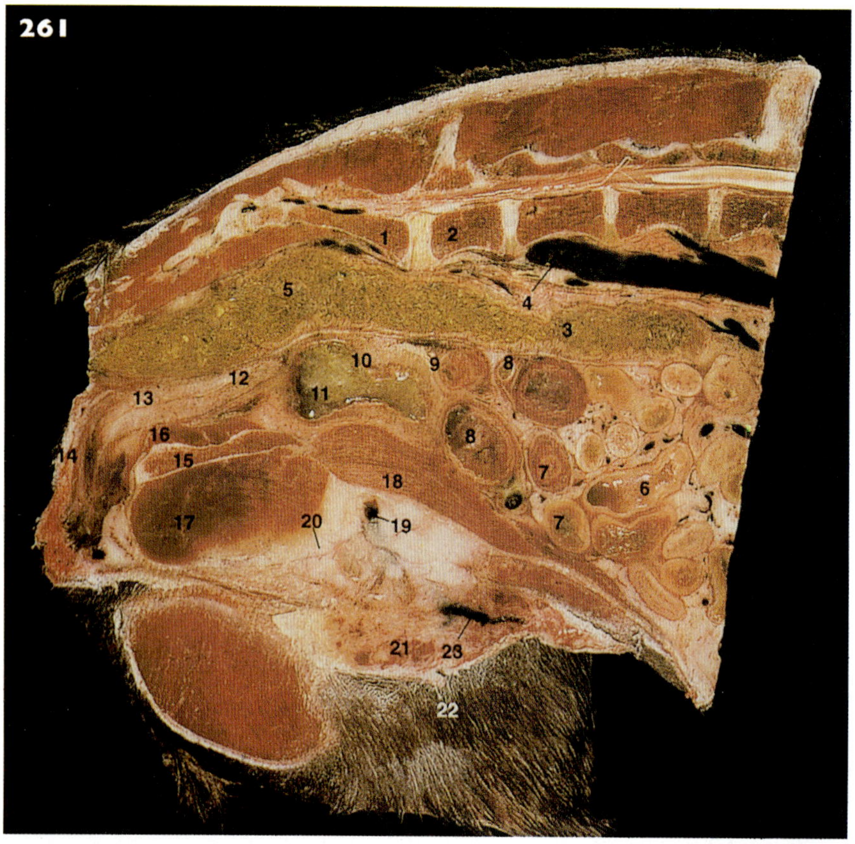

261 雌性犬后腹部和骨盆腔正中矢状切面，显示左侧盆腔的局部解剖结构。

1	荐骨	13	阴道前庭
2	第七腰椎	14	阴门
3	降结肠	15	耻骨
4	后腔静脉	16	闭孔肌
5	直肠	17	收肌
6	空肠	18	腹直肌
7	十二指肠	19	阴部外动静脉
8	子宫角	20	腹股沟浅淋巴结
9	子宫体	21	腹股沟部乳腺
10	子宫颈	22	乳头
11	膀胱	23	腹壁后浅动静脉
12	阴道		

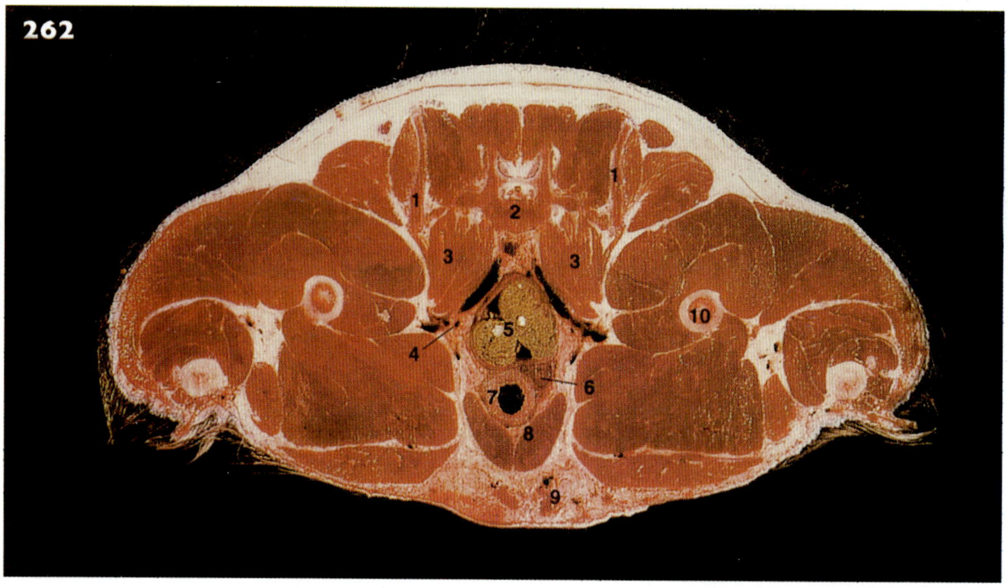

262 雌性犬躯干在第七腰椎水平横断面头侧面观。

1 髂骨翼
2 第七腰椎
3 髂腰肌
4 髂内动静脉
5 直肠
6 子宫体
7 膀胱
8 腹直肌
9 乳腺
10 股骨

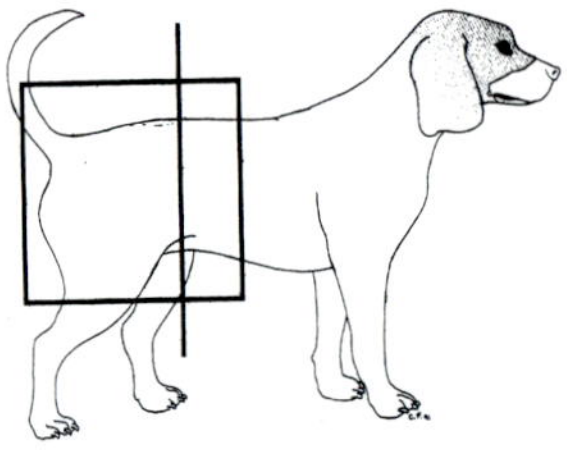

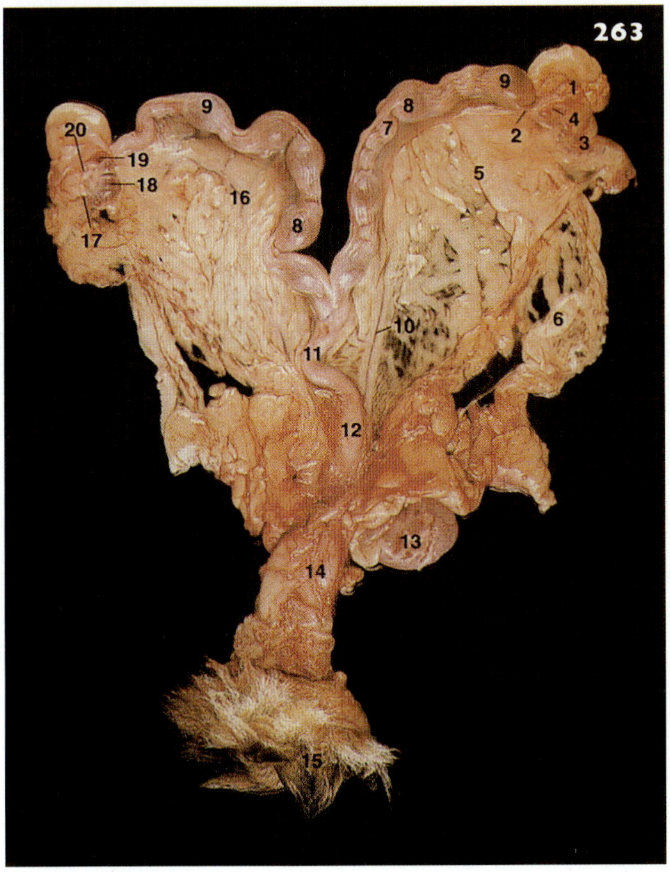

263 妊娠雌性犬子宫背侧观。

1	卵巢悬韧带	11	子宫体
2	卵巢固有韧带	12	阴道
3	卵巢系膜	13	膀胱
4	卵巢囊开口	14	阴道前庭
5	子宫系膜(阔韧带)	15	阴门
6	圆韧带	16	卵巢动静脉子宫支
7	子宫角	17	卵巢囊
8	怀孕的位置	18	卵巢黄体
9	带状区	19	漏斗管
10	子宫动静脉	20	输卵管

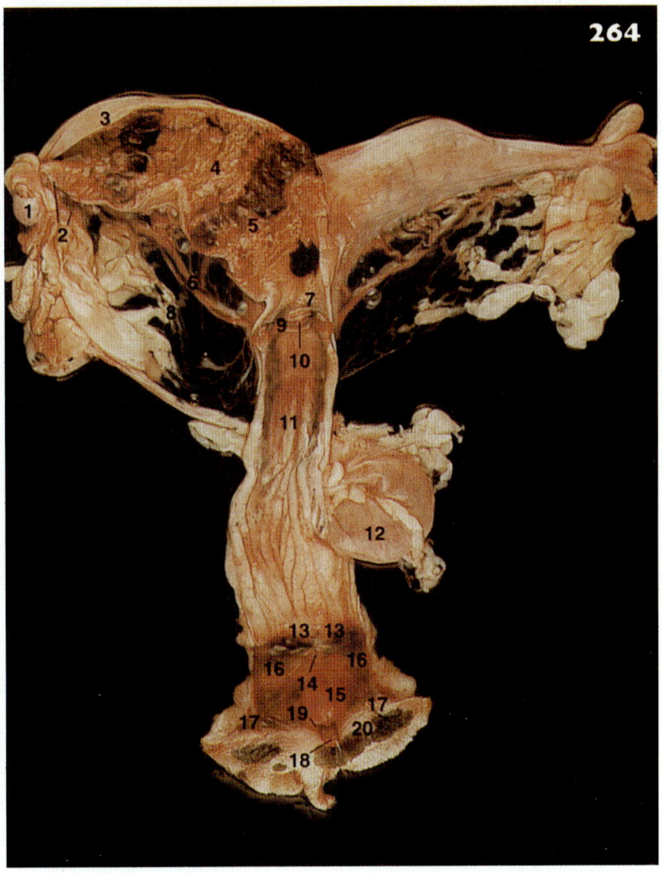

264 雌性犬生殖道背侧面观。生殖道从背侧切开，显示子宫内膜。这是一只典型的产后雌性犬。

1	卵巢由卵巢囊内挤出	11	阴道
2	输卵管	12	膀胱
3	子宫角	13	黏膜襞
4	子宫内膜	14	尿道外口
5	胎盘区	15	阴道前庭
6	卵巢动静脉子宫支	16	前庭球
7	子宫体	17	前庭缩肌
8	子宫系膜(阔韧带)	18	阴蒂
9	子宫颈	19	阴蒂窝
10	子宫口外部	20	阴唇

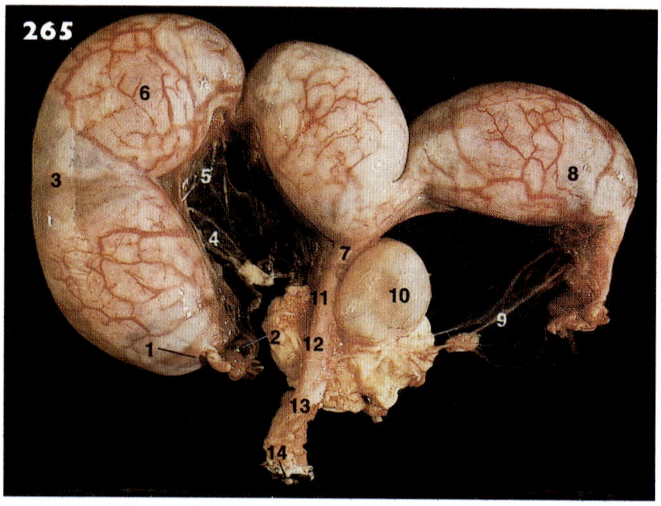

265 妊娠雌性猫子宫背侧面观，显示四个孕体位置。

1 卵巢黄体
2 卵巢系膜和卵巢动静脉
3 左侧妊娠子宫角
4 子宫系膜
5 卵巢动脉子宫支
6 透过子宫肌膜看到的胎盘
7 子宫体
8 右子宫角
9 圆韧带
10 膀胱
11 子宫颈位置
12 阴道
13 阴道前庭
14 阴门

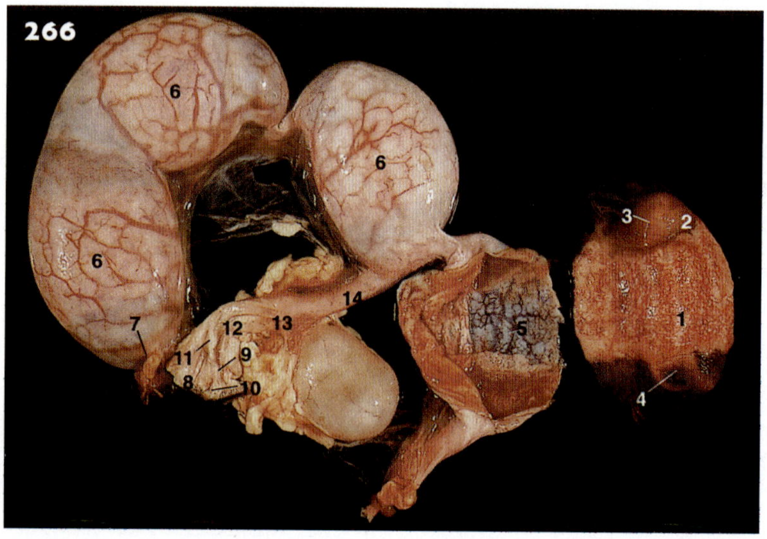

266 妊娠雌性猫子宫背侧面观，右侧子宫角膨大部被打开，显示胚胎及其周围的胎膜和带状胎盘，阴道和阴道前庭也沿背侧切开。

1 环绕胎儿的带状胎盘
2 胎膜中的胎儿
3 胎儿头
4 胎儿尾和后肢
5 子宫肌膜(子宫内膜带)
6 完整的孕体
7 卵巢黄体
8 阴门
9 阴道前庭
10 阴蒂窝围绕着阴蒂
11 尿道外口
12 阴道
13 子宫颈
14 子宫体

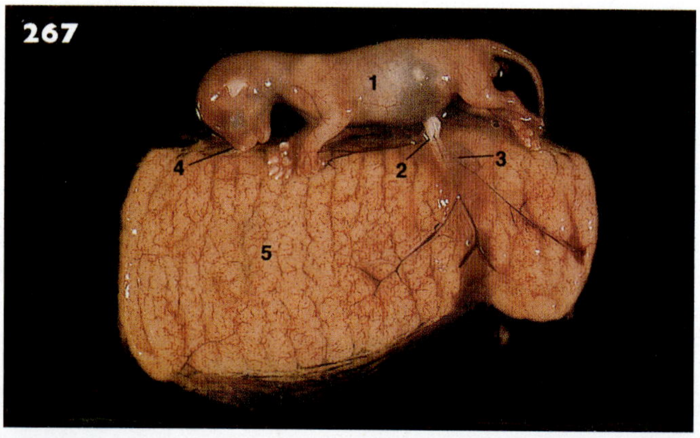

267 切开胎膜和带状胎盘，显示猫的胚胎。

1 胚胎
2 脐
3 脐血管
4 打开的胎膜
5 带状胎盘

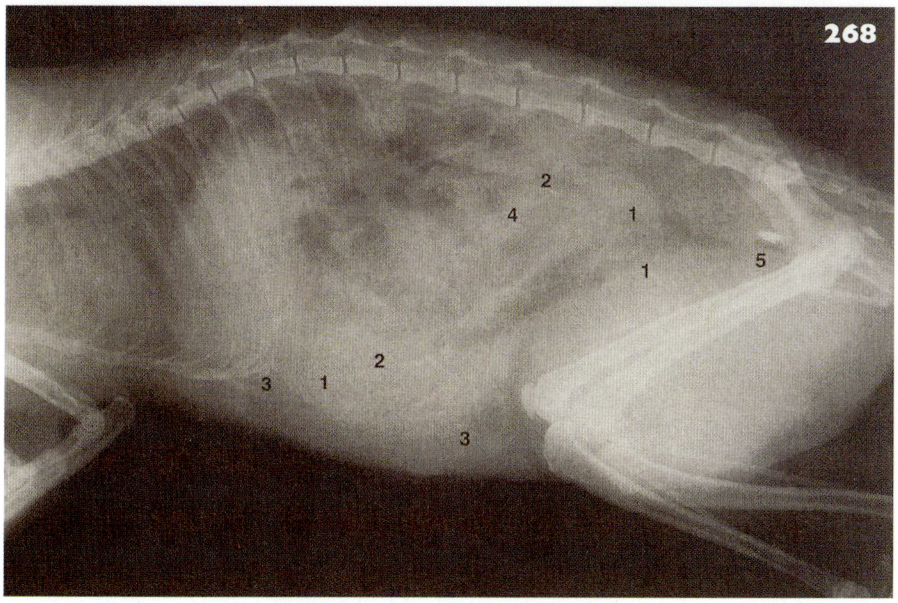

268　妊娠雌性猫腹部X光侧位平片。

1　胎儿头
2　胎儿椎骨
3　胎儿四肢
4　胎儿肋
5　骨盆入口

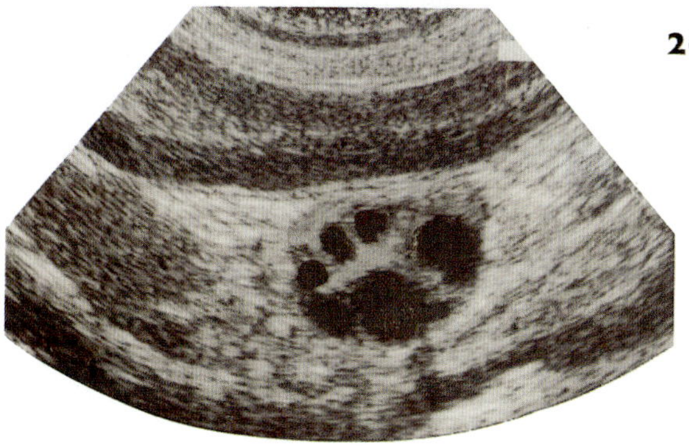

269

269　穿过侧腹壁对雌性犬卵巢进行超声扫描。在影像的顶层是肌肉层，卵巢位于视野的中心，在卵巢表面黑色的圆形是卵巢囊泡。

270A

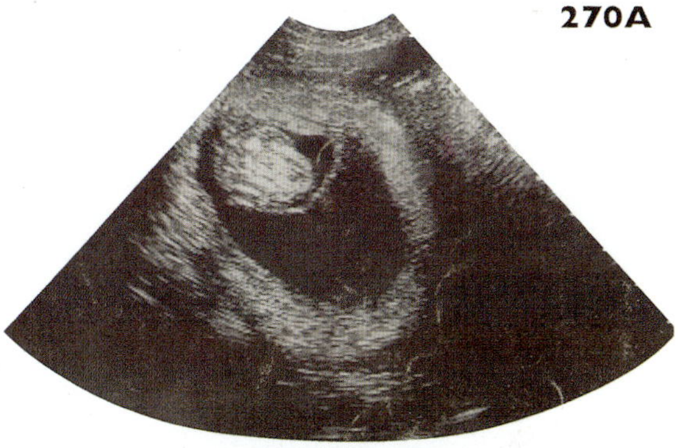

270B

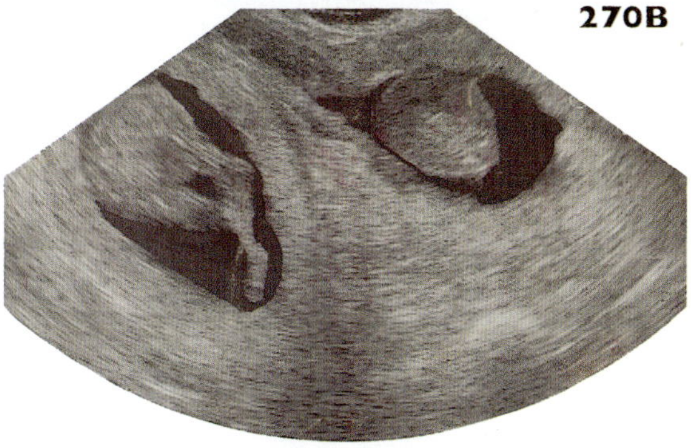

270C

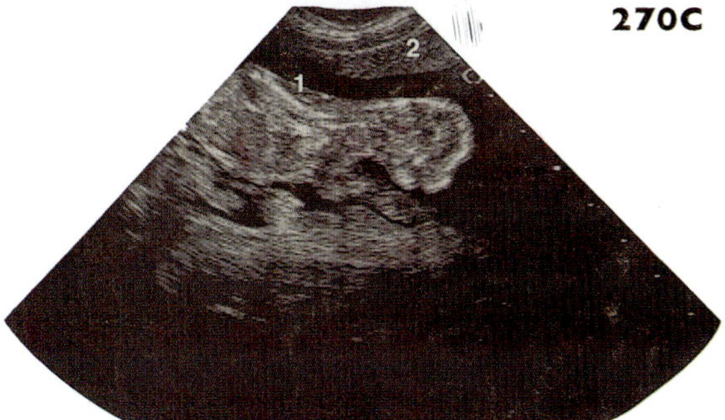

270　通过腹侧壁对三只妊娠雌性犬进行子宫超声扫描。

A　为妊娠早期，孕体被胎盘包围，子宫腔内为黑色（无回声反射）。

B　为子宫角内的双胎，胎儿变大的横断切面。

C　妊娠晚期胎儿胸部扫描。白色的回声在视野的中心和左侧（1）可看到明显的胎儿肋骨。胎盘带位于它的外周（2）。

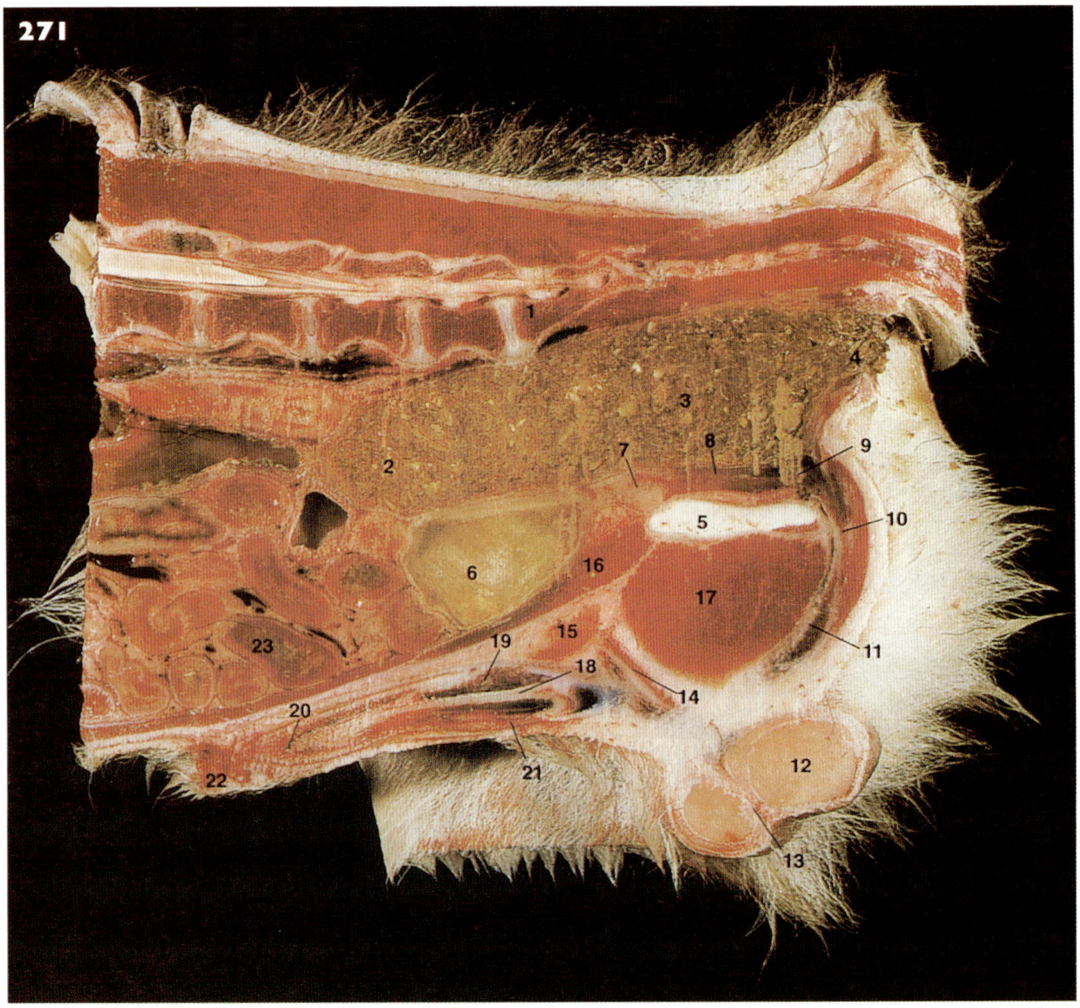

271 雄性犬的后腹部和骨盆腔的矢状切面观，显示盆腔和外生殖器局部解剖结构。

1 荐骨
2 降结肠
3 直肠
4 肛门
5 耻骨
6 膀胱
7 前列腺
8 尿道骨盆部
9 尿道海绵体部
10 坐骨海绵体肌
11 阴茎海绵体
12 睾丸
13 阴囊
14 精索
15 腹股沟浅淋巴结
16 腹直肌
17 收肌
18 阴茎骨
19 阴茎头球
20 阴茎头长部
21 腹侧沟的尿道海绵体部
22 包皮
23 空肠

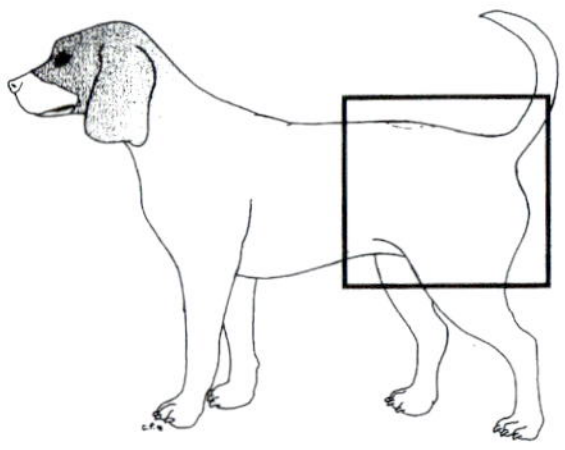

272 雄性犬的第七腰椎(A)和第一尾椎(B)水平横断面的头侧面观，显示盆腔的局部解剖结构。

1 髂骨
2 第七腰柱
3 椎间盘
4 纤维环
5 髓核
6 直肠
7 膀胱
8 腹横肌
9 腹内斜肌
10 腹外斜肌
11 腹直肌
12 包皮牵引肌
13 腹白线
14 包皮
15 阴部外动脉包皮支
16 髂肋肌和腰最长肌
17 髂肌和腰大肌
18 下腹淋巴结
19 阔筋膜张肌
20 第一尾椎
21 前列腺
22 骨盆尿道
23 阴茎头球
24 阴茎骨
25 尿道海绵体部
26 阴茎背动脉浅支
27 尾骨肌
28 臀肌群

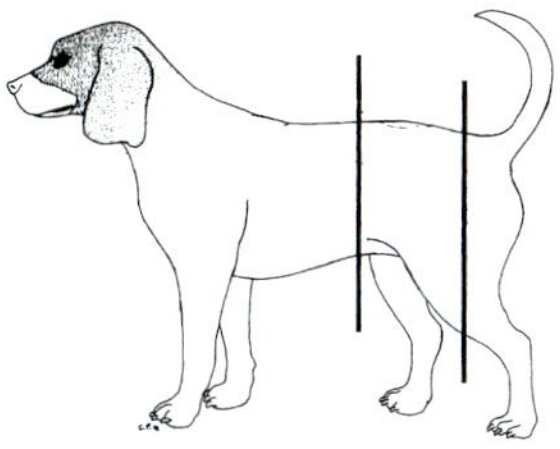

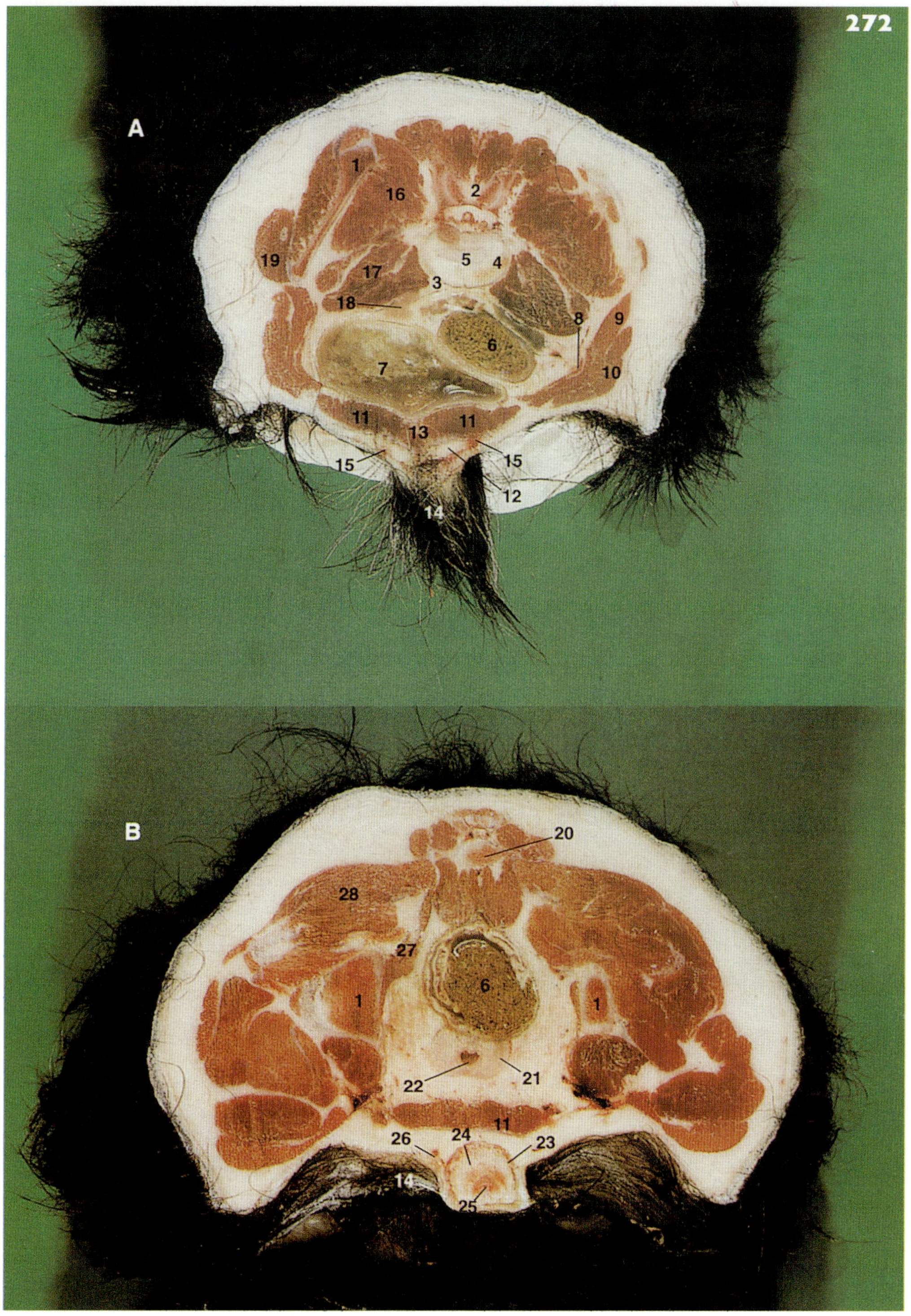

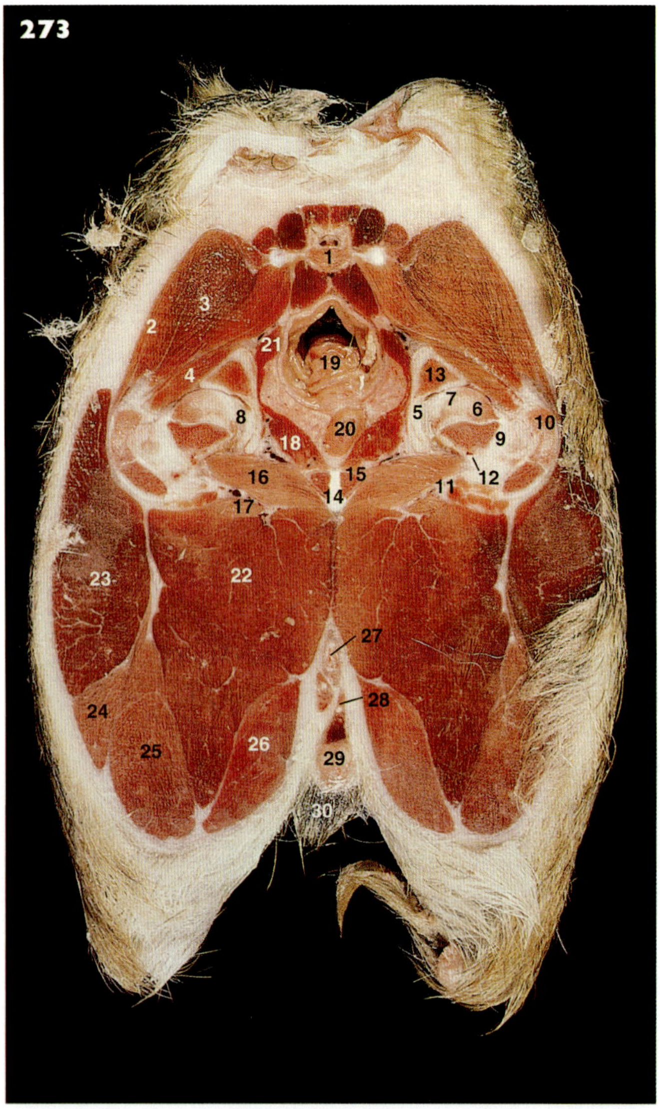

273　犬第三尾椎水平横断面头侧面观。

1	第三尾椎	16	闭孔外肌
2	臀浅肌	17	股方肌
3	臀中肌	18	耻尾肌
4	臀深肌	19	直肠
5	髋臼	20	尿道骨盆部
6	股骨头	21	肛提肌
7	股骨头关节面	22	收肌
8	股骨头韧带(圆韧带)	23	股二头肌
9	股骨颈	24	半腱肌
10	大转子	25	半膜肌
11	小转子	26	股薄肌
12	转子窝	27	阴茎
13	髂骨体	28	精索
14	骨盆联合	29	睾丸
15	耻骨	30	阴囊

临床注释

21所示肛提肌和尾骨肌是骨盆隔膜直肠两侧的结构，当排便收缩时起作用。在老龄犬，特别是雄性犬，由于肌肉萎缩可能引起功能退化。当排便时可能引起直肠偏离到另一侧，导致肛门外侧的会阴区出现皮下的膨胀。这就是临床上提到的会阴疝。

274　雄性犬穿过腹侧腹壁沿耻骨前沿的超声扫描。能够看到膀胱和与其紧靠的前列腺。

1　膀胱
2　前列腺

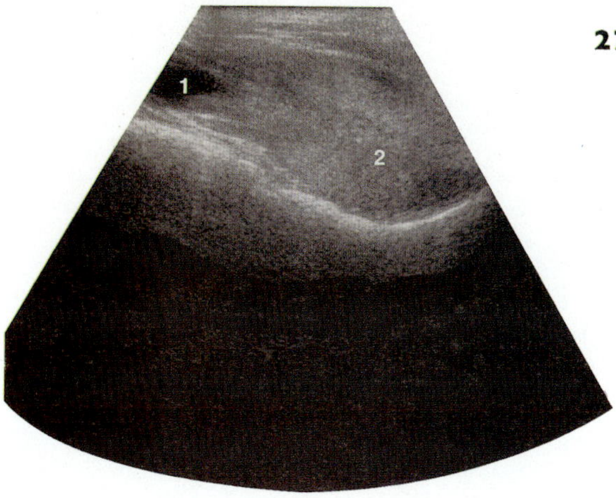

274

275　雄性犬穿过腹侧腹壁沿耻骨前沿的超声扫描。横断面能看到前列腺的正常影像。

1　前列腺左叶
2　前列腺右叶
3　膀胱颈

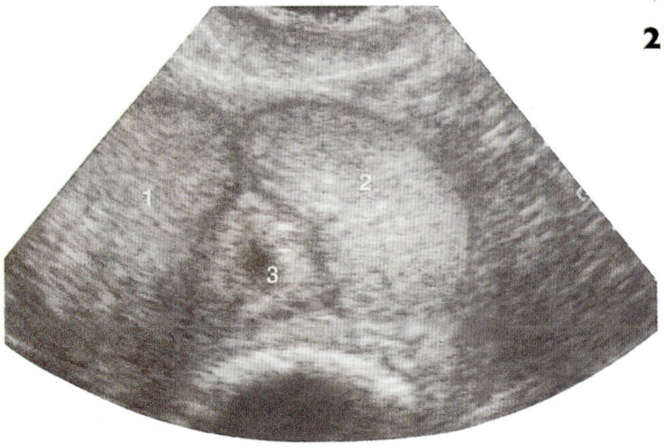

275

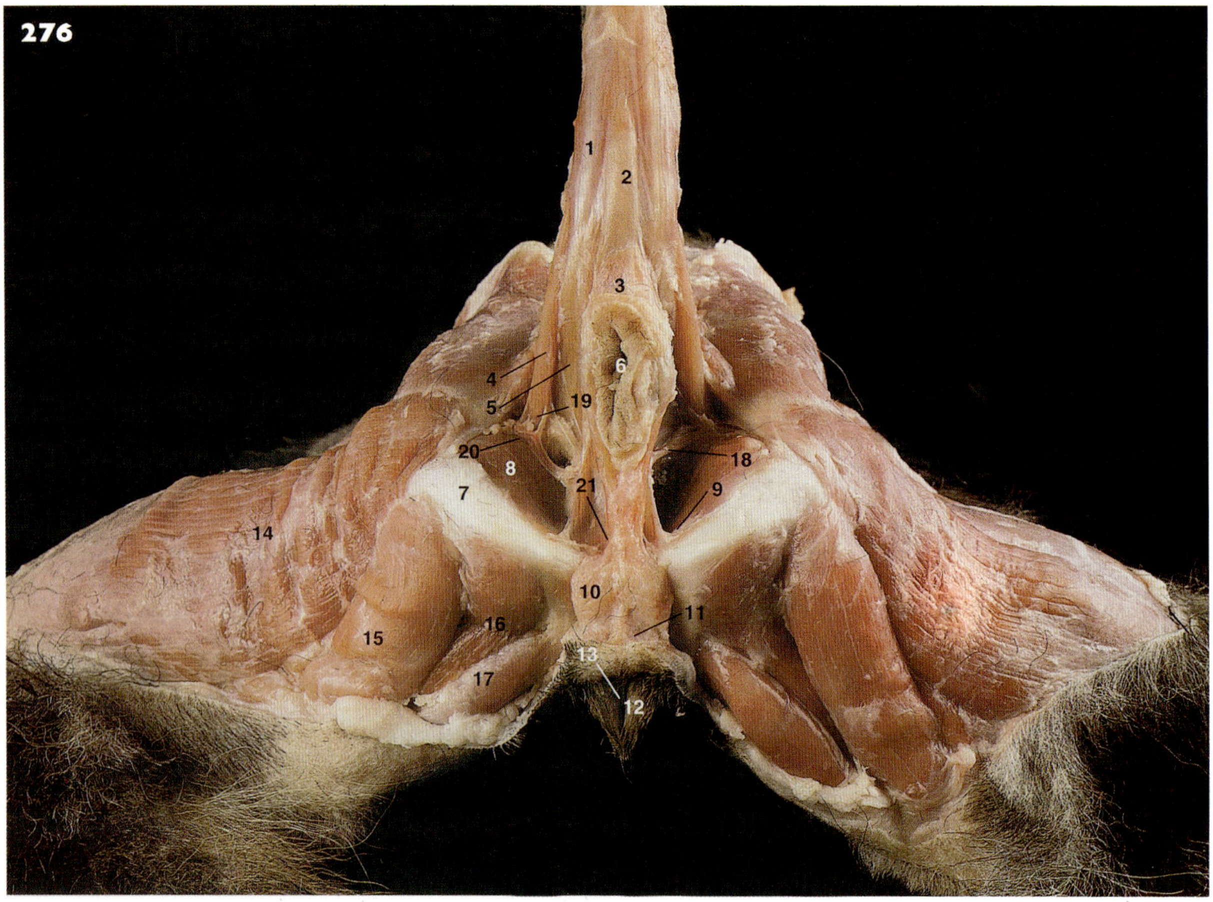

276　雌性犬会阴尾侧面观。

1	荐尾腹外侧肌	8	闭孔肌	15	半腱肌
2	直肠尾骨肌	9	坐骨尿道肌	16	半膜肌
3	肛门外括约肌	10	前庭缩肌	17	股薄肌
4	尾骨肌	11	阴门缩肌	18	阴部内动静脉和阴部神经
5	肛提肌	12	阴唇	19	直肠后动静脉
6	肛门	13	阴门	20	会阴动静脉
7	坐骨结节	14	股二头肌	21	前庭球动静脉

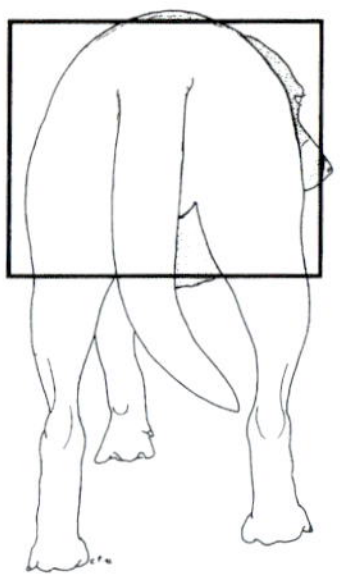

277 雌性犬的会阴和外生殖器后侧面观。

1 臀中肌
2 臀浅肌
3 髂背侧前棘
4 缝匠肌
5 阔筋膜张肌
6 阔筋膜
7 股二头肌
8 半腱肌
9 半膜肌
10 坐骨结节
11 尾背侧横突间肌
12 尾腹侧横突间肌
13 荐结节韧带
14 尾骨肌
15 肛提肌
16 肛门
17 肛门外括约肌
18 第一和第二尾神经纤维
19 阴门缩肌
20 阴门

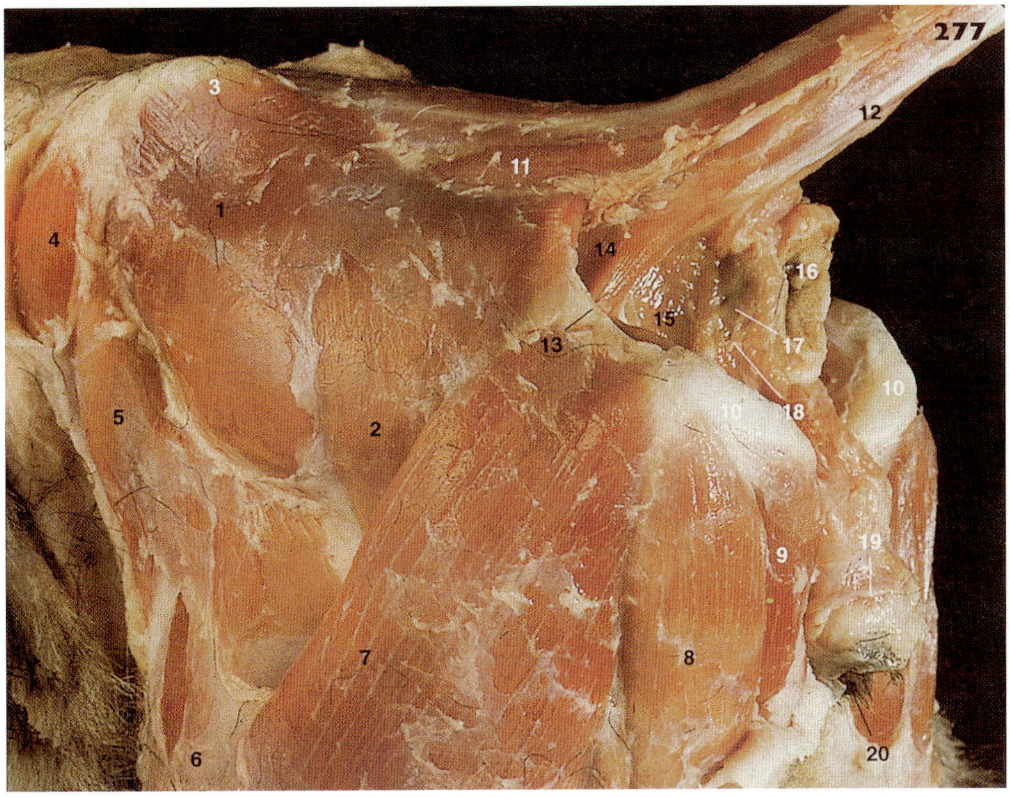

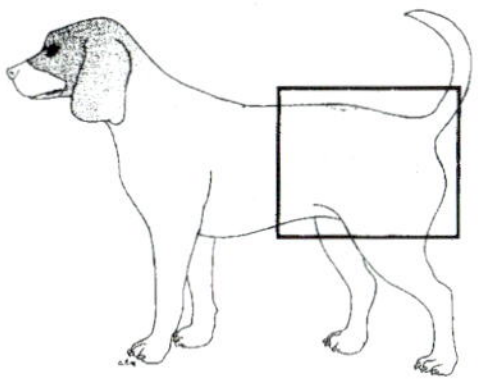

278 雄性犬会阴外生殖器尾侧面观。

1 直肠尾骨肌
2 肛门外括约肌
3 尾骨肌
4 肛提肌
5 肛门
6 坐骨结节
7 闭孔内肌
8 阴部内动脉和阴部神经
9 坐骨尿道肌
10 坐骨海绵体肌
11 球海绵体肌
12 阴茎退缩肌
13 股二头肌
14 半腱肌
15 半膜肌
16 股薄肌
17 收肌
18 精索
19 在睾丸鞘膜壁层内的睾丸
20 精索外筋膜

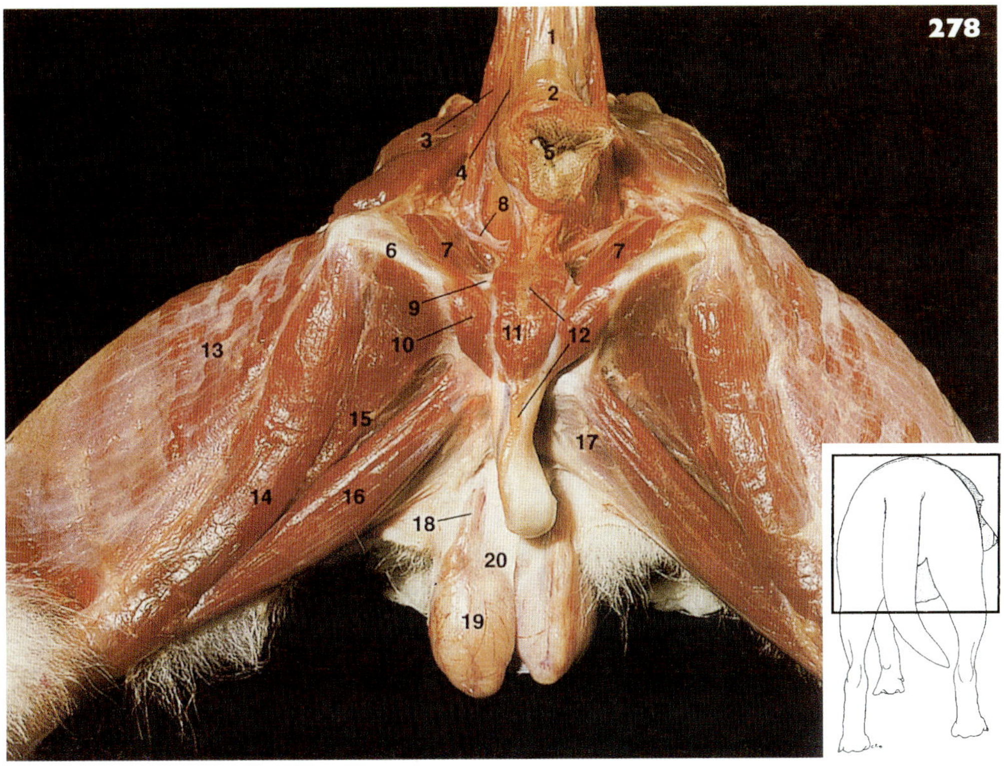

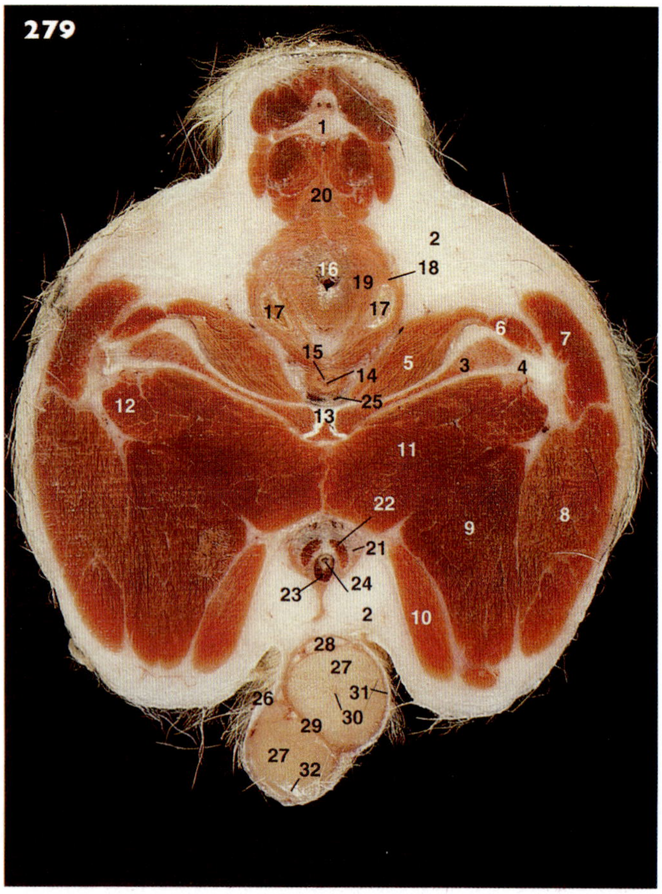

279　犬第四尾椎水平会阴部横断面的尾侧面观。

1	第四尾椎	17	肛门囊
2	脂肪组织	18	肛门外括约肌
3	坐骨	19	肛门内括约肌
4	坐骨结节	20	直肠尾骨肌
5	孖肌	21	阴茎白膜
6	闭孔内肌	22	阴茎海绵体腔
7	股二头肌	23	尿道海绵体
8	半腱肌	24	阴茎尿道部
9	半膜肌	25	阴茎动脉
10	股薄肌	26	阴囊
11	收肌	27	睾丸
12	股方肌	28	附睾
13	骨盆联合	29	阴囊隔
14	尿道骨盆部	30	睾丸纵隔
15	尿道海绵体	31	睾丸鞘膜(壁层和脏层)
16	肛管	32	精囊筋膜

临床注释

17所示的是位于肛门内外括约肌之间的肛门囊。肛门囊内分泌物来自囊内壁腺体和开口于肛门外周的导管。由于腺管的阻塞导致犬不适甚至导致会阴部的脓肿形成。这种阻塞可以通过手指施加压力于肛门腺两外侧，把这种含有特殊臭味的分泌物挤出。分泌物的气味被看作是犬的标记性气味。

280 雄性犬的会阴部后外侧面观。

1 髂骨背侧前棘
2 臀中肌
3 臀浅肌
4 缝匠肌
5 阔筋膜张肌
6 大转子
7 股二头肌
8 半腱肌
9 半膜肌
10 股薄肌
11 坐骨结节
12 荐结节韧带
13 尾背侧横突间肌
14 尾腹侧横突间肌
15 尾骨肌
16 肛提肌
17 肛门
18 肛门外括约肌
19 肛门囊位置(肛门外括约肌深部)
20 直肠尾骨肌
21 第一和第二尾神经纤维
22 阴茎退缩肌
23 球海绵体肌
24 坐骨海绵体肌
25 坐骨尿道肌
26 阴茎体
27 阴茎尿道海绵体
28 闭孔内肌
29 阴部内动脉起源于阴茎背动脉和会阴腹侧动脉
30 直肠后动脉
31 阴部神经

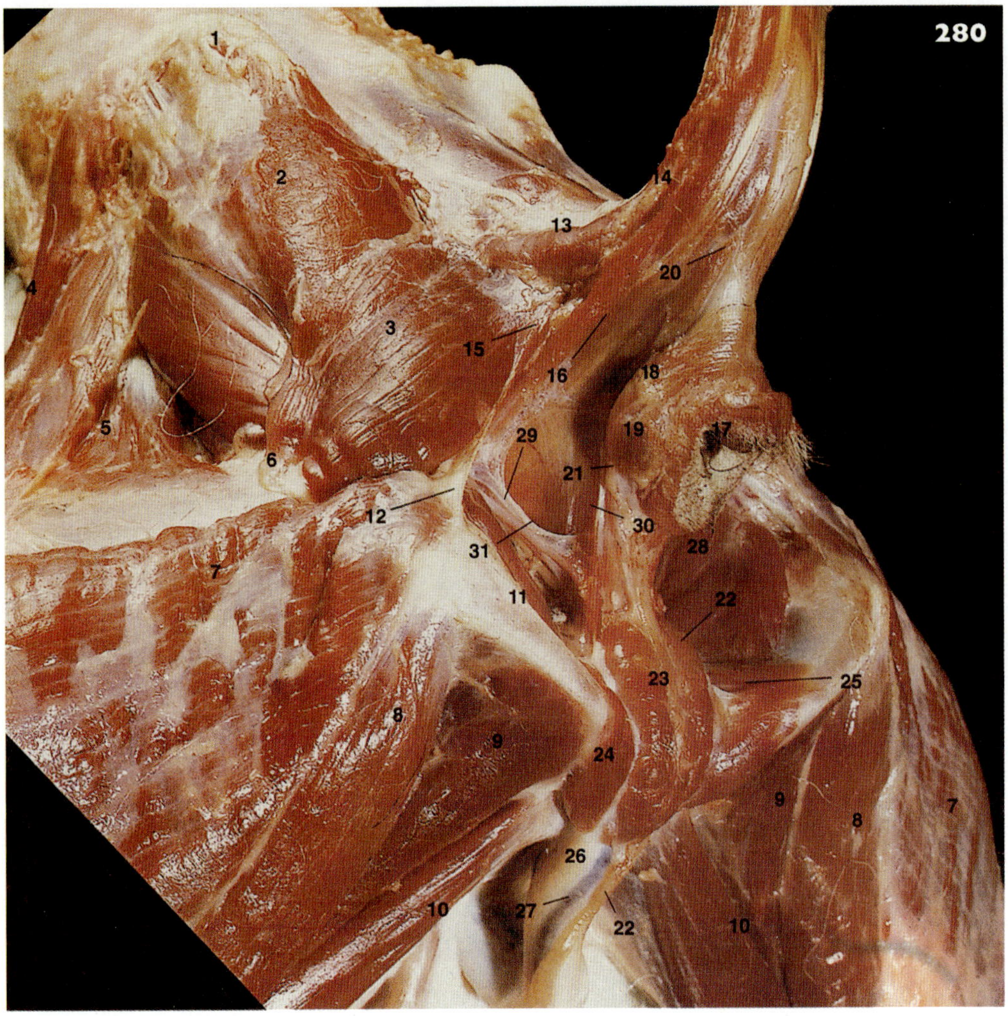

281 犬的阴茎骨背侧面观(A)和腹侧面观(B)。

1 前端
2 后端
3 腹侧沟

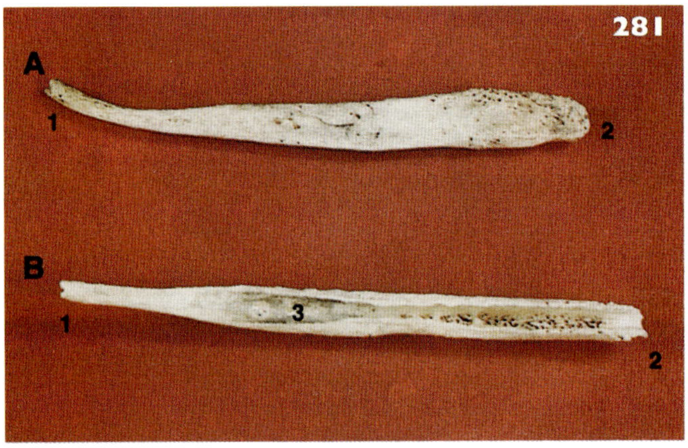

临床注释

3 所示的腹侧沟被尿道包裹着，尿道阻塞通常发生于腹侧沟的近端。

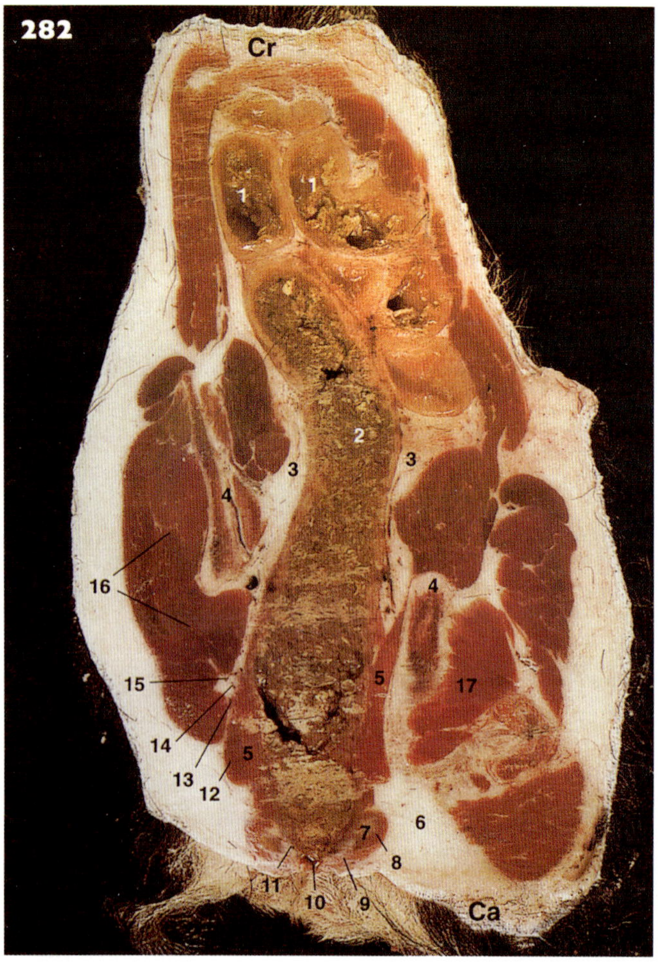

282 犬的肛门和骨盆背侧水平切面观，显示直肠和盆腔肌肉的局部解剖结构。前(Cr)和后(Ca)代表方位。

1 降结肠
2 直肠
3 骨盆入口
4 髂骨
5 肛提肌
6 脂肪(坐骨直肠窝里)
7 肛门囊
8 肛门外括约肌
9 肛门周腺
10 肛门
11 肛门内括约肌
12 尾骨肌
13 荐结节韧带
14 坐骨神经
15 臀后动静脉
16 臀肌
17 孖肌

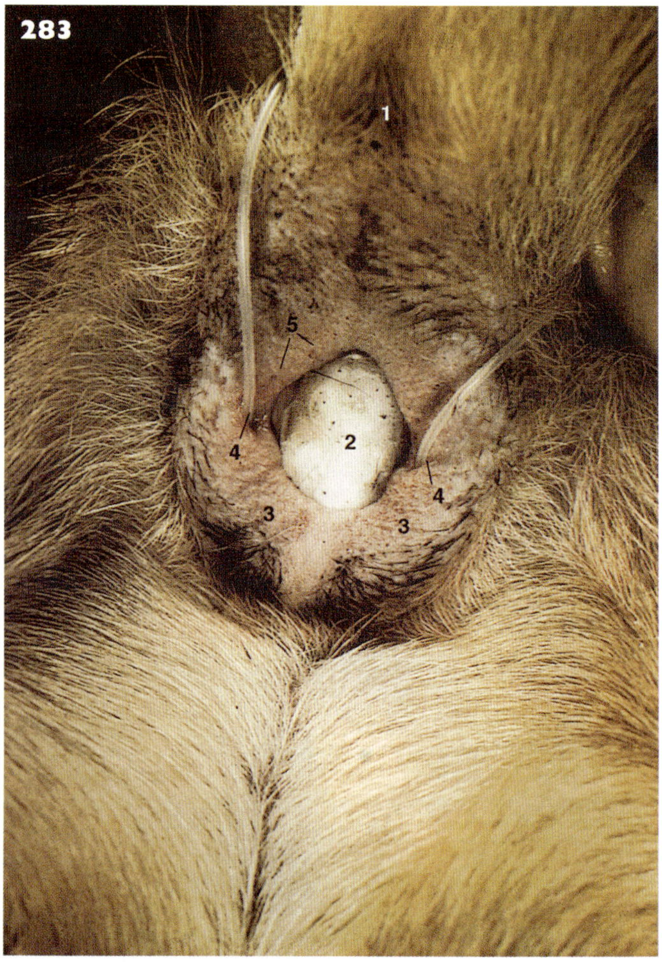

283 犬的肛门区尾侧面观，示肛门囊以及被插套管。

1 尾
2 肛门(棉花塞)
3 皮肤区带
4 肛门囊(插套管的)
5 肛门周腺的开口

临床注释

13和14所示的坐骨神经和荐结节韧带相对比较接近。在修复会阴疝的时候，韧带被用作盆膈肌肉的缝合固定点，例如尾骨肌(12)、肛提肌(5)，但包埋坐骨神经是一个潜在的危险。

284 雄性犬腹部的正位X光片。

1 肋弓
2 第十三胸椎
3 第十三肋(浮肋)
4 第一腰椎
5 第七腰椎
6 荐骨
7 髂骨
8 股骨
9 阴茎骨
10 棘突
11 横突
12 前关节突和乳突
13 后关节突
14 膈
15 胃
16 肝
17 右肾
18 左肾
19 脾脏
20 空肠
21 盲肠
22 降结肠

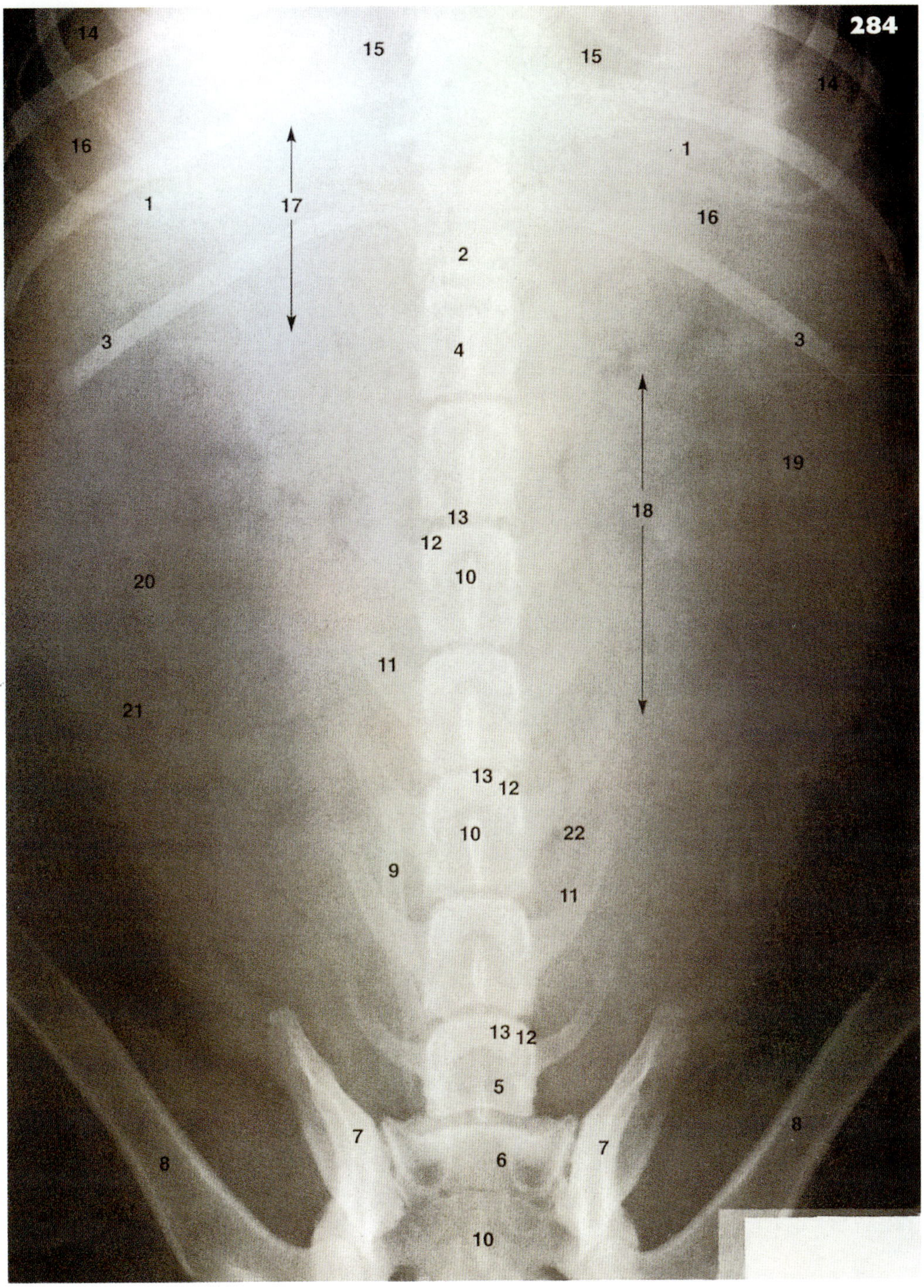

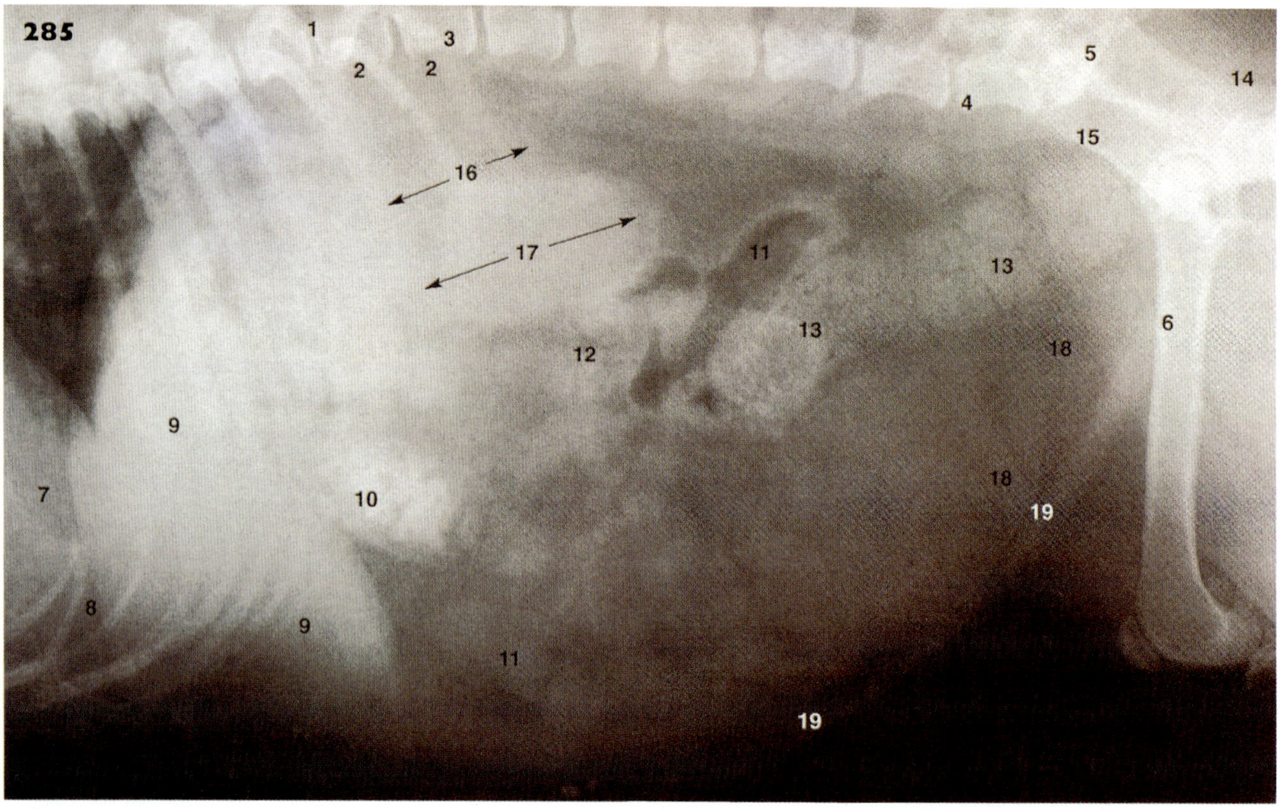

285 雄性犬腹部X光侧位片。

1	第十三胸椎	11	空肠
2	第十三肋（浮肋）	12	回结肠口和盲结肠口
3	第一腰椎	13	降结肠
4	第七腰椎	14	直肠
5	荐骨	15	髂骨翼
6	股骨	16	右肾
7	心脏	17	左肾
8	膈	18	膀胱（腹腔内膨胀）
9	肝脏	19	腹侧腹壁
10	胃		

286　犬的胸腹部的侧位X光片，已经灌服钡餐，显示上消化道。

1　食管
2　心脏
3　膈
4　第十三肋（浮肋）
5　第十三胸椎
6　胃底
7　胃体
8　幽门窦
9　肝脏
10　脾脏
11　十二指肠
12　空肠
13　盲肠
14　腹壁

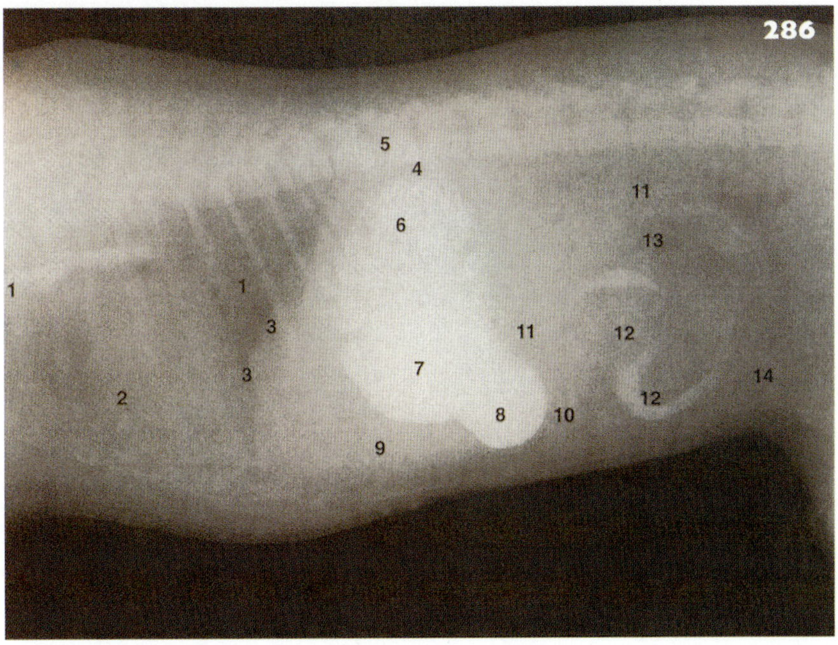

287　背卧犬腹部的正位X光片，钡餐和空气在胃中，十二指肠轮廓及绒毛套被显示。

1　膈
2　肝脏
3　第十三肋（浮肋）
4　贲门
5　胃底（钡制剂）
6　胃体（钡制剂和空气）
7　幽门窦
8　幽门
9　十二指肠降部
10　十二指肠升部
11　空肠
12　回肠

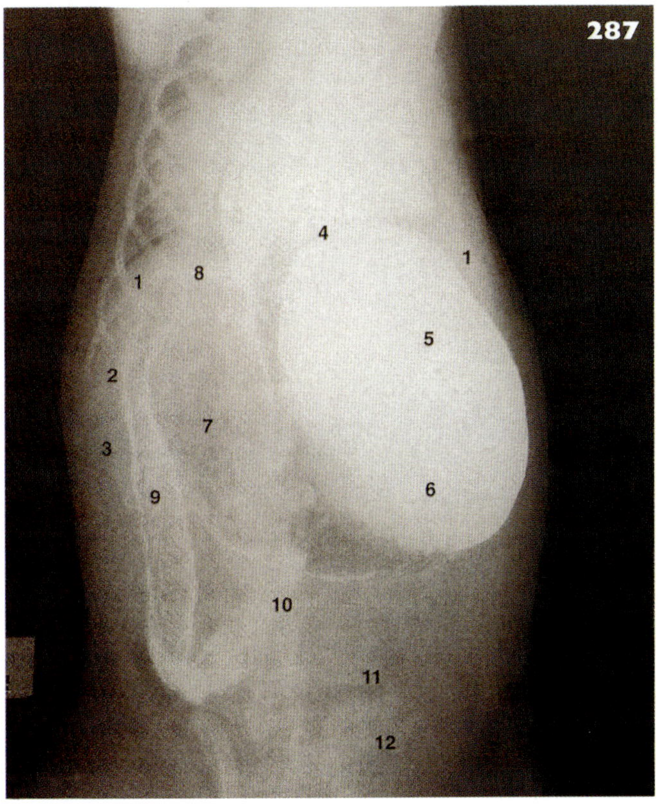

7 后肢

为了显示后肢从骨盆部到爪的每一骨学特征，使用了单个和连接的骨骼标本和X光片。相关肌肉显示使用分割标本。用动脉造影和静脉造影照片来显示血管位置，并在分割标本中标注神经干的名称。

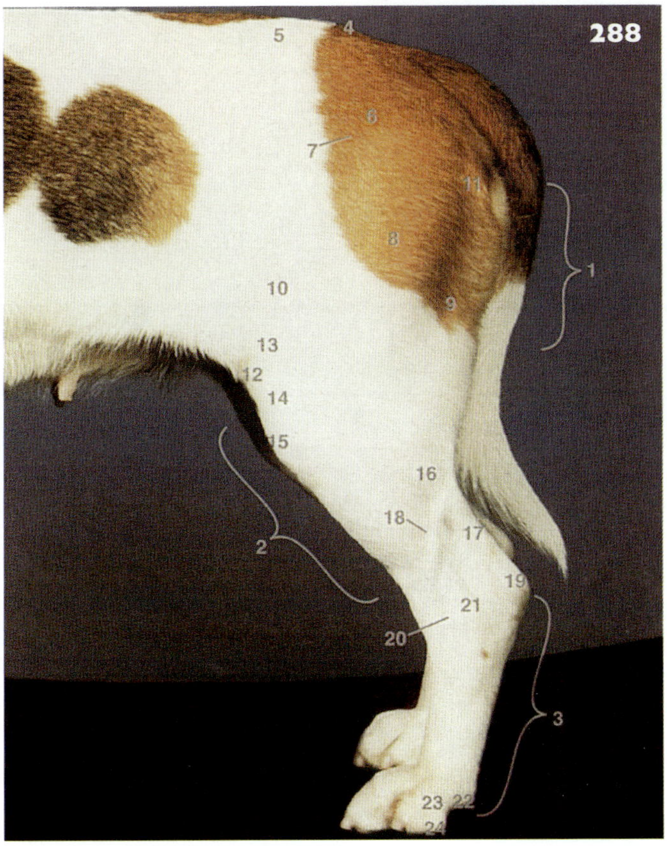

288 站立活体犬左后肢外侧面观，显示可触及的构造特征。

1	股区(大腿)	13	股骨外侧上髁
2	小腿	14	膝关节
3	后足	15	胫骨粗隆
4	荐骨正中嵴	16	腓肠肌
5	髂背侧前棘	17	跟总腱
6	大转子	18	外侧隐静脉(静脉注射位置)
7	髋关节水平位	19	跟结节
8	股二头肌	20	跗关节
9	半腱肌	21	腓外侧踝
10	股四头肌	22	跖垫
11	坐骨结节	23	第五趾
12	膝盖骨	24	趾垫

临床注释

5、6和11所示这些可触及的骨性标记经常被使用去验证骨盆的对称性，临床上检查髋骨骨折或者髋关节错位，可以两侧对比这三个骨性标记的位置关系。

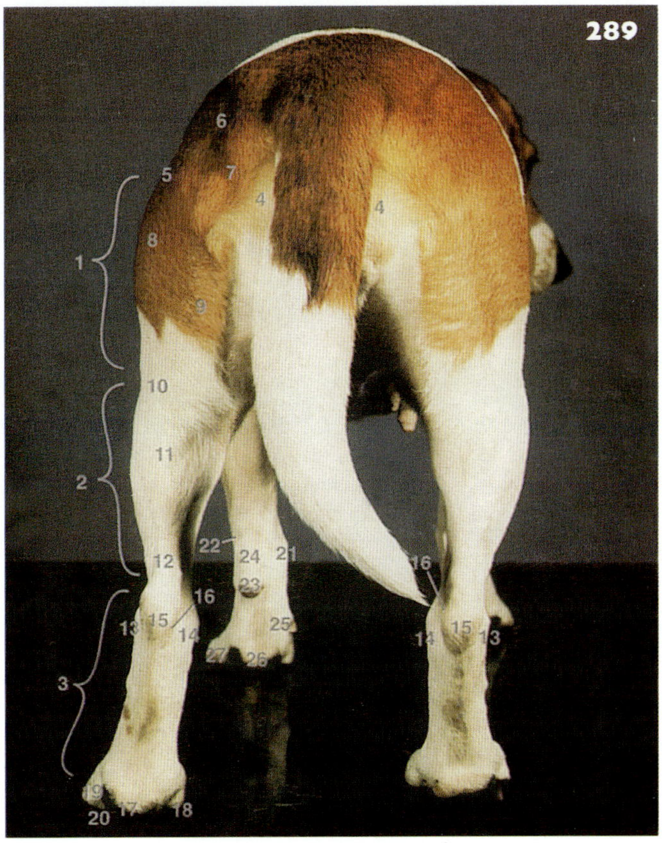

289 站立活体犬尾侧面观，显示可触及的构造特征。前肢掌侧面也被显示。

1	股区(大腿)	15	跟结节
2	小腿	16	跗关节
3	后足	17	跖垫
4	会阴	18	第二趾
5	大转子	19	第五趾
6	臀部肌肉群	20	趾垫
7	坐骨结节	21	前肢桡骨茎突内侧
8	股二头肌	22	前肢腕关节
9	半腱肌	23	前肢腕垫
10	膝关节	24	前肢副腕骨
11	腓肠肌和趾浅屈肌	25	前肢第一指
12	跟总腱	26	前肢掌垫
13	腓外侧踝	27	前肢第五指
14	胫内侧踝		

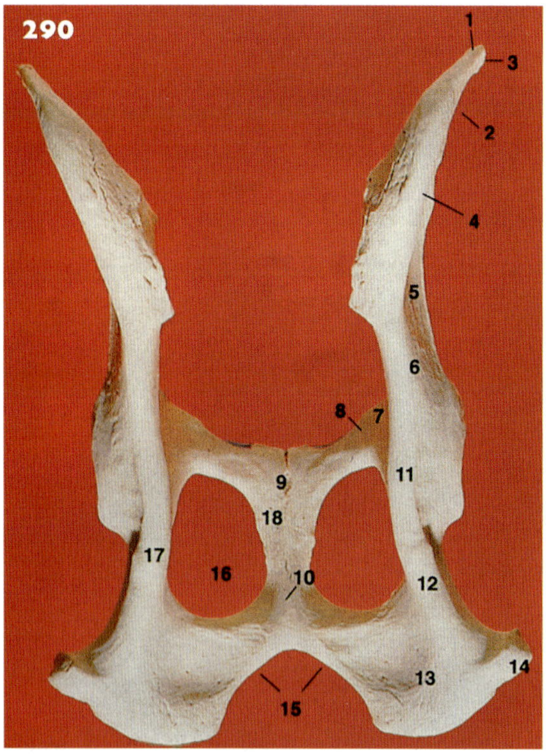

290 犬髋骨背侧面观。

1 髂嵴
2 髂骨翼
3 髂背侧前棘
4 髂背侧后棘
5 髂骨体
6 坐骨大切迹
7 髂耻隆起
8 耻骨梳
9 耻骨联合
10 坐骨联合
11 坐骨棘
12 坐骨小切迹
13 坐骨板
14 坐骨结节
15 坐骨弓
16 闭孔
17 闭孔沟
18 耻骨

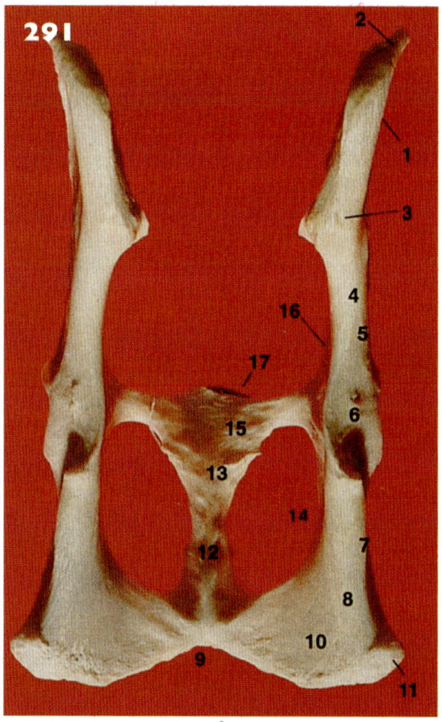

291 猫髋骨背侧面观。

1 髂骨翼
2 髂背侧前棘
3 髂背侧后棘
4 髂骨体
5 坐骨大切迹
6 坐骨棘
7 坐骨小切迹
8 坐骨
9 坐骨弓
10 坐骨板
11 坐骨结节
12 坐骨联合
13 耻骨联合
14 闭孔
15 耻骨
16 弓状线
17 耻骨梳

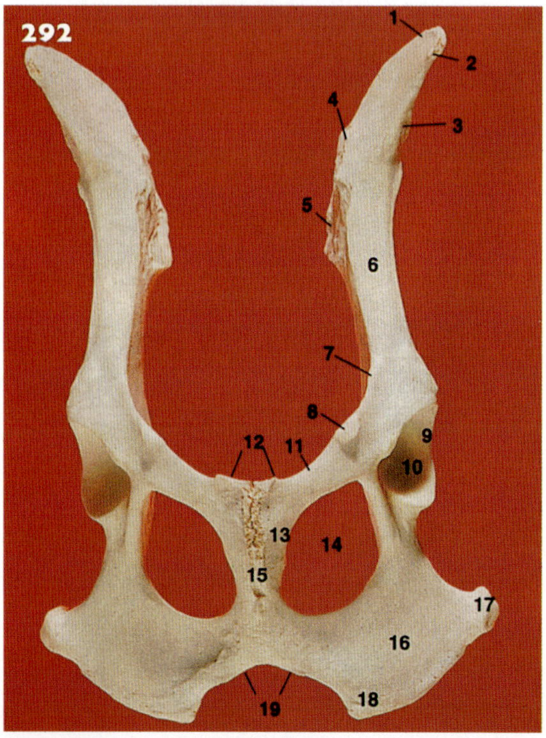

292 犬髋骨腹侧面观。

1 髂嵴
2 髂腹侧前棘
3 髂腹侧后棘
4 髂骨粗隆
5 耳状面
6 髂骨体
7 弓状线
8 髂耻隆起
9 髋臼月状面
10 髋臼窝
11 耻骨梳
12 耻骨结节
13 耻骨
14 闭孔
15 骨盆联合
16 坐骨
17 坐骨结节
18 坐骨结节内侧角
19 坐骨弓

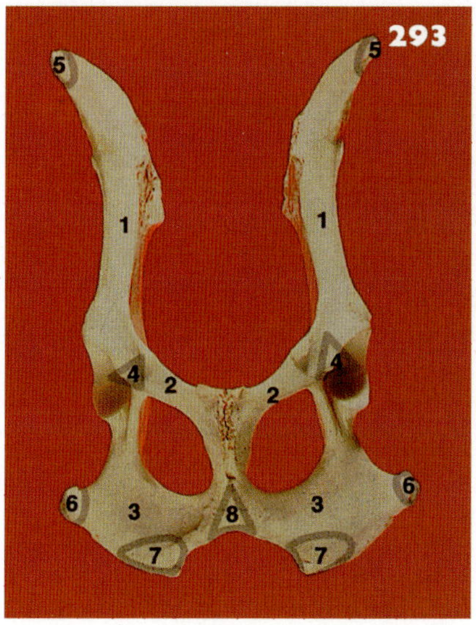

293 犬髋骨腹侧面观，显示骨化中心。

1 髂骨体	5 髂嵴
2 耻骨	6 坐骨结节
3 坐骨体	7 坐骨弓
4 髋臼	8 骨盆联合

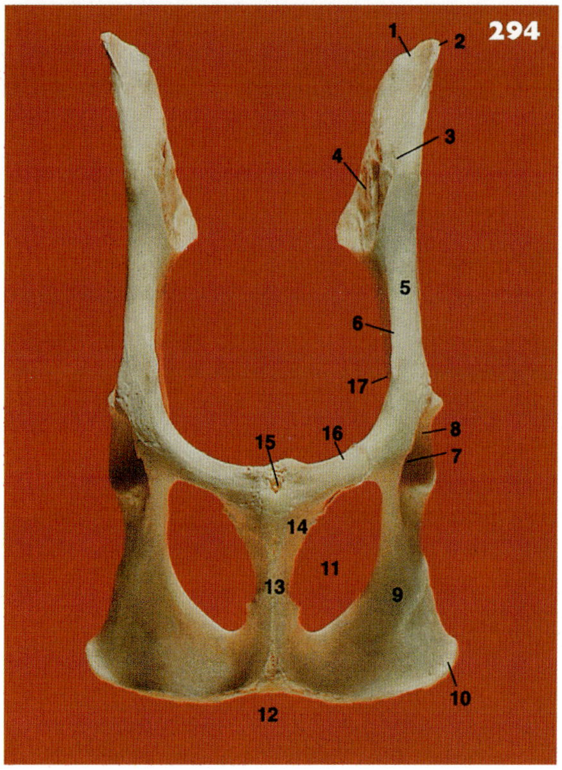

294 猫髋骨腹侧面观。

1 髂嵴	10 坐骨结节
2 髂腹侧前棘	11 闭孔
3 髂腹侧后棘	12 坐骨弓
4 耳状面	13 骨盆联合
5 髂骨体	14 耻骨
6 弓状线	15 耻骨结节
7 髋臼窝	16 耻骨梳
8 髋臼月状面	17 髂耻隆起
9 坐骨体	

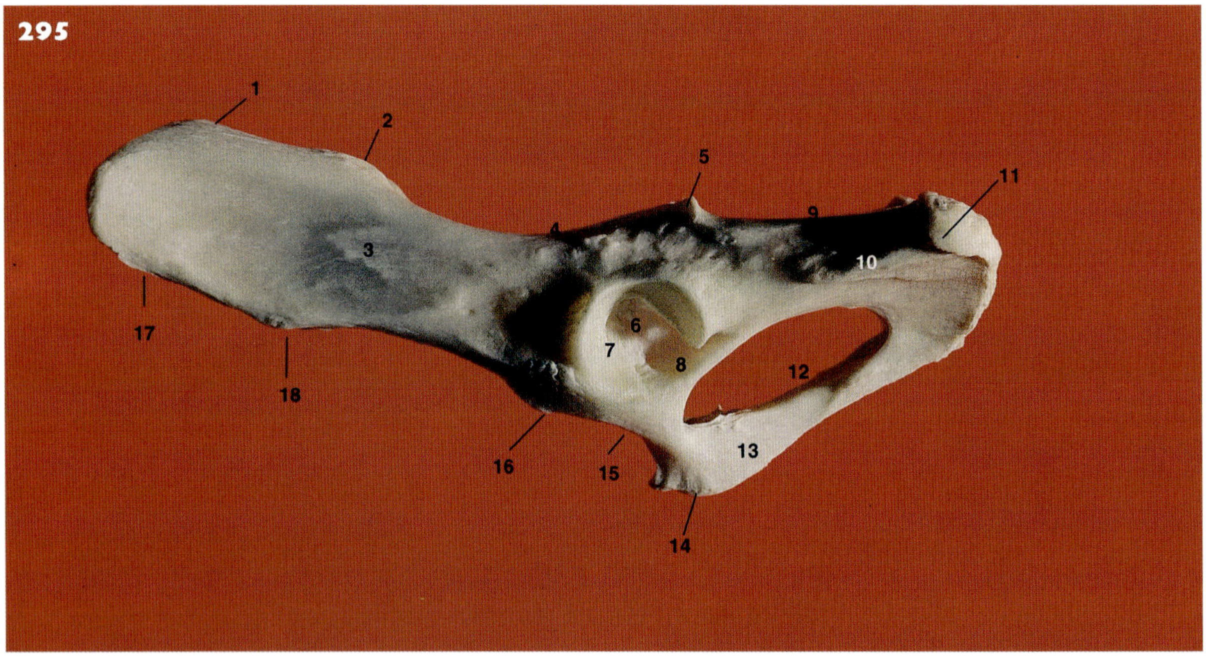

295 猫髋骨左侧面观。

1	髂背侧前棘	10	坐骨体
2	髂背侧后棘	11	坐骨结节
3	髂骨体	12	闭孔
4	坐骨大切迹	13	耻骨
5	坐骨棘	14	耻骨结节
6	髋臼窝	15	耻骨梳
7	髋臼月状面	16	髂耻隆起
8	髋臼切迹	17	髂腹侧前棘
9	坐骨小切迹	18	髂腹侧后棘

296　犬的左髋骨外侧面(A)和右髋骨内侧面(B)。

1	髂嵴	22	髂骨粗隆
2	髂背侧前棘	23	荐髂关节
3	髂背侧后棘	24	髂骨粗隆
4	髂骨翼	25	耳状面
5	髂骨臀面	26	髂背侧前棘
6	髂骨体	27	髂背侧后棘
7	坐骨大切迹	28	髂骨体
8	坐骨棘	29	坐骨大切迹
9	坐骨	30	坐骨棘
10	坐骨结节	31	闭孔沟
11	坐骨小切迹	32	坐骨结节
12	闭孔	33	坐骨板
13	髋臼窝	34	骨盆联合
14	髋臼月状面	35	闭孔
15	耻骨	36	耻骨结节
16	耻骨结节	37	耻骨梳
17	耻骨梳	38	髂耻隆起
18	髂耻隆起	39	弓状线
19	股直肌结节	40	髂腹侧后棘
20	髂腹侧后棘	41	髂腹侧前棘
21	髂腹侧前棘		

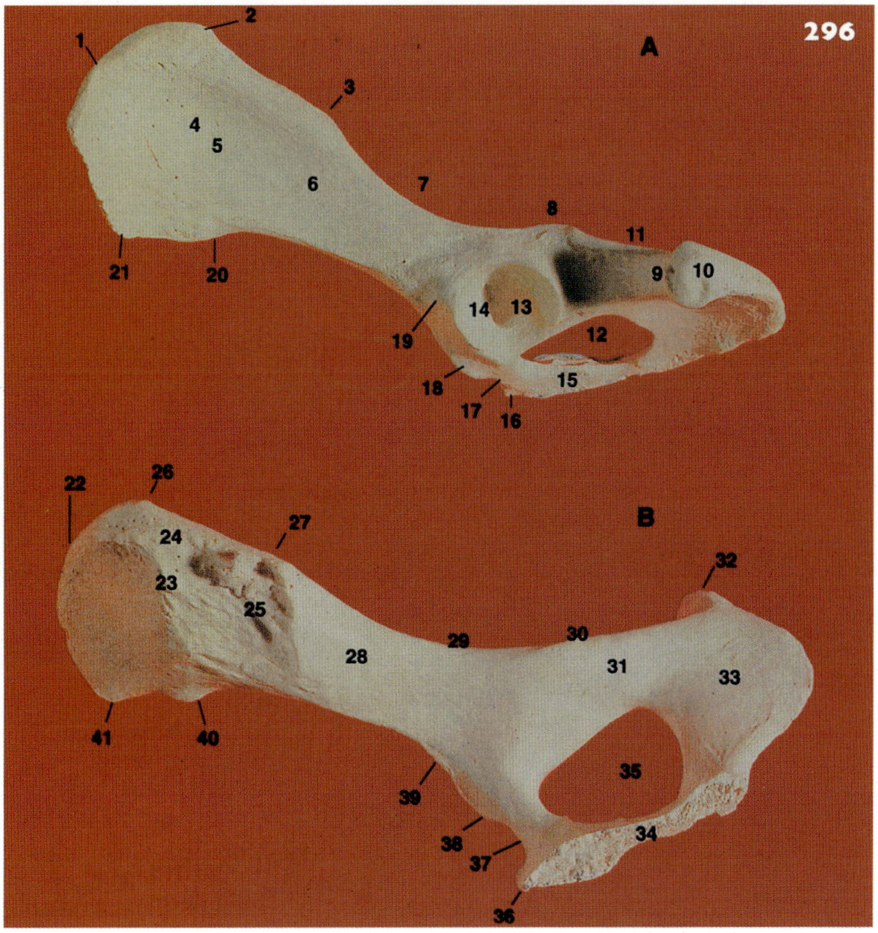

297　犬的左髋骨外侧面观(A)和右髋骨内侧面观(B)，显示肌肉附着点。

1	臀中肌	13	闭孔外肌
2	缝匠肌	14	收肌和股薄肌
3	阔筋膜张肌	15	腹直肌
4	臀深肌	16	耻骨肌
5	髂肌	17	腰小肌
6	股直肌	18	髂肋肌和腰最长肌
7	髋关节肌	19	腰方肌
8	孖肌	20	尾骨肌
9	股二头肌	21	肛提肌
10	半腱肌	22	闭孔内肌
11	半膜肌	23	坐骨海绵体肌
12	股方肌		

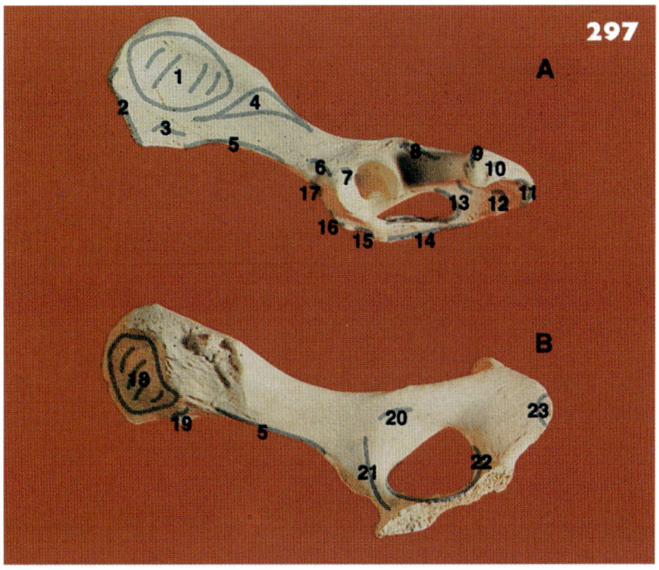

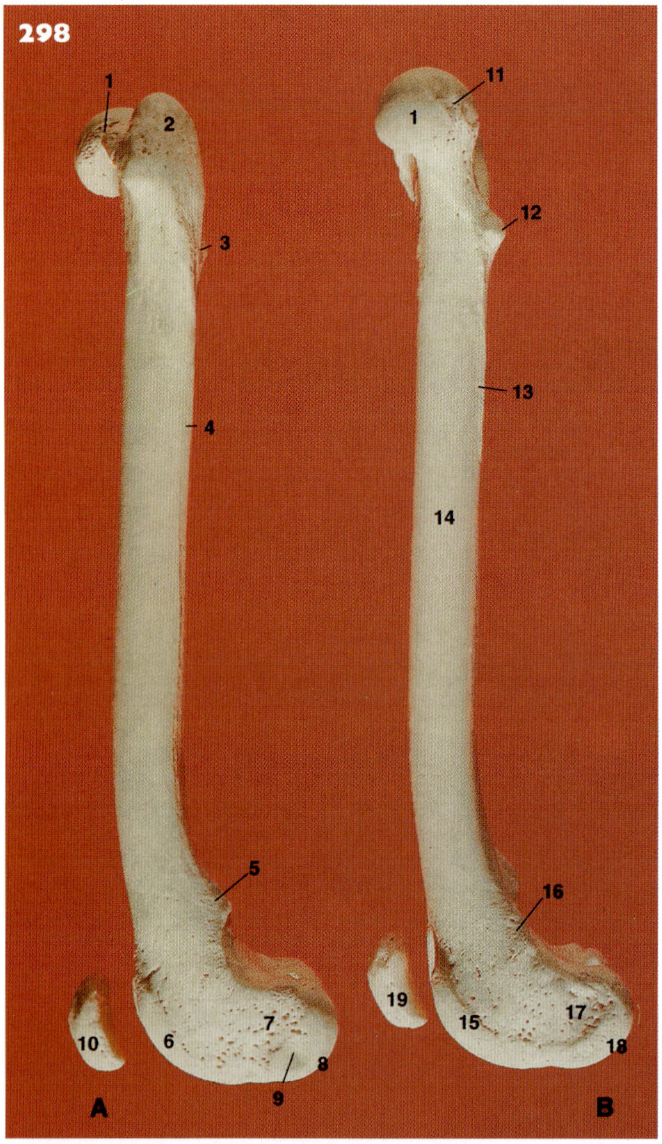

298 犬的左骨股外侧面观(A)和右股骨内侧面观(B)。

1 股骨头
2 大转子
3 第三转子
4 外侧唇
5 外侧髁上粗隆
6 外侧滑车嵴
7 外侧上髁
8 外侧髁
9 伸肌窝
10 膝盖骨
11 头凹
12 小转子
13 内侧唇
14 股骨体
15 内滑车嵴
16 内侧髁上粗隆
17 内侧上髁
18 内侧髁
19 膝盖骨

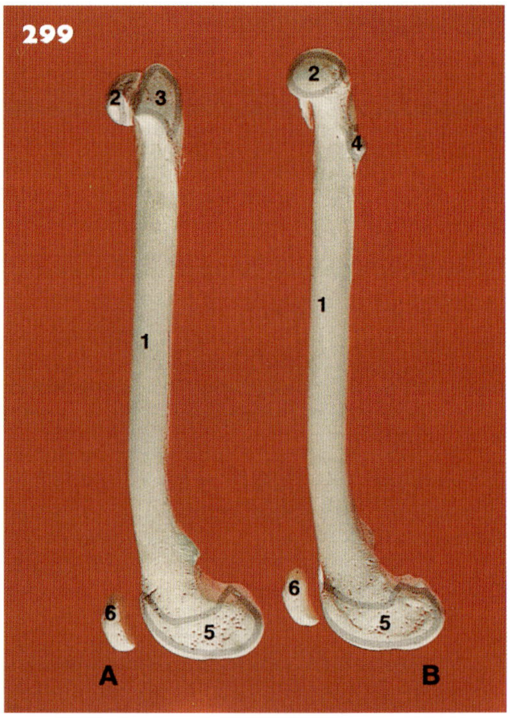

299 犬的左股骨外侧面观(A)和右股骨内侧面观(B)，显示骨化中心。

1 股骨体
2 股骨近端
3 大转子
4 小转子
5 股骨远端
6 膝盖骨

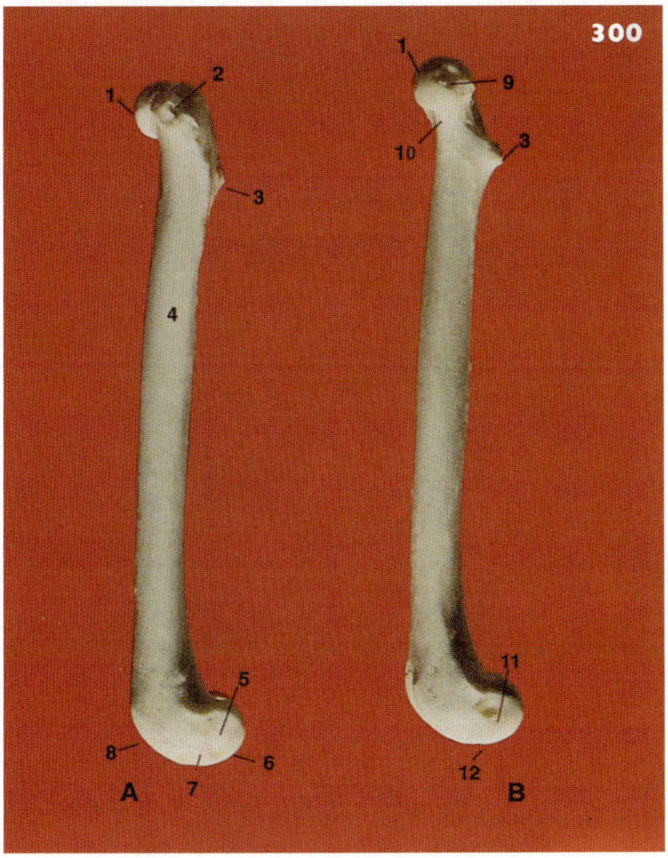

300　猫的左股骨外侧面观(A)和右股骨内侧面观(B)。

1	股骨头	7	伸肌窝
2	大转子	8	滑车
3	小转子	9	头凹
4	股骨体	10	股骨颈
5	外侧上髁	11	内侧上髁
6	外侧髁	12	内侧髁

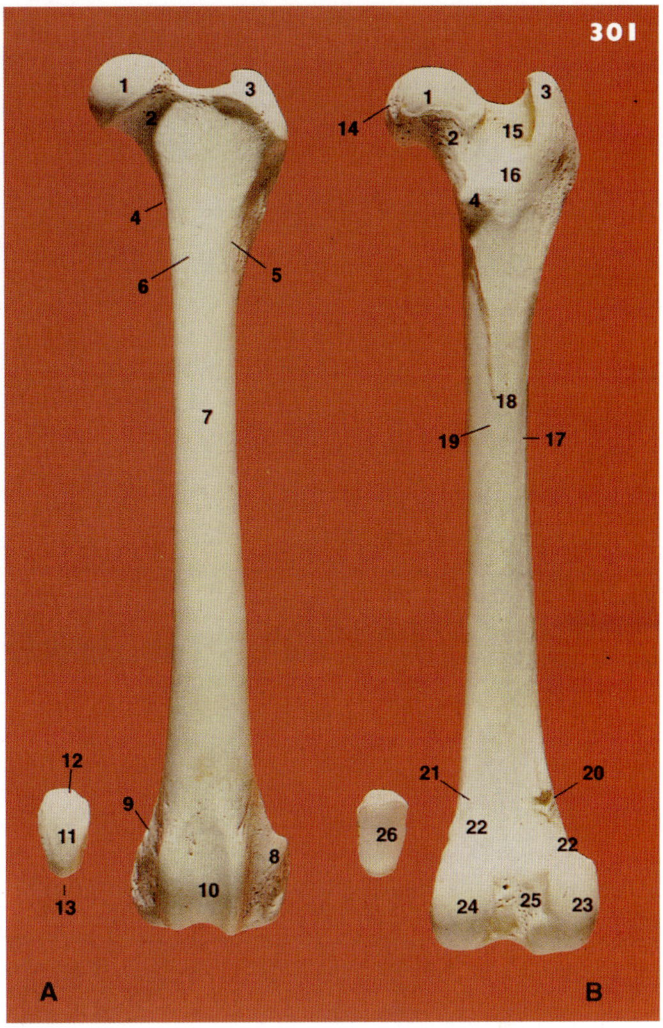

301　犬的左股骨头侧面观(A)和右股骨尾侧面观(B)。膝盖骨的头侧、尾侧面也被显示。

1	股骨头	14	头凹
2	股骨颈	15	转子窝
3	大转子	16	转子间嵴
4	小转子	17	外侧唇
5	股外侧肌线	18	粗面
6	股内侧肌线	19	内侧唇
7	股骨体	20	外侧髁上粗隆
8	外侧上髁	21	内侧髁上粗隆
9	内侧上髁	22	籽骨关节区
10	滑车	23	外侧髁
11	膝盖骨	24	内侧髁
12	膝盖骨底	25	髁间窝
13	膝盖骨头	26	膝盖骨关节面

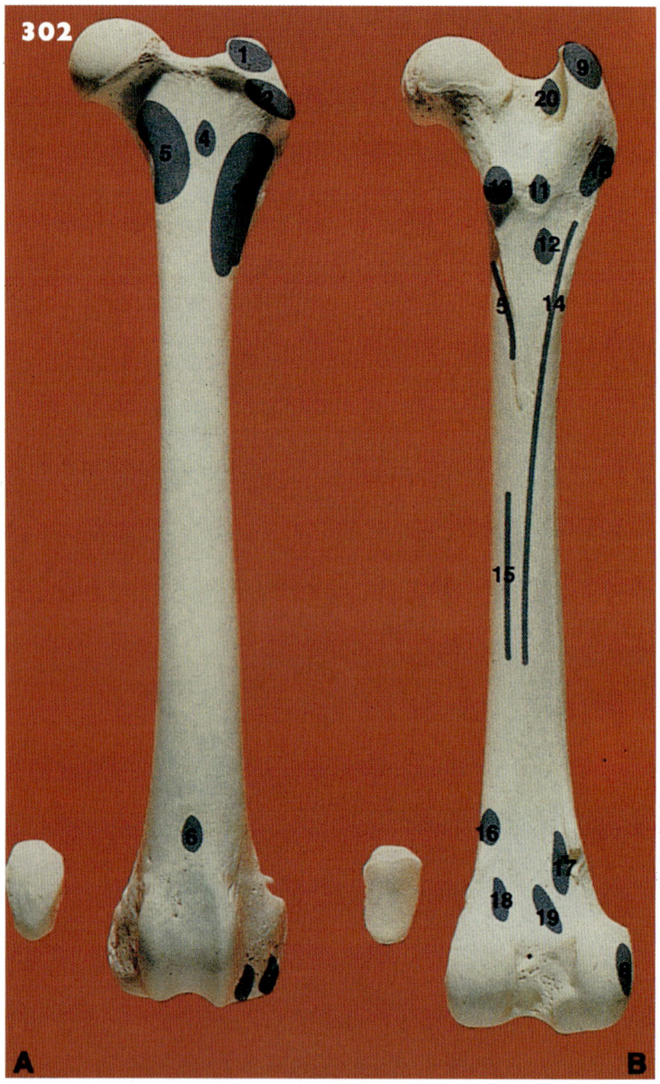

302 犬的左股骨头侧面观(A)和右股骨尾侧面观(B),显示肌肉附着点。

1	臀中肌	11	股方肌
2	臀深肌	12	长收肌
3	股外侧肌和股中间肌	13	髂腰肌
4	髋关节肌	14	大收肌和短收肌
5	股内侧肌	15	耻骨肌
6	膝关节肌	16	半膜肌
7	趾长屈肌	17	腓肠肌长头
8	腘肌	18	腓肠肌内侧头
9	梨状肌和臀中肌	19	趾浅屈肌
10	臀浅肌	20	孖肌和闭孔内外肌

303 猫的左股骨头侧面观(A)和右股骨尾侧面观(B)。

1	股骨头	11	头凹
2	股骨颈	12	转子窝
3	大转子	13	大转子
4	股骨体	14	小转子
5	股外侧肌线	15	转子间嵴
6	内侧上髁	16	腘面
7	外侧上髁	17	内侧髁
8	滑车	18	外侧髁
9	膝盖骨底	19	髁间窝
10	膝盖骨头	20	膝盖骨关节面

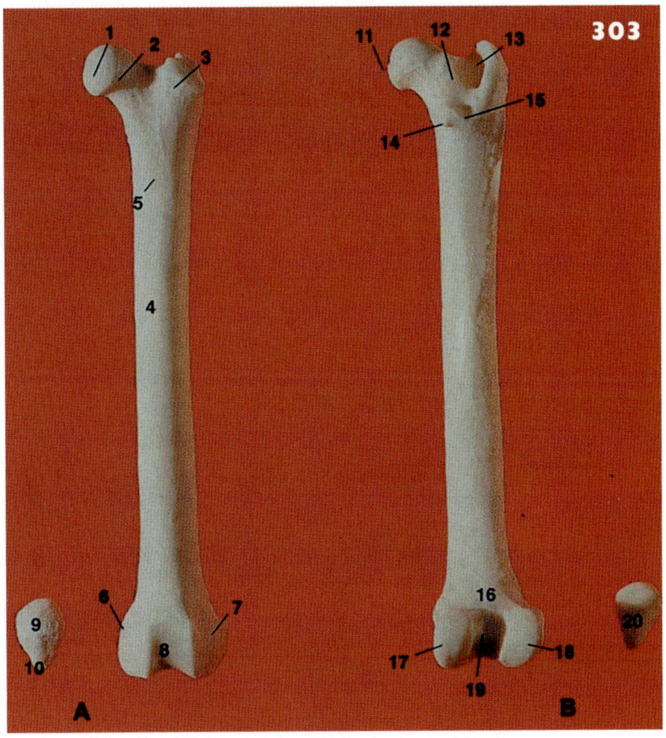

304 犬的股骨近端和远端。

1	头凹	6	转子间嵴
2	股骨头	7	滑车
3	大转子	8	髁间窝
4	转子窝	9	外侧髁
5	小转子	10	内侧髁

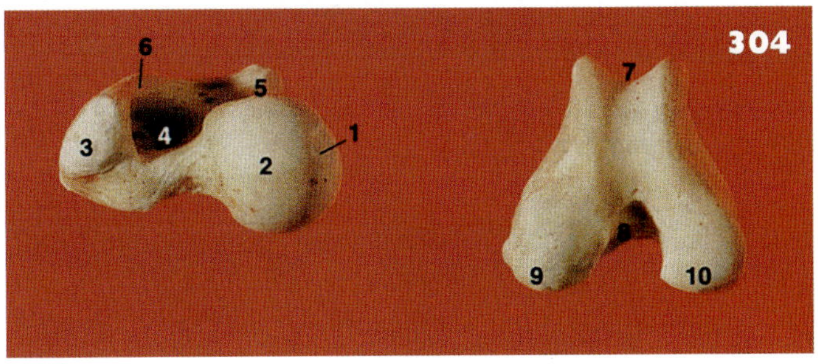

临床注释

4所示是股骨骨折内固定的髓内钉出现偏离重新进出的位置。由于股骨头关节面的偏离或股骨体的纵向长度(图-301中1、2和7)相关的问题,在股骨有可能实施钢丝钉重新固定的技术。

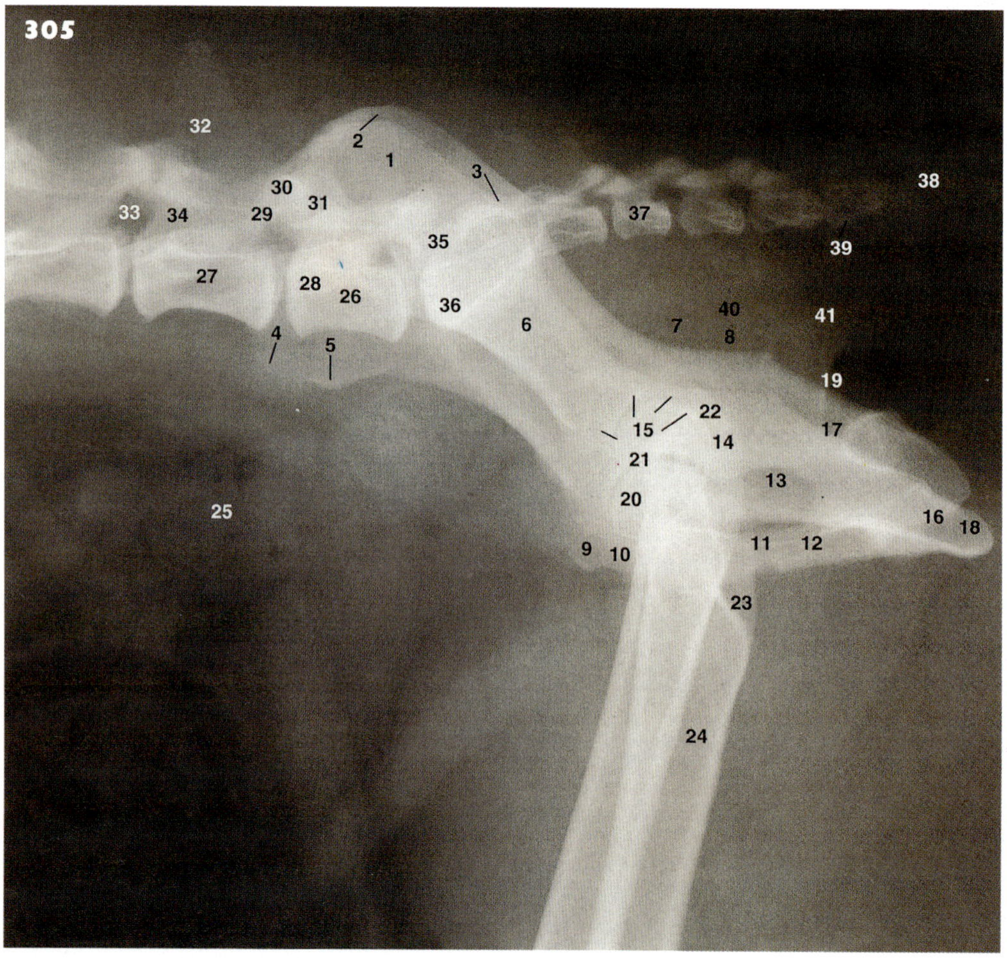

305 雌性犬骨盆部X光侧位平片。

1 髂骨翼
2 髂背侧前棘
3 髂背侧后棘
4 髂腹侧前棘
5 髂腹侧后棘
6 髂骨体
7 坐骨大切迹
8 坐骨棘
9 髂耻隆起
10 耻骨梳
11 耻骨
12 骨盆联合
13 闭孔
14 髋臼切迹
15 髋臼
16 坐骨弓
17 坐骨体
18 坐骨结节
19 坐骨小切迹
20 股骨头
21 髋关节
22 大转子
23 小转子
24 股骨体
25 降结肠
26 第七腰椎
27 第六腰椎体
28 横突
29 副突
30 后关节突
31 前关节突
32 棘突
33 椎间孔
34 椎管
35 荐骨翼
36 岬
37 第一尾椎
38 第五尾椎
39 脉弓
40 直肠
41 肛门

306 雄性犬盆腔部X光正位片。

1 髂骨翼
2 髂骨体
3 背侧缘
4 腹侧缘
5 髂腹侧后棘
6 髂腹侧前棘
7 髂嵴
8 耻骨髋臼支
9 耻骨梳
10 髂耻隆起
11 耻骨联合
12 坐骨联合
13 坐骨板
14 坐骨结节
15 坐骨体
16 坐骨小切迹
17 坐骨弓
18 闭孔
19 坐骨棘
20 髋臼背侧缘
21 髋臼腹侧缘
22 髋臼窝和髋臼切迹
23 髋臼前缘
24 髋臼后缘
25 股骨头
26 股骨颈
27 大转子
28 转子窝
29 小转子
30 股骨体
31 降结肠
32 第七腰椎体
33 棘突
34 横突
35 荐骨翼
36 直肠
37 荐骨棘突
38 阴茎骨

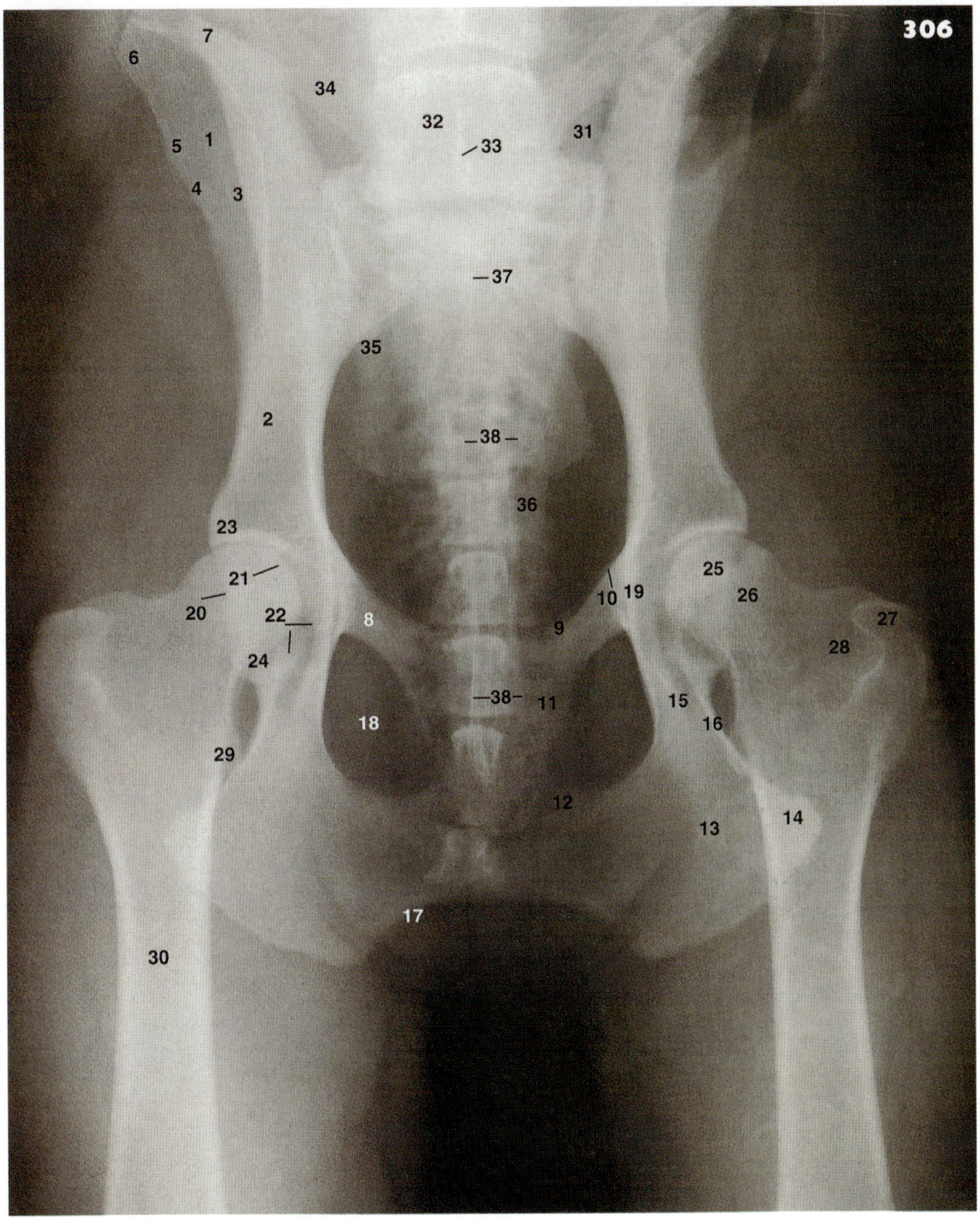

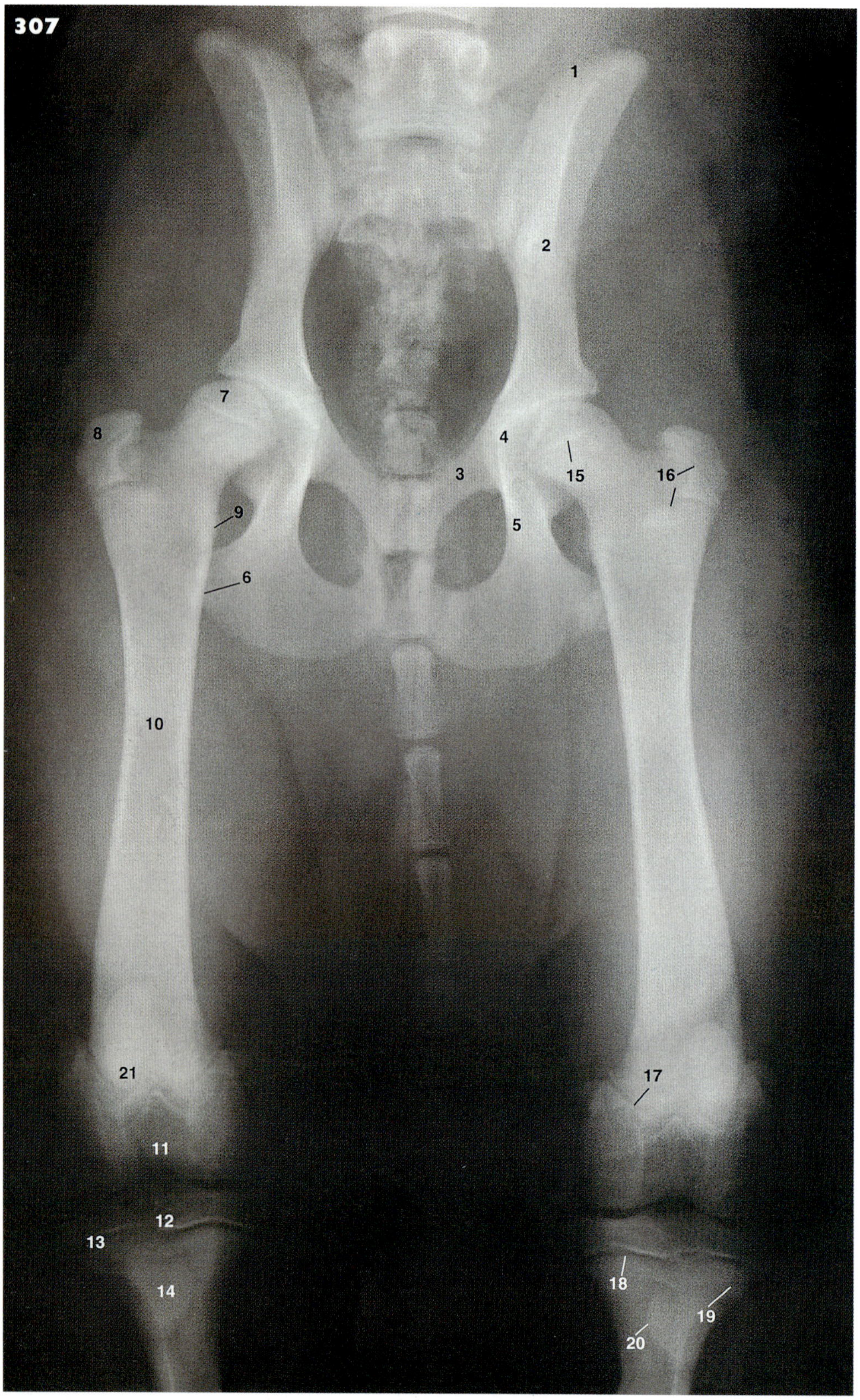

307 幼犬的骨盆部X光正位片，显示骨化中心。

1 髂嵴
2 髂骨体
3 耻骨
4 髋臼
5 坐骨体
6 坐骨结节
7 股骨头
8 大转子
9 小转子
10 股骨体
11 股骨远端骺
12 胫骨近端骺
13 腓骨近端骺
14 胫骨粗隆
15 股骨近端生长板
16 大转子生长板
17 股骨远端生长板
18 胫骨近端生长板
19 腓骨近端生长板
20 胫骨粗隆生长板
21 滑车内膝盖骨

308 19 周龄幼猫骨盆和后肢 X 光背腹侧位片，显示骨化形成。

1	第七腰椎体前生长板	21	股骨外侧髁
2	荐骨	22	胫骨近端骺
3	髂骨	23	胫骨体
4	坐骨	24	胫骨体和胫骨粗隆之间的生长板
5	耻骨	25	腓骨近端骺
6	第二尾椎体	26	腓骨体
7	闭孔	27	胫骨远端骺
8	髋臼	28	腓骨远端骺
9	在髂骨、坐骨、耻骨与髋臼之间的髋臼生长板	29	跟骨体
10	股骨头	30	跟结节骨化中心
11	大转子成骨中心和股骨头之间的生长板	31	距骨
12	小转子	32	远列跗骨
13	骨盆联合	33	第二到第五跖骨
14	坐骨结节成骨中心和坐骨板之间的生长板	34	跖骨远端骺
15	股骨近端骺	35	第一趾骨
16	股骨体	36	近籽骨
17	股骨远端骺	37	近节趾骨近端骺
18	膝盖骨	38	近节趾骨体
19	腓肠豆	39	中节趾骨近端骺
20	股骨内侧髁	40	中节趾骨体
		41	远节趾骨体

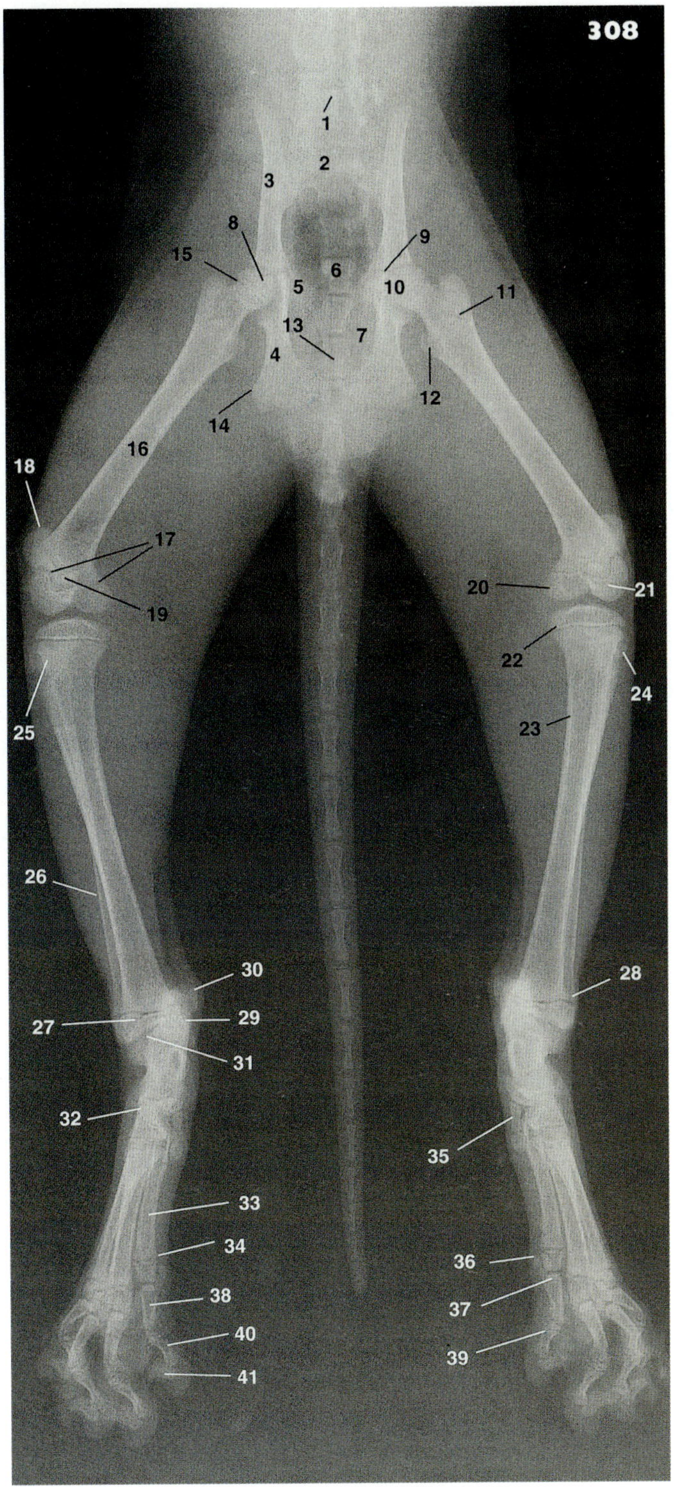

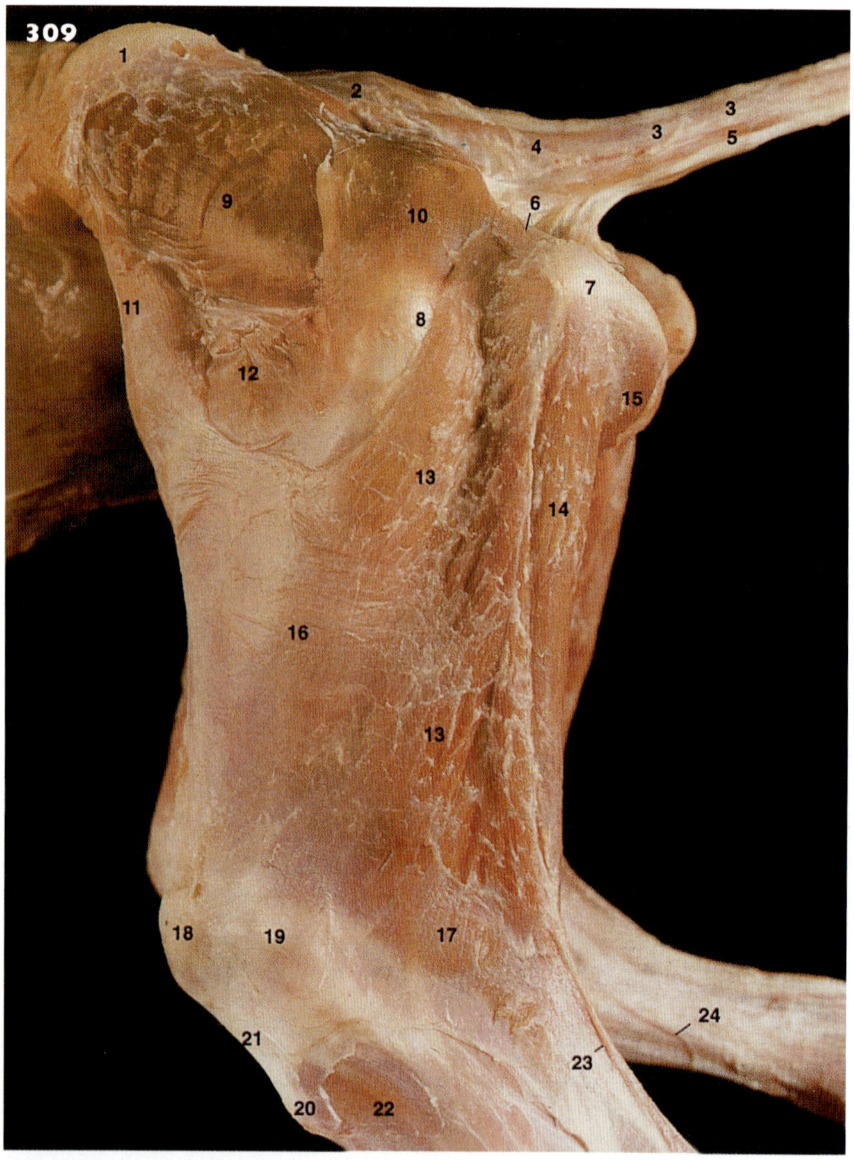

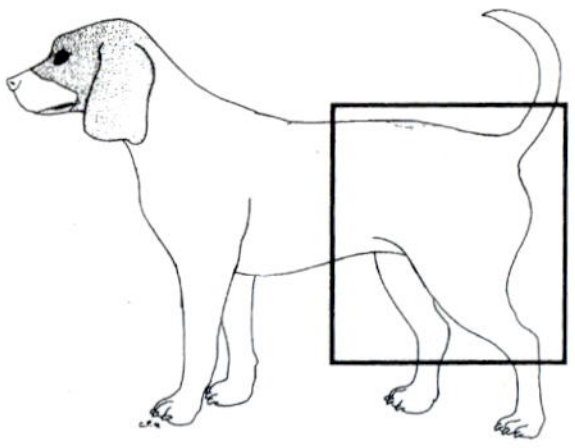

309　犬左后肢臀股部外侧面观，皮肤被切除，显示浅层肌肉。

1	髂骨背侧棘	9	臀中肌	17	股二头肌延伸
2	荐骨	10	臀浅肌	18	滑车沟内膝盖骨
3	尾椎	11	缝匠肌	19	股骨外侧上髁
4	尾背侧横突间肌	12	阔筋膜张肌	20	胫骨粗隆
5	尾腹侧横突间肌	13	股二头肌	21	膝韧带
6	荐结节韧带	14	半腱肌	22	胫骨前肌
7	坐骨结节	15	半膜肌	23	外侧隐静脉
8	大转子	16	阔筋膜延伸	24	内侧隐静脉

临床注释

16所示的是暴露股骨干的通路。可以沿着阔筋膜延伸线和股二头肌前缘做切口。

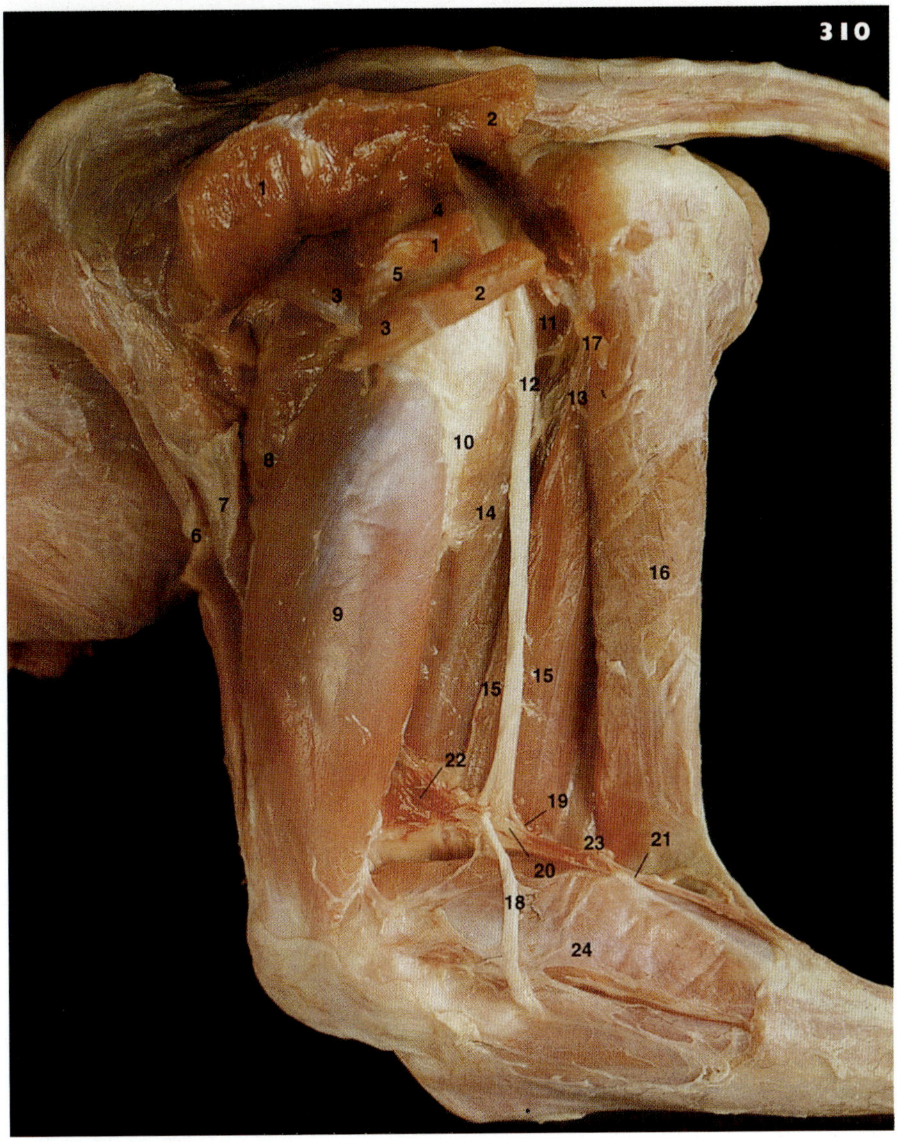

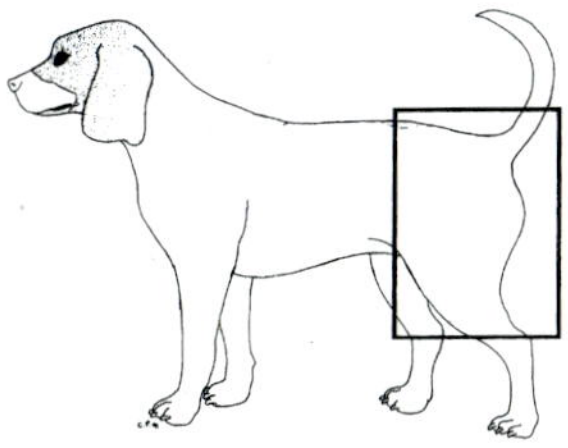

310 犬左后肢臀股部外侧面观。阔筋膜和股二头肌被切除，显示深层肌肉。臀肌被折返到背侧。

临床注释

1、2和3臀肌的腱伸向大转子或止于大转子，如图它们已经在背侧被切断，这也是髋关节背侧手术的通路。

12 所示的坐骨神经穿过髋关节后面，在髋关节手术时，坐骨神经必须认真区分并加以保护。

1	臀中肌	9	股外侧肌	17	小腿后展肌
2	臀浅肌	10	股骨	18	腓总神经
3	臀深肌	11	股方肌	19	腓肠神经皮支
4	梨状肌	12	坐骨神经	20	胫神经
5	髋关节囊	13	臀后动静脉	21	外侧隐静脉
6	缝匠肌	14	收肌	22	股动静脉
7	阔筋膜张肌	15	半膜肌	23	腘淋巴结
8	股直肌	16	半腱肌	24	腓肠肌

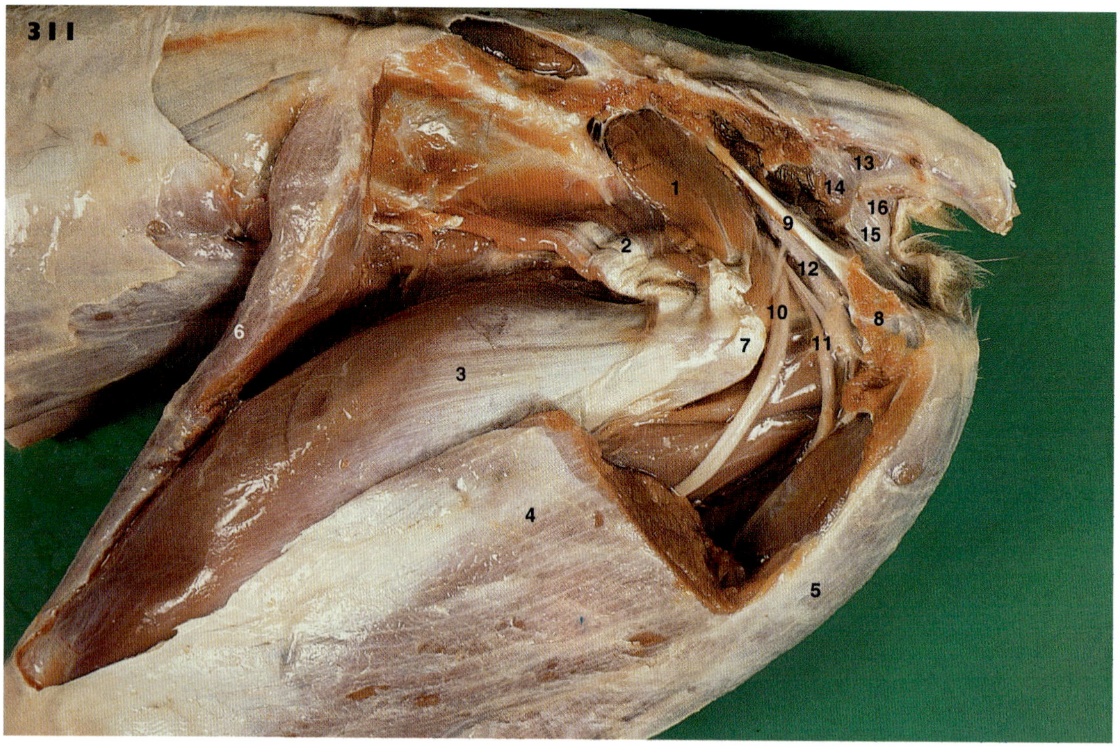

311 犬左后肢臀部外侧面观。臀浅肌、臀中肌被切除，显示臀深肌。阔筋膜张肌和股二头肌邻近的部分被切除，显示股四头肌。

1	梨状肌	9	荐结节韧带
2	臀深肌	10	坐骨神经
3	股外侧肌	11	坐骨神经分支
4	股二头肌（断端）	12	臀后动静脉
5	半腱肌	13	肛提肌
6	缝匠肌	14	尾骨肌
7	大转子	15	肛门囊位置
8	坐骨结节	16	肛门外括约肌

临床注释

13和14所示这些肌肉位于直肠的外侧并包于肛管。当用力排便时，它们起到对直肠的支持作用，构成盆隔。这些支持肌肉的机能下降会造成直肠向外侧脱离，并发展成会阴疝。手术修补可以试图重建外侧支持。被牵连的结构包括肌肉13和14以及荐结节韧带(9)。这个过程需要一个手术通道，必须十分谨慎处理靠近韧带的坐骨神经干(10)。如果在修补的时候包裹了坐骨神经，会造成坐骨神经麻痹，最后导致后肢的主要肌肉丧失运动功能。

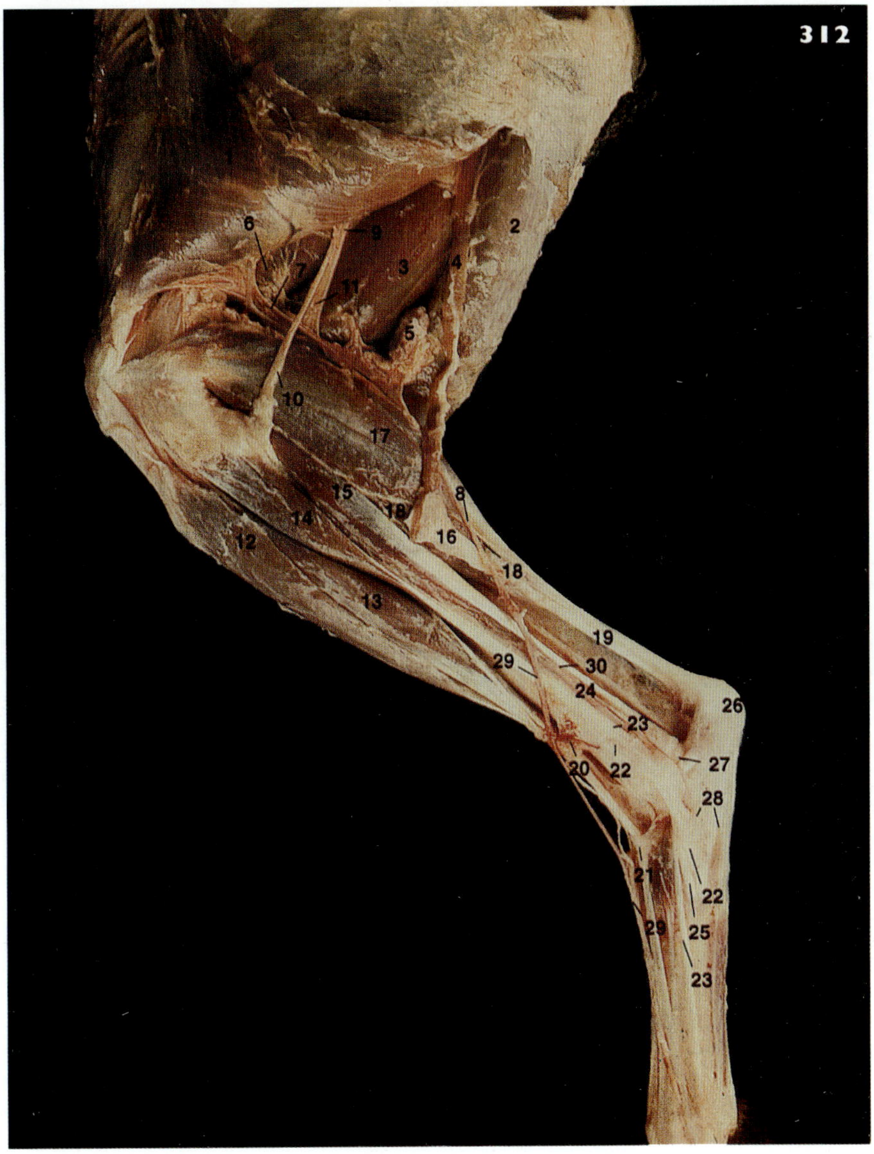

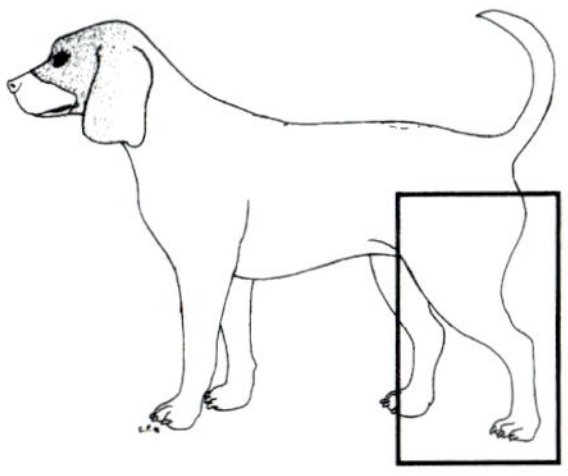

312 犬的左股部、小腿和跗骨部外侧面观，股二头肌被翻转，显示坐骨神经。

临床注释

5 所示腘淋巴结在做临床检查时，在普通犬是能够摸到的。如果该淋巴结的肿大表明同侧后肢出现感染。

29和30所示外侧隐静脉位于小腿外侧，在犬通常被用于静脉穿刺。在猫内侧隐静脉也是被经常使用。

1 股二头肌(翻转)
2 半腱肌
3 半膜肌
4 小腿后展肌
5 腘淋巴结
6 股动静脉
7 股后动静脉
8 外侧隐静脉
9 坐骨神经
10 腓总神经
11 胫神经
12 胫骨前肌
13 趾长伸肌
14 腓骨长肌
15 第一趾长屈肌(跖深屈肌外侧头)
16 股二头肌和半腱肌腱
17 腓肠肌
18 趾浅屈肌
19 跟总腱
20 近端伸肌支持带
21 远端伸肌支持带
22 腓骨长肌腱
23 趾外侧伸肌腱
24 腓骨短肌
25 腓骨短肌腱
26 跟结节
27 跗骨外侧副短韧带
28 跗骨外侧副长韧带
29 外侧隐静脉前支
30 外侧隐静脉后支

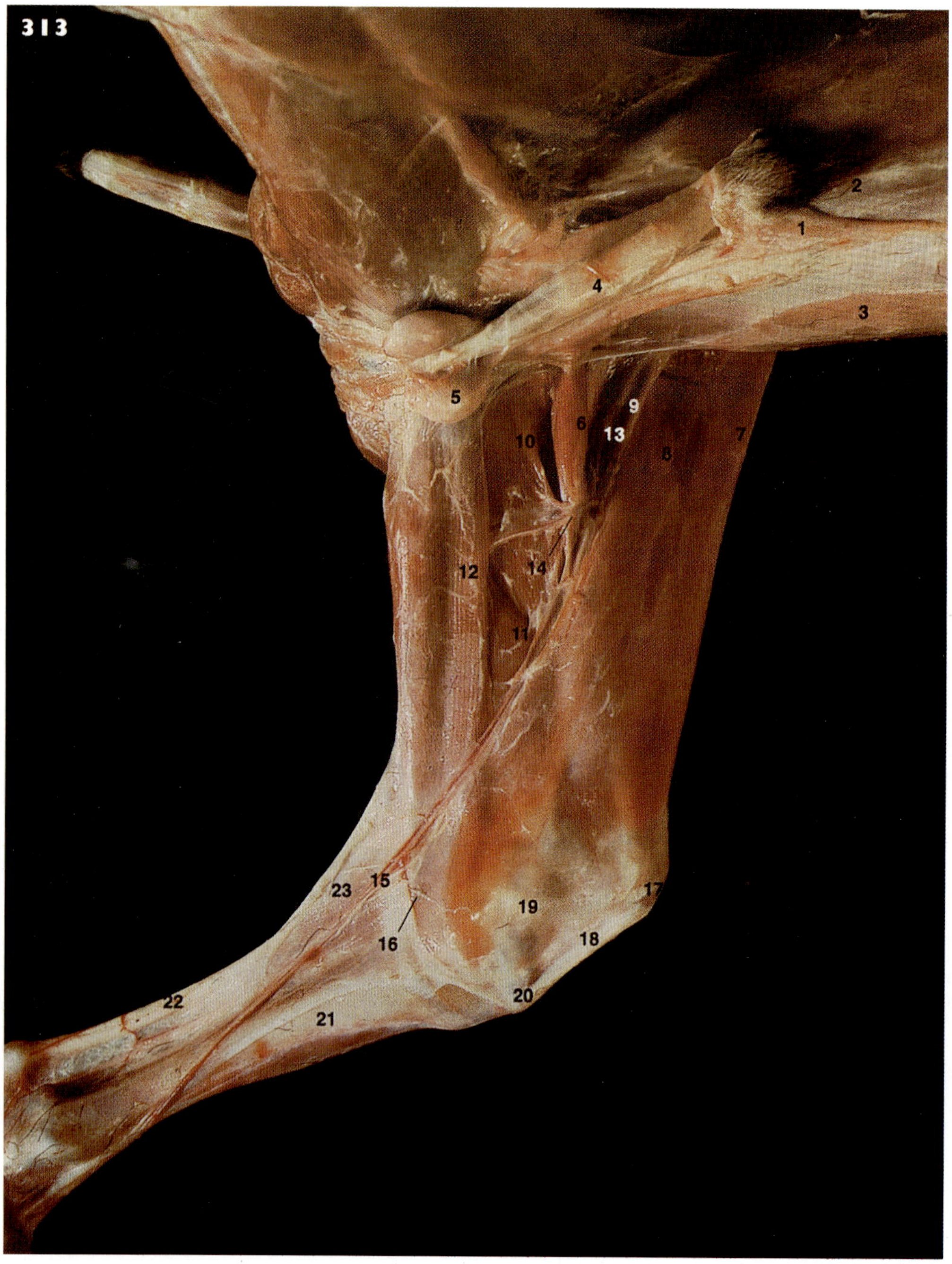

313 犬的左后肢大腿内侧面，显示浅层肌肉。

1 包皮肌
2 腹直肌
3 腹外斜肌
4 阴茎头
5 睾丸
6 耻骨肌
7 缝匠肌前部
8 缝匠肌后部
9 股直肌
10 收肌
11 半膜肌
12 股薄肌
13 股三角(有股动静脉和隐神经)
14 肌支
15 内侧隐静脉
16 膝中静脉
17 膝盖骨
18 膝韧带
19 股骨内侧上髁
20 胫骨粗隆
21 胫骨体
22 跟总腱
23 腓肠肌

临床注释

13 所示股三角的位置是临床医生将手指放在此处，从股动脉获得动物脉搏的地方。它也是当动物麻醉时需要大量血液进行静脉穿刺的位置。

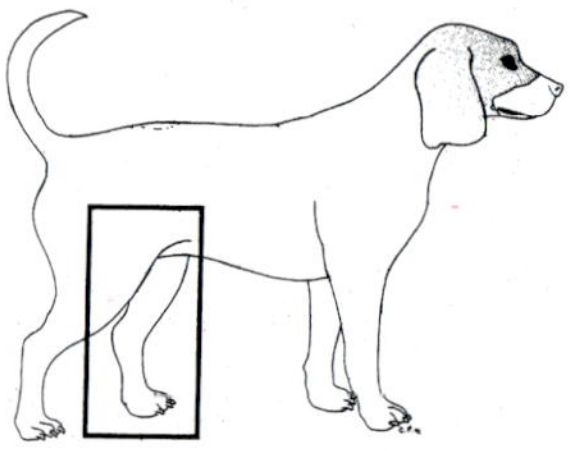

314 犬的左后肢大腿和小腿内侧面观。后肢已经从躯干上分离，缝匠肌后部被切除，显示深层肌肉。

1 缝匠肌
2 股内侧肌
3 收肌
4 半膜肌
5 股薄肌
6 半腱肌
7 腓肠肌
8 隐动静脉和神经
9 腘肌
10 膝内侧副韧带
11 膝盖骨
12 膝韧带
13 胫骨粗隆
14 缝匠肌(断端)
15 胫骨前肌
16 趾长屈肌
17 第一趾长屈肌(跖深屈肌外侧头)
18 趾浅屈肌
19 股二头肌
20 跟总腱
21 隐动脉(后支)
22 第一趾长屈肌腱
23 趾长屈肌腱
24 胫骨体
25 伸肌支持带近端
26 胫骨前肌腱
27 跗骨内侧副韧带
28 第二跖骨
29 骨间肌
30 趾浅屈肌腱
31 趾深屈肌腱

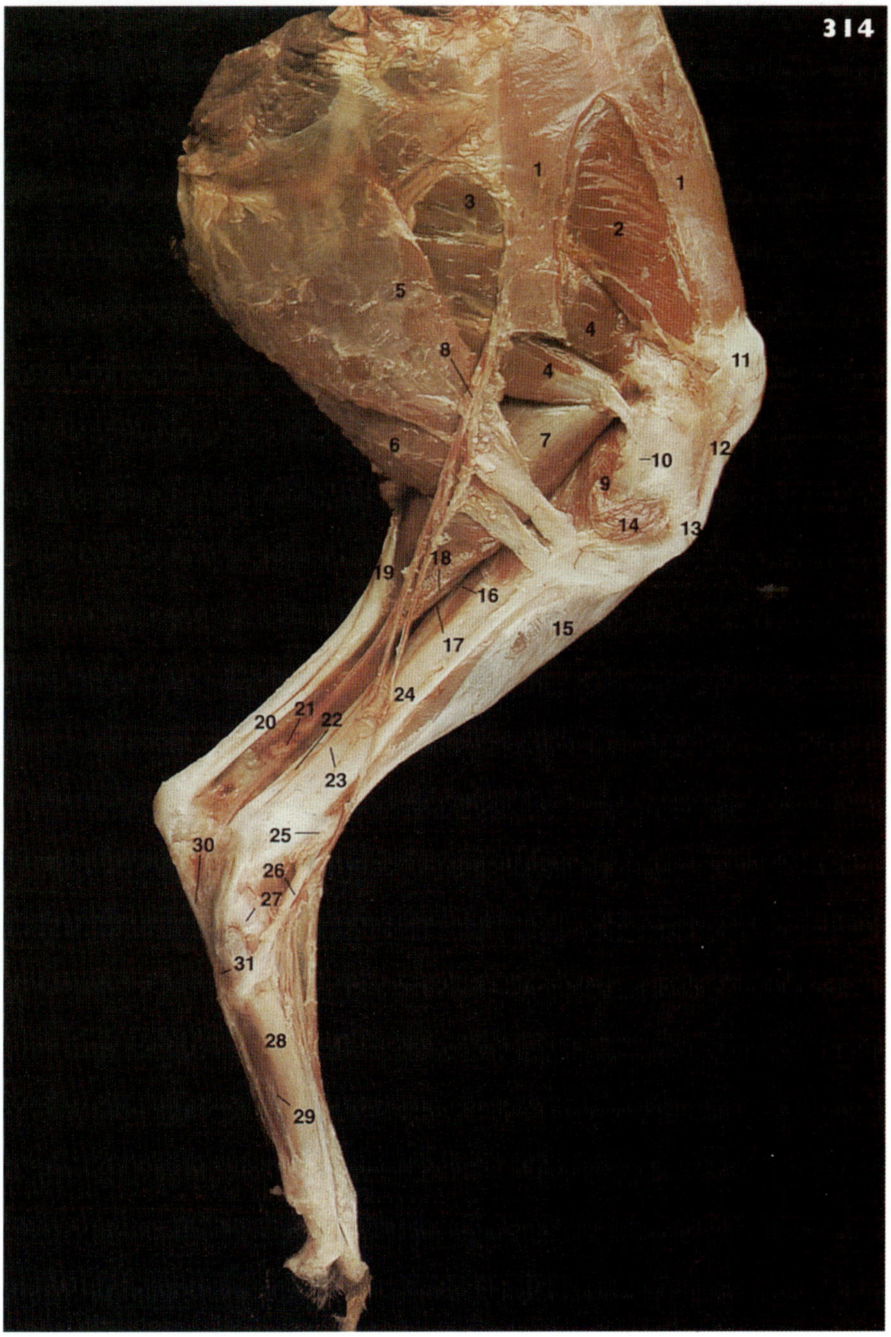

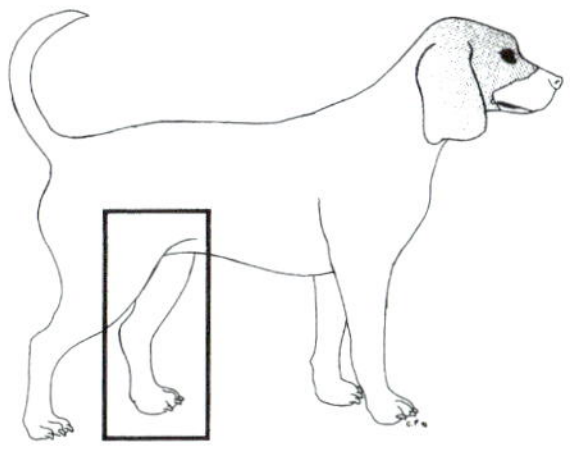

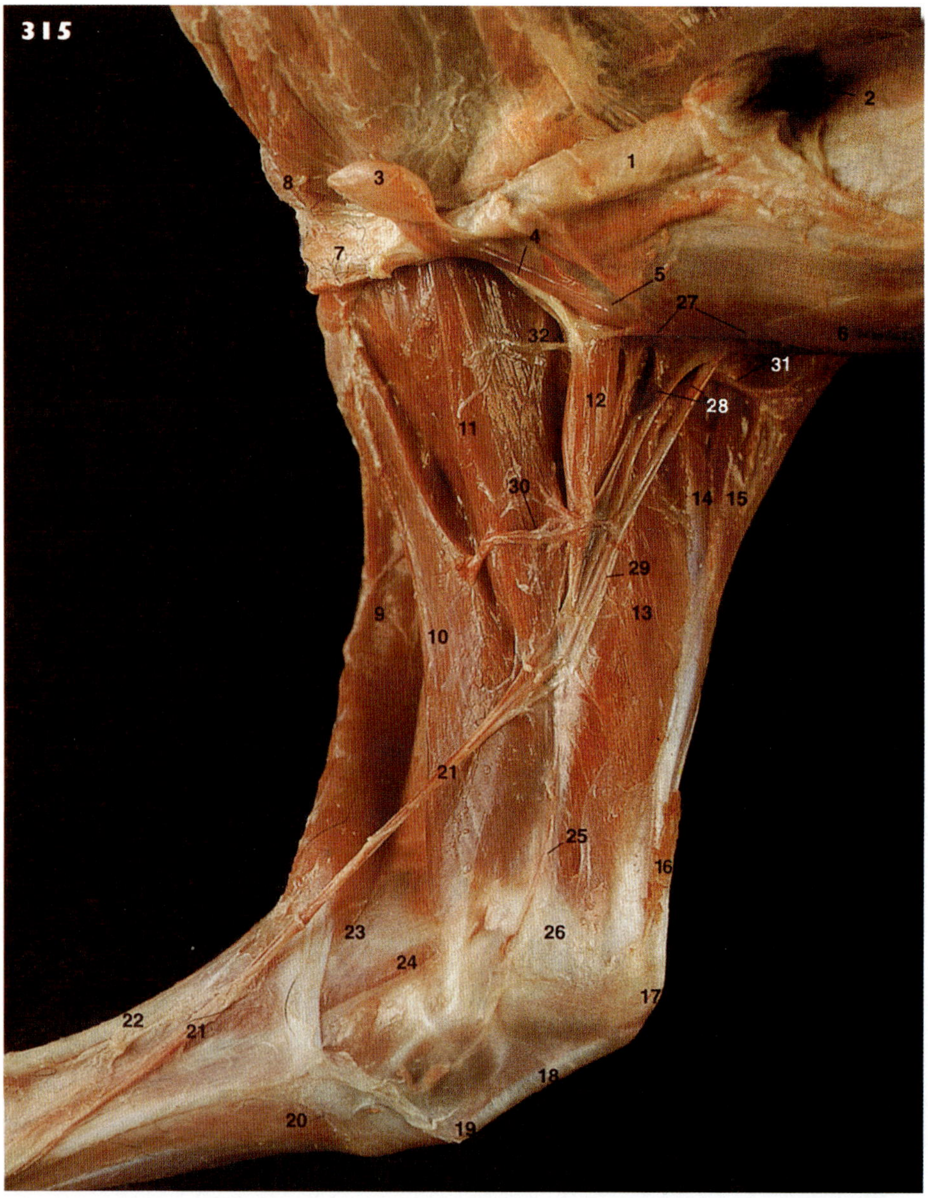

315 犬的左后肢大腿内侧面观，股薄肌和缝匠肌已被切除。

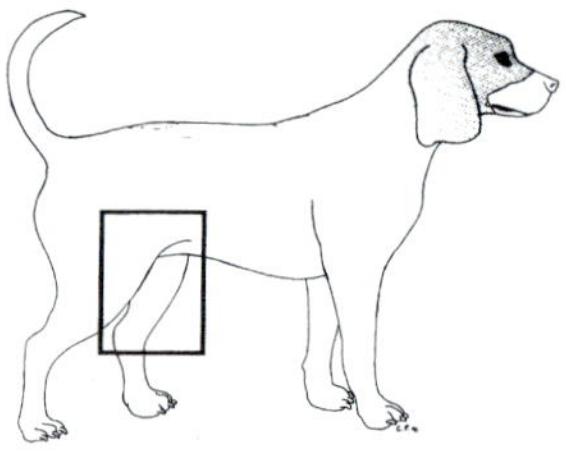

1 阴茎头
2 包皮外口
3 睾丸鞘膜壁层内的睾丸
4 精索
5 腹股沟浅(外)环
6 腹外斜肌
7 阴茎体
8 坐骨结节
9 半腱肌
10 半膜肌
11 大收肌和短收肌
12 耻骨肌
13 股内侧肌
14 股直肌
15 阔筋膜张肌
16 阔筋膜
17 膝盖骨
18 膝韧带
19 胫骨粗隆
20 胫骨体
21 内侧隐动静脉
22 跟总腱
23 腓肠肌
24 腘肌
25 膝内静脉
26 股骨内侧上髁
27 股三角
28 股动静脉
29 隐神经(来自股神经)
30 股后动静脉
31 股神经分支到达阔筋膜张肌和缝匠肌
32 闭孔神经分支到达耻骨肌和收肌

316　犬的左小腿内侧面观。

1　半腱肌
2　腓肠肌
3　腘肌
4　股二头肌和半腱肌腱（断端）
5　隐动静脉
6　第一趾长屈肌
7　趾长屈肌（趾深屈肌内侧头）
8　第一趾长屈肌腱（趾深屈肌外侧头）
9　胫骨前肌
10　胫骨体
11　伸肌支持带近端
12　跟总腱
13　跟结节
14　胫骨肌腱
15　内侧副韧带
16　趾浅屈肌腱
17　趾深屈肌腱
18　骨间肌

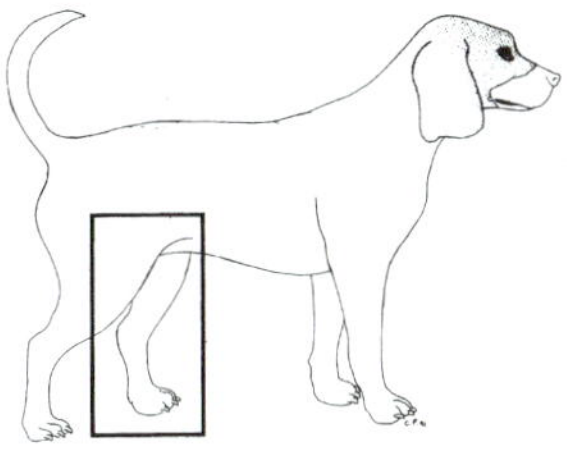

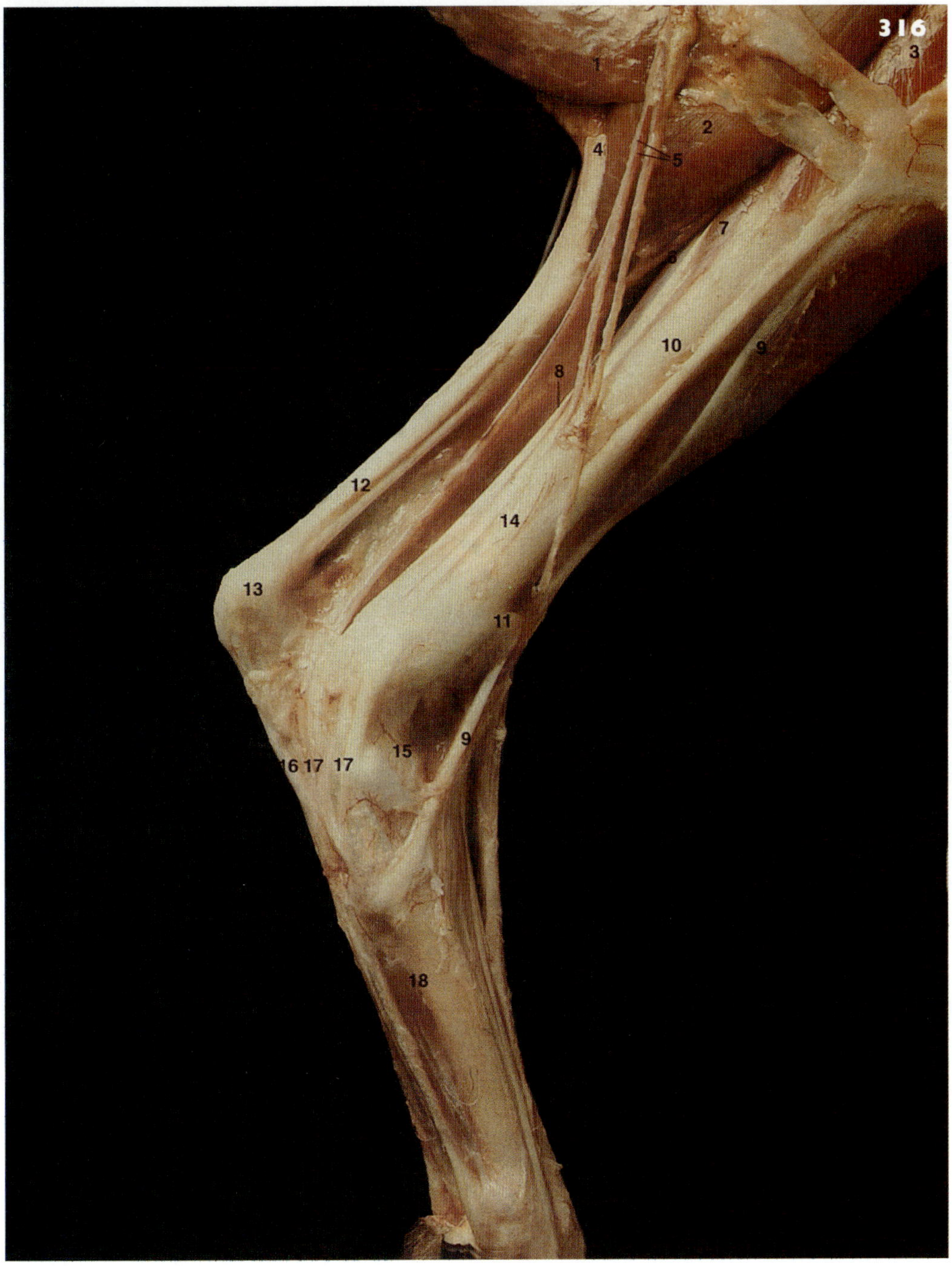

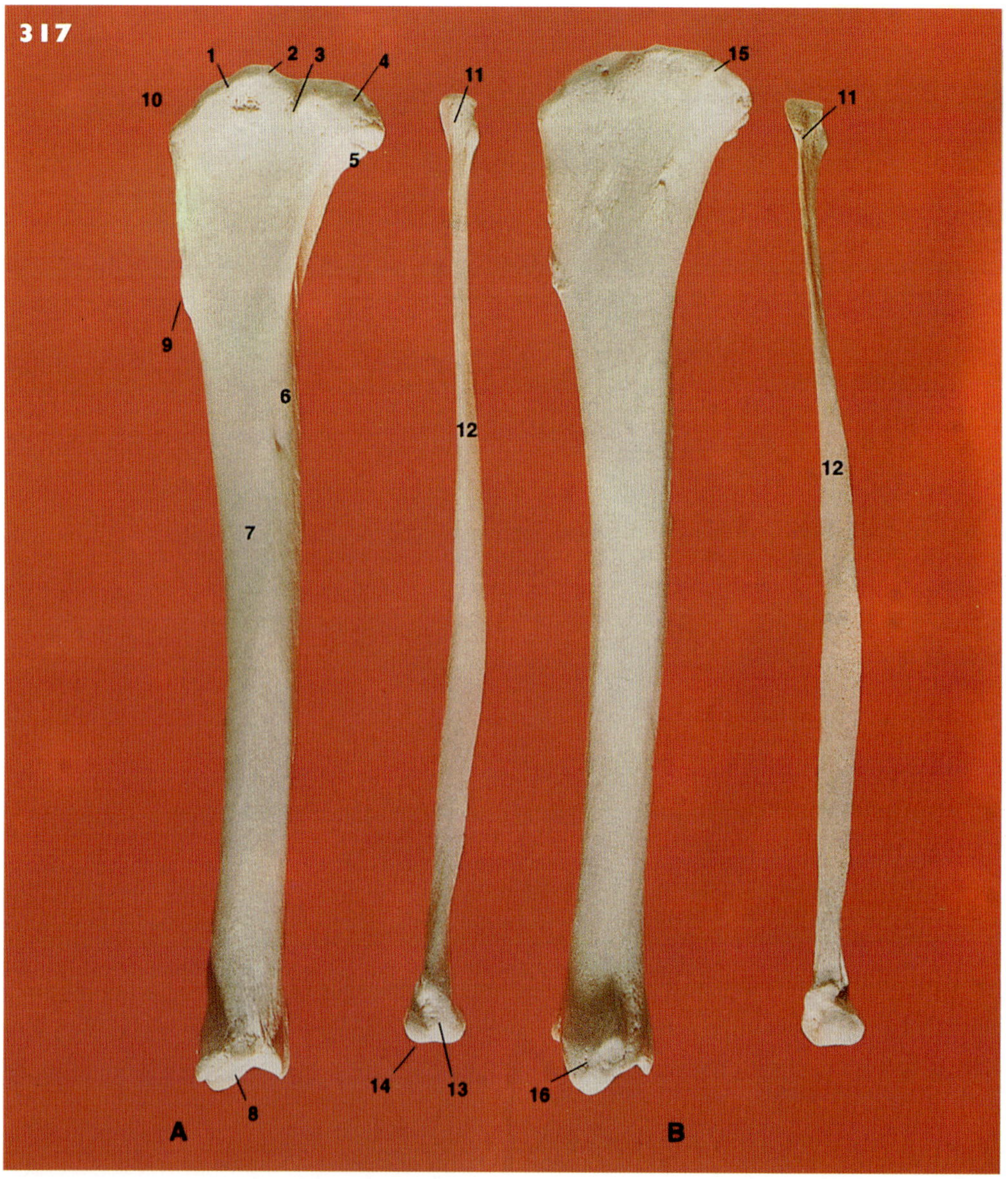

317 犬的左胫骨和腓骨外侧面观(A)和右胫骨和腓骨内侧面观(B)。

1 髁间前区
2 髁间隆起
3 伸肌沟
4 外侧髁
5 腓骨关节面
6 骨间缘
7 胫骨体
8 胫骨窝远端关节面
9 胫骨前缘(胫骨嵴)
10 胫骨粗隆
11 腓骨头
12 腓骨体
13 外侧踝
14 外侧踝沟
15 内侧髁
16 内侧踝

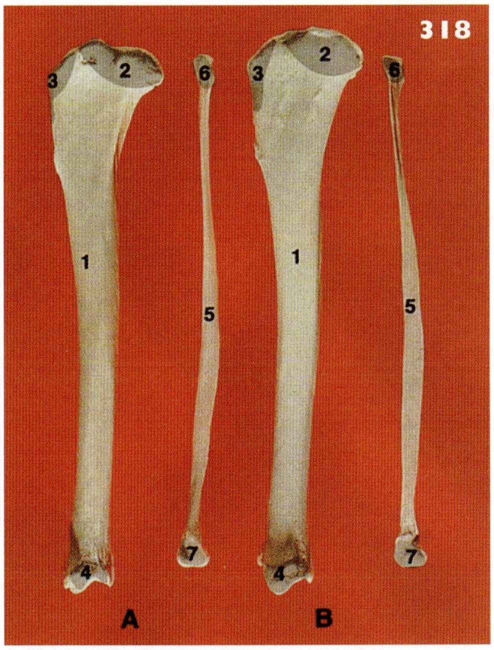

318　犬的左胫骨和腓骨外侧面观(A)和右胫骨和腓骨内侧面观(B)，显示骨化中心。

1　胫骨体
2　胫骨近端
3　胫骨粗隆
4　胫骨远端
5　腓骨体
6　腓骨近端
7　腓骨远端

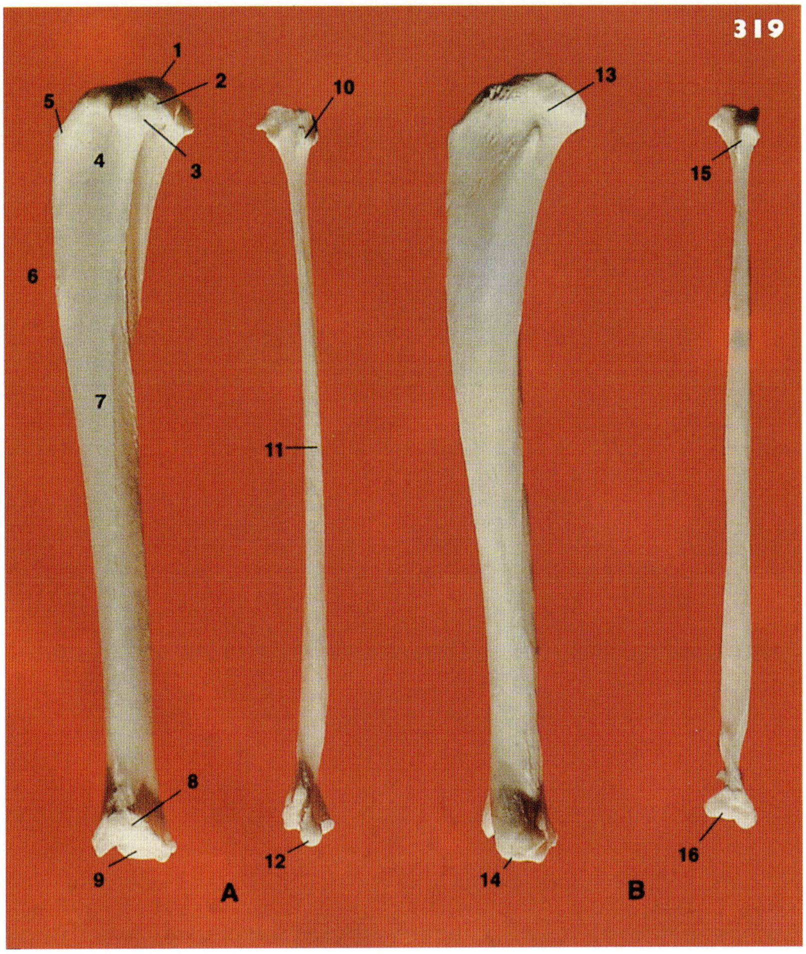

319　猫的左胫骨和腓骨外侧面观(A)和右胫骨和腓骨内侧面观(B)。

1　髁间隆起
2　胫骨外侧髁
3　腓骨近端关节面
4　伸肌沟
5　胫骨粗隆
6　胫骨前缘(胫骨嵴)
7　胫骨体
8　腓骨远端关节面
9　远关节面
10　腓骨头
11　腓骨体
12　外侧踝
13　胫骨内侧髁
14　内侧踝
15　胫骨近端关节面
16　胫骨远端关节面

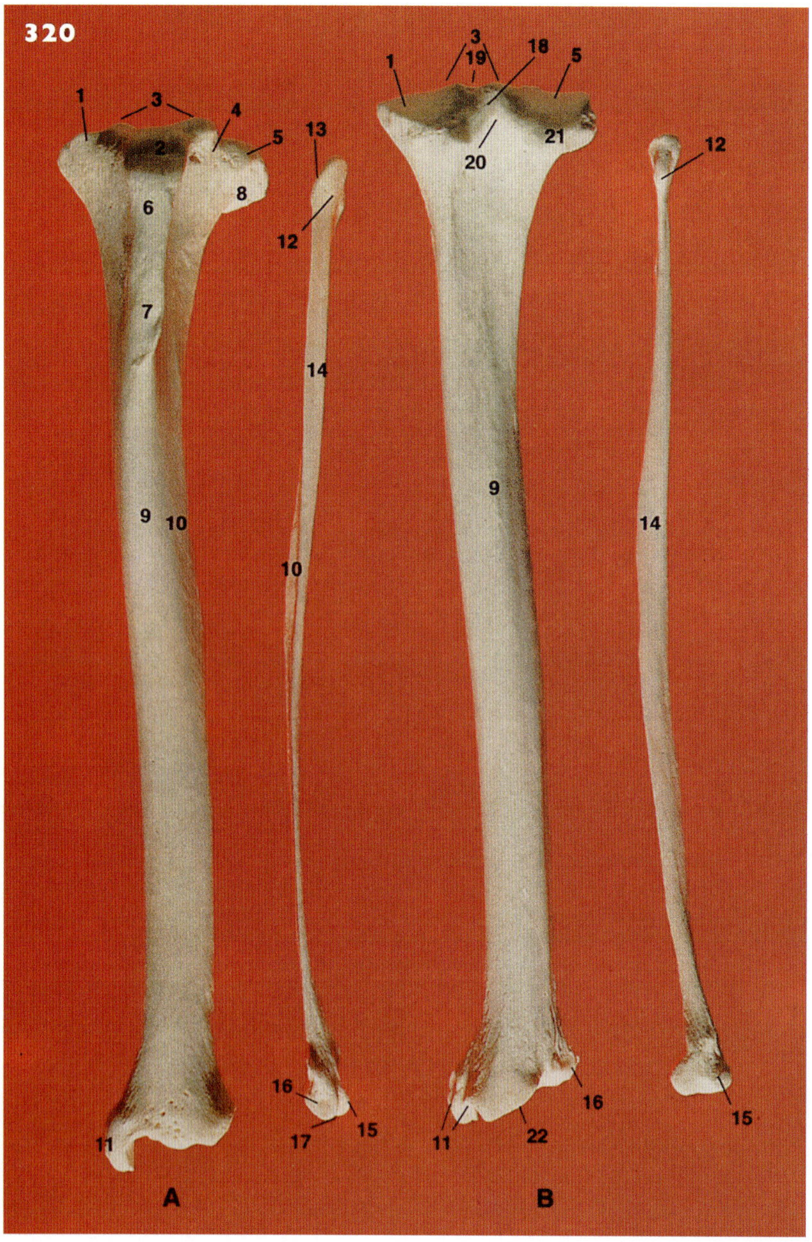

320 犬的左胫骨和腓骨头侧面观(A)和右胫骨和腓骨尾侧面观(B)。

1 内侧髁	9 胫骨体	17 外踝沟
2 髁间前区	10 骨间缘	18 髁间隆起
3 髁间内外侧结节	11 内侧踝	19 髁间后区
4 伸肌沟	12 腓骨头	20 腘切迹
5 外侧髁	13 腓骨近端关节面	21 腘肌腱内的籽骨关节面
6 胫骨粗隆	14 腓骨体	22 胫骨窝远端关节面
7 胫骨前缘(胫骨嵴)	15 外侧踝	
8 腓骨关节面	16 踝关节面	

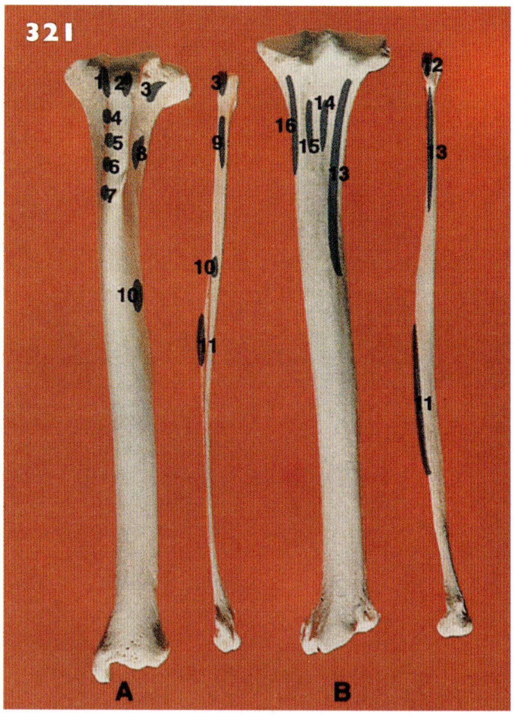

321 犬的左胫骨和腓骨头侧面观(A)和右胫骨和腓骨尾侧面观(B)，示肌肉附着点。

1 股二头肌
2 胫骨前肌
3 腓骨长肌
4 股四头肌
5 缝匠肌
6 股薄肌
7 半腱肌
8 第一趾长屈肌
9 趾外侧伸肌
10 第一趾长伸肌
11 腓骨短肌
12 胫骨后肌
13 第一趾长屈肌(趾深屈肌外侧头)
14 胫骨后肌
15 趾长屈肌(趾深屈肌内侧头)
16 腘肌

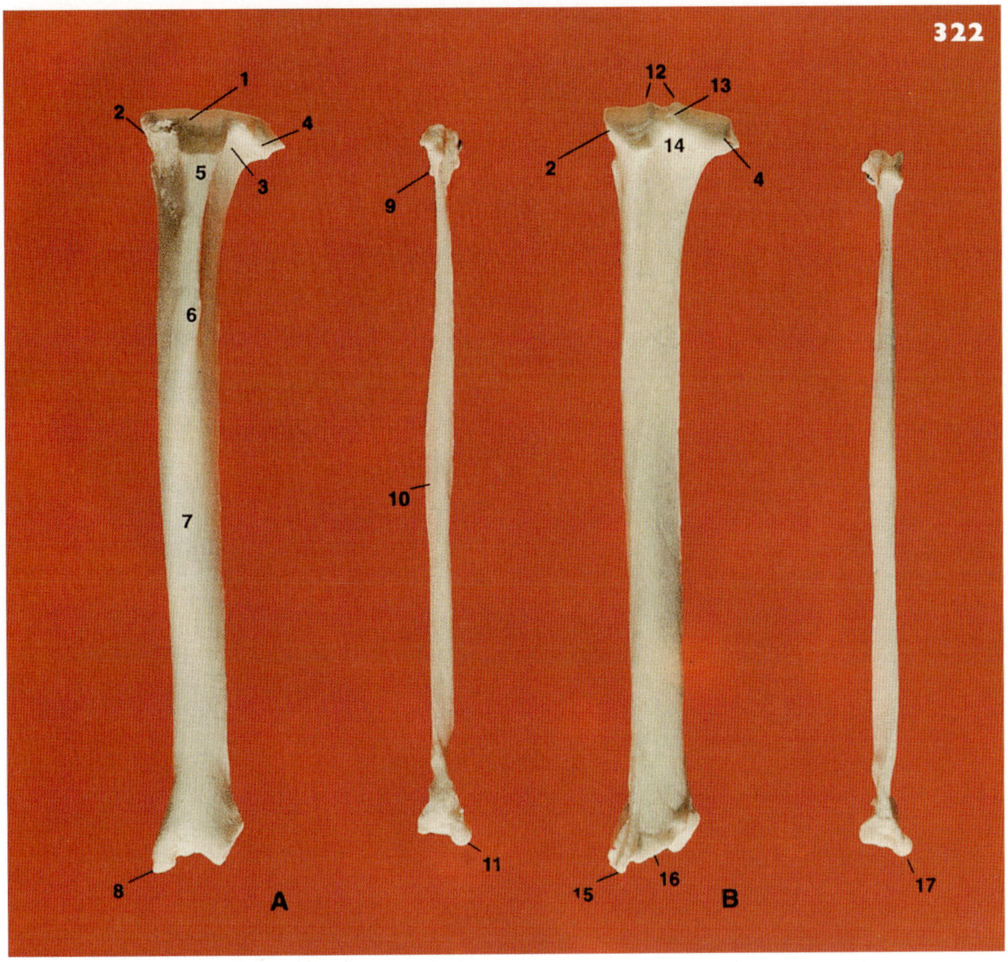

322 猫左胫骨和腓骨头侧面观(A)和右胫骨和腓骨尾侧面观(B)。

1 髁间前区	7 胫骨体	13 髁间后区
2 内侧髁	8 内侧踝	14 腘切迹
3 伸肌沟	9 腓骨头	15 胫骨内侧踝
4 外侧髁	10 腓骨体	16 远端关节面
5 胫骨粗隆	11 外侧踝	17 腓骨外侧踝
6 前缘	12 髁间隆起	

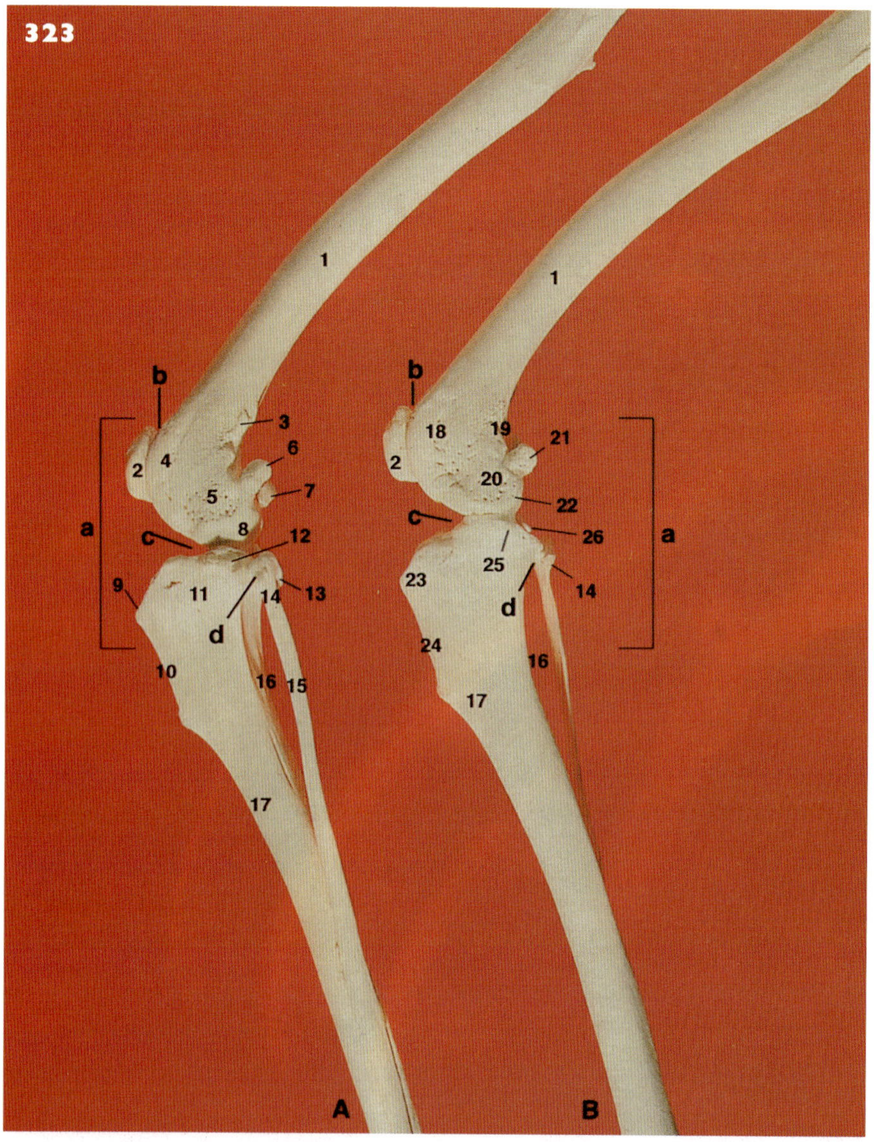

323 犬的右膝关节外侧面观和左膝关节内侧面观。

a 膝关节
b 股膝关节
c 股胫关节
d 胫腓近端关节

1 股骨体
2 膝盖骨
3 外侧髁上粗隆
4 滑车外侧嵴
5 外侧上髁
6 腓肠肌起点的腓肠外侧豆
7 腓肠肌起点的腓肠内侧豆
8 股骨外侧髁
9 胫骨粗隆
10 胫骨前缘(胫骨嵴)
11 伸肌沟
12 胫骨外侧髁
13 胫腓近端关节
14 腓骨头
15 腓骨体
16 骨间隙
17 胫骨体
18 滑车内侧嵴
19 内侧髁上粗隆
20 内侧上髁
21 腓肠肌起点的腓肠内侧豆
22 股骨内侧髁
23 胫骨嵴
24 前缘
25 胫骨内侧髁
26 腘肌籽骨腱

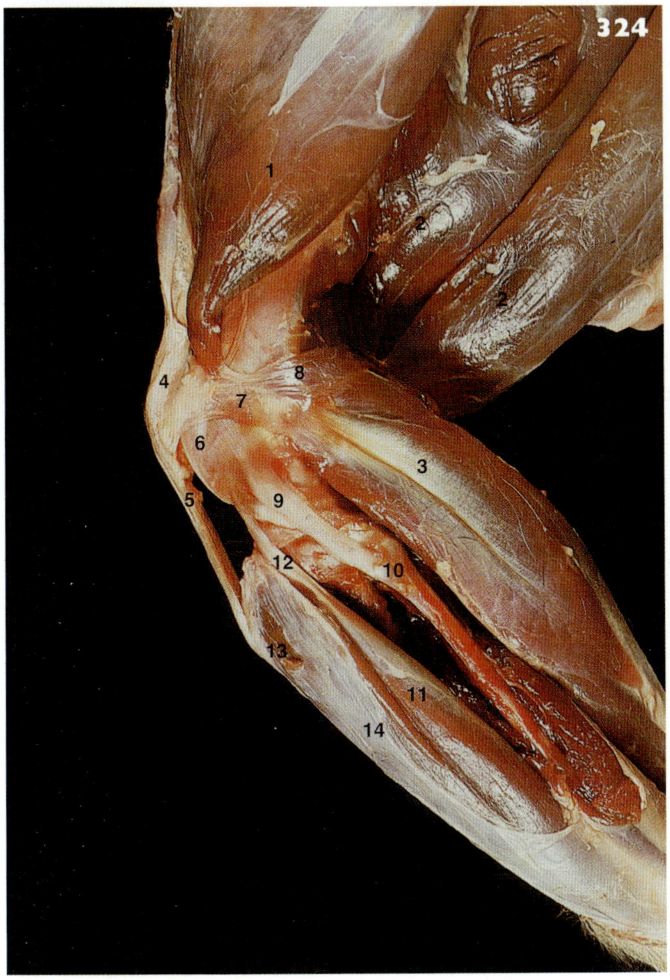

324 犬的左膝关节外侧面观，围绕着关节的皮肤和筋膜已被切除。

1	股内侧肌	8	腓肠肌腱籽骨位置(腓肠豆)
2	半膜肌	9	外侧副韧带
3	腓肠肌	10	腓骨
4	膝盖骨	11	趾长伸肌
5	膝韧带	12	趾长伸肌腱
6	滑车外侧嵴	13	胫骨粗隆
7	股膝外侧韧带	14	胫骨前肌

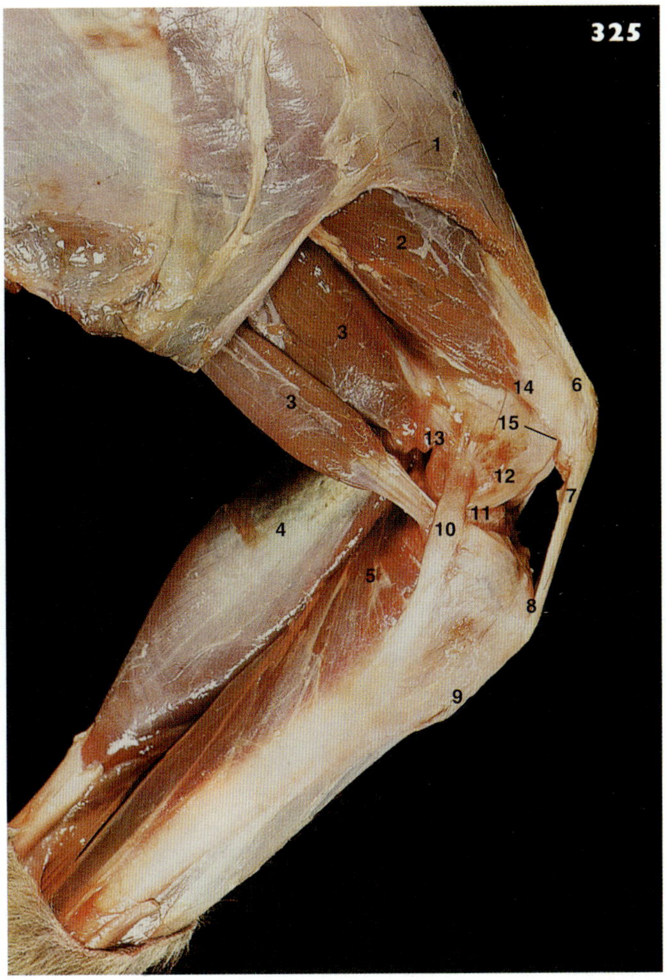

325 犬的左膝关节内侧面观，围绕着关节的皮肤和筋膜已被切除。

1	缝匠肌	9	胫骨前缘(胫骨嵴)
2	股内侧肌	10	内侧副韧带
3	半膜肌	11	内侧半月板
4	腓肠肌	12	股骨内侧髁
5	腘肌	13	腓肠肌腱籽骨位置(腓肠豆)
6	膝盖骨	14	股膝韧带
7	膝韧带	15	滑车内侧嵴
8	胫骨粗隆		

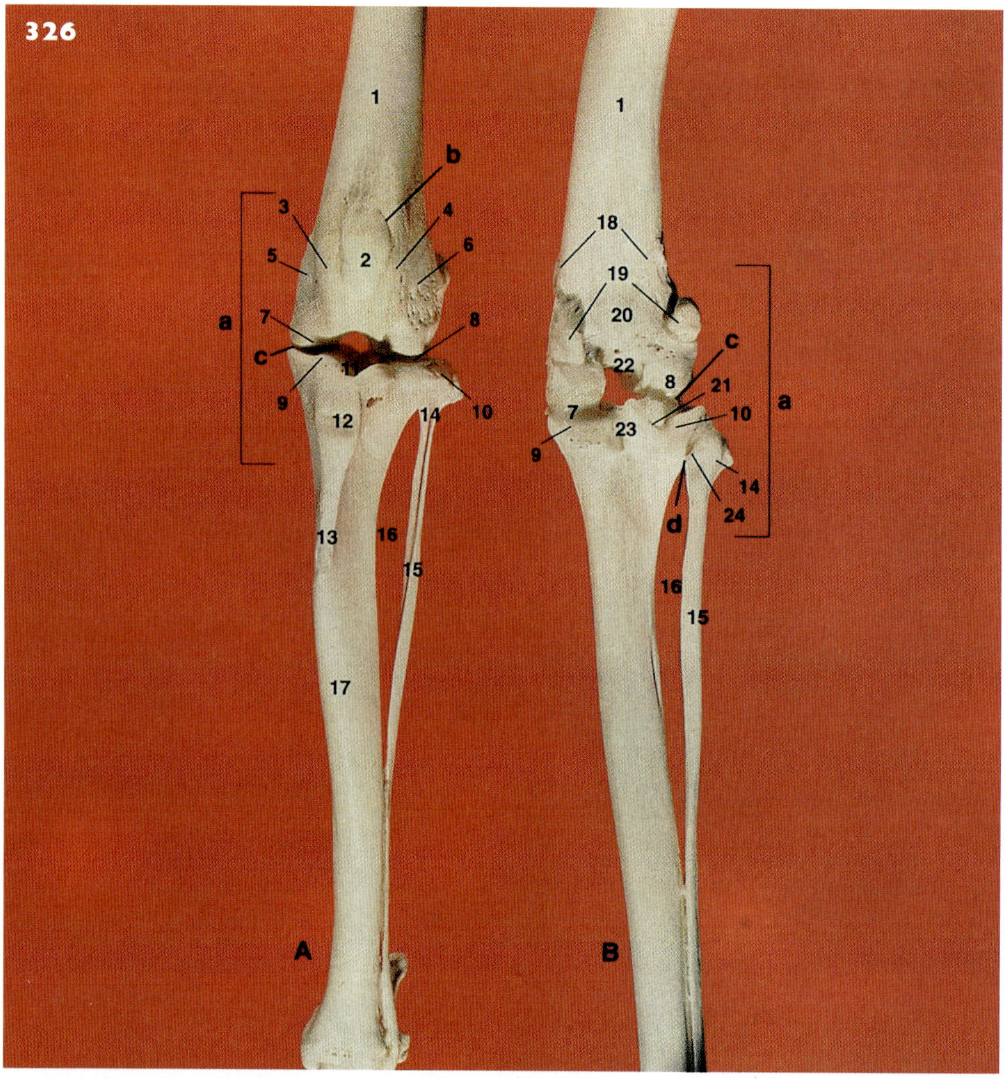

326 犬的左膝关节头侧面观(A)和右膝关节尾侧面观(B)。

a	膝关节	6	股骨外侧上髁	16	骨间隙
b	股膝关节	7	股骨内侧髁	17	胫骨体
c	股胫关节	8	股骨外侧髁	18	内外侧髁上粗隆
d	胫腓近端关节	9	胫骨内侧髁	19	腓肠肌起点的内外侧腓肠豆
		10	胫骨外侧髁	20	腘面
1	股骨体	11	髁间区	21	腘肌籽骨腱
2	膝盖骨	12	胫骨粗隆	22	股骨髁间窝
3	滑车内侧嵴	13	胫骨前缘(胫骨嵴)	23	髁间后区
4	滑车外侧嵴	14	腓骨头	24	胫腓近端关节
5	内侧上髁	15	腓骨体		

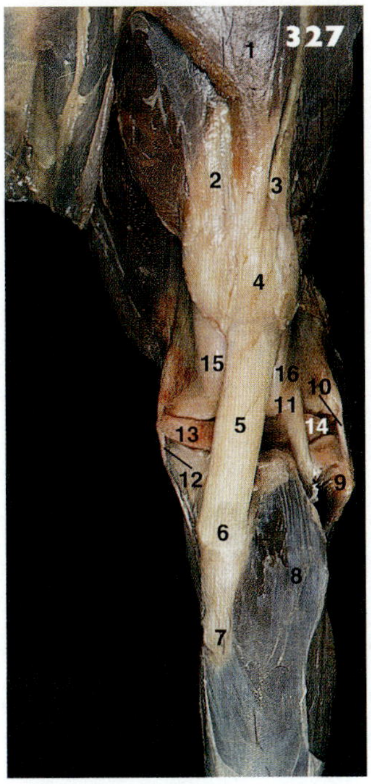

327 犬的左膝关节头侧面观，围绕着关节的皮肤和筋膜已被切除。

1 缝匠肌
2 股内侧肌
3 股外侧肌
4 膝盖骨
5 膝韧带
6 胫骨粗隆
7 胫骨前缘（胫骨嵴）
8 胫骨前肌
9 腓骨
10 外侧副韧带
11 趾长伸肌腱
12 内侧副韧带
13 内侧半月板
14 外侧半月板
15 滑车内侧嵴
16 滑车外侧嵴

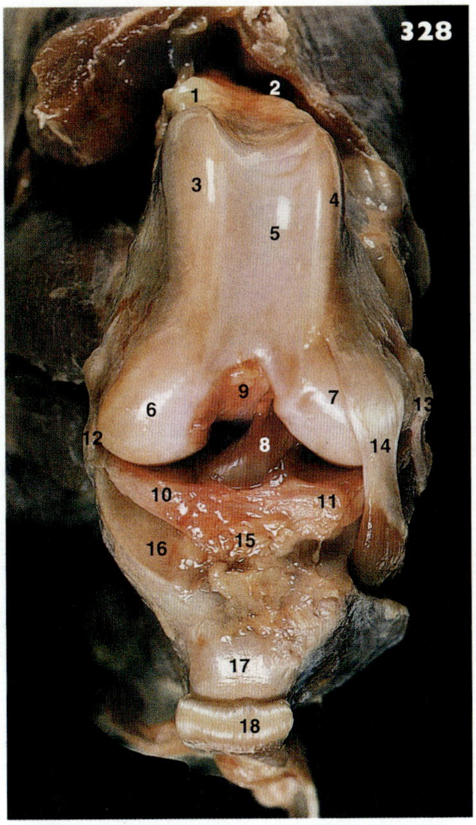

328 犬的左膝关节头侧面观，膝盖骨已经从股骨滑车移至远端。关节向屈侧弯曲，使关节囊打开显示关节囊结构。

1 关节囊
2 股四头肌切面
3 滑车内侧嵴
4 滑车外侧嵴
5 滑车
6 股骨内侧髁
7 股骨外侧髁
8 前十字韧带
9 后十字韧带
10 内侧半月板
11 外侧半月板
12 内侧副韧带
13 外侧副韧带
14 趾长伸肌腱
15 膝下脂肪体
16 胫骨内侧髁
17 胫骨粗隆
18 膝韧带（翻转）

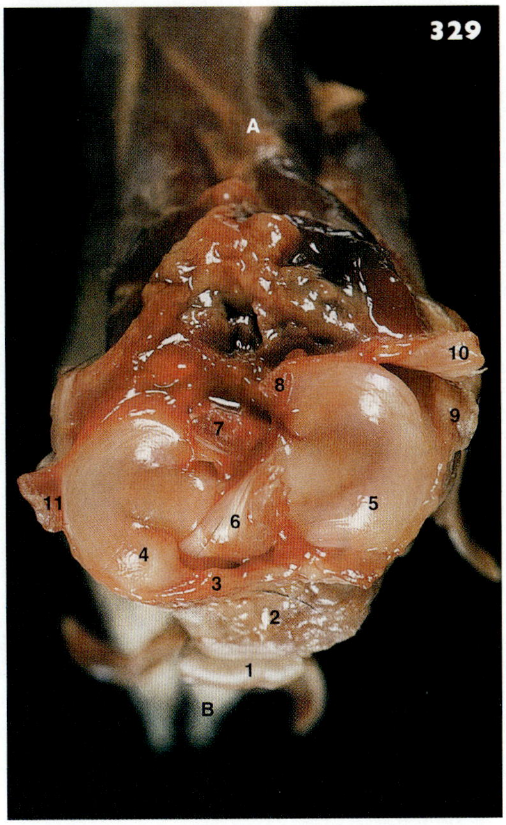

329 犬除去股骨后的左膝关节，显示胫骨近端关节面、侧副韧带、十字韧带和关节囊。

A 尾侧面
B 头侧面
1 膝韧带
2 膝下脂肪体
3 横韧带
4 内侧半月板
5 外侧半月板
6 前十字韧带
7 后十字韧带
8 半月板股骨韧带
9 趾长伸肌腱
10 外侧副韧带
11 内侧副韧带

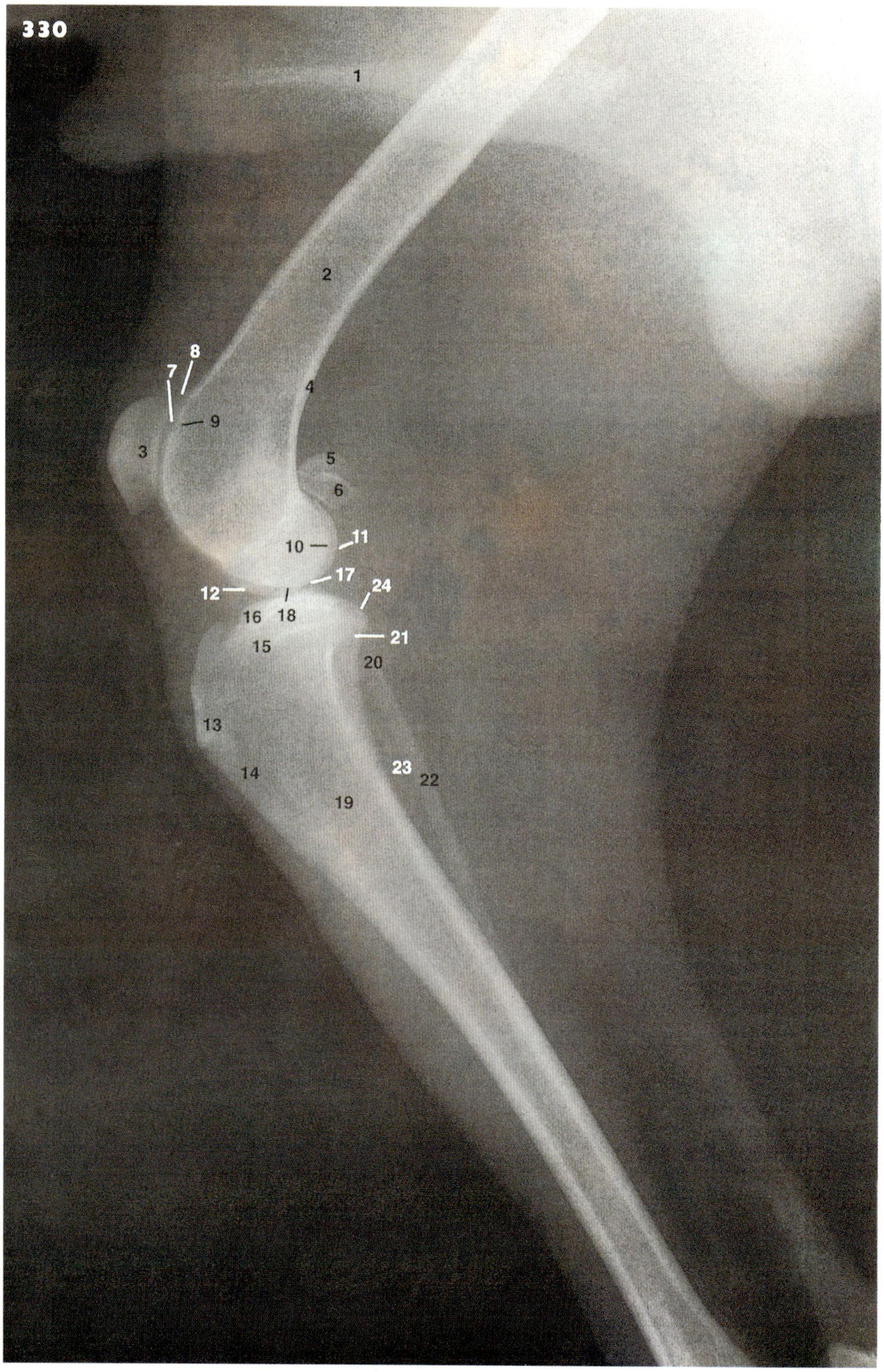

330 犬膝关节的X光侧位片。

1 阴茎骨
2 股骨体
3 膝盖骨
4 外侧髁上粗隆
5 腓肠肌起点的外侧腓肠豆
6 腓肠肌起点的内侧腓肠豆
7 股膝关节
8 滑车外侧嵴
9 滑车内侧嵴
10 股骨外侧髁
11 股骨内侧髁
12 股胫关节
13 胫骨粗隆
14 胫骨前缘(胫骨嵴)
15 胫骨外侧髁
16 胫骨内侧髁
17 髁间外侧结节
18 髁间内侧结节
19 胫骨体
20 腓骨头
21 胫腓近端关节
22 腓骨体
23 骨间隙
24 腘肌腱处腓肠豆

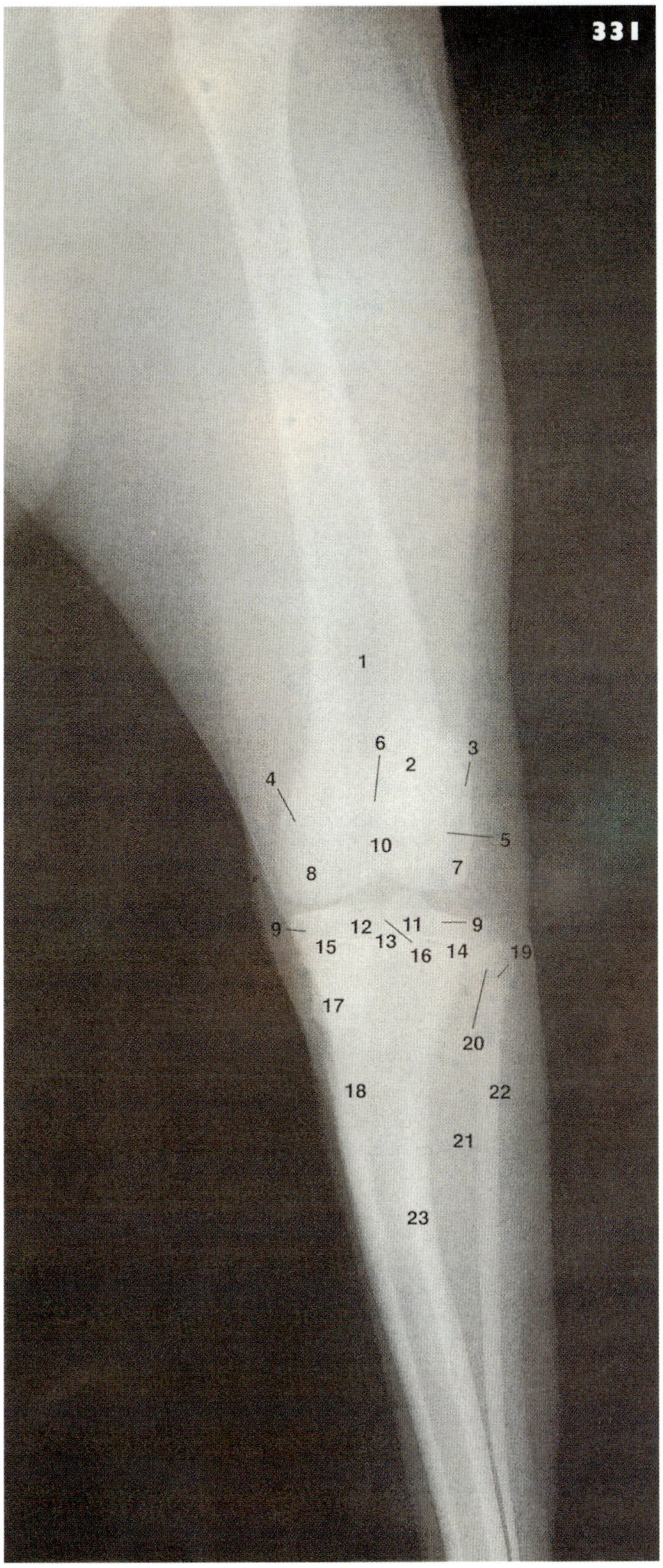

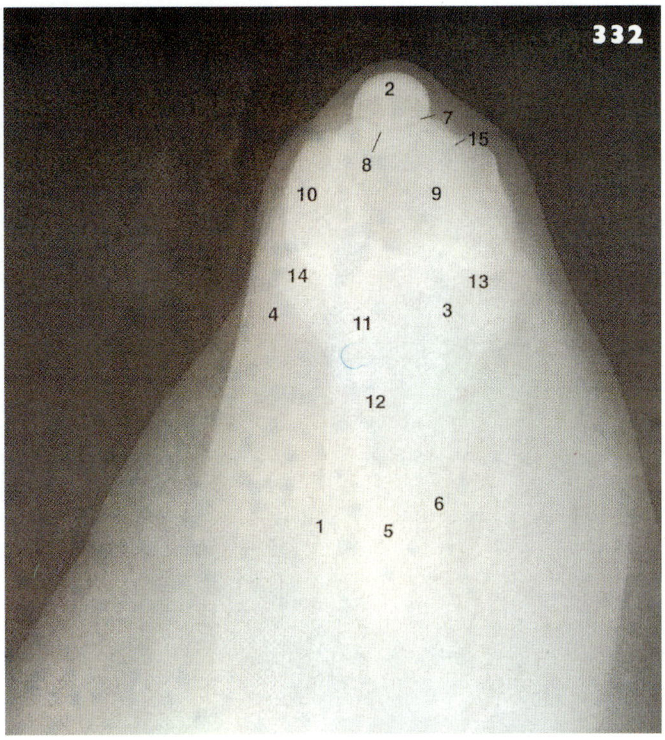

331 犬膝关节的X光正位片。

1 股骨体
2 膝盖骨
3 腓肠肌起点的外侧腓肠豆
4 腓肠肌起点的内侧腓肠豆
5 滑车外侧嵴
6 滑车内侧嵴
7 股骨外侧髁
8 股骨内侧髁
9 股胫关节腔
10 髁间窝
11 髁间外侧结节
12 髁间内侧结节
13 踝间区
14 胫骨外侧髁
15 胫骨内侧髁
16 腘肌腱内的腓肠豆
17 胫骨粗隆
18 胫骨嵴底
19 腓骨头
20 胫腓近端关节
21 骨间隙
22 腓骨体
23 胫骨体

332 犬弯曲膝关节的X光片。

1 股骨体
2 膝盖骨
3 腓肠肌起点的外侧腓肠豆
4 腓肠肌起点的内侧腓肠豆
5 胫骨体
6 腓骨体
7 股膝关节
8 滑车沟
9 股骨外侧髁
10 股骨内侧髁
11 胫骨粗隆
12 胫骨前缘(胫骨嵴)
13 胫骨外侧髁
14 胫骨内侧髁
15 伸肌窝

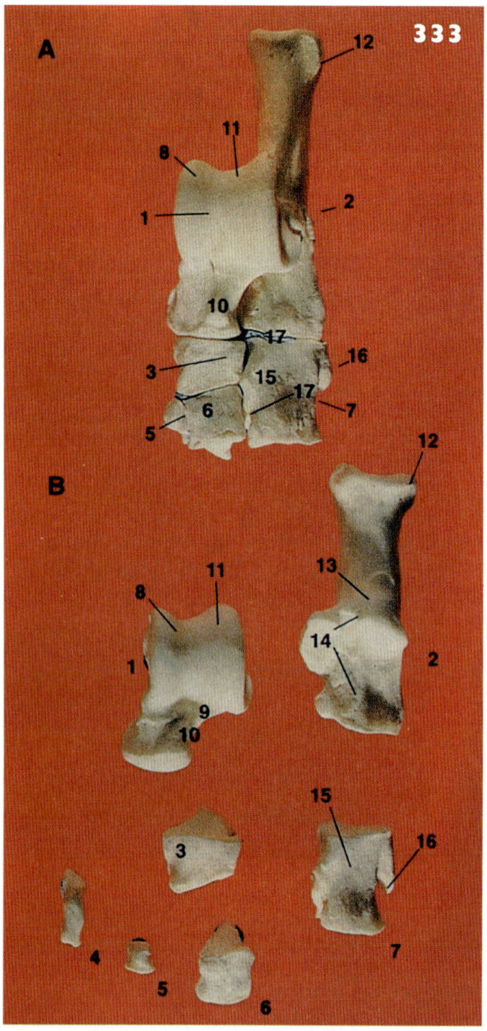

333 犬的连接(A)和游离(B)左跗骨的背侧面观。

1	距骨	10	距骨头
2	跟骨	11	滑车
3	中央跗骨	12	跟结节
4	第一跗骨	13	载距突
5	第二跗骨	14	距骨关节面
6	第三跗骨	15	第四跗骨内侧突
7	第四跗骨	16	腓骨长肌腱沟
8	距骨体	17	跗内关节
9	距骨颈		

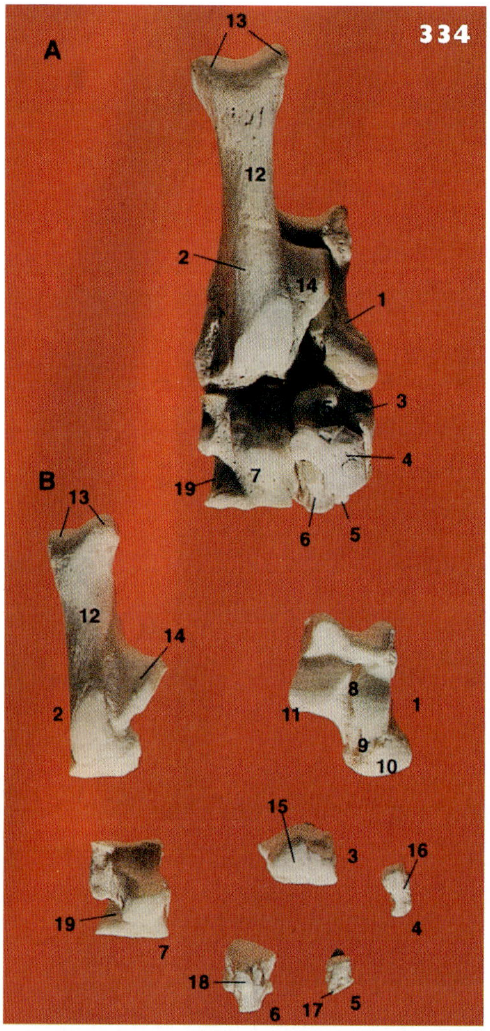

334 犬的连接(A)和游离(B)左跗骨的跖侧面观。

1	距骨	11	外侧突
2	跟骨	12	跟结节
3	中央跗骨	13	跟结节内外侧突
4	第一跗骨	14	载距突
5	第二跗骨	15	中央跗骨跖肌突
6	第三跗骨	16	第一跗骨跖肌突
7	跗骨	17	第二跗骨跖肌突
8	距骨体	18	第三跗骨跖肌突
9	距骨颈	19	腓骨长肌腱沟
10	距骨头		

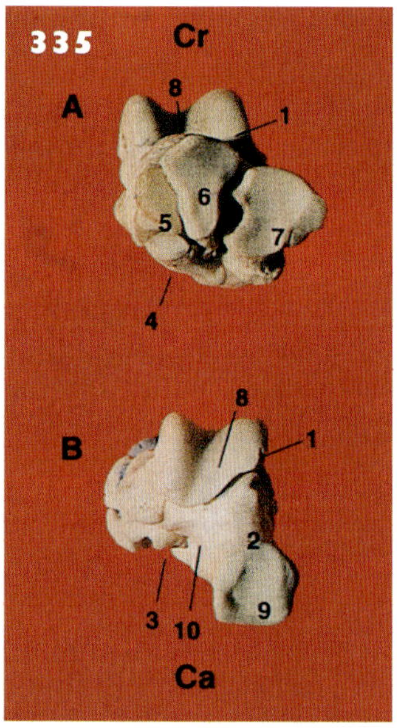

335 犬的左跗骨远端(A)和右跗骨近端，前(Cr)和后(Ca)表示方向。

1 距骨
2 跟骨
3 中央跗骨
4 第一跗骨
5 第二跗骨
6 第三跗骨
7 第四跗骨
8 滑车近端
9 跟结节
10 载距突

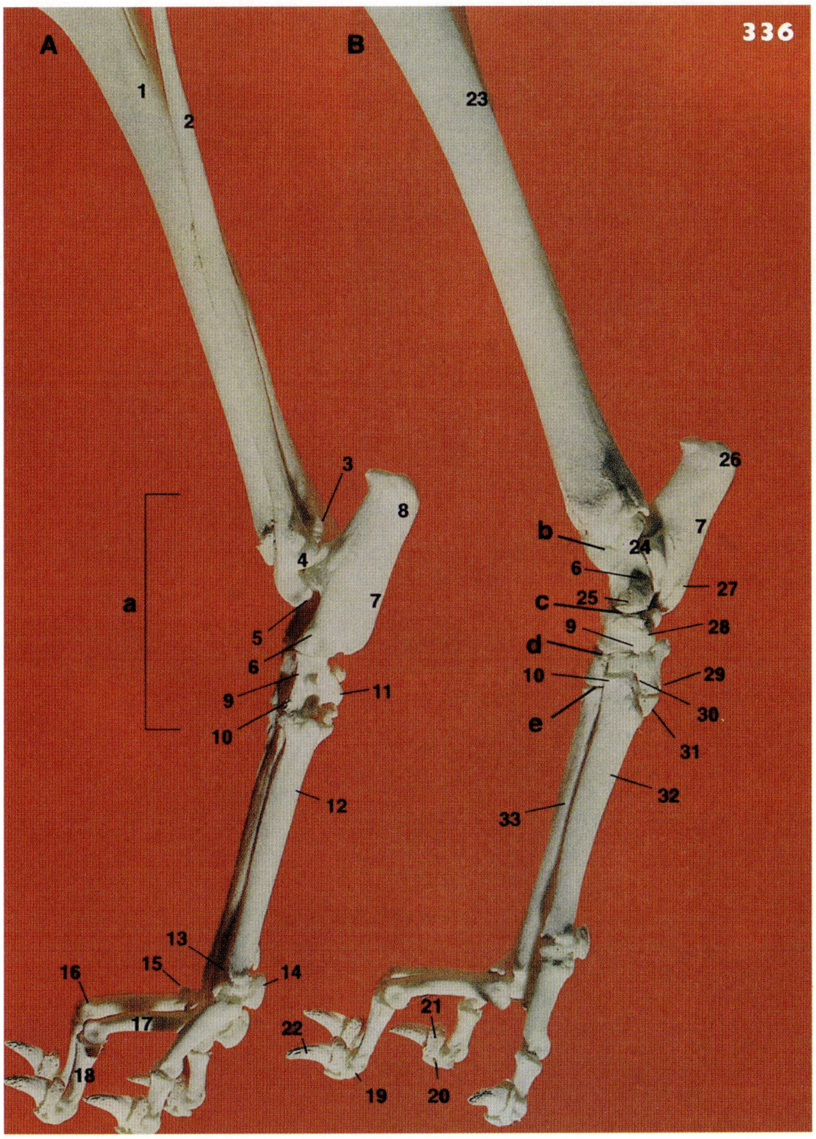

336 犬的左跗骨和后足骨的外侧面观(A)和右跗骨和后足骨的内侧面观(B)。

a	跗关节	8	跟结节	21	爪嵴
b	距小腿关节	9	中央跗骨	22	爪突
c	跗间关节近端	10	第三跗骨	23	胫骨
d	跗间关节远端	11	第四跗骨	24	内侧踝
e	跗跖关节	12	第五跖骨	25	距骨颈
		13	跖趾关节	26	跟结节
1	胫骨体	14	近端籽骨	27	屈肌沟
2	腓骨体	15	背侧籽骨	28	中央跗骨跖肌突
3	胫腓远端关节	16	近端趾间关节	29	第一跗骨
4	外侧踝	17	近节趾骨	30	第二跗骨
5	距骨滑车	18	中节趾骨	31	第一跖骨
6	距骨体	19	远端趾间关节	32	第二跖骨
7	跟骨	20	远节趾骨	33	第三跖骨

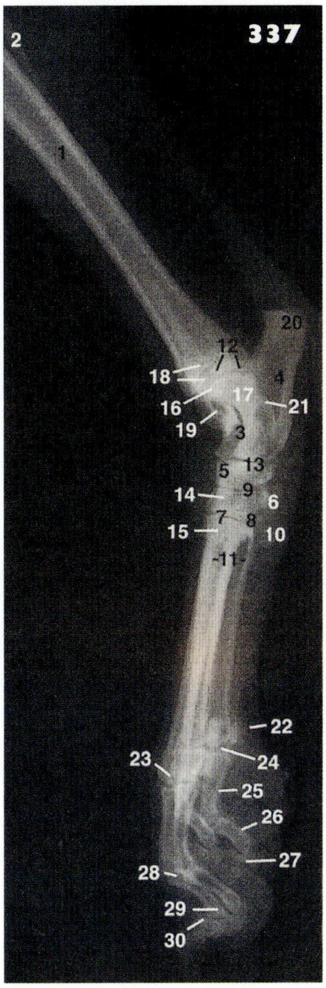

337 犬的跗关节和后足部的 X 光侧位片。

1	胫骨体	16	外侧踝
2	腓骨体	17	内侧踝
3	距骨	18	胫骨窝
4	跟骨	19	距骨滑车
5	中央跗骨	20	跟结节
6	第一跗骨	21	载距突
7	第二跗骨	22	近端籽骨
8	第三跗骨	23	远端籽骨
9	第四跗骨	24	跖趾关节
10	第一跖骨	25	近节趾骨
11	第二到第五跖骨	26	中节趾骨
12	距小腿关节	27	远节趾骨
13	跗间关节近端	28	近端趾间关节
14	跗间关节远端	29	远端趾间关节
15	跗跖关节	30	爪嵴

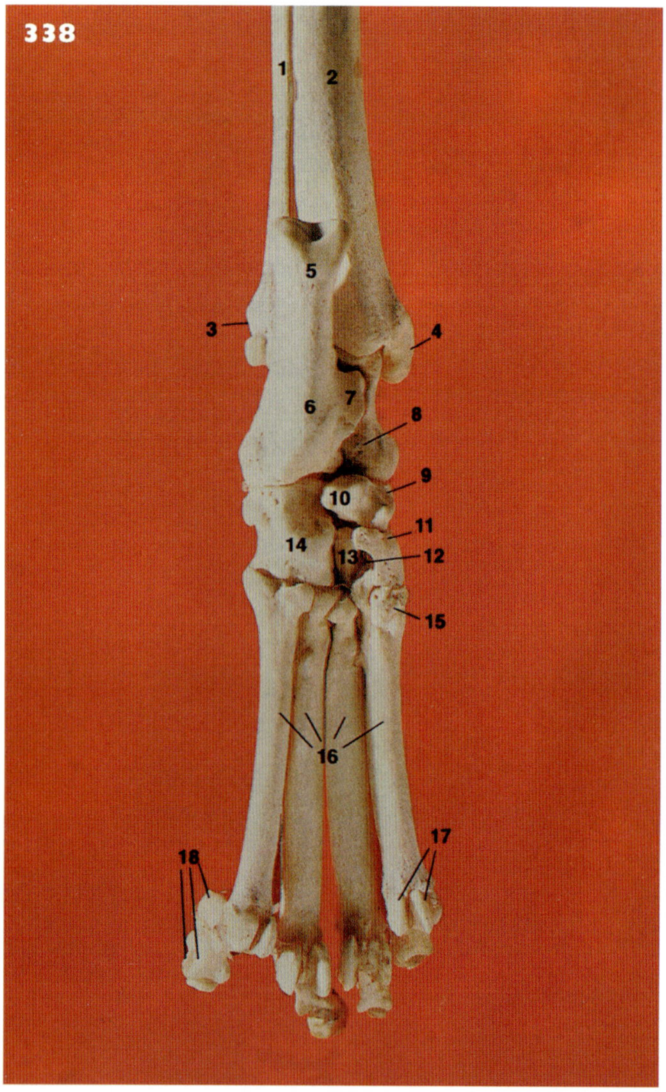

338 犬的跗关节和后足骨的跖侧面观。

1	腓骨	10	中央跗骨跖肌突
2	胫骨	11	第一跗骨
3	外侧踝	12	第二跗骨
4	内侧踝	13	第三跗骨
5	跟结节	14	第四跗骨
6	跟骨	15	第一跖骨
7	载距突	16	第二到第五跖骨
8	距骨	17	近端籽骨
9	中央跗骨	18	近、中、远趾骨

339 犬的跗关节和后足部的X光正位片。

1 胫骨体
2 腓骨体
3 距骨
4 跟骨
5 中央跗骨
6 第一跗骨
7 第二跗骨
8 第三跗骨
9 第四跗骨
10 第一跖骨
11 第二跖骨
12 第三跖骨
13 第四跖骨
14 第五跖骨
15 距小腿关节
16 跗间关节近端
17 跗间关节远端
18 跗跖关节
19 外侧踝
20 内侧踝
21 背缘
22 胫骨窝侧沟
23 胫骨窝中沟
24 距骨滑车外侧嵴
25 距骨滑车内侧嵴
26 沟
27 跟结节
28 载距突
29 近端籽骨
30 跖趾关节
31 跖垫轮廓
32 近节趾骨
33 近端趾间关节
34 中节趾骨
35 远端趾间关节
36 远节趾骨
37 爪嵴
38 爪突

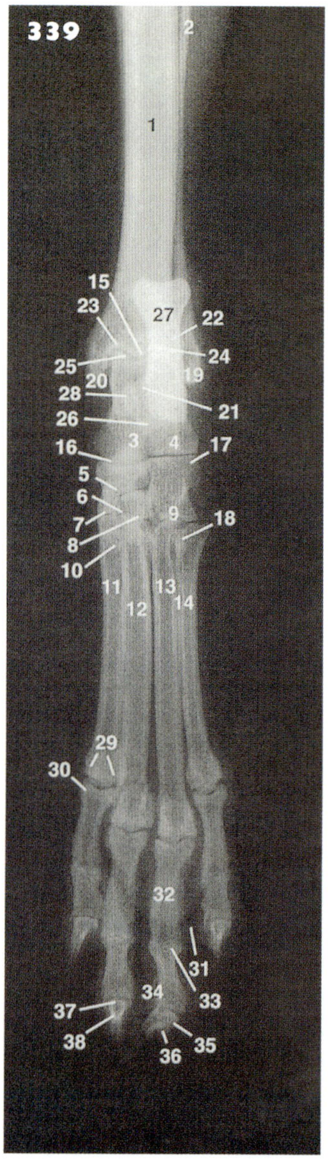

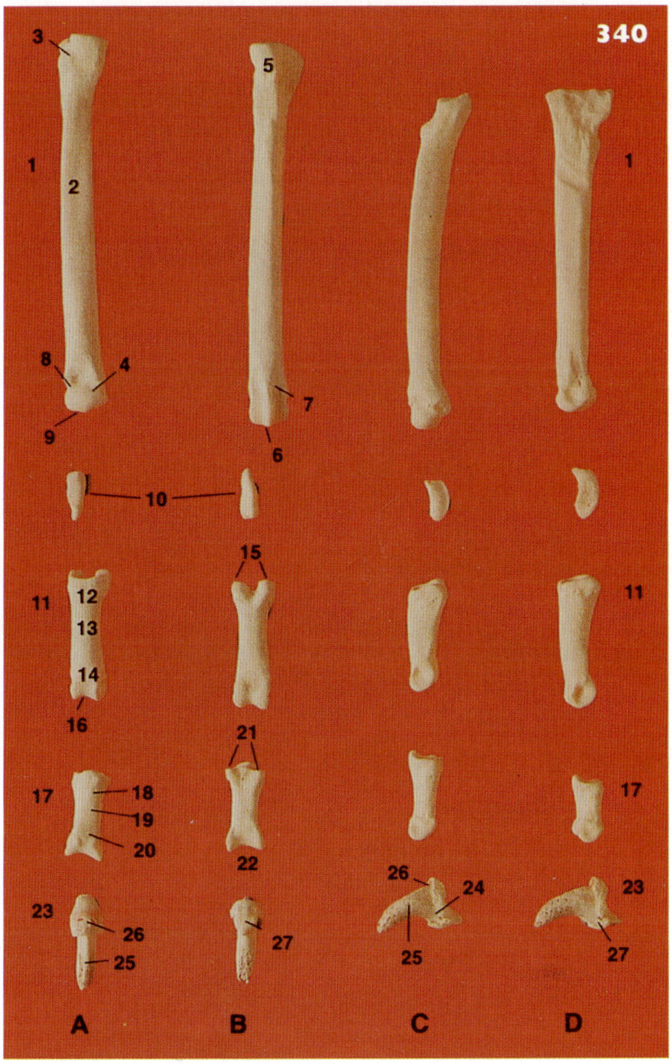

340 犬的后足典型趾骨的背侧面(A)、跖侧面(B)、远离轴侧面(C)和轴侧面(D)

1	跖骨	15	近节趾骨结节
2	跖骨体	16	近节趾骨滑车
3	跖骨底	17	中节趾骨
4	跖骨头	18	中节趾骨底
5	第一跖骨粗隆	19	中节趾骨体
6	矢状嵴	20	中节趾骨头
7	近端籽骨压迹	21	中节趾骨结节
8	远端籽骨凹	22	中节趾骨滑车
9	跖骨滑车	23	远节趾骨
10	近端籽骨	24	远节趾骨体
11	近节趾骨	25	爪突
12	近节趾骨底	26	爪嵴
13	近节趾骨体	27	趾深屈肌止点
14	近节趾骨头		

341 犬的后足典型趾骨的背侧面，显示骨化中心。

1 跖骨体
2 远端
3 近节趾骨体
4 近端
5 中节趾骨体
6 近端
7 远节趾骨体

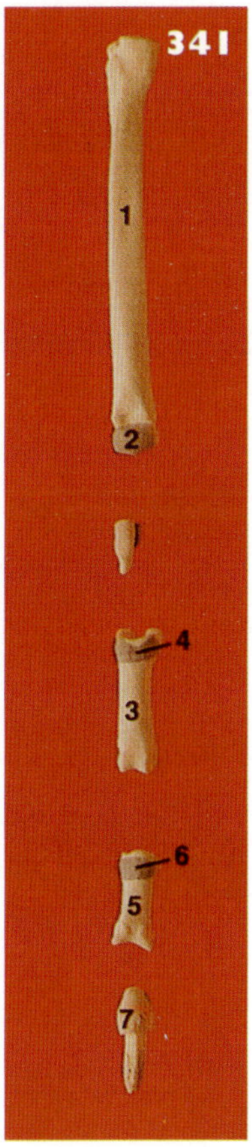

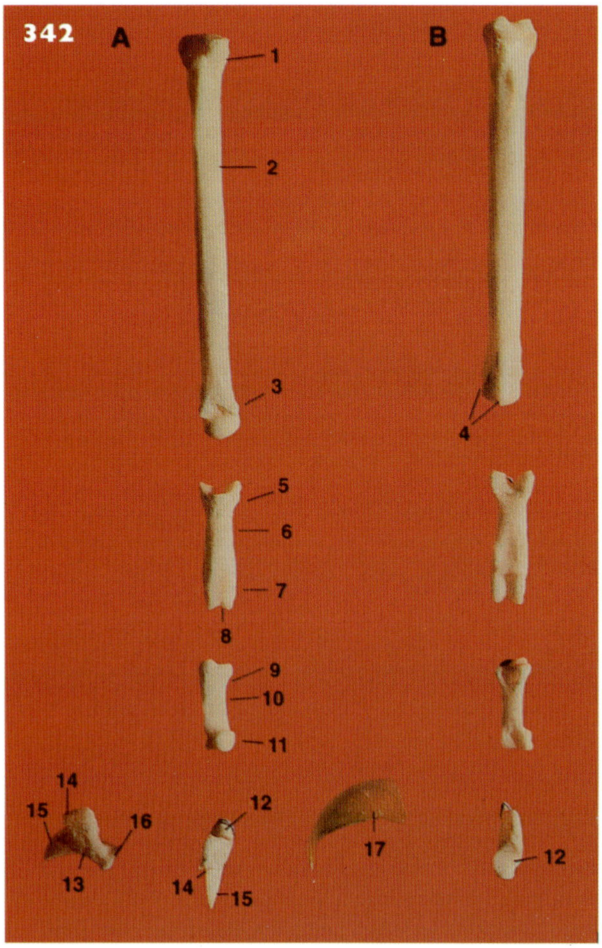

342 猫的后足典型趾骨的背侧面观(A)和跖侧面观(B)，远节趾骨的外侧面和爪也被显示。

1	跖骨底	10	中节趾骨体
2	跖骨体	11	中节趾骨头
3	跖骨头	12	远节趾骨底
4	籽骨压迹	13	远节趾骨体
5	近节趾骨底	14	爪嵴
6	近节趾骨体	15	爪突
7	近节趾骨头	16	趾深屈肌止点
8	滑车	17	爪
9	中节趾骨底		

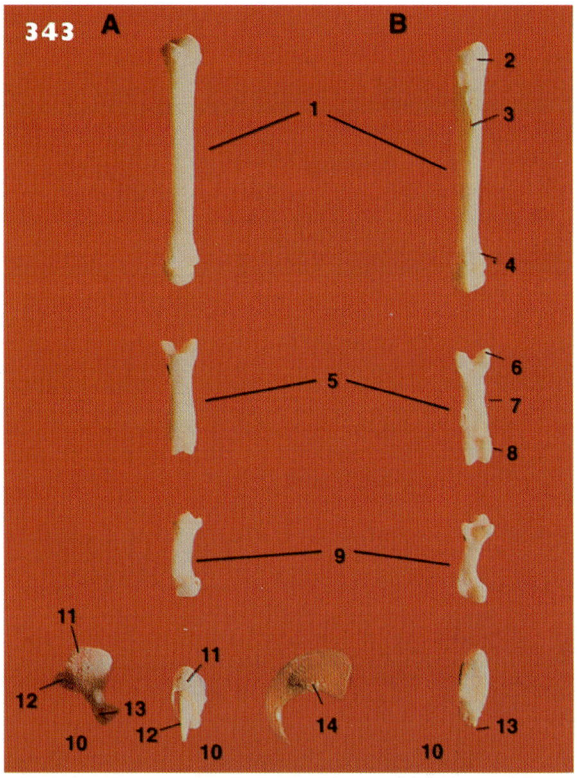

343 猫的典型趾骨的背侧面观(A)和跖侧面观(B)，远节趾骨的外侧和爪也被显示。

1	跖骨	8	近节趾骨头
2	跖骨底	9	中节趾骨
3	跖骨体	10	远节趾骨
4	跖骨头	11	爪嵴
5	近节趾骨	12	爪突
6	近节趾骨底	13	趾深屈肌连接点
7	近节趾骨体	14	爪

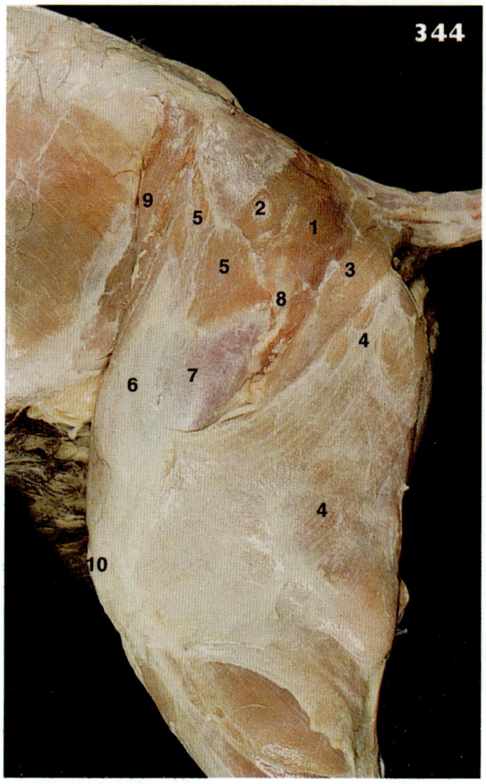

344 猫的左后肢臀股部外侧面观。

1	臀浅肌	6	阔筋膜
2	臀中肌	7	股外侧肌
3	尾股肌	8	大转子
4	股二头肌	9	缝匠肌
5	阔筋膜张肌	10	膝盖骨

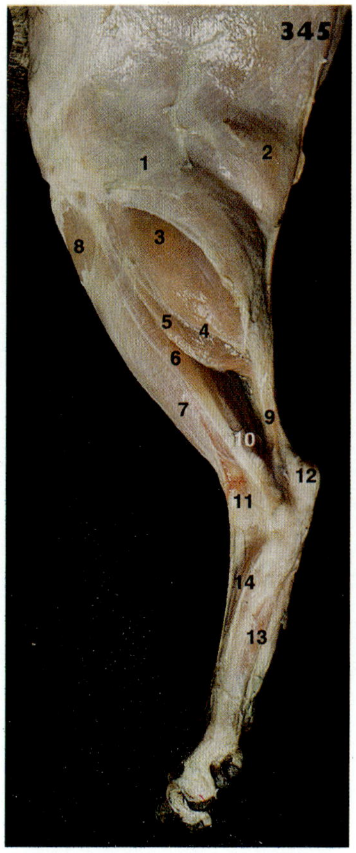

345 猫的左后肢小腿和后足部外侧面观。

1 股二头肌腱
2 半腱肌
3 腓肠肌
4 趾浅屈肌
5 比目鱼肌
6 腓骨长肌
7 趾长伸肌
8 胫骨前肌
9 跟总腱
10 腓骨短肌
11 伸肌支持带
12 跟结节
13 骨间肌
14 趾短伸肌

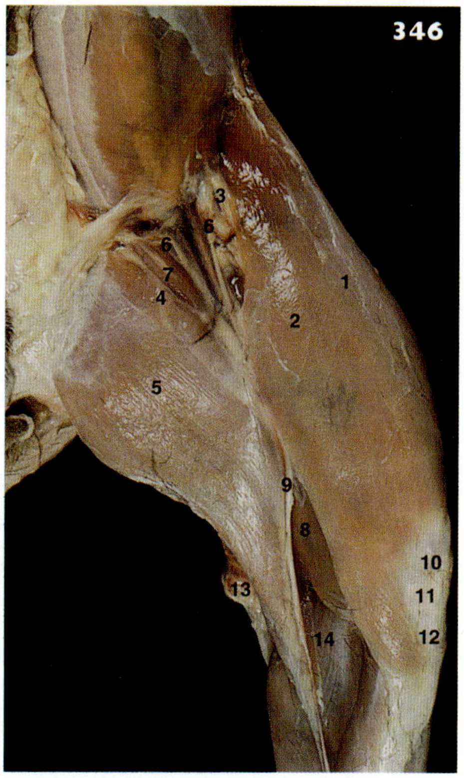

346 猫的左后肢臀股部内侧面观。

1 缝匠肌前部
2 缝匠肌后部
3 股直肌腱
4 收肌
5 股薄肌
6 股三角(股动静脉和隐神经)
7 耻骨肌
8 半膜肌
9 内侧隐静脉
10 膝盖骨
11 膝韧带
12 胫骨粗隆
13 腘淋巴结
14 腓肠肌

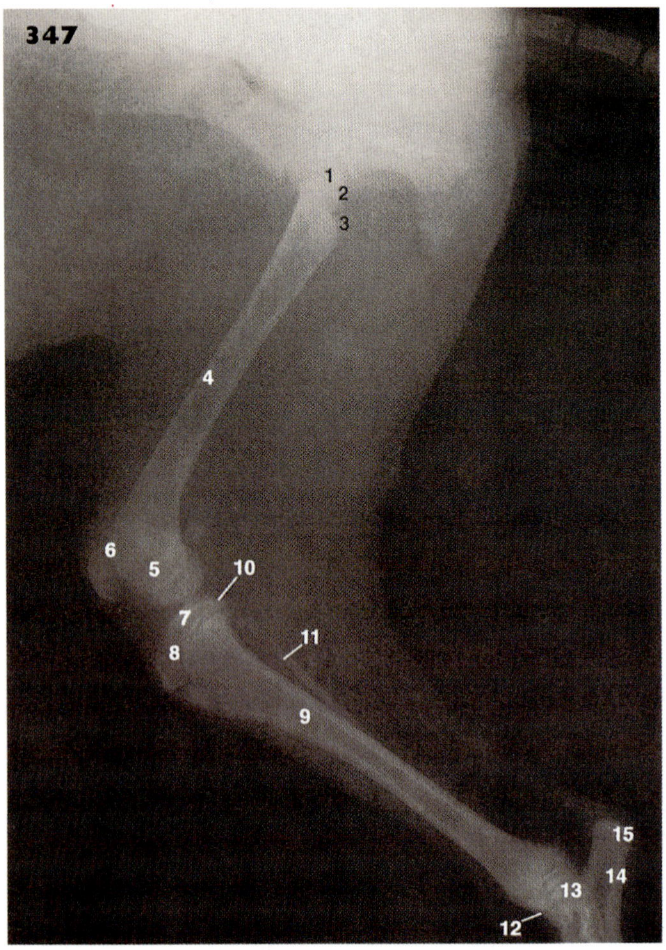

347 幼犬的大腿、膝关节、跗关节的X光侧位片，显示骨化中心。

1	股骨头	9	胫骨体
2	大转子	10	腓骨近端骺
3	小转子	11	腓骨体
4	股骨体	12	腓骨远端骺
5	股骨远端上髁	13	胫骨远端骺
6	膝盖骨	14	跟骨体
7	胫骨近端骺	15	跟结节
8	胫骨前缘(胫骨嵴)		

临床注释

8所示胫骨嵴拥有自己的骨化中心，与胫骨体软骨生长板分开。作为股四头肌腱的连接点意味着与膝韧带直接相连，在外科的矫治时这个区域非常复杂。

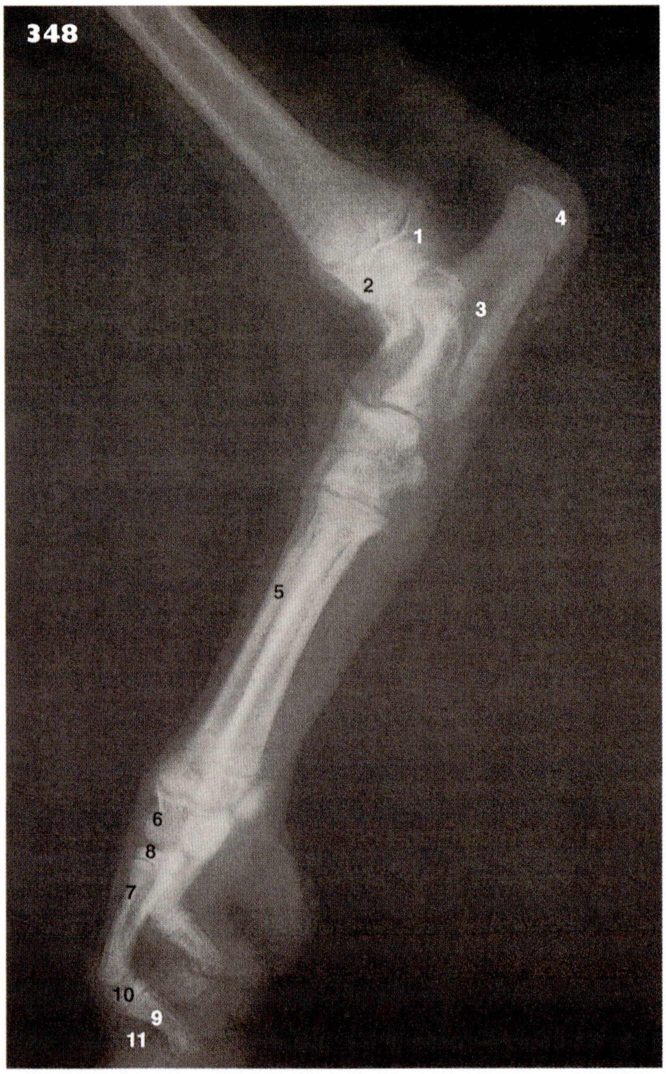

348 幼犬的跗关节和后足部的X光侧位片，显示骨化中心。

1	胫骨远端骺	7	近节趾骨体
2	腓骨远端骺	8	近节趾骨近端骺
3	跟骨体	9	中节趾骨体
4	跟结节	10	中节趾骨近端骺
5	跖骨体	11	远节趾骨体
6	跖骨远端骺		

临床注释

4所示跟结节有自己的骨化中心，与跟骨体的生长板分开，作为跟总腱的连接位置，在外科的矫治时这个区域非常复杂。

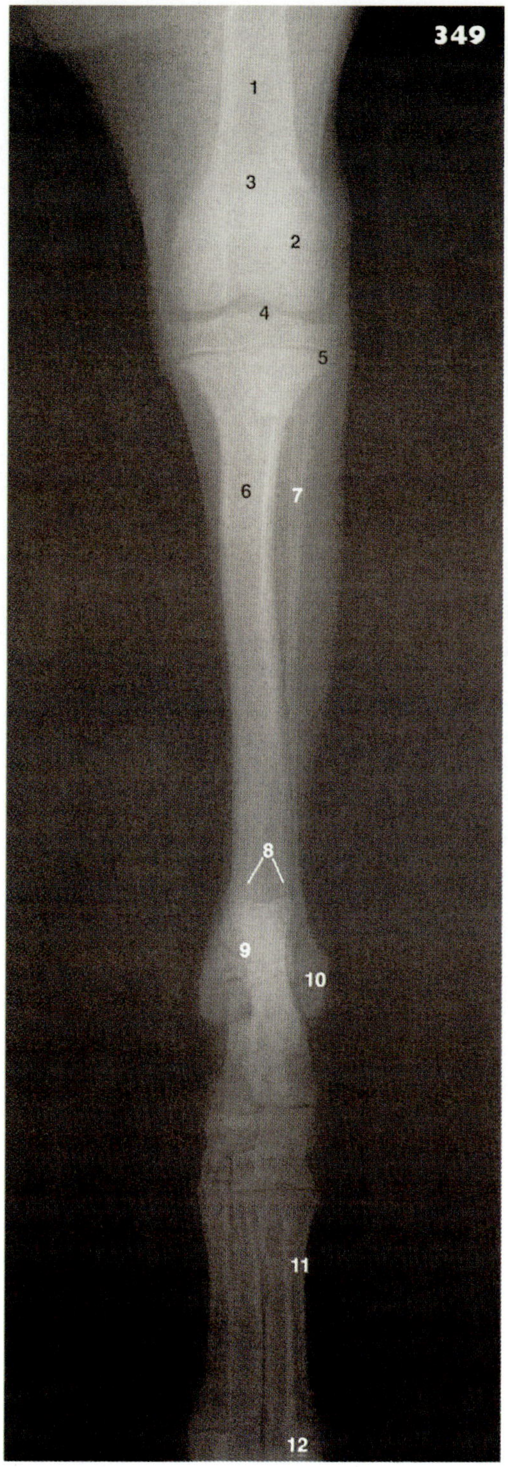

349 幼犬的膝关节和跗关节的X光正位片，显示骨化中心。

1 股骨体
2 股骨远端骺
3 膝盖骨
4 胫骨近端骺
5 腓骨近端骺
6 胫骨体
7 腓骨体
8 跟结节
9 胫骨远端骺
10 腓骨远端骺
11 跖骨体
12 跖骨远端骺

350 犬的后肢静脉造影X光侧位片。

1 外侧隐静脉前支
2 外侧隐静脉后支
3 外侧隐静脉
4 内侧隐静脉
5 胫骨前静脉
6 胫骨后静脉
7 腘静脉
8 股后远静脉
9 股静脉
10 股深静脉

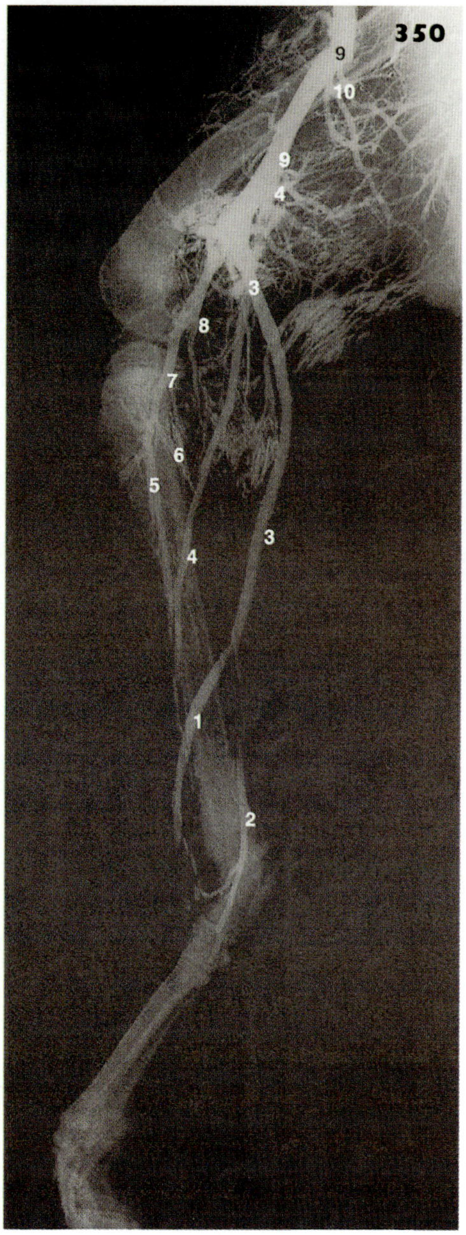

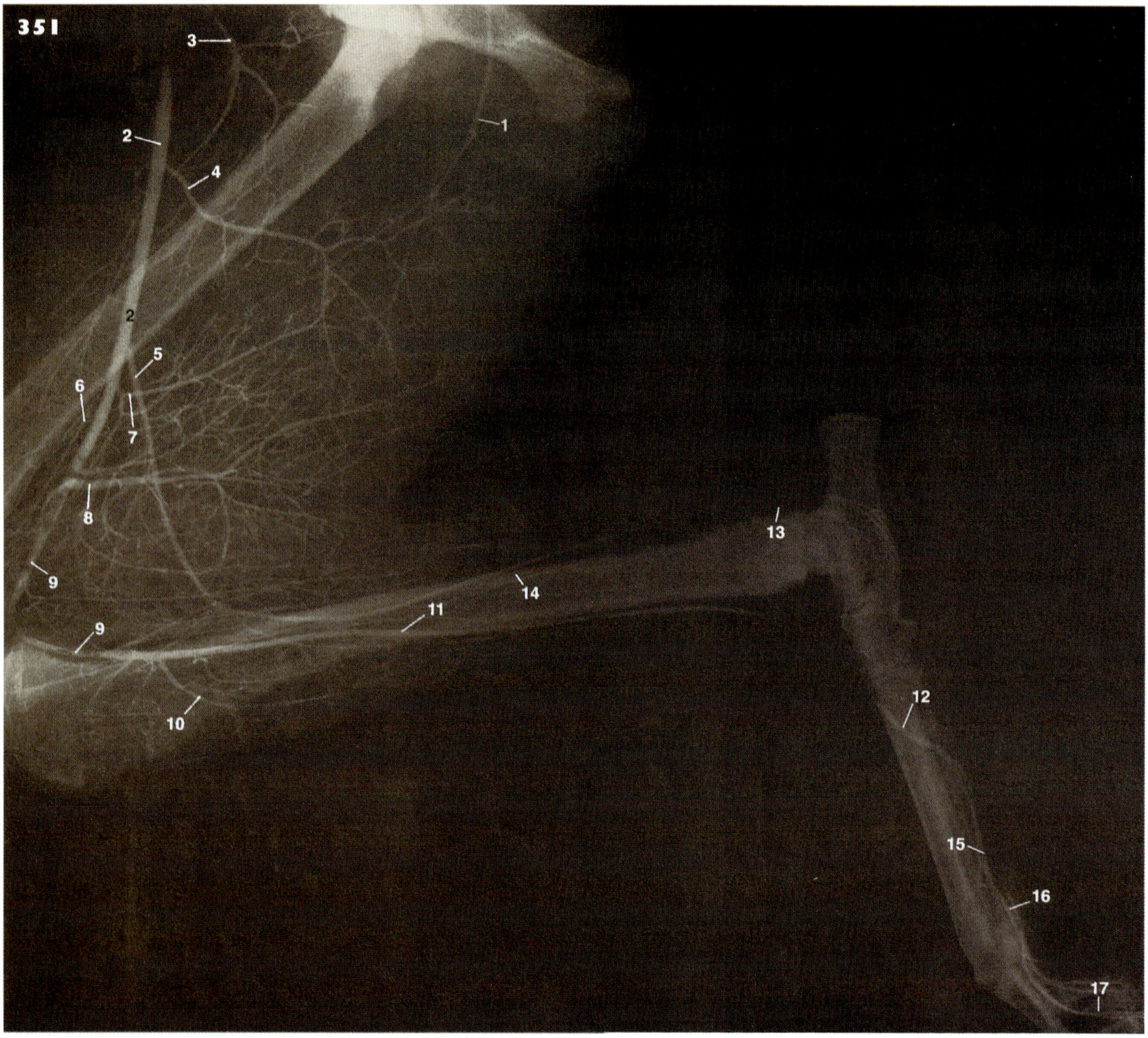

351 犬后肢动脉造影的 X 光侧位片。

1	来自髂内动脉的臀后动脉	10	胫后动脉
2	来自髂外动脉的股动脉	11	胫前动脉
3	旋股外侧动脉	12	跖动脉穿支
4	股后近动脉	13	隐动脉后支
5	隐动脉	14	隐动脉前支
6	膝降动脉	15	跖足底动脉
7	股后中动脉	16	趾总动脉
8	股后远动脉	17	趾固有动脉
9	腘动脉		

索引

数字代表插图号(例 288—9 表示图 288 至图 289)，除非特殊标明，否则均为成年犬。